기출과 개념을 한 번에 잡는

전력공학

전수기 지음

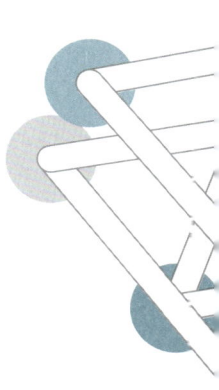

BM (주)도서출판 성안당

■ 도서 A/S 안내

성안당에서 발행하는 모든 도서는 저자와 출판사, 그리고 독자가 함께 만들어 나갑니다.

좋은 책을 펴내기 위해 많은 노력을 기울이고 있습니다. 혹시라도 내용상의 오류나 오탈자 등이 발견되면 "좋은 책은 나라의 보배"로서 우리 모두가 함께 만들어 간다는 마음으로 연락주시기 바랍니다. 수정 보완하여 더 나은 책이 되도록 최선을 다하겠습니다.

성안당은 늘 독자 여러분들의 소중한 의견을 기다리고 있습니다. 좋은 의견을 보내주시는 분께는 성안당 쇼핑몰의 포인트(3,000포인트)를 적립해 드립니다.

잘못 만들어진 책이나 부록 등이 파손된 경우에는 교환해 드립니다.

저자 문의 : jeon6363@hanmail.net(전수기)

본서 기획자 e-mail : coh@cyber.co.kr(최옥현)

홈페이지 : http://www.cyber.co.kr   전화 : 031) 950-6300

7 전력 개폐장치

[1] 계전기

(1) 계전기 동작시간에 의한 분류
① 순한시 계전기: **즉시 동작하는 계전기**
② 정한시 계전기: **정해진 일정한 시간에 동작하는 계전기**
③ 반한시 계전기: 전류값이 **클수록 빨리 동작하고** 반대로 전류값이 **적을수록 느리게 동작하는 계전기**
④ 반한시성 정한시 계전기: 어느 전류값까지는 반한시성으로 되고 그 이상이 되면 정한시로 동작하는 계전기

(2) 기기보호계전기
① 차동계전기(DFR)
② 비율차동계전기(RDFR)
③ 부흐홀츠 계전기

[2] 차단기

(1) 정격 차단용량
차단용량[MVA] = $\sqrt{3}$ × 정격전압[kV] × 정격 차단전류[kA]

(2) 정격 차단시간
트립코일 여자부터 아크 소호까지의 시간

(3)차단기 종류

약 호	명 칭	소호 매질
ABB	공기차단기	압축공기
GCB	가스차단기	SF_6(육불화유황)
OCB	유입차단기	절연유
MBB	자기차단기	전자력
VCB	진공차단기	고진공
ACB	기중차단기	대기(저압용)

* SF_6 가스의 특징
- 무색, 무취, 무독성이다.
- 소호능력이 공기의 100~200배이다.
- 절연내력이 공기의 2~3배가 된다.

[3] 단로기

전류가 흐르지 않는 상태에서 회로를 개폐할 수 있는 장치로 부하 전류 및 고장전류는 개폐할 수 없으며 여자전류나 충전전류는 개폐가 가능하다.

(1) 단로기(DS)와 차단기(CB) 조작
① 급전 시: DS → CB 순
② 정전 시: CB → DS 순

(2) 인터록(interlock)
차단기가 열려 있어야만 단로기 조작이 가능하다.

[4] 개폐기

① 고장전류 차단능력이 없고 **부하전류 개폐가 가능하다.**
② 가스절연 개폐장치(GIS): 한 함 안에 모선, 변성기, 피뢰기, 개폐 장치를 내장시키고 절연성능과 소호능력이 우수한 SF_6 가스로 충진시킨 종합개폐장치로 변전소에 주로 사용

[5] 전력퓨즈(PF)

(1) 주목적
고전압 회로 및 기기의 **단락 보호용으로 사용**

(2) 전력퓨즈의 장점
① 소형, 경량으로 차단용량이 크다.
② 변성기가 필요없고, 유지보수가 간단하다.
③ 정전용량이 적고, 가격이 저렴하다.

[6] 직류 송전방식의 장단점

(1) 장점
① 절연계급을 낮출 수 있다.
② **충전효율이 좋다.**
③ 선로의 리액턴스가 없으므로 **안정도가 높다.**
④ 도체의 **표피효과**가 없다.
⑤ **유전체손, 충전전류**를 고려하지 않아도 된다.
⑥ 비동기 연계가 가능하다(주파수가 다른 선로의 연계가 가능하다).

(2) 단점
① 변환, 역변환 장치가 필요하다.
② 고전압, 대전류의 경우 직류 차단기가 개발되어 있지 않다.
③ 전압의 승압, 강압이 어렵다.
④ 회전자계를 얻기가 어렵다.

8 배전

[1] 배전방식

(1) 저압 뱅킹 배전방식
2대 이상의 변압기의 저압측을 **병렬로 접속하는 방식**
* 캐스케이딩 현상: **변압기 1대 고장으로 건전한 변압기의 일부 또는 전부가 연쇄적으로 차단되는 현상**

(2) 망상(네트워크) 배전방식
부하와 부하를 접속점을 사용, 모두 연결하여 맞은 구성 변전소의 급전선(feeder)이 접속점을 연결하여 전력을 공급하는 방식

[2] 각 전기방식 비교

전기방식	1선당 공급전력	전류비	저항비	중량비
1ϕ2W	1	1	1	1
1ϕ3W	1.33	$\frac{1}{2}$	4	$\frac{3}{8}$
3ϕ3W	1.15	$\frac{1}{\sqrt{3}}$	2	$\frac{3}{4}$
3ϕ4W	1.5(최대)	$\frac{1}{3}$	6	$\frac{1}{3}$(최소)

[3] 수요와 부하

① 수용률 = $\frac{\text{최대수용전력}}{\text{설비용량}} \times 100$[%]

② 부등률 = $\frac{\text{각 수용가의 최대수용전력의 합}}{\text{합성 최대전력}}$

③ 부하율 = $\frac{\text{평균부하전력}}{\text{최대부하전력}} \times 100$[%]

④ 손실계수(H) = $\frac{\text{평균전력손실}}{\text{최대전력손실}} \times 100$[%]

- 손실계수와 부하율의 관계
$$0 \leq F^2 \leq H \leq F \leq 1$$

- 수용률, 부하율, 부등률의 관계
부하율 = $\frac{\text{평균전력}}{\text{최대전력}} = \frac{\text{부등률}}{\text{설비용량} \times \text{수용률}}$

[4] 역률 개선

(1) 역률 개선의 효과
① 전력 손실 감소
② 전압강하 경감
③ 설비용량의 여유분 증가
④ 전기요금 절감

(2) 역률 개선용 콘덴서의 용량 계산
$$Q_c = P\left(\frac{\sqrt{1-\cos^2\theta_1}}{\cos\theta_1} - \frac{\sqrt{1-\cos^2\theta_2}}{\cos\theta_2}\right)[\text{kVA}]$$

[5] 배전선로 보호 협조

① 리클로저(recloser)
② 섹셔널라이저(sectionalizer): 자동선로 구분개폐기
③ 라인퓨즈(line fuse)

[7] 조상설비의 비교

항목	전력용 콘덴서	분로리액터	동기조상기
무효전력	진상용	지상용	진상 및 지상용
조정방법	연속적 조정	연속적 조정	계단적 조정
전력손실	적다	적다	크다(용량의 5~6[%])
시송전	불가능	불가능	가능
증설	쉽다	쉽다	어렵다

[8] 전력용 콘덴서 설비

(1) 직렬 리액터(SR)
 ① 사용목적 : 제5고조파 제거
 ② 직렬리액터 용량
  ㉠ 이론상 : 콘덴서 용량의 4[%]
  ㉡ 실제 : 콘덴서 용량의 5~6[%]

(2) 방전코일(DC)
 ① 잔류전하를 방전시켜 감전사고를 방지
 ② 재투입 시 콘덴서에 걸리는 과전압을 방지

[9] 안정도 대책

 ① 계통의 직렬 리액턴스를 작게 한다.
 ② 전압 변동을 작게 한다.
 ③ 고장전류를 줄이고, 고장구간을 신속하게 차단한다.
 ④ 고장 시 전력 변동을 작게 한다.

4 중성점 접지방식과 유도장해

[1] 중성점 접지방식의 특징

(1) 비접지방식
 ① 변압기 $\triangle$ 결선으로 V결선 운전 가능하다.
 ② 선로에 제3고조파가 발생하지 않는다.
 ③ 1선 지락 시 지락전류가 적다.
 ④ 1선 지락 시 전위상승이 √3 배까지 상승한다.
 ⑤ 1선 지락 시 대지정전용량을 통해 전류가 흐르므로 90° 빠른 진상 전류가 된다.

(2) 직접접지방식
 ① 1선 지락 시 건전상의 전위 상승이 거의 없다. (최소)
 ② 변압기의 단절연이 가능하다.
 ③ 1선 지락 시 지락전류가 매우 크다. (최대)
 ④ 보호계전기의 동작이 용이하여 회로 차단이 신속하다.

[2] 유도장해

(1) 3상 정전유도전압
$$E_0 = \frac{\sqrt{C_a(C_a-C_b)+C_b(C_b-C_c)+C_c(C_c-C_a)}}{C_a+C_b+C_c} \times \frac{V}{\sqrt{3}}$$

(2) 전자유도전압
$$E_m = j\omega M l(I_a+I_b+I_c) = j\omega M l \cdot 3I_0$$
역기자, $3I_0$: $3 \times$ 영상전류(= 지락전류 = 기유도전류)

(3) 유도장해 경감대책
 ① 유도장해가 작은 케이블을 사용한다.
 ② 통신선과 전력선의 이격거리를 크게 한다.
 ③ 고속차단방식을 채용한다.
 ④ 차폐선을 채용한다.
 ⑤ 연가를 실시하여 선로정수를 평형시킨다.
 ⑥ 통신선에 배류코일을 사용한다.
 ⑦ 전력선과 통신선을 교차시킨다(30~50[%] 유도전압을 줄일 수 있다).

(3) 중성점 유도장해

 ㉠ 1선 지락 시 지락전류가 작아서 내용량의 차단기가 필요하다.
 ㉡ 통신선의 유도장해가 크다.

 ② 단로용량 : $P_s = \dfrac{100}{\%Z} P_n [\text{kVA}]$

 ③ 중성점 고장 시 지락전류가 커서 00이다.
 ㉠ 과도 안정도가 나쁘다.
 ㉡ 보호계전기의 동작이 확실하다.
 ㉢ 통신선의 유도장해가 크다.

 ② 소호 리액터 접지방식
  ㉠ 1선 지락 시 건전상의 전위 상승은 √3 배 이상이다.(최대)
  ㉡ 소호 리액터 L 직렬 공진 상태가 되어 이상전압을 발생시킬 수 있으므로 고장 리액터 탭을 공진점에서 약간 벗어난 과 보상 상태로 한다.
  ㉢ 소호 리액터의 인덕턴스 및 리액턴스 크기
  $$X_L = \dfrac{1}{3\omega C_s} - \dfrac{x_t}{3} [\Omega]$$
  $$L = \dfrac{1}{3\omega^2 C_s} - \dfrac{x_t}{3\omega} [\text{H}]$$

6 이상전압-이상전압 방호대책

(1) 가공지선
 ① 설치 목적 : 이상전압을 대지로 방전시키고 뇌격전압의 파고값 저감
 ② 직격 차폐효과
 ③ 정전 차폐효과
 ④ 전자 차폐효과

(2) 매설지선
 ㉠ 구조
 ㉡ 특성요소
 ㉢ 실드 링
 ㉣ 아크혼으로

(3) 고장해결과 위한 임피던스

구분	정상 임피던스	역상 임피던스	영상 임피던스
선간 단락	○	○	×
3상 단락	○	×	×
1선 지락	○	○	○

5 고장 계산

(1) 퍼센트[%]법

 ① %임피던스(%Z) : $\%Z = \dfrac{Z \cdot I_n}{E} \times 100[\%] = \dfrac{PZ}{10V^2}$

 ② 단락전류 : $I_s = \dfrac{100}{\%Z} I_n [\text{A}]$

6 이상전압-이상전압 방호대책

(1) 피뢰기
 ① 설치 목적 : 속류를 끊을 수 있는 최고의 교류전압으로 방전내량과 제한전압에 따라 변화한다.
 ② 피뢰기 정격전압 : 속류를 끊을 수 있는 최고의 교류전압으로 중성점 접지방식과 계통 공칭전압의 0.8~1.0배
 ③ 매설지선 : 철탑의 접지저항값을 작게 하여 역섬락 방지
 ④ 피뢰기 제한전압 : 피뢰기 동작 중 단자전압의 파고값

② 개방시험(=무부하 시험) : 수전단 전류 I_r
  충전전류(=무부하 전류) : $\boxed{I_{s0} = \dfrac{C}{A} E_s}$

(4) 페란티 현상(효과)
① 발생원인 및 의미 : 무부하 또는 경부하 시 선로의 작용정전용량에 의해 충전전류가 흘러 수전단의 전압이 송전단 전압보다 높아지는 현상
② 방지대책 : 분로(병렬)리액터 설치

[3] 장거리 송전선로 해석
① 특성 임피던스
$Z_0 = \sqrt{\dfrac{L}{C}} = 138\log_{10}\dfrac{D}{r} [\Omega]$

② 송전선의 전파방정식
• $E_s = \cosh\gamma l E_r + Z_0 \sinh\gamma l I_r$
• $I_s = \dfrac{1}{Z_0}\sinh\gamma l E_r + \cosh\gamma l I_r$

③ 전파방정식에서의 특성 임피던스
$Z_0 = \sqrt{Z_{ss} \cdot Z_{s0}}$

[4] 송전전압 계산식
경제적인 송전전압[kV] $= 5.5\sqrt{0.6 l + \dfrac{P}{100}}$ [kV]

[5] 송전용량 계산
① 고유부하법 : $P_s = \dfrac{V_r^2}{Z_0} = \dfrac{V_r^2}{\sqrt{\dfrac{L}{C}}}$ [MW]

② 송전용량계수법 : $P_s = K\dfrac{V_r^2}{l}$ [kW]

③ 리액턴스법 : $P_s = \dfrac{V_s \cdot V_r}{X}\sin\theta$ [MW]

[6] 전력원선도
(1) 전력원선도 작성
① 가로축은 유효전력, 세로축은 무효전력을 나타낸다.
② 전력원선도 작성에 필요한 것
  ㉠ 송·수전단의 전압
  ㉡ 선로의 일반 회로정수(A, B, C, D)

(2) 전력원선도의 반지름 : $\rho = \dfrac{E_s E_r}{B}$

(3) 전력원선도에서 구할 수 있는 것
① 송·수전 할 수 있는 최대 전력(정태안정 극한전력)
② 송·수전단의 전압 간의 상차각

---

(5) 연가(전선 위치 바꿈)
① 주목적 : 선로정수 평형
② 연가(전선 위치 바꿈)의 효과
  ㉠ 선로정수의 평형
  ㉡ 통신선의 유도장해 경감
  ㉢ 직렬 공진에 의한 이상전압 방지

[2] 코로나
(1) 코로나 임계전압
$E_0 = 24.3 m_0 m_1 \delta d \log_{10}\dfrac{D}{r}$ [kV]

(2) 코로나 방지대책
① 복도체 및 다도체를 채용한다.
② 굵은 전선(ACSR)을 사용하여 코로나 임계전압을 높인다.
③ 가선금구를 개량한다.
④ 가선 시 전선 표면에 손상이 발생하지 않도록 주의한다.

[3] 복도체(다도체)
(1) 주목적
  코로나 이계전압을 높여 코로나 발생 방지

(2) 복도체의 장단점
① 장점
  ㉠ 단도체에 비해 정전용량이 증가하고 인덕턴스가 감소하여 송전용량이 증가한다.
  ㉡ 같은 단면적의 단도체에 비해 전류용량이 증대된다.
  ㉢ 소도체 사이의 충돌작용으로 인해 그리고 도체 간 충돌로 인해 전선 표면의 손상시킨다.
② 단점
  ㉠ 정전용량이 커지서 페란티 효과에 의한 수전단의 전압이 상승한다.

---

(3) 전압변동률(δ)
$\delta = \dfrac{V_{r0} - V_r}{V_r} \times 100$ [%]

(4) 단거리 송전선로 전압과의 관계

전압강하 (e)	송전전력 (P)	전압강하율 (ε)	전력 손실 (P_l)	전선 단면적 (A)
$\dfrac{1}{V}$	V^2	$\dfrac{1}{V^2}$	$\dfrac{1}{V^2}$	$\dfrac{1}{V^2}$

[2] 중거리 송전선로
(1) 중거리 송전선로 해석
① T형 회로

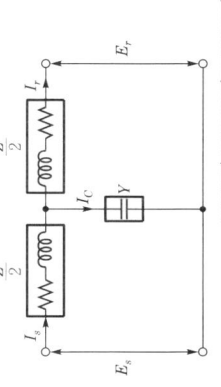

② π형 회로

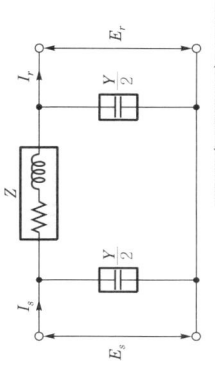

• 송전단 전압 : $E_s = \left(1 + \dfrac{ZY}{2}\right)E_r + Z\left(1 + \dfrac{ZY}{4}\right)I_r$
• 송전단 전류 : $I_s = YE_r + \left(1 + \dfrac{ZY}{2}\right)I_r$

• 송전단 전압 : $E_s = \left(1 + \dfrac{ZY}{2}\right)E_r + ZI_r$
• 송전단 전류 : $I_s = Y\left(1 + \dfrac{ZY}{4}\right)E_r + \left(1 + \dfrac{ZY}{2}\right)I_r$

(2) 평행 2회선 송전선로의 4단자 정수

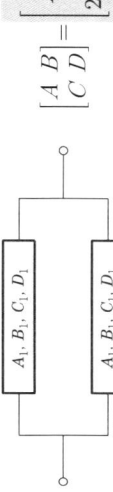

$\begin{bmatrix} A & B \\ C & D \end{bmatrix} = \begin{bmatrix} A_1 & \dfrac{B_1}{2} \\ 2C_1 & D_1 \end{bmatrix}$

(3) 송전선로 시험
① 단락시험 : 수전단 전압 $E_r = 0$
  단락전류 : $I_{ss} = \dfrac{D}{B} E_s$

---

3 송전선로 특성

[1] 단거리 송전선로 해석
(1) 전압강하(e)
① 단상인 경우 : $e = E_s - E_r = I(R\cos\theta + X\sin\theta)$
② 3상인 경우 : $e = E_s - E_r = \sqrt{3} I(R\cos\theta + X\sin\theta) = \dfrac{P}{V}(R + X\tan\theta)$

(2) 전압강하율(ε)
① 단상 : $\varepsilon = \dfrac{E_s - E_r}{E_r} \times 100$ [%] $= \dfrac{I(R\cos\theta + X\sin\theta)}{E_r} \times 100$ [%]
② 3상 : $\varepsilon = \dfrac{V_s - V_r}{V_r} \times 100$ [%] $= \dfrac{\sqrt{3} I(R\cos\theta + X\sin\theta)}{V_r} \times 100$ [%]

시험 직전 한눈에 보는 전력공학 암기노트

1 전선로

[1] 전선

(1) 연선

① 소선의 총수 : $N = 1 + 3n(n+1)$
② 연선의 바깥지름 : $D = (1+2n)d$ [mm]
③ 연선의 단면적 : $A = \dfrac{\pi d^2}{4} \cdot N$ [mm²]

(2) 전선의 굵기 선정 시 고려사항

① 허용전류
② 기계적 강도
③ 전압강하

(3) 전선의 이도(처짐 정도) 및 전선의 실제 길이

① 이도(dip, 처짐 정도) : $D = \dfrac{WS^2}{8T}$ [m]

② 전선의 실제 길이 : $L = S + \dfrac{8D^2}{3S}$ [m]

(4) 전선의 부하계수

부하계수 = $\dfrac{\text{합성하중}}{\text{자중(자체중량)}} = \dfrac{\sqrt{(W_c + W_i)^2 + W_w^2}}{W_c}$

(5) 전선의 진동방지대책

① 댐퍼(damper) 설치
  ㉠ 토셔널 댐퍼(torsional damper) : 상하진동 방지
  ㉡ 스토크 브리지 댐퍼(stock bridge damper) : 좌우진동 방지
② 아머로드(armour rod) 설치

[2] 애자의 구비조건

① 충분한 기계적 강도를 가질 것
② 충분한 절연내력 및 절연저항을 가질 것
③ 누설전류가 적을 것
④ 온도 및 습도 변화에 잘 견디고 수분을 흡수하지 말 것
⑤ 내구성이 있고 가격이 저렴할 것

(1) 전압별 애자의 정당 개수

전압[kV]	22.9[kV]	66[kV]	154[kV]	345[kV]	765[kV]
개수	2~3개	4~6개	9~11개	19~23개	38~43개

(2) 애자련의 전압 분담

① 전압 분담이 최소인 애자 : 철탑에서 3번째 애자
② 전압 분담이 최대인 애자 : 전선로에서 1번째 애자

(3) 애자련 보호대책

① 아킹 혼(arcing horn)
② 아킹 링(arcing ring) : 소(초)호환
③ 전선로에 가장 가까운 애자

(4) 애자의 연능률

연능률 $\eta = \dfrac{V_n}{n \cdot V_1} \times 100$ [%]

[3] 지중전선로(케이블) - 케이블의 전력 손실

① 저항손
② 유전체손
$P_c = 3\omega CE^2 \tan\delta = 3\omega C \left(\dfrac{V}{\sqrt{3}}\right)^2 \tan\delta = \omega CV^2 \tan\delta$ [W/m]
③ 연피손 : 전자유도작용으로 연피에 전압이 유기되어 생기는 손실

2 선로정수 및 코로나

[1] 선로정수

(1) 저항(R)

$R = \rho \dfrac{l}{S} = \dfrac{1}{58} \times \dfrac{100}{C} \times \dfrac{l}{S}$ [Ω]

* 표피효과 : 전선 중심부로 갈수록 쇄교자속의 커져 인덕턴스가 증가되어 전선 중심에 전류 밀도가 작아지는 현상

(2) 인덕턴스(L)

① 단도체 인덕턴스
$L = 0.05 + 0.4605 \log_{10} \dfrac{D_e}{r}$ [mH/km]

등가선간거리(기하평균거리)

종류	그림	등가선간거리
수평 배열		$D_e = \sqrt[3]{2} \, D$ [m]
삼각 배열		$D_e = \sqrt[3]{D_1 \cdot D_2 \cdot D_3}$ [m]
정사각 배열		$D_e = \sqrt[6]{2} \, D$ [m]

② 복도체(다도체)의 작용인덕턴스
$L = \dfrac{0.05}{n} + 0.4605 \log_{10} \dfrac{D}{r_e}$ [mH/km]

* 등가 반지름 : $r_e = \sqrt[n]{r \cdot s^{n-1}}$

(3) 정전용량(C)

① 단도체 작용정전용량 : $C = \dfrac{0.02413}{\log_{10} \dfrac{D}{r}}$ [μF/km]

② 복도체(다도체)의 작용정전용량 : $C = \dfrac{0.02413}{\log_{10} \dfrac{D}{r_e}}$ [μF/km]

(4) 충전전류와 충전용량

① 충전전류
$I_c = \omega CE = 2\pi f C \dfrac{V}{\sqrt{3}}$ [A] $= 2\pi f (C_s + 3C_m) \dfrac{V}{\sqrt{3}}$ [A]

② 충전용량
$Q_c = 3\omega CE^2 = 3\omega C \left(\dfrac{V}{\sqrt{3}}\right)^2 = 6\pi f C \left(\dfrac{V}{\sqrt{3}}\right)^2 \times 10^{-3}$ [kVA]

이 책을 펴내면서…

전기수험생 여러분!

합격하기도, 학습하기도 어려운 전기자격증시험 어떻게 하면 합격할 수 있을까요? 이것은 과거부터 현재까지 끊임없이 제기되고 있는 전기수험생들의 고민이며 가장 큰 바람입니다.

필자가 강단에서 30여 년 강의를 하면서 안타깝게도 전기수험생들이 열심히 준비하지만 합격하지 못한 채 중도에 포기하는 경우를 많이 보았습니다. 전기자격증시험이 너무 어려워서?, 머리가 나빠서?, 수학실력이 없어서?, 그렇지 않습니다. 그것은 전기자격증 시험대비 학습방법이 잘못되었기 때문입니다.

전기기사·산업기사 시험문제는 전체 과목의 이론에 대해 출제될 수 있는 문제가 모두 출제된 상태로 현재는 문제은행방식으로 기출문제를 그대로 출제하고 있습니다.

따라서 이 책은 기출개념원리에 의한 독특한 교수법으로 시험에 강해질 수 있는 사고력을 기르고 이를 바탕으로 기출문제 해결능력을 키울 수 있도록 다음과 같이 구성하였습니다.

이 책의 특징

❶ 기출핵심개념과 기출문제를 동시에 학습
중요한 기출문제를 기출핵심이론의 하단에서 바로 학습할 수 있도록 구성하였습니다. 따라서 기출개념과 기출문제풀이가 동시에 학습이 가능하여 어떠한 형태로 문제가 출제되는지 출제감각을 익힐 수 있게 구성하였습니다.

❷ 전기자격증시험에 필요한 내용만 서술
기출문제를 토대로 방대한 양의 이론을 모두 서술하지 않고 시험에 필요 없는 부분은 과감히 삭제, 시험에 나오는 내용만 담아 수험생의 학습시간을 단축시킬 수 있도록 교재를 구성하였습니다.

이 책으로 인내심을 가지고 꾸준히 시험대비를 한다면 학습하기도, 합격하기도 어렵다는 전기자격증시험에 반드시 좋은 결실을 거둘 수 있으리라 확신합니다.

전수기 씀

기출개념과 문제를
한번에 잡는 합격 구성

기출개념
기출문제에 꼭 나오는 핵심개념을 관련 기출문제와 구성하여 한번에 쉽게 이해

단원 최근 빈출문제
단원별로 자주 출제되는 기출문제를 엄선하여 출제 가능성이 높은 필수 기출문제 공략

실전 기출문제
최근 출제되었던 기출문제를 풀면서 실전시험 최종 마무리

이 책의 구성과 특징

01 기출개념

시험에 출제되는 중요한 핵심개념을 체계적으로 정리해 먼저 제시하고 그 개념과 관련된 기출문제를 동시에 학습할 수 있도록 구성하였다.

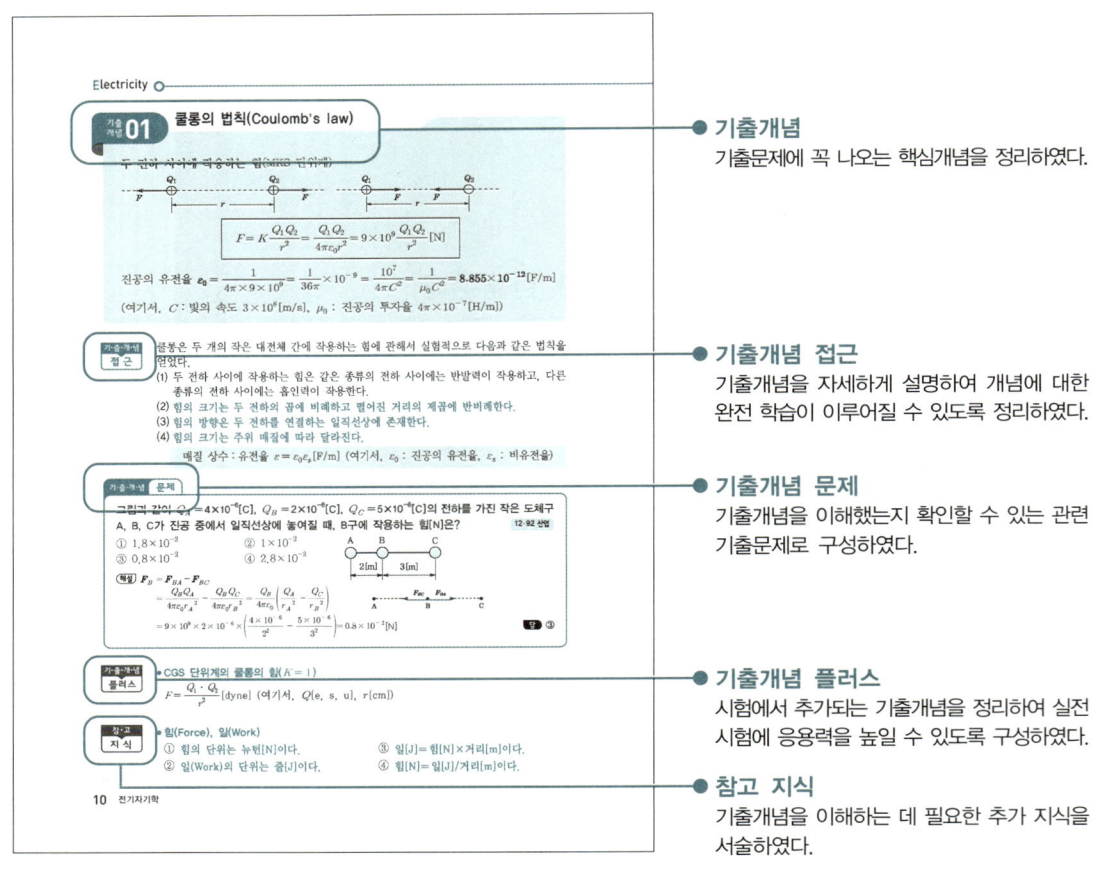

● **기출개념**
기출문제에 꼭 나오는 핵심개념을 정리하였다.

● **기출개념 접근**
기출개념을 자세하게 설명하여 개념에 대한 완전 학습이 이루어질 수 있도록 정리하였다.

● **기출개념 문제**
기출개념을 이해했는지 확인할 수 있는 관련 기출문제로 구성하였다.

● **기출개념 플러스**
시험에서 추가되는 기출개념을 정리하여 실전 시험에 응용력을 높일 수 있도록 구성하였다.

● **참고 지식**
기출개념을 이해하는 데 필요한 추가 지식을 서술하였다.

02 단원별 출제비율

단원별로 다년간 출제문제를 분석한 출제비율을 제시하여 학습방향을 세울 수 있도록 구성하였다.

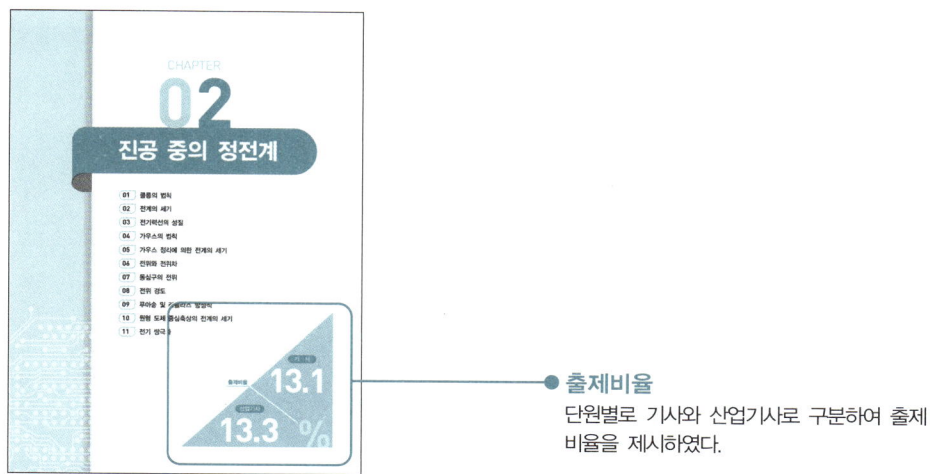

● **출제비율**
단원별로 기사와 산업기사로 구분하여 출제 비율을 제시하였다.

03 단원 최근 빈출문제

자주 출제되는 기출문제를 엄선하여 단원별로 학습할 수 있도록 빈출문제로 구성하였다.

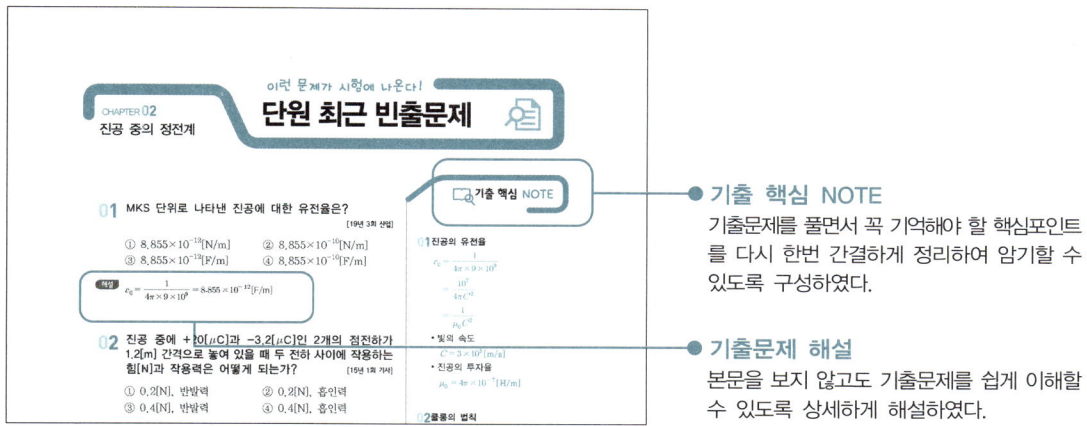

● **기출 핵심 NOTE**
기출문제를 풀면서 꼭 기억해야 할 핵심포인트를 다시 한번 간결하게 정리하여 암기할 수 있도록 구성하였다.

● **기출문제 해설**
본문을 보지 않고도 기출문제를 쉽게 이해할 수 있도록 상세하게 해설하였다.

04 최근 과년도 출제문제

실전시험에 대비할 수 있도록 최근 기출문제를 수록하여 시험에 대한 감각을 기를 수 있도록 구성하였다.

전기자격시험안내

01 시행처
한국산업인력공단

02 시험과목

구분	전기기사	전기산업기사	전기공사기사	전기공사산업기사
필기	1. 전기자기학 2. 전력공학 3. 전기기기 4. 회로이론 및 제어공학 5. 전기설비기술기준	1. 전기자기학 2. 전력공학 3. 전기기기 4. 회로이론 5. 전기설비기술기준	1. 전기응용 및 공사재료 2. 전력공학 3. 전기기기 4. 회로이론 및 제어공학 5. 전기설비기술기준	1. 전기응용 2. 전력공학 3. 전기기기 4. 회로이론 5. 전기설비기술기준
실기	전기설비 설계 및 관리	전기설비 설계 및 관리	전기설비 견적 및 시공	전기설비 견적 및 시공

03 검정방법

[기사]
- **필기** : 객관식 4지 택일형, 과목당 20문항(과목당 30분)
- **실기** : 필답형(2시간 30분)

[산업기사]
- **필기** : 객관식 4지 택일형, 과목당 20문항(과목당 30분)
- **실기** : 필답형(2시간)

04 합격기준
- **필기** : 100점을 만점으로 하여 과목당 40점 이상, 전과목 평균 60점 이상
- **실기** : 100점을 만점으로 하여 60점 이상

출제기준

■ 전기기사, 전기산업기사

주요항목	세부항목
1. 발·변전 일반	(1) 수력발전 (2) 화력발전 (3) 원자력발전 (4) 신재생에너지발전 (5) 변전방식 및 변전설비 (6) 소내전원설비 및 보호계전방식
2. 송·배전선로의 전기적 특성	(1) 선로정수 (2) 전력원선도 (3) 코로나 현상 (4) 단거리 송전선로의 특성 (5) 중거리 송전선로의 특성 (6) 장거리 송전선로의 특성 (7) 분포정전용량의 영향 (8) 가공전선로 및 지중전선로
3. 송·배전방식과 　그 설비 및 운용	(1) 송전방식 (2) 배전방식 (3) 중성점접지방식 (4) 전력계통의 구성 및 운용 (5) 고장계산과 대책
4. 계통보호방식 및 설비	(1) 이상전압과 그 방호 (2) 전력계통의 운용과 보호 (3) 전력계통의 안정도 (4) 차단보호방식
5. 옥내배선	(1) 저압 옥내배선 (2) 고압 옥내배선 (3) 수전설비 (4) 동력설비
6. 배전반 및 제어기기의 　종류와 특성	(1) 배전반의 종류와 배전반 운용 (2) 전력제어와 그 특성 (3) 보호계전기 및 보호계전방식 (4) 조상설비 (5) 전압조정 (6) 원격조작 및 원격제어
7. 개폐기류의 종류와 특성	(1) 개폐기 (2) 차단기 (3) 퓨즈 (4) 기타 개폐장치

이 책의 차례

CHAPTER 01 전선로
기사 6.7% / 산업 6.7%

Section 01. 가공전선로
- 기출개념 01 전선의 구비조건과 구조상 분류 ... 2
- 기출개념 02 전선 재질에 의한 분류 ... 3
- 기출개념 03 전선의 굵기 선정 ... 4
- 기출개념 04 전선의 이도(dip) ... 5
- 기출개념 05 전선의 실제 길이 ... 6
- 기출개념 06 전선의 하중 ... 7
- 기출개념 07 전선의 진동과 도약 ... 8
- 기출개념 08 애자의 설치 목적 및 구비조건 ... 9
- 기출개념 09 애자의 종류 ... 10
- 기출개념 10 애자련의 전압 부담 ... 11
- 기출개념 11 애자의 섬락 특성 ... 12
- 기출개념 12 지지물 ... 13

Section 02. 지중전선로
- 기출개념 01 매설방법과 고장점 검출 ... 14
- 기출개념 02 케이블의 전기적 특성 ... 15
- ■ 단원 최근 빈출문제 ... 16

CHAPTER 02 선로정수 및 코로나   기사 8.7% / 산업 8.7%

기출개념 01 선로정수의 구성 및 특징	22
기출개념 02 선로의 저항과 누설 컨덕턴스	23
기출개념 03 인덕턴스(L)	24
기출개념 04 복도체(다도체) 방식의 인덕턴스	25
기출개념 05 정전용량(C)	26
기출개념 06 충전전류와 충전용량	27
기출개념 07 연가	28
기출개념 08 코로나	29
기출개념 09 복도체(다도체)	31
■ 단원 최근 빈출문제	32

CHAPTER 03 송전선로 특성   기사 18.0% / 산업 18.1%

기출개념 01 단거리 송전선로 해석	40
기출개념 02 단거리 송전선로 전압과의 관계	42
기출개념 03 4단자 정수($ABCD$ parameter 일반 회로정수)	44
기출개념 04 중거리 송전선로 해석	46
기출개념 05 송전선로 시험	48
기출개념 06 페란티 현상(효과)	49
기출개념 07 장거리 송전선로 해석	50
기출개념 08 송전전압 및 송전용량 계산	52
기출개념 09 전력원선도	53
기출개념 10 조상설비	54
기출개념 11 전력용 콘덴서 설비	55
기출개념 12 안정도	57
■ 단원 최근 빈출문제	59

CHAPTER 04 중성점 접지와 유도장해 기사 8.0% / 산업 7.7%

기출개념 01 중성점 접지 목적	76
기출개념 02 중성점 비접지방식	77
기출개념 03 중성점 직접접지방식	79
기출개념 04 중성점 소호 리액터 접지방식(=P.C 접지방식)	81
기출개념 05 중성점 잔류전압(E_n)	83
기출개념 06 정전유도	84
기출개념 07 전자유도	85
기출개념 08 유도장해 경감대책	86
■ 단원 최근 빈출문제	87

CHAPTER 05 고장 계산 기사 6.7% / 산업 5.6%

기출개념 01 옴[Ω]법	96
기출개념 02 퍼센트[%]법	97
기출개념 03 PU(Per Unit)법	99
기출개념 04 대칭좌표법에 의한 고장해석 기본 이론	100
기출개념 05 1선 지락과 2선 지락 고장해석	101
기출개념 06 선간단락과 3상 단락 고장해석	102
기출개념 07 영상회로, 정상회로, 역상회로	103
■ 단원 최근 빈출문제	104

CHAPTER 06 이상전압 기사 8.7% / 산업 7.7%

기출개념 01 이상전압의 종류	112
기출개념 02 진행파의 반사와 투과	113
기출개념 03 가공지선	114
기출개념 04 매설지선	115

기출개념 05	피뢰기(Lighting Arrester, LA)	116
기출개념 06	피뢰기 관련 용어	117
기출개념 07	절연 협조	119
■ 단원 최근 빈출문제		120

CHAPTER 07 전력 개폐장치   기사 14.0% / 산업 18.1%

기출개념 01	보호계전방식과 계전기 구비조건	126
기출개념 02	계전기 동작에 의한 분류	127
기출개념 03	계전기 기능(용도)상 분류	128
기출개념 04	기기 및 선로 단락보호계전기	130
기출개념 05	차단기의 정격과 동작 책무	131
기출개념 06	차단기 종류	132
기출개념 07	단로기(DS ; Disconnecting Switch)	134
기출개념 08	개폐기	135
기출개념 09	전력퓨즈(PF)	136
기출개념 10	계기용 변성기	137
기출개념 11	영상전류와 영상전압 측정방법	138
기출개념 12	송전방식	139
■ 단원 최근 빈출문제		140

CHAPTER 08 배전선로 공급방식   기사 6.7% / 산업 5.7%

기출개념 01	배전선로의 구성	152
기출개념 02	배전방식	152
기출개념 03	배전선로의 전기공급방식	155
기출개념 04	단상 2선식을 기준한 1선당 공급전력	157
기출개념 05	전기방식별 전류비·저항비·중량비	158
기출개념 06	배전선로의 전압과의 관계	160
■ 단원 최근 빈출문제		161

CHAPTER 09 배전선로 설비 및 운용   기사 11.0% / 산업 9.7%

- 기출개념 01 배전선로의 전기적 특성 … 168
- 기출개념 02 수요와 부하 … 170
- 기출개념 03 역률 개선 … 174
- 기출개념 04 배전선로 보호 협조 … 176
- 기출개념 05 배전선로 전압조정 … 177
- 단원 최근 빈출문제 … 179

CHAPTER 10 수력발전   기사 5.7% / 산업 5.7%

- 기출개념 01 수력발전방식 … 186
- 기출개념 02 수력발전소의 출력 … 186
- 기출개념 03 수력학 … 187
- 기출개념 04 하천 유량 … 187
- 기출개념 05 수력발전소의 계통 … 188
- 기출개념 06 수차 … 189
- 기출개념 07 수차의 특성 … 189
- 기출개념 08 캐비테이션(cavitation) 현상 … 190
- 단원 최근 빈출문제 … 191

CHAPTER 11 화력발전   기사 4.3% / 산업 4.3%

- 기출개념 01 열역학 … 198
- 기출개념 02 화력발전의 열사이클 … 198
- 기출개념 03 보일러 및 부속설비 … 199
- 기출개념 04 복수기 및 급수장치 … 199
- 기출개념 05 화력발전소의 효율 … 200
- 단원 최근 빈출문제 … 201

CHAPTER 12 원자력발전

기사 1.5% / 산업 2.0%

- 기출개념 01 원자력발전의 원리 ··· 206
- 기출개념 02 원자로의 구성 ··· 206
- 기출개념 03 원자로의 종류 ··· 207
- 단원 최근 빈출문제 ··· 208

부 록

과년도 출제문제

"할 수 있다고 믿는 사람은 그렇게 되고,
할 수 없다고 믿는 사람 역시 그렇게 된다."

- 샤를 드골 -

CHAPTER 01

전선로

Section 01. 가공전선로
- 01 전선의 구비조건과 구조상 분류
- 02 전선 재질에 의한 분류
- 03 전선의 굵기 선정
- 04 전선의 이도(dip)
- 05 전선의 실제 길이
- 06 전선의 하중
- 07 전선의 진동과 도약
- 08 애자의 설치 목적 및 구비조건
- 09 애자의 종류
- 10 애자련의 전압 부담
- 11 애자의 섬락 특성
- 12 지지물

Section 02. 지중전선로
- 01 매설방법과 고장점 검출
- 02 케이블의 전기적 특성

출제비율
기 사 6.7
산업기사 6.7 %

CHAPTER 01 전선로

기출개념 01 전선의 구비조건과 구조상 분류

[1] 전선의 구비조건
① 도전율이 클 것
② 기계적 강도가 클 것
③ 비중(밀도)이 적을 것
④ 가선작업이 용이할 것
⑤ 내구성이 있을 것
⑥ 가격이 저렴할 것

[2] 전선 구조상 분류

(1) 단선 : 1가닥의 전선

- 규격 : 지름
- 단위 : [mm]

(2) 연선 : 단선을 수가닥 꼬아 만든 전선

- 규격 : **단면적**
- 단위 : [mm^2]
- 동심연선 : 1개의 소선을 중심으로 소선을 몇 층 꼬아서 만든 전선
- 피치서클 : 각 소선의 중심을 통과하는 원
- 층수(n) : 피치서클의 수

① 소선의 총수(N)
$$N = 1 + 6 + 12 + 18 + \cdots n = 1 + 6(1 + 2 + 3 + \cdots n)$$
$$= 1 + 6\frac{n(n+1)}{2} = 1 + 3n(n+1)$$

② 연선의 바깥지름(D)
$$D = (1 + 2n)d \, [\text{mm}]$$

③ 연선의 단면적(A)
$$A = aN = \frac{\pi d^2}{4} N [\text{mm}^2]$$

기·출·개·념 문제

가공전선로에 사용하는 전선의 구비조건으로 옳지 않은 것은?   14·10·01 기사 / 94 산업

① 비중(밀도)이 클 것   ② 도전율이 높을 것
③ 기계적인 강도가 클 것   ④ 내구성이 있을 것

(해설) 비중이 적을 것, 즉 전선은 가벼울수록 좋다.   **답** ①

Section 01. 가공전선로

기출개념 02. 전선 재질에 의한 분류

[1] 동선

① 연동선 : 고유저항 $\rho = \dfrac{1}{58}[\Omega\text{mm}^2/\text{m}]$, %도전율 $C = 100[\%]$

② 경동선 : 고유저항 $\rho = \dfrac{1}{55}[\Omega\text{mm}^2/\text{m}]$, %도전율 $C = 97[\%]$

[2] 알루미늄선

고유저항 $\rho = \dfrac{1}{35}[\Omega\text{mm}^2/\text{m}]$, %도전율 $C = 61[\%]$, 인장강도 : $16 \sim 18[\text{kg/mm}^2]$

[3] 강선

%도전율 $C = 10[\%]$, 인장강도 : $55 \sim 140[\text{kg/mm}^2]$

[4] 합성연선

2종류 이상의 금속선을 꼬아서 만든 전선

* 강심 알루미늄 연선(ACSR)

   경알루미늄선을 인장강도가 큰 강선이나 강연선에 꼬아 만든 전선

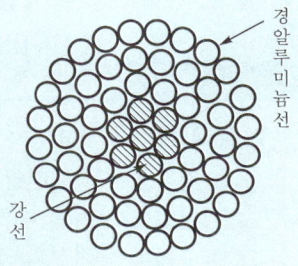

▮ACSR의 단면도▮

▮강심알루미늄 연선과 경동선의 비교▮

구 분	직 경	비 중	기계적 강도	도전율
경동선	1	1	1	97[%]
ACSR	1.4~1.6	0.8	1.5~2.0	61[%]

ACSR 전선이 경동선에 비해 바깥지름은 크고, 중량은 가볍다.

기·출·개념 문제

ACSR은 동일한 길이에서 동일한 전기저항을 갖는 경동 연선에 비하여 어떠한가?

14·99·96 기사 / 03·93 산업

① 바깥지름은 크고, 중량은 크다.
② 바깥지름은 크고, 중량은 작다.
③ 바깥지름은 작고, 중량은 크다.
④ 바깥지름은 작고, 중량은 작다.

[해설] 강심 알루미늄 연선(ACSR)은 경동 연선에 비해 직경은 1.4~1.6배, 비중은 0.8배, 기계적 강도는 1.5~2배 정도이다. 그러므로 ACSR은 동일한 길이, 동일한 저항을 갖는 연동 연선에 비해 바깥지름은 크고 중량은 작다.

답 ②

CHAPTER 01 전선로

기출개념 03 전선의 굵기 선정

[1] 켈빈의 법칙
전선 단위길이당 시설비에 대한 1년간 이자와 감가상각비 등을 계산한 값과 단위길이당 1년간 손실 전력량을 요금으로 환산한 금액이 같아질 때 전선의 굵기가 가장 경제적이다.

[2] 전선의 굵기 선정 시 고려사항
① 허용전류 : 전선의 허용온도를 넘지 않는 상태에서 연속으로 흘릴 수 있는 전류의 값으로 절연재료와 굵기에 따라 변화한다.
② 기계적 강도
③ 전압강하

기·출·개·념 문제

1. 다음 중 켈빈(Kelvin) 법칙이 적용되는 것은?   11·03·94 기사 / 97 산업
① 경제적인 송전전압을 결정하고자 할 때
② 일정한 부하에 대한 계통 손실을 최소화하고자 할 때
③ 경제적 송전선의 전선의 굵기를 결정하고자 할 때
④ 화력발전소군의 총 연료비가 최소가 되도록 각 발전기의 경제 부하 배분을 하고자 할 때

(해설) 전선 단위길이의 시설비에 대한 1년간 이자와 감가상각비 등을 계산한 값과 단위길이의 1년간 손실 전력량을 요금으로 환산한 금액이 같아질 때 전선의 굵기가 가장 경제적이다.

$$\sigma = \sqrt{\frac{WMP}{\rho N}} = \sqrt{\frac{8.89 \times 55 MP}{N}} \, [\text{A/mm}^2]$$

여기서, σ : 경제적인 전류밀도 [A/mm^2]
W : 전선 중량 8.89×10^{-3} [kg/mm$^2 \cdot$ m]
M : 전선 가격 [원/kg]
P : 전선비에 대한 연경비 비율
ρ : 저항률 $\frac{1}{55}$ [Ω/mm^2- m]
N : 전력량의 가격 [원/kW/년]

답 ③

2. 옥내 배선의 전선 굵기를 결정할 때 고려해야 할 사항으로 틀린 것은?   19·18·17 기사
① 허용전류
② 전압강하
③ 배선방식
④ 기계적 강도

(해설) 전선 굵기 결정 시 고려사항은 허용전류, 전압강하, 기계적 강도이다.

답 ③

기출개념 04 전선의 이도(dip)

전선이 지지점의 수평선에서 최대 늘어진 길이를 이도라 한다.

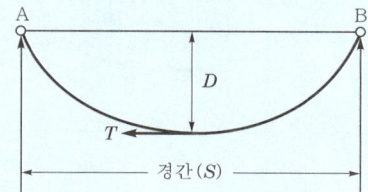

[1] 이도(dip)

$$D = \frac{WS^2}{8T}\,[\text{m}]$$

여기서, W : 전선의 중량[kg/m], T : 수평장력[kg]

$$\text{안전율} = \frac{\text{인장하중}}{\text{수평장력}}$$

이도는 경간의 제곱과 전선의 중량에 비례하고, 수평장력에 반비례한다.

[2] 이도(dip)의 영향

① 이도의 대소는 지지물의 높이를 좌우한다.
② 이도가 너무 크면 그만큼 좌우로 크게 진동해서 다른 상의 전선에 접촉하거나 수목에 접촉해서 위험을 준다.
③ 이도가 너무 작으면 그와 반비례해서 전선의 장력이 증가하여 심할 경우에 전선이 단선되기도 한다.

기·출·개·념 문제

1. 경간 200[m]의 지지점이 수평인 가공전선로가 있다. 전선 1[m]의 하중은 2[kg], 풍압하중은 없는 것으로 하고 전선의 인장하중은 4,000[kg], 안전율을 2.2로 하면 이도[m]는?

15·14·99 기사 / 96 산업

① 4.7   ② 5   ③ 5.5   ④ 6

(해설) $D = \dfrac{WS^2}{8T} = \dfrac{2 \times 200^2}{8 \times \dfrac{4,000}{2.2}} = 5.5\,[\text{m}]$

답 ③

2. 가공전선로에서 전선의 단위길이당 중량과 경간이 일정할 때 이도는 어떻게 되는가? 03·97 산업

① 전선의 장력에 비례한다.   ② 전선의 장력에 반비례한다.
③ 전선의 장력의 제곱에 비례한다.   ④ 전선의 장력의 제곱에 반비례한다.

(해설) 이도 $D = \dfrac{WS^2}{8T}\,[\text{m}]$이므로 하중과 경간의 제곱에 비례하고, 전선의 장력에는 반비례한다.

답 ②

제1장 전선로 **5**

CHAPTER 01 전선로

기출개념 05 전선의 실제 길이

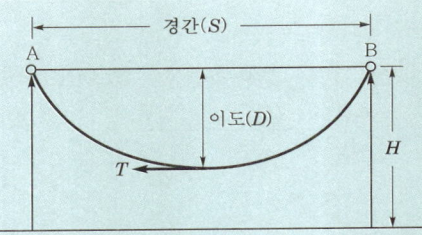

[1] 전선의 실제 길이

$$L = S + \frac{8D^2}{3S}[\text{m}]$$

전선의 실제 길이는 경간 S보다 $\frac{8D^2}{3S}$만큼 더 길게 되고 이 값은 **경간 S에 비해 약 0.1[%]** 정도로 아주 적다.

[2] 지지점의 장력

$T_A = T_B$는 수평장력(T)에 전선 중량(W)와 이도(D)의 곱을 더한 것과 같다.
$T_A = T_B = T + WD[\text{kg}]$

[3] 전선의 평균 높이

$$h = H - \frac{2}{3}D[\text{m}]$$

여기서, H : 전선의 지지점 높이

[4] 온도 변화에 대한 이도와 전선의 실제 길이

① 전선의 실제 길이 : $L_2 = L_1 \pm \alpha t S[\text{m}]$ 여기서, α : 선팽창계수

② 이도 : $D_2 = \sqrt{D_1^2 \pm \frac{3}{8}\alpha t S^2}[\text{m}]$

기·출·개·념 문제

경간 200[m]의 가공전선로가 있다. 전선 1[m]당의 하중은 2.0[kg], 풍압하중은 없는 것으로 하면 인장하중 4,000[kg]의 전선을 사용할 때 이도 및 전선의 실제 길이는 각각 몇 [m]인가? (단, 안전율은 2.0으로 한다.)
10 기사 / 89 산업

① 이도 : 5, 길이 : 200.33
② 이도 : 5.5, 길이 : 200.3
③ 이도 : 7.5, 길이 : 222.3
④ 이도 : 10, 길이 : 201.33

[해설] • 이도 $D = \frac{WS^2}{8T} = \frac{2 \times 200^2}{8 \times \frac{4,000}{2}} = 5[\text{m}]$

• 전선의 실제 길이 $L = S + \frac{8D^2}{3S} = 200 + \frac{8 \times 5^2}{3 \times 200} = 200.33[\text{m}]$

답 ①

기출개념 06 전선의 하중

[1] 수직하중

① 전선의 자중 : W_c [kg/m]

② 빙설하중 : $W_i = 0.9 \times \frac{\pi}{4}[(d+12)^2 - d^2] \times 10^{-3}$ [kg/m] $= 5.4\pi(d+6) \times 10^{-3}$ [kg/m]

[2] 수평하중

풍압하중 : W_w [kg/m]

① 빙설이 적은 지방 : $W_w = \dfrac{Pkd}{1,000}$ [kg/m]

② 빙설이 많은 지방 : $W_w = \dfrac{Pk(d+12)}{1,000}$ [kg/m]

여기서, P : 풍압 [kg/m^2], d : 전선의 지름 [mm], k : 전선 표면계수

[3] 합성하중

$$W = \sqrt{(W_c + W_i)^2 + W_w^2} \text{ [kg/m]}$$

[4] 전선의 부하계수

전선에 걸리는 합성하중과 전선자중과의 비

$$부하계수 = \frac{합성하중}{전선자중} = \frac{\sqrt{(W_c + W_i)^2 + W_w^2}}{W_c}$$

기·출·개념 문제

1. 풍압이 P [kg/m^2]이고 빙설이 많지 않은 지방에서 직경이 d [mm]인 전선 1[m]가 받는 풍압 [kg/m]은 표면계수를 k라고 할 때 얼마가 되겠는가?
<small>13·94·88 산업</small>

① $\dfrac{P(d+12)}{1,000}$ ② $\dfrac{Pk(d+6)}{1,000}$ ③ $\dfrac{Pkd}{1,000}$ ④ $\dfrac{Pkd^2}{1,000}$

(해설) 빙설이 많지 않은 지방은 전선에 빙설이 부착하지 않았으므로 빙설의 두께를 가산할 필요가 없으므로 $W_w = \dfrac{Pkd}{1,000}$ [kg/m]

답 ③

2. 가해지는 하중으로 전선의 자중을 W_c, 풍압을 W_w, 빙설하중을 W_i라 할 때 고온계 하중 시의 전선의 부하계수는?
<small>94 산업</small>

① $\dfrac{\sqrt{W_c^2 + W_w^2}}{W_c}$ ② $\dfrac{W_c}{\sqrt{W_c^2 + W_w^2}}$ ③ $\dfrac{\sqrt{W_c^2 + W_w^2}}{W_i}$ ④ $\dfrac{W_i}{\sqrt{W_c^2 + W_w^2}}$

(해설) 고온계에서는 빙설하중이 없으므로 $W_i = 0$이다. 그러므로 부하계수 $= \dfrac{\sqrt{W_c^2 + W_w^2}}{W_c}$ 이다.

답 ①

CHAPTER 01 전선로

기출개념 07 전선의 진동과 도약

[1] 전선의 진동

바람에 의해 발생되며 전선이 가볍고 선로가 긴 경우 심해지며 진동이 계속되면 전선 피로현상으로 단선사고가 발생된다.

* 진동방지대책
  ① 댐퍼(damper) 설치
    ㉠ 토셔널 댐퍼(torsional damper) : 상하진동 방지
    ㉡ 스토크 브리지 댐퍼(stock bridge damper) : 좌우진동 방지
  ② 아머로드(armor rod) 설치
  ③ 클램프

[2] 전선의 도약

수직배열 시 전선 주위의 빙설이 갑자기 떨어지면서 튀어올라 상부 전선과 혼촉 단락되는 현상
* 방지대책 : 오프셋(off-set) 설치

기·출·개념 문제

1. 송전선에 댐퍼(damper)를 다는 이유는? [18 기사 / 16·11·09·08·01·94·89 산업]

① 전선의 진동 방지 ② 전선의 이탈 방지
③ 코로나의 방지 ④ 현수애자의 경사 방지

(해설) 진동방지대책으로 댐퍼(damper) 설치, 아머로드가 있다. **답 ①**

2. 가공전선로의 진동을 방지하기 위한 방법으로 옳지 않은 것은? [09·04·00 산업]

① 토셔널 댐퍼(torsional damper)의 설치
② 스프링 피스톤 댐퍼와 같은 진동 제지권을 설치
③ 경동선을 ACSR로 교환
④ 클램프나 전선 접촉기 등을 가벼운 것으로 바꾸고, 클램프 부근에 적당한 전선을 첨가

(해설) 전선의 진동은 전선이 가볍고, 선로가 긴 경우 심해지므로 진동 방지를 위해 ACSR를 경동선으로 교환한다. **답 ③**

3. 3상 수직 배치인 선로에서 오프셋(off-set)을 주는 이유는? [95 기사 / 09·08·96·93 산업]

① 전선의 진동 억제 ② 단락 방지
③ 철탑 중량 감소 ④ 전선의 풍압 감소

(해설) 전선 도약으로 생기는 상하 전선 간의 단락을 방지하기 위해 오프셋(off-set)을 준다. **답 ②**

기출개념 08 애자의 설치 목적 및 구비조건

[1] 설치 목적

전선을 지지물에 지지하고 전선과 지지물 사이에 절연간격 유지

[2] 애자의 구비조건

① 충분한 기계적 강도를 가질 것
② 각종 이상전압에 대해서 충분한 절연내력 및 절연저항을 가질 것
③ 비, 눈 등에 대해 전기적 표면저항을 가지고 누설전류가 적을 것
④ 송전전압하에서는 코로나 방전을 일으키지 않고 일어나더라도 파괴되거나 상처를 남기지 않을 것
⑤ 온도 및 습도 변화에 잘 견디고 수분을 흡수하지 말 것
⑥ 내구성이 있고 가격이 저렴할 것

기·출·개·념 문제

1. 애자가 갖추어야 할 구비조건으로 옳은 것은?   11 기사 / 01·00·95 산업

① 온도의 급변에 잘 견디고 습기도 잘 흡수하여야 한다.
② 지지물에 전선을 지지할 수 있는 충분한 기계적 강도를 갖추어야 한다.
③ 비, 눈, 안개 등에 대해서도 충분한 절연저항을 가지며 누설전류가 많아야 한다.
④ 선로전압에는 충분한 절연내력을 가지며, 이상전압에는 절연내력이 매우 작아야 한다.

(해설) 애자는 온도의 급변에 잘 견디고, 습기나 물기 등은 잘 흡수하지 않아야 한다.   **답 ②**

2. 송전선로에 사용되는 애자의 특성이 나빠지는 원인으로 볼 수 없는 것은?   13·04·00 기사

① 애자 각 부분의 열팽창 상이
② 전선 상호간의 유도장해
③ 누설전류에 의한 편열
④ 시멘트의 화학 팽창 및 동결 팽창

(해설) 애자의 열화 원인
- 제조상의 결함
- 애자 각 부분의 열팽창 및 온도 상이
- 시멘트의 화학 팽창 및 동결 팽창
- 전기적인 스트레스
- 누설전류에 의한 편열
- 코로나

답 ②

CHAPTER 01 전선로

기출개념 09 애자의 종류

[1] 핀애자
66[kV] 이하 전선로에 사용(실제 30[kV] 이하에 적용)

[2] 장간애자
원통형의 긴 애자로 특성상 열화가 거의 없고 세척효과가 우수하다. 장경간선로나 코로나 방지 및 해안지역에 설치한다.

[3] 현수애자

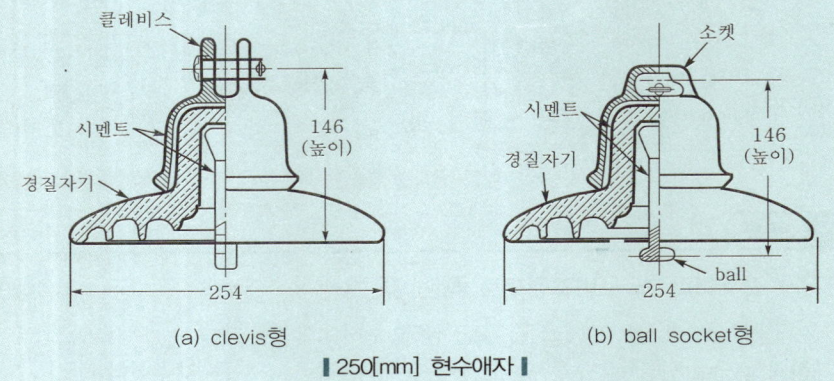

∥ 250[mm] 현수애자 ∥

∥ 전압별 애자의 개수 ∥

전압[kV]	22.9[kV]	66[kV]	154[kV]	345[kV]	765[kV]
개 수	2~3개	4~6개	9~11개	19~23개	38~43개

기·출·개념 문제

1. 우리나라에서 가장 많이 사용하는 현수애자의 표준은 몇 [mm]인가?   02·98 산업
① 160   ② 250
③ 280   ④ 320

[해설] 우리나라에서 많이 사용하는 현수애자 표준은 250[mm]와 180[mm]형이다.   답 ②

2. 4개를 한 줄로 이어 단 표준 현수애자를 사용하는 송전선 전압[kV]은?   12·90 산업
① 22   ② 66
③ 154   ④ 345

[해설] 현수애자 1련의 수량

22.9[kV]	66[kV]	154[kV]	345[kV]
2~3개	4~6개	9~11개	19~23개

답 ②

기출개념 10 애자련의 전압 부담

[1] 애자련의 전압 부담(현수애자 10개 기준)

① 전압 부담이 최소인 애자
- 철탑에서 3번째 애자
- 전선로에서 8번째 애자

② 전압 부담이 최대인 애자
  전선로에 가장 가까운 애자

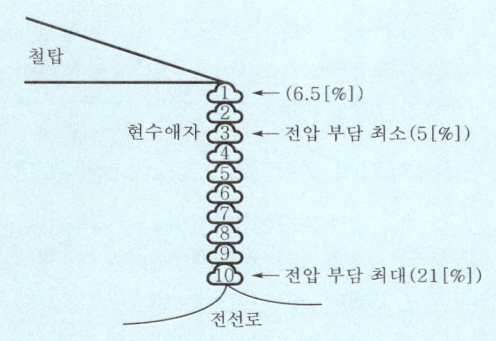

[2] 애자련 보호대책

① 아킹 혼(arcing horn) : 소(초)호각
② 아킹 링(arcing ring) : 소(초)호환

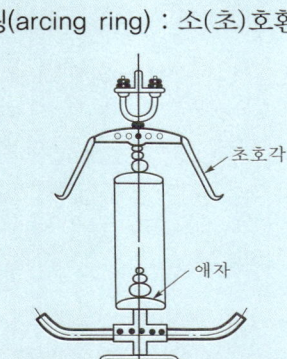

| 소호각 |

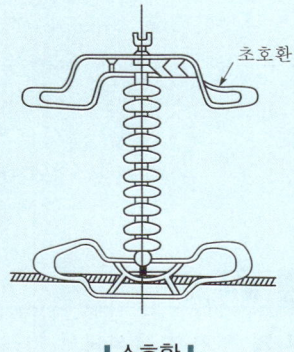

| 소호환 |

기·출·개·념 문제

1. 가공전선로에 사용되는 애자련 중 전압 부담이 최소인 것은? 13·08·00·93 산업

① 철탑에 가까운 곳
② 전선에 가까운 곳
③ 철탑으로부터 $\frac{1}{3}$ 길이에 있는 것
④ 중앙에 있는 것

(해설) 철탑에 사용하는 현수애자의 전압 부담은 전선 쪽에 가까운 것이 제일 크고 철탑 쪽에서 $\frac{1}{3}$ 정도 길이에 있는 현수애자의 전압 부담이 제일 작다.   답 ③

2. 소호환(arcing ring)의 설치 목적은? 13·11·04·97 산업

① 애자련의 보호
② 클램프의 보호
③ 이상전압 발생의 방지
④ 코로나손의 방지

(해설) 소호각·소호환의 설치 목적은 애자련의 전압을 균등하게 하여 애자련을 보호한다.   답 ①

CHAPTER 01 전선로

기출개념 11 애자의 섬락 특성

애자의 양단에 전압을 가하고 점차 높여주면 애자 자체는 이상이 없더라도 공기를 통하여 양전극 간에 지속적인 아크가 발생하는 현상을 섬락이라고 하며, 이때의 전압을 섬락전압이라고 한다.

[1] 애자의 섬락전압(250[mm] 현수애자 1개 기준)

① 건조섬락전압 : 80[kV]
② 주수섬락전압 : 50[kV]
③ 충격섬락전압 : 125[kV]
④ 유중파괴전압 : 140[kV]

[2] 애자의 연효율(연능률)

$$\text{연능률 } \eta = \frac{V_n}{nV_1} \times 100[\%]$$

여기서, V_n : 애자련의 섬락전압
V_1 : 현수애자 1개의 섬락전압
n : 1련의 애자의 개수

기·출·개·념 문제

1. 애자의 전기적 특성에서 가장 높은 전압은? [95 기사]

① 건조섬락전압 ② 주수섬락전압
③ 충격섬락전압 ④ 유중파괴전압

[해설] 현수애자 250[mm]형 섬락전압[kV]
- 건조섬락전압 : 80[kV]
- 주수섬락전압 : 50[kV]
- 충격섬락전압 : 125[kV]
- 유중파괴전압 : 140[kV]

답 ④

2. 250[mm] 현수애자 한 개의 건조섬락전압은 80[kV]이다. 이것을 10개 직렬로 접속한 애자련의 건조섬락전압이 590[kV]일 때 연능률(string efficiency)은? [97·96 산업]

① 1.35 ② 13.5
③ 0.74 ④ 7.4

[해설] $\eta = \dfrac{V_n}{nV_1} = \dfrac{590}{10 \times 80} = 0.74$

답 ③

기출개념 12 지지물

[1] 지지물의 종류
목주, 철근콘크리트주, 철주, 철탑

[2] 지선

(1) 설치 목적

　지지물의 강도를 보강하고 전선로의 평형 유지

(2) 지선의 장력

① 지선장력

$$T_o = \frac{T}{\cos\theta}\,[\text{kg}]$$

$$\cos\theta = \frac{a}{\sqrt{h^2+a^2}}$$

$$\boxed{T_o = \frac{\sqrt{h^2+a^2}}{a} \times T\,[\text{kg}]}$$

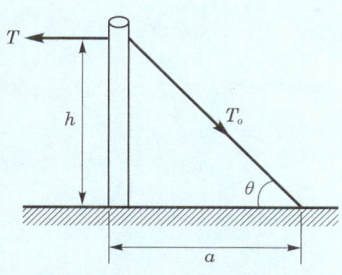

② 지선의 가닥수

$$\boxed{n = \frac{T_o}{T'} \times k\,(가닥)}$$

여기서, T' : 소선 1가닥의 인장하중

　　　　k : 지선의 안전율

기·출·개·념 문제

그림과 같이 지선을 가설하여 전주에 가해진 수평장력 800[kg]을 지지하고자 한다. 지선으로서 4[mm] 철선을 사용한다고 하면 몇 가닥 사용해야 하는가? (단, 4[mm] 철선 1가닥의 인장하중은 440[kg]으로 하고 안전율은 2.5이다.)　　　　**93 산업**

① 7
② 8
③ 9
④ 10

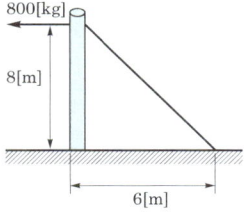

(해설) $T_o = \dfrac{T}{\cos\theta} = \dfrac{800}{\dfrac{6}{\sqrt{8^2+6^2}}} = 1.333\,[\text{kg}]$

∴ $n = \dfrac{2.5 \times 1.333}{440} = 7.57 \fallingdotseq 8$ 가닥　　　**답** ②

CHAPTER 01 전선로

기출개념 01 매설방법과 고장점 검출

[1] 매설방법

(1) 직접 매설식(직매식)

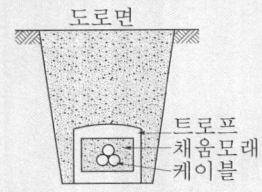

(2) 관로 인입식(관로식)

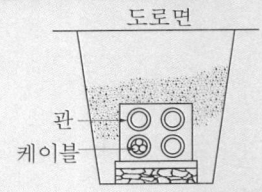

(3) 암거식

공동구식도 암거식의 일종이다.

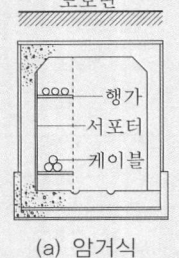

(a) 암거식

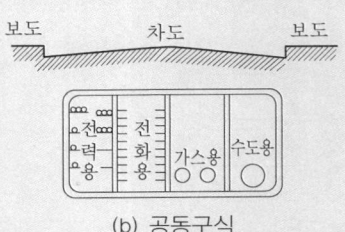

(b) 공동구식

[2] 고장점 검출방법

(1) 머레이 루프법
  휘스톤 브리지 원리를 이용하는 방식으로 케이블의 선로 임피던스를 이용하여 고장점 위치를 찾아내는 방법

(2) 정전용량 계산법
  구조가 같은 케이블은 정전용량이 길이에 비례하는 것을 이용하여 사고 선로와 건전 상의 선로의 정전용량을 비교하여 고장점을 탐색하는 방법

(3) 수색 코일법
  지중 케이블의 고장점을 지상으로부터 탐색 코일과 수화기로서 검출하는 방법

(4) 펄스 인가법
  펄스를 케이블에 가하면 진행하는 펄스가 고장점에서 반사되어 되돌아오는 데 걸리는 시간을 거리로 환산하여 고장점을 찾아내는 방법

(5) 음향법
  고장 케이블에 고전압의 펄스를 보내어 고장점에서 발생하는 방전음을 이용하여 고장 점을 찾아내는 방법

기·출·개념 문제

지중 케이블에 있어서 고장점을 찾는 방법이 아닌 것은?   03·96·92 산업

① 머레이 루프 시험기에 의한 방법　　② 메거(megger)
③ 수색 코일에 의한 방법　　　　　　　④ 펄스에 의한 측정법

(해설) 메거 : 절연저항 측정기

답 ②

○ Section 02. 지중전선로 ○

기출개념 02 케이블의 전기적 특성

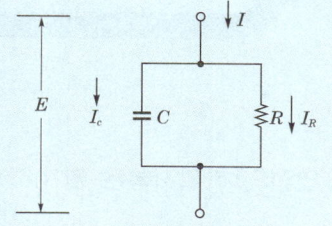 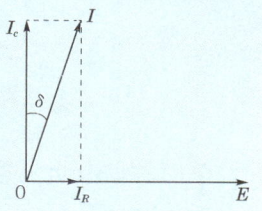

[1] 케이블의 전력 손실
(1) 저항손
$$P = I^2 R$$
(2) 유전체손
① 단심 케이블
$$P_c = EI_R = EI_c \tan\delta = \omega CE^2 \tan\delta = 2\pi f CE^2 \tan\delta \,[\text{W/m}]$$
② 3심 케이블
$$P_c = 3\omega CE^2 \tan\delta = 3\omega C\left(\frac{V}{\sqrt{3}}\right)^2 \tan\delta = \omega CV^2 \tan\delta \,[\text{W/m}]$$
여기서, E : 상전압, V : 선간전압
(3) 연피손
도체 통전 중일 때 도체로부터 **전자유도작용**으로 연피에 전압이 유기되어 생기는 손실

[2] 케이블의 선로정수
(1) 저항
케이블의 도체는 연동선이 사용된다.
(2) 인덕턴스
단심 케이블인 경우
$$L = 0.05 + 0.4605\log_{10}\frac{D}{d}\,[\text{mH/km}]$$
여기서, d : 도체 외경, D : 절연체 외경(연피의 내경)
(3) 정전용량
단심 케이블인 경우
$$C = \frac{0.02413\varepsilon}{\log_{10}\frac{D}{d}}\,[\mu\text{F/km}]$$
지중전선로의 정전용량은 가공전선로에 비해 100배 정도이다.

기·출·개·념 문제

1. 케이블의 전력 손실과 관계가 없는 것은? 06·99 산업
① 도체의 저항손 ② 유전체손 ③ 연피손 ④ 철손

(해설) 케이블 손실은 저항손, 유전체손, 연피손이 있다.   **답** ④

2. 지중선 계통은 가공선 계통에 비하여 인덕턴스와 정전용량은 어떠한가?
13·02·95 기사/12·01·99 산업
① 인덕턴스, 정전용량이 모두 크다. ② 인덕턴스, 정전용량이 모두 작다.
③ 인덕턴스는 크고, 정전용량은 작다. ④ 인덕턴스는 작고, 정전용량은 크다.

(해설) 지중전선로는 가공전선로보다 인덕턴스는 약 $\frac{1}{6}$ 정도이고, 정전용량은 100배 정도이다.   **답** ④

CHAPTER 01 전선로

단원 최근 빈출문제

01 19/1.8[mm] 경동 연선의 바깥지름은 몇 [mm]인가? [17년 1회 산업]

① 5 ② 7
③ 9 ④ 11

해설 19가닥은 중심선을 뺀 층수가 2층이므로
$D = (2n+1) \cdot d = (2 \times 2 + 1) \times 1.8 = 9[\text{mm}]$

02 가공전선로에 사용하는 전선의 굵기를 결정할 때 고려할 사항이 아닌 것은? [17년 1회 기사]

① 절연저항 ② 전압강하
③ 허용전류 ④ 기계적 강도

해설 가공전선의 굵기 결정 시 고려사항
- 허용전류
- 전압강하
- 기계적 강도
- 전력 손실
- 코로나
- 경제성

03 켈빈(Kelvin)의 법칙이 적용되는 경우는? [19년 1회 기사]

① 전압강하를 감소시키고자 하는 경우
② 부하 배분의 균형을 얻고자 하는 경우
③ 전력 손실량을 축소시키고자 하는 경우
④ 경제적인 전선의 굵기를 선정하고자 하는 경우

해설 켈빈의 법칙
전선의 단위길이 내에서 연간 손실되는 전력량에 대한 전기요금과 단위길이의 전선값에 대한 금리, 감가상각비 등의 연간 경비의 합계가 같게 되는 전선 단면적이 가장 경제적인 전선의 단면적이다.

04 경간 200[m], 장력 1,000[kg], 하중 2[kg/m]인 가공전선의 이도(dip)는 몇 [m]인가? [17년 1회 기사]

① 10 ② 11
③ 12 ④ 13

해설 이도 $D = \dfrac{WS^2}{8T} = \dfrac{2 \times 200^2}{8 \times 1,000} = 10[\text{m}]$

 기출 핵심 NOTE

01 동심 연선
- 소선의 총수
$N = 1 + 3n(n+1)$
$n = 1 : N = 7$가닥
$n = 2 : N = 19$가닥
- 연선의 바깥지름
$D = (1 + 2n)d$

02 전선의 굵기 선정 3대 요소
- 허용전류
- 기계적 강도
- 전압강하

03 켈빈의 법칙
가장 경제적인 전선 굵기 선정 법칙

04 전선의 이도
$D = \dfrac{WS^2}{8T}[\text{m}]$

정답 01.③ 02.① 03.④ 04.①

05 전주 사이의 경간이 80[m]인 가공전선로에서 전선 1[m]당 하중이 0.37[kg], 전선의 이도가 0.8[m]일 때 수평장력은 몇 [kg]인가? [18년 1회 산업]

① 330 ② 350
③ 370 ④ 390

해설 이도 $D = \dfrac{WS^2}{8T}$ 에서

수평장력 $T = \dfrac{WS^2}{8D} = \dfrac{0.37 \times 80^2}{8 \times 0.8} = 370[\text{kg}]$

06 가공선로에서 이도를 D[m]라 하면 전선의 실제 길이는 경간 S[m]보다 얼마나 차이가 나는가? [17년 1회 산업]

① $\dfrac{5D}{8S}$ ② $\dfrac{3D^2}{8S}$
③ $\dfrac{9D}{8S^2}$ ④ $\dfrac{8D^2}{3S}$

해설 전선의 실제 길이

$L = S + \dfrac{8D^2}{3S}[\text{m}]$

07 그림과 같이 지지점 A, B, C에는 고·저 차가 없으며, 경간 AB와 BC 사이에 전선이 가설되어, 그 이도가 12[cm]이었다. 지금 경간 AC의 중점인 지지점 B에서 전선이 떨어져서 전선의 이도가 D로 되었다면 D는 몇 [cm]인가? [16년 2회 산업]

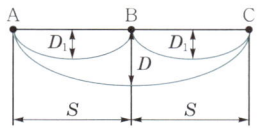

① 18 ② 24
③ 30 ④ 36

해설 지지점 B는 A와 C의 중점이고 경간 AB와 AC는 동일하므로
∴ $D = 12 \times 2 = 24[\text{cm}]$

08 전선의 지지점 높이가 31[m]이고, 전선의 이도가 9[m]라면 전선의 평균 높이는 몇 [m]인가? [18년 3회 산업]

① 25.0 ② 26.5
③ 28.5 ④ 30.0

기출 핵심 NOTE

05
• 이도 $D = \dfrac{WS^2}{8T}[\text{m}]$

• 수평장력 $T = \dfrac{WS^2}{8D}[\text{kg}]$

06 전선의 실제 길이

$L = S + \dfrac{8D^2}{3S}[\text{m}]$

08 전선의 평균 높이

$h = H - \dfrac{2}{3}D[\text{m}]$

여기서, H : 전선의 지지점 높이

정답 05.③ 06.④ 07.② 08.①

CHAPTER 01 전선로

해설 지표상의 평균 높이

$$h = H - \frac{2}{3}D = 31 - \frac{2}{3} \times 9 = 25 \,[\text{m}]$$

09 가공 송전선로를 가선할 때에는 하중조건과 온도조건을 고려하여 적당한 이도(dip)를 주도록 하여야 한다. 이도에 대한 설명으로 옳은 것은? [17년 2회 기사]

① 이도의 대·소는 지지물의 높이를 좌우한다.
② 전선을 가선할 때 전선을 팽팽하게 하는 것을 이도가 크다고 한다.
③ 이도가 작으면 전선이 좌우로 크게 흔들려서 다른 상의 전선에 접촉하여 위험하게 된다.
④ 이도가 작으면 이에 비례하여 전선의 장력이 증가되며, 너무 작으면 전선 상호간이 꼬이게 된다.

해설 이도가 크게 되면 전선이 좌우로 크게 흔들려서 다른 상의 전선과 접촉할 위험이 있고, 전선이 꼬일 수 있다. 또 이도가 작으면 전선의 장력이 증가하여 전선의 단선이 우려된다. 이도의 대·소는 지지물의 높이에 영향을 준다.

10 전선의 자체 중량과 빙설의 종합하중을 W_1, 풍압하중을 W_2라 할 때 합성하중은? [17년 3회 산업]

① $W_1 + W_2$
② $W_2 - W_1$
③ $\sqrt{W_1 - W_2}$
④ $\sqrt{W_1^2 + W_2^2}$

해설 전선 자체 중량과 빙설의 하중은 수직하중(W_1)이고, 풍압하중은 수평하중(W_2)이므로 합성하중은 $W = \sqrt{W_1^2 + W_2^2}$ 으로 된다.

11 현수애자에 대한 설명으로 틀린 것은? [17년 3회 기사]

① 애자를 연결하는 방법에 따라 클레비스형과 볼소켓형이 있다.
② 큰 하중에 대하여는 2연 또는 3연으로 하여 사용할 수 있다.
③ 애자의 연결 개수를 가감함으로써 임의의 송전전압에 사용할 수 있다.
④ 2~4층의 갓 모양의 자기편을 시멘트로 접착하고 그 자기를 주철제 베이스로 지지한다.

해설 ④번은 핀애자를 설명한 것이다.

기출 핵심 NOTE

09 이도의 영향
- 이도의 대·소는 지지물의 높이를 좌우
- 이도가 너무 크면 좌우진동으로 접촉 위험
- 이도가 너무 작으면 단선 위험

10 전선의 하중
㉠ 수직하중
 - 전선의 자중(W_c)
 - 빙설하중(W_i)
㉡ 수평하중
 풍압하중(W_w)
㉢ 합성하중
$W = \sqrt{(W_c + W_i)^2 + W_w^2}$ [kg/m]

정답 09.① 10.④ 11.④

12 19~23개를 한 줄로 이어 단 표준 현수애자를 사용하는 전압[kV]은? [16년 1회 산업]

① 23[kV]
② 154[kV]
③ 345[kV]
④ 765[kV]

해설 현수애자의 전압별 수량

전압[kV]	22.9	66	154	345
수 량	2~3	4~6	9~11	19~23

13 154[kV] 송전선로에 10개의 현수애자가 연결되어 있다. 다음 중 전압 부담이 가장 적은 것은? (단, 애자는 같은 간격으로 설치되어 있다.) [17년 3회 산업]

① 철탑에 가장 가까운 것
② 철탑에서 3번째에 있는 것
③ 전선에서 가장 가까운 것
④ 전선에서 3번째에 있는 것

해설 현수애자련의 전압 부담은 철탑에서 $\frac{1}{3}$ 지점(철탑에서 3번째)이 가장 적고, 전선에서 제일 가까운 것이 가장 크다.

14 가공 송전선에 사용되는 애자 1연 중 전압 부담이 최대인 애자는? [18년 1회 산업]

① 중앙에 있는 애자
② 철탑에 제일 가까운 애자
③ 전선에 제일 가까운 애자
④ 전선으로부터 $\frac{1}{4}$ 지점에 있는 애자

해설 현수애자련의 전압 부담은 철탑에서 $\frac{1}{3}$ 지점이 가장 적고, 전선에서 제일 가까운 것이 가장 크다.

15 아킹 혼(arcing horn)의 설치 목적은? [19년 2회 기사]

① 이상전압 소멸
② 전선의 진동 방지
③ 코로나 손실 방지
④ 섬락사고에 대한 애자 보호

해설 아킹 혼, 소호각(환)의 역할
- 이상전압으로부터 애자련의 보호
- 애자전압 부담의 균등화
- 애자의 열적 파괴(섬락 포함) 방지

기출 핵심 NOTE

13 애자련의 전압 부담(10개 기준)
㉠ 전압 부담이 최소인 애자
 • 철탑에서 3번째 애자
 • 전선로에서 8번째 애자
㉡ 전압 부담이 최대인 애자
 전선로에 가장 가까운 애자

15 애자련 보호대책
• 아킹 혼(소호각)
• 아킹 링(소호환)

정답 12. ③ 13. ② 14. ③ 15. ④

CHAPTER 01 전선로

16 초호각(arcing horn)의 역할은? [17년 3회 기사]

① 풍압을 조절한다.
② 송전효율을 높인다.
③ 애자의 파손을 방지한다.
④ 고주파수의 섬락전압을 높인다.

해설 초호환, 차폐환 등은 송전선로 애자의 전압 분포를 균등화하고, 섬락이 발생할 때 애자의 파손을 방지한다.

17 전선로의 지지물 양쪽의 경간의 차가 큰 장소에 사용되며, 일명 E형 철탑이라고도 하는 표준 철탑의 일종은? [19년 1회 산업]

① 직선형 철탑 ② 내장형 철탑
③ 각도형 철탑 ④ 인류형 철탑

해설 철탑의 사용 목적에 의한 분류
- 직선형 : 수평각도가 3° 이하(A형 철탑)
- 각도형 : 수평각도가 3° 넘는 곳(4~20° : B형, 21~30° : C형)
- 인류형 : 발·변전소의 출입구 등 인류된 장소에 사용하는 철탑과 수평 각도가 30° 넘는 개소(D형)에 사용
- 내장형 : 전선로의 보강용 또는 경차가 큰 곳(E형)에 사용

18 케이블의 전력 손실과 관계가 없는 것은? [19년 3회 기사]

① 철손   ② 유전체손
③ 시스손   ④ 도체의 저항손

해설 전력 케이블의 손실은 저항손, 유전체손, 연피손(시스손)이 있다.

19 가공선 계통은 지중선 계통보다 인덕턴스 및 정전용량이 어떠한가? [19년 3회 기사]

① 인덕턴스, 정전용량이 모두 작다.
② 인덕턴스, 정전용량이 모두 크다.
③ 인덕턴스는 크고, 정전용량은 작다.
④ 인덕턴스는 작고, 정전용량은 크다.

해설 가공선 계통은 지중선 계통보다 인덕턴스는 6배 정도로 크고, 정전용량은 $\frac{1}{100}$ 배 정도로 작다.

기출 핵심 NOTE

16 아킹 링, 아킹 혼의 역할
- 애자련의 전압 부담 균등화
- 섬락 발생 시 애자의 파손 방지

17 철탑의 종류
- 직선형(A형 철탑)
  수평각도가 3° 이하
- 각도형(B형 철탑)
  수평각도가 3° 넘는 곳
- 내장형(E형 철탑)
  전선로 보강용 또는 경간의 차가 큰 곳

18 케이블의 전력 손실
- 저항손
- 유전체손
  $P_c = 3\omega CE^2 \tan\delta [\mathrm{W/m}]$
- 연피손

19 케이블의 선로정수
- 지중전선로의 인덕턴스는 가공전선로의 $\frac{1}{6}$ 정도
- 지중전선로의 정전용량은 가공전선로의 100배 정도

정답 16. ③ 17. ② 18. ① 19. ③

CHAPTER 02
선로정수 및 코로나

- **01** 선로정수의 구성 및 특징
- **02** 선로의 저항과 누설 컨덕턴스
- **03** 인덕턴스(L)
- **04** 복도체(다도체) 방식의 인덕턴스
- **05** 정전용량(C)
- **06** 충전전류와 충전용량
- **07** 연가
- **08** 코로나
- **09** 복도체(다도체)

출제비율
기 사 **8.7**
산업기사 **8.7** %

CHAPTER 02 선로정수 및 코로나

기출개념 01 선로정수의 구성 및 특징

송·배전선로는 저항 R, 인덕턴스 L, 정전용량 C, 누설 컨덕턴스 G라는 4개의 정수로 이루어진 연속된 전기회로로 전선의 배치, 종류, 굵기 등에 따라 정해지고 전선의 배치에 가장 많은 영향을 받는다.

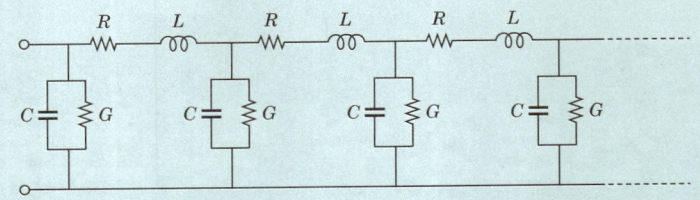

기·출·개념 접근

여기서, 단위길이에 대한 선로의 직렬 임피던스 $Z = R + j\omega L\,[\Omega/\text{m}]$, 병렬 어드미턴스 $Y = G + j\omega C\,[\mho/\text{m}]$이다.

기·출·개념 문제

1. 송전선로의 선로정수가 아닌 것은 다음 중 어느 것인가? **00 기사**
   ① 저항 ② 리액턴스
   ③ 정전용량 ④ 누설 컨덕턴스

   (해설) 선로정수는 R, L, C, G를 말한다.
   리액턴스는 유도 리액턴스와 용량 리액턴스로 선로정수가 아니다.
   답 ②

2. 송·배전선로는 저항 R, 인덕턴스 L, 정전용량(커패시턴스) C, 누설 컨덕턴스 G라는 4개의 정수로 이루어진 연속된 전기회로이다. 이들 정수를 선로정수(line constant)라고 부르는데 이것은 (㉠), (㉡) 등에 따라 정해진다. 다음 중 (㉠), (㉡)에 알맞은 내용은? **07 기사**
   ① ㉠ 전압·전선의 종류, ㉡ 역률
   ② ㉠ 전선의 굵기·전압, ㉡ 전류
   ③ ㉠ 전선의 배치·전선의 종류, ㉡ 전류
   ④ ㉠ 전선의 종류·전선의 굵기, ㉡ 전선의 배치

   (해설) 선로정수는 전선의 배치, 종류, 굵기 등에 따라 정해지고 전선의 배치에 가장 많은 영향을 받는다.
   답 ④

기출개념 02 선로의 저항과 누설 컨덕턴스

[1] 저항(R)

$$R = \rho \frac{l}{S} = \frac{1}{58} \times \frac{100}{C} \times \frac{l}{S} [\Omega]$$

연동선의 고유저항 $\rho = \frac{1}{58}[\Omega\text{mm}^2/\text{m}]$ 기준

여기서, C : %도전율, S : 단면적[mm^2], l : 선로의 길이[m]

* 표피효과
  ① 정의
     전선 중심부로 갈수록 쇄교자속이 커서 인덕턴스가 증가되어 전선 중심에 전류밀도가 적어지는 현상
  ② 침투두께(δ)

$$\delta = \sqrt{\frac{2}{\omega \mu k}} = \sqrt{\frac{1}{\pi f \mu k}} = \sqrt{\frac{\rho}{\pi f \mu}} \, [\text{m}]$$

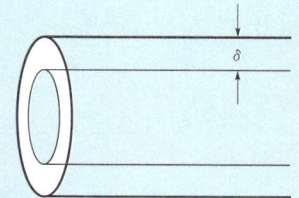

여기서, ω : 각주파수[rad/s], μ : 투자율[H/m],
k : 도전율[℧/m], ρ : 고유저항[Ω·m]

주파수 f[Hz], 투자율 μ[H/m], 도전율 k[℧/m] 및 전선의 지름이 클수록 침투두께 δ는 작아지고, 표피효과는 커진다.

[2] 누설 컨덕턴스(G)

절연저항의 역수로 장거리 송전선로를 제외하고는 무시한다.

$$G = \frac{1}{R} [℧]$$

여기서, R : 절연저항

기·출·개·념 문제

1. 전선에서 전류의 밀도가 도선의 중심으로 들어갈수록 작아지는 현상은?

   13·02·96 기사 / 19·07·98 산업

   ① 페란티 효과　② 접지효과　③ 표피효과　④ 근접효과

   답 ③

2. 현수애자 4개를 1련으로 한 66[kV] 송전선로가 있다. 현수애자 1개의 절연저항이 1,500[MΩ]이라면 표준 경간을 200[m]로 할 때 1[km]당의 누설 컨덕턴스[℧]는?　13 기사 / 18·14·99 산업

   ① 0.83×10^{-9}　② 0.83×10^{-6}　③ 0.83×10^{-3}　④ 0.83×10

   (해설) 현수애자 1련의 저항 $r = 1,500 \times 10^6 \times 4 = 6 \times 10^9 [\Omega]$
   표준 경간이 200[m]이므로 병렬로 5련이 설치되므로

   $\therefore G = \frac{1}{R} = \frac{1}{\frac{r}{5}} = \frac{1}{\frac{6}{5} \times 10^9} = \frac{5}{6} \times 10^{-9} = 0.83 \times 10^{-9}[℧]$

   답 ①

CHAPTER 02 선로정수 및 코로나

기출개념 03 인덕턴스(L)

[1] 작용 인덕턴스
자기유도에 의한 자기 인덕턴스와 상호 유도에 의한 상호 인덕턴스의 합으로 한 상에 대한 인덕턴스

$$L = 0.05 + 0.4605 \log_{10} \frac{D_e}{r} \text{[mH/km]}$$

여기서, r : 도체의 반지름[m], D_e : 등가선간거리[m]

[2] 등가선간거리(기하평균거리)
선로는 각 상의 배치가 보통 비대칭 3각형이므로 그 선간거리의 평균값으로 기하학적 평균값을 취해야 한다.

기하평균거리 $D_e = \sqrt[3]{D_1 \times D_2 \times D_3}$

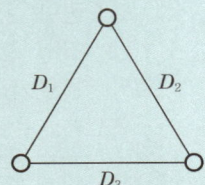

(1) 수평배치인 경우

$$D_e = \sqrt[3]{D \times D \times 2D}$$
$$= \sqrt[3]{2 \times D^3} = \sqrt[3]{2}\, D \text{[m]}$$

(2) 정삼각배치인 경우

$$D_e = \sqrt[3]{D \times D \times D} = D \text{[m]}$$

(3) 정사각배치인 경우

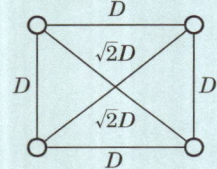

$$D_e = \sqrt[6]{D \times D \times D \times D \times \sqrt{2}\,D \times \sqrt{2}\,D}$$
$$= \sqrt[6]{2 \times D^6} = \sqrt[6]{2}\, D \text{[m]}$$

기·출·개·념 문제

반지름 r[m]인 전선 A, B, C가 그림과 같이 수평으로 D[m] 간격으로 배치되고 3선이 완전 연가된 경우 각 선의 인덕턴스는?

00·95·94 기사 / 15·12·97 산업

① $L = 0.05 + 0.4605 \log_{10} \dfrac{D}{r}$

② $L = 0.05 + 0.4605 \log_{10} \dfrac{\sqrt{2}\,D}{r}$

③ $L = 0.05 + 0.4605 \log_{10} \dfrac{\sqrt{3}\,D}{r}$

④ $L = 0.05 + 0.4605 \log_{10} \dfrac{\sqrt[3]{2}\,D}{r}$

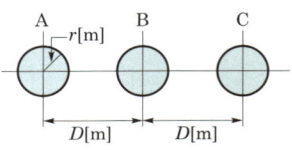

[해설] 등가선간거리 $D_e = \sqrt[3]{D \cdot D \cdot 2D} = \sqrt[3]{2} \cdot D$

∴ 인덕턴스 $L = 0.05 + 0.4605 \log_{10} \dfrac{\sqrt[3]{2} \cdot D}{r}$ [mH/km]

답 ④

복도체(다도체) 방식의 인덕턴스

$$L = \frac{0.05}{n} + 0.4605 \log_{10} \frac{D}{r_e} \text{[mH/km]}$$

여기서, n : 소도체의 수
r_e : 등가 반지름

* 복도체의 등가 반지름

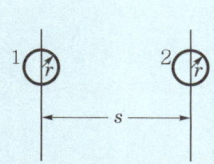

▮2도체▮

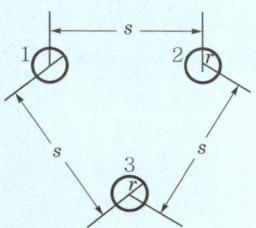

▮3도체▮

등가 반지름 : $r_e = \sqrt[n]{r \cdot s^{n-1}}$

여기서, s : 소도체 간의 간격, r : 소도체 반지름, n : 소도체수
① $n=2$(복도체)인 경우 등가 반지름 : $r_e = \sqrt[2]{r \cdot s^{2-1}} = \sqrt{r \cdot s}$
② $n=3$(다도체)인 경우 등가 반지름 : $r_e = \sqrt[3]{r \cdot s^{3-1}} = \sqrt[3]{r \cdot s^2}$

기·출·개·념 문제

1. 복도체 선로가 있다. 소도체의 지름이 8[mm], 소도체 사이의 간격이 40[cm]일 때, 등가 반지름[cm]은?　　　09 기사 / 04 산업

① 2.8　　　　　　　　　　② 3.6
③ 4.0　　　　　　　　　　④ 5.7

[해설] 복도체의 등가 반지름 $r_e = \sqrt[n]{r \cdot s^{n-1}}$ 이므로 복도체인 경우 $r_e = \sqrt{r \cdot s}$

∴ 등가 반지름 $r_e = \sqrt{\frac{8}{2} \times 10^{-1} \times 40} = 4\text{[cm]}$　　　**답** ③

2. 소도체 2개로 된 복도체 방식 3상 3선식 송전선로가 있다. 소도체 지름 2[cm], 소도체 간격 36[cm], 등가선간거리 120[cm]인 경우에 복도체 1[km]의 인덕턴스[mH]는? (단, $\log_{10}2 = 0.3010$이다.)　　　11 산업

① 1.436　　　　　　　　　② 0.957
③ 0.624　　　　　　　　　④ 0.599

[해설] $L_n = \frac{0.05}{n} + 0.4605 \log_{10} \frac{D}{\sqrt[n]{r \cdot s^{n-1}}} = \frac{0.05}{2} + 0.4605 \log_{10} \frac{120}{\sqrt{\frac{2}{2} \times 36^{2-1}}}$

$= 0.624 \text{[mH/km]}$　　　**답** ③

CHAPTER 02 선로정수 및 코로나

기출개념 05 정전용량(C)

[1] 단상 2선식의 작용정전용량

$$C = C_s + 2C_m \,[\mu\text{F/km}]$$

여기서, C_s : 대지정전용량[μF/km], C_m : 선간정전용량[μF/km]

[2] 3상 3선식의 작용정전용량

$$C = C_s + 3C_m$$

작용정전용량(C) : $C = \dfrac{0.02413}{\log_{10}\dfrac{D_e}{r}} \,[\mu\text{F/km}]$

[3] 복도체(다도체)인 경우

$C = \dfrac{0.02413}{\log_{10}\dfrac{D}{r_e}} \,[\mu\text{F/km}]$ (여기서, 등가 반지름 $r_e = \sqrt{r \cdot s}$)

기·출·개념 문제

1. 3선식 3각형 배치의 송전선로가 있다. 선로가 연가되어 각 선간의 정전용량은 0.009[μF/km], 각 선의 대지정전용량은 0.003[μF/km]라고 하면 1선의 작용정전용량[μF/km]은? `14 기사 / 96 산업`

① 0.03 ② 0.018 ③ 0.012 ④ 0.006

(해설) $C = C_s + 3C_m = 0.003 + 3 \times 0.009 = 0.03\,[\mu\text{F/km}]$

답 ①

2. 선간거리 $2D$[m]이고, 선로 도선의 지름이 d[m]인 선로의 단위길이당 정전용량[μF/km]은? `16·94 기사 / 11·03·94 산업`

① $C = \dfrac{0.02413}{\log_{10}\dfrac{4D}{d}}$ ② $C = \dfrac{0.02413}{\log_{10}\dfrac{2D}{d}}$ ③ $C = \dfrac{0.02413}{\log_{10}\dfrac{D}{d}}$ ④ $C = \dfrac{0.2413}{\log_{10}\dfrac{4D}{d}}$

(해설) $C = \dfrac{0.02413}{\log_{10}\dfrac{D}{r}} = \dfrac{0.02413}{\log_{10}\dfrac{2D}{\frac{d}{2}}} = \dfrac{0.02413}{\log_{10}\dfrac{4D}{d}} \,[\mu\text{F/km}]$

답 ①

기출개념 06 충전전류와 충전용량

[1] 충전전류

작용정전용량에 대지전압이 가해져 흐르는 전류

$$I_c = \frac{E}{X_c} = \omega CE = 2\pi f C \frac{V}{\sqrt{3}} [A] = 2\pi f (C_s + 3C_m) \frac{V}{\sqrt{3}} [A]$$

[2] 충전용량

$$Q_c = 3EI_c = 3\omega CE^2 = 6\pi f C \left(\frac{V}{\sqrt{3}}\right)^2 \times 10^{-3} [kVA]$$

[3] △결선과 Y결선의 충전용량 비교

① $Q_\triangle = 3\omega CE^2 = 3\omega CV^2 \ (V=E)$

② $Q_Y = 3\omega CE^2 = 3\omega C\left(\dfrac{V}{\sqrt{3}}\right)^2 = \omega CV^2 \ (V=\sqrt{3}\,E)$

∴ $\dfrac{Q_\triangle}{Q_Y} = \dfrac{3\omega CV^2}{\omega CV^2} = 3$ 배

기·출·개념 문제

1. 60[Hz], 154[kV], 길이 200[km]인 3상 송전선로에서 $C_m = 0.0018[\mu F/km]$, $C_s = 0.008[\mu F/km]$ 일 때 1선에 흐르는 충전전류[A]는?   07·98 산업

① 68.9
② 78.9
③ 89.8
④ 97.6

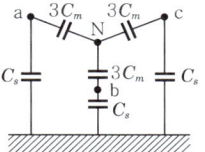

해설 $I_c = \omega CEl = \omega(C_s + 3C_m)El = 377 \times (0.008 + 3 \times 0.0018) \times 200 \times \dfrac{154 \times 10^3}{\sqrt{3}} = 89.8[A]$

답 ③

2. 3상 전원에 접속된 △결선의 콘덴서를 Y결선으로 바꾸면 진상용량은 몇 배로 되는가?   11·96·92 기사

① $\sqrt{3}$ ② $\dfrac{1}{3}$ ③ 3   ④ $\dfrac{1}{\sqrt{3}}$

해설 $Q_\triangle = 3\omega CE^2 = 3\omega CV^2$

$Q_Y = 3\omega CE^2 = 3\omega C\left(\dfrac{V}{\sqrt{3}}\right)^2 = \omega CV^2$

∴ $\dfrac{Q_Y}{Q_\triangle} = \dfrac{\omega CV^2}{3\omega CV^2} = \dfrac{1}{3}$ 배

답 ②

제2장 선로정수 및 코로나

CHAPTER 02 선로정수 및 코로나

기출개념 07 연가

송전선로는 지표상의 높이가 동일하지 않기 때문에 각 상의 인덕턴스와 정전용량의 선로정수가 불평형 상태이므로 **선로정수의 평형**을 위해 선로를 **3배수 등분**하여 각 상의 위치를 바꾸어 주는 것

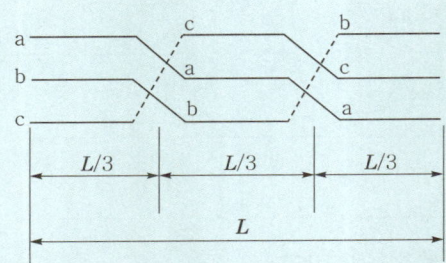

(1) 주목적 : 선로정수 평형
(2) 연가의 효과
  ① 선로정수의 평형
  ② 통신선의 유도장해 경감
  ③ 직렬 공진에 의한 이상전압 방지

기·출·개·념 문제

1. 3상 3선식 송전선로를 연가하는 목적은?   03·96·95 기사 / 19·16·14·11·03·01·00·99 산업
  ① 전압강하를 방지하기 위하여
  ② 송전선을 절약하기 위하여
  ③ 미관상
  ④ 선로정수를 평형시키기 위하여

(해설) 연가란 선로정수 평형을 위해 송전단에서 수전단까지 전체 선로구간을 3의 배수 등분하여 전선의 위치를 바꾸어 주는 것을 말한다.   **답 ④**

2. 연가의 효과로 볼 수 없는 것은?   19·16 기사 / 12 산업
  ① 선로정수의 평형
  ② 대지정전용량의 감소
  ③ 통신선의 유도장해의 감소
  ④ 직렬 공진의 방지

(해설) 전선로 각 상의 선로정수를 평형되도록 선로 전체의 길이를 3의 배수 등분하여 각 상의 전선 위치를 바꾸어 주는 것으로 통신선에 대한 유도장해 방지 및 직렬 공진에 의한 이상전압 발생을 방지한다.   **답 ②**

기출개념 08 코로나

초고압 송전선로에서 전선로 주변의 공기의 절연이 부분적으로 파괴되어 낮은 소리나 엷은 빛을 내면서 방전되는 현상

* 공기의 파열 극한 전위경도
  직류 : 30[kV/cm], 교류 : 21[kV/cm]

[1] 코로나 임계전압

$$E_0 = 24.3\, m_0 m_1\, \delta\, d \log_{10} \frac{D}{r}\, [\text{kV}]$$

여기서, m_0 : 전선 표면계수[단선(1.0), 연선(0.8)]
m_1 : 날씨에 관한 계수[맑은 날(1.0), 우천 시(0.8)]
δ : 상대공기밀도 $\left(\dfrac{0.386b}{273+t}\right)$, b : $t(\text{℃})$에서의 기압[mmHg]
D : 선간거리[cm]
d : 전선의 지름[cm]
r : 전선의 반지름[cm]

[2] 코로나 영향

① 코로나 방전에 의한 전력 손실 발생
코로나 손실(Peek 실험식)

$$P_l = \frac{241}{\delta}(f+25)\sqrt{\frac{d}{2D}}(E-E_0)^2 \times 10^{-5}\,[\text{kW/km/선}]$$

여기서, E : 대지전압[kV], E_0 : 임계전압[kV], f : 주파수[Hz]
δ : 상대공기밀도, D : 선간거리[cm], d : 전선의 직경[cm]

② 코로나 방전으로 공기 중에 오존(O_3)이 생겨 전선 부식이 생긴다.
③ 코로나 잡음이 발생한다.
④ 코로나에 의한 제3고조파 발생으로 통신선 유도장해를 일으킨다.
⑤ 코로나 발생의 이점은 이상전압 발생 시 파고값을 낮게 한다.

[3] 코로나 방지대책

① 굵은 전선(ACSR)을 사용하여 코로나 임계전압을 높인다.
② 등가 반경이 큰 복도체 및 다도체 방식을 채택한다.
③ 가선금구류를 개량한다.
④ 가선 시 전선 표면에 손상이 발생하지 않도록 주의한다.

CHAPTER 02 선로정수 및 코로나

기·출·개·념 문제

1. 3상 3선식 송전선로에서 코로나의 임계전압 E_0[kV]의 계산식은? (단, $d=2r=$ 전선의 지름 [cm], $D=$ 전선(3선)의 평균 선간거리[cm]이다.) `03·00·99·94 기사`

① $E_0 = 24.3\,d\log_{10}\dfrac{D}{r}$ ② $E_0 = 24.3\,d\log_{10}\dfrac{r}{D}$

③ $E_0 = \dfrac{24.3}{d\log_{10}\dfrac{D}{r}}$ ④ $E_0 = \dfrac{24.3}{d\log_{10}\dfrac{r}{D}}$

[해설] 코로나 임계전압

$$E_0 = 24.3\,m_0 m_1\,\delta\,d\log_{10}\dfrac{D}{r}\,[\text{kV/cm}]$$

답 ①

2. 다음 중 송전선로의 코로나 임계전압이 높아지는 경우가 아닌 것은? `08·98 기사`

① 상대공기밀도가 작다.   ② 전선의 반경과 선간거리가 크다.
③ 날씨가 맑다.   ④ 낡은 전선을 새 전선으로 교체했다.

[해설] 임계전압

$$E_0 = 24.3\,m_0 m_1\,\delta\,d\,\log_{10}\dfrac{D}{r}\,[\text{kV/cm}]$$

임계전압은 도체 표면계수(m_0), 날씨계수(m_1), 도체 굵기(d), 선간거리(D), 상대공기밀도(δ) 등이 크면 임계전압이 높아진다.

답 ①

3. 송전선로의 코로나 발생 방지대책으로 가장 효과적인 것은? `10 기사 / 00 산업`

① 전선의 선간거리를 증가시킨다.
② 선로의 대지 절연을 강화한다.
③ 철탑의 접지저항을 낮게 한다.
④ 전선을 굵게 하거나 복도체를 사용한다.

[해설] 코로나 발생 방지를 위해서는 코로나 임계전압을 높게 하여야 하기 때문에 전선의 굵기를 크게 하거나 복도체를 사용하여야 한다.

답 ④

4. 송전선로의 코로나 손실을 나타내는 Peek식에서 E_0에 해당하는 것은? (단, Peek식 $P = \dfrac{241}{\delta}(f+25)\sqrt{\dfrac{d}{2D}}(E-E_0)^2 \times 10^{-5}$[kW/km/선]이다.) `07 산업`

① 코로나 임계전압   ② 전선에 걸리는 대지전압
③ 송전단 전압   ④ 기준 충격절연강도 전압

[해설] Peek식에서 δ : 상대공기밀도, d : 전선 직경, D : 선간거리, E : 대지전압, E_0 : 코로나 임계전압이다.

답 ①

기출개념 09 복도체(다도체)

우리나라의 경우 154[kV]는 2도체, 345[kV]는 4도체, 765[kV]는 6도체를 사용하고 있다.

[1] 주목적
코로나 임계전압을 높여 코로나 발생 방지

[2] 복도체의 장단점

(1) 장점
① 단도체에 비해 정전용량이 증가하고 인덕턴스가 감소하여 송전용량이 증가된다.
② 같은 단면적의 단도체에 비해 전류용량이 증대된다.

(2) 단점
① 소도체 사이에서 발생하는 흡인력으로 인해, 도체 간 충돌로 인해 전선 표면을 손상시킨다. 도체 간의 충돌이 발생되지 않도록 **스페이서** 설치를 한다.
② 정전용량이 커지기 때문에 페란티 효과에 의한 수전단의 전압이 상승한다.

기·출·개·념 문제

1. 다음 중 송전선로에 복도체를 사용하는 이유로 가장 알맞은 것은? 12·09 기사 / 14·12 산업
① 선로를 뇌격으로부터 보호한다.
② 선로의 진동을 없앤다.
③ 철탑의 하중을 평형화한다.
④ 코로나를 방지하고, 인덕턴스를 감소시킨다.

(해설) 복도체나 다도체의 사용 목적이 여러 가지 있을 수 있으나 그 중 주된 목적은 코로나 방지에 있다.
답 ④

2. 복도체를 사용할 때의 장점에 해당되지 않는 것은? 13·04 기사 / 18·01 산업
① 코로나손(corona loss) 경감
② 인덕턴스가 감소하고, 커패시턴스가 증가
③ 안정도가 상승하고 충전용량이 증가
④ 정전 반발력에 의한 전선 진동이 감소

(해설) 복도체는 같은 방향의 전류가 소도체에 흐르므로 소도체 간에는 흡인력이 작용한다.
답 ④

3. 복도체에서 2본의 전선이 서로 충돌하는 것을 방지하기 위하여 2본의 전선 사이에 적당한 간격을 두어 설치하는 것은? 02·94 기사
① 아머로드   ② 댐퍼   ③ 아킹 혼   ④ 스페이서

(해설) 복도체에서 도체 간 흡인력에 의한 충돌 발생을 방지하기 위해 스페이서를 설치한다.
답 ④

제2장 선로정수 및 코로나

CHAPTER 02
선로정수 및 코로나

이런 문제가 시험에 나온다!
단원 최근 빈출문제

기출 핵심 NOTE

01 지름 5[mm]의 경동선을 간격 1[m]로 정삼각형 배치를 한 가공전선 1선의 작용 인덕턴스는 약 몇 [mH/km]인가? (단, 송전선은 평형 3상 회로) [19년 2회 산업]

① 1.13
② 1.25
③ 1.42
④ 1.55

해설 인덕턴스
$$L = 0.05 + 0.4605\log_{10}\frac{2D}{d} = 0.05 + 0.4605\log_{10}\frac{2\times 1}{5\times 10^{-3}}$$
$$\fallingdotseq 1.25[\mathrm{mH/km}]$$

01 작용 인덕턴스
$$L = 0.05 + 0.4605\log_{10}\frac{D_e}{r}$$
[mH/km]
여기서, r : 도체의 반지름
D_e : 등가선간거리

02 그림과 같은 선로의 등가선간거리는 몇 [m]인가? [18·15년 3회 기사]

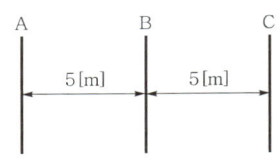

① 5
② $5\sqrt{2}$
③ $5\sqrt[3]{2}$
④ $10\sqrt[3]{2}$

해설 등가선간거리
$$D_e = \sqrt[3]{D\cdot D\cdot 2D} = \sqrt[3]{5\times 5\times 2\times 5} = 5\sqrt[3]{2}$$

02 등가선간거리
• 수평배열
$D_e = \sqrt[3]{2}\,D[\mathrm{m}]$
• 비정삼각형 배열
$D_e = \sqrt[3]{D_1 D_2 D_3}\,[\mathrm{m}]$
• 정사각형 배열
$D_e = \sqrt[6]{2}\,D[\mathrm{m}]$

03 3상 3선식 송전선로의 선간거리가 각각 50[cm], 60[cm], 70[cm]인 경우 기하학적 평균 선간거리는 약 몇 [cm]인가? [16년 2회 기사]

① 50.4
② 59.4
③ 62.8
④ 64.8

해설 등가선간거리
$$D_e = \sqrt[3]{D_1 D_2 D_3} = \sqrt[3]{50\times 60\times 70} = 59.4[\mathrm{cm}]$$

정답 01. ② 02. ③ 03. ②

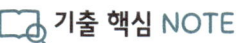

04 송·배전선로에서 도체의 굵기는 같게 하고 도체 간의 간격을 크게 하면 도체의 인덕턴스는? [19년 1회 기사]

① 커진다.
② 작아진다.
③ 변함이 없다.
④ 도체의 굵기 및 도체 간의 간격과는 무관하다.

해설 인덕턴스 $L = 0.05 + 0.4605\log_{10}\dfrac{D}{r}$ [mH/km]이므로 도체 간격 (여기서, D : 등가선간거리)을 크게 하면 인덕턴스는 증가한다.

05 반지름 r[m]이고 소도체 간격 s인 4복도체 송전선로에서 전선 A, B, C가 수평으로 배열되어 있다. 등가선간거리가 D[m]로 배치되고 완전 연가된 경우 송전선로의 인덕턴스는 몇 [mH/km]인가? [18년 3회 기사]

① $0.4605\log_{10}\dfrac{D}{\sqrt{rs^2}} + 0.0125$

② $0.4605\log_{10}\dfrac{D}{\sqrt[2]{rs}} + 0.025$

③ $0.4605\log_{10}\dfrac{D}{\sqrt[3]{rs^2}} + 0.0167$

④ $0.4605\log_{10}\dfrac{D}{\sqrt[4]{rs^3}} + 0.0125$

해설 4도체의 등가 반지름
$r' = \sqrt[n]{rs^{n-1}} = \sqrt[4]{rs^{4-1}} = \sqrt[4]{rs^3}$
인덕턴스
$L = \dfrac{0.05}{n} + 0.4605\log_{10}\dfrac{D}{r'} = \dfrac{0.05}{4} + 0.4605\log_{10}\dfrac{D}{\sqrt[4]{rs^3}}$
$= 0.0125 + 0.4605\log_{10}\dfrac{D}{\sqrt[4]{rs^3}}$ [mH/km]

06 3상 3선식 3각형 배치의 송전선로에 있어서 각 선의 대지 정전용량이 0.5038[μF]이고, 선간정전용량이 0.1237[μF]일 때 1선의 작용정전용량은 약 몇 [μF]인가? [19년 2회 산업]

① 0.6275
② 0.8749
③ 0.9164
④ 0.9755

해설 1선당 작용정전용량
$C = C_s + 3C_m = 0.5038 + 3 \times 0.1237 = 0.8749$ [μF]

기출 핵심 NOTE

05 복도체의 인덕턴스
$L = \dfrac{0.05}{n} + 0.4605\log_{10}\dfrac{D}{r_e}$ [mH/km]
여기서, n : 소도체의 수
r_e : 등가 반지름
$r_e = \sqrt[n]{r \cdot s^{n-1}}$

06 작용정전용량
- 단상 2선식
  $C = C_s + 2C_m$
- 3상 3선식
  $C = C_s + 3C_m$

정답 04. ① 05. ④ 06. ②

CHAPTER 02 선로정수 및 코로나

07 송전선로의 정전용량은 등가선간거리 D_e가 증가하면 어떻게 되는가? [18년 1회 기사]

① 증가한다.
② 감소한다.
③ 변하지 않는다.
④ D^2에 반비례하여 감소한다.

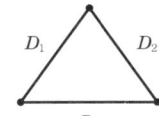
$D_e = (D_1, D_2, D_3)$

[해설] 정전용량은 $C = \dfrac{0.02413}{\log_{10}\dfrac{D_e}{r}}[\mu\text{F/km}]$이므로 등가선간거리 D_e가 증가하면 감소한다.

기출 핵심 NOTE

07 작용정전용량
$$C = \dfrac{0.02413}{\log_{10}\dfrac{D_e}{r}}[\mu\text{F/km}]$$
여기서, r : 도체의 반지름
D_e : 등가선간거리

08 정삼각형 배치의 선간거리가 5[m]이고, 전선의 지름이 1[cm]인 3상 가공 송전선의 1선의 정전용량은 약 몇 [μF/km]인가? [18년 3회 산업]

① 0.008
② 0.016
③ 0.024
④ 0.032

[해설] 정전용량
$$C = \dfrac{0.02413}{\log_{10}\dfrac{D_e}{r}} = \dfrac{0.02413}{\log_{10}\dfrac{5}{\frac{0.01}{2}}} = 0.008\,[\mu\text{F/km}]$$

09 정전용량 0.01[μF/km], 길이 173.2[km], 선간전압 60[kV], 주파수 60[Hz]인 3상 송전선로의 충전전류는 약 몇 [A]인가? [18·15년 2회 기사]

① 6.3
② 12.5
③ 22.6
④ 37.2

[해설] 충전전류
$$I_c = \omega C \dfrac{V}{\sqrt{3}} = 2\pi \times 60 \times 0.01 \times 10^{-6} \times 173.2 \times \dfrac{60 \times 10^3}{\sqrt{3}}$$
$$= 22.6[\text{A}]$$

09 충전전류
$$I_c = \omega C E[\text{A}] = \omega C \dfrac{V}{\sqrt{3}}[\text{A}]$$
$$= \omega(C_s + 3C_m)\dfrac{V}{\sqrt{3}}[\text{A}]$$
여기서, E : 대지전압
V : 선간전압

10 60[Hz], 154[kV], 길이 200[km]인 3상 송전선로에서 대지정전용량 $C_s = 0.008[\mu\text{F/km}]$, 선간정전용량 $C_m = 0.0018[\mu\text{F/km}]$일 때, 1선에 흐르는 충전전류는 약 몇 [A]인가? [15년 2회 산업]

① 68.9
② 78.9
③ 89.8
④ 97.6

정답 07. ② 08. ① 09. ③ 10. ③

해설 충전전류

$$I_c = \omega CE = \omega(C_s + 3C_m)E$$
$$= 2\pi \times 60 \times (0.008 + 3 \times 0.0018) \times 10^{-6} \times 200 \times \frac{154,000}{\sqrt{3}}$$
$$= 89.8 [A]$$

11 주파수 60[Hz], 정전용량 $\frac{1}{6\pi}$[μF]의 콘덴서를 △결선해서 3상 전압 20,000[V]를 가했을 때의 충전용량은 몇 [kVA]인가? [19년 2회 산업]

① 12
② 24
③ 48
④ 50

해설 충전용량(Q_c)

$$Q_c = 3\omega CV^2 = 3 \times 2\pi \times 60 \times \frac{1}{6\pi} \times 10^{-6} \times 20,000^2 \times 10^{-3}$$
$$= 24[kVA]$$

12 역률 개선용 콘덴서를 부하와 병렬로 연결하고자 한다. △결선방식과 Y결선방식을 비교하면 콘덴서의 정전용량[μF]의 크기는 어떠한가? [15년 1회 기사]

① △결선방식과 Y결선방식은 동일하다.
② Y결선방식이 △결선방식의 $\frac{1}{2}$이다.
③ △결선방식이 Y결선방식의 $\frac{1}{3}$이다.
④ Y결선방식이 △결선방식의 $\frac{1}{\sqrt{3}}$이다.

해설 진상 충전용량 $\omega C_Y V^2 = 3\omega C_\triangle V^2$

$$\therefore C_\triangle = \frac{C_Y}{3}$$

13 3상 3선식 송전선로에서 연가의 효과가 아닌 것은? [16년 2회 기사]

① 작용정전용량의 감소
② 각 상의 임피던스 평형
③ 통신선의 유도장해 감소
④ 직렬 공진의 방지

해설 연가의 효과는 선로정수를 평형시켜 통신선에 대한 유도장해 방지 및 전선로의 직렬 공진을 방지하는 것이므로 정전용량의 감소와는 관계가 없다.

기출 핵심 NOTE

11 충전용량
- △결선($V = E$)
  $Q_\triangle = 3\omega CE^2 = 3\omega CV^2$
- Y결선($V = \sqrt{3}E$)
  $Q_Y = 3\omega CE^2 = \omega CV^2$

12 △결선과 Y결선의 충전용량 비교
- $\frac{Q_\triangle}{Q_Y} = \frac{3\omega CV^2}{\omega CV^2} = 3$배
- $\frac{Q_Y}{Q_\triangle} = \frac{\omega CV^2}{3\omega CV^2} = \frac{1}{3}$배

13 연가
선로정수의 평형을 위해 선로를 3배수 등분하여 각 상의 위치를 바꾸어 주는 것

정답 11. ② 12. ③ 13. ①

제2장 선로정수 및 코로나

CHAPTER 02 선로정수 및 코로나

14 가공 송전선의 코로나를 고려할 때 표준상태에서 공기의 절연내력이 파괴되는 최소 전위경도는 정현파 교류의 실효값으로 약 몇 [kV/cm] 정도인가? [15년 1회 산업]

① 6　　② 11
③ 21　　④ 31

해설 공기 절연이 파괴되는 전위경도는 직류 30[kV/cm], 정현파 교류 실효값 21[kV/cm]이다.

15 다음 중 송전선로의 코로나 임계전압이 높아지는 경우가 아닌 것은? [19년 3회 기사]

① 날씨가 맑다.
② 기압이 높다.
③ 상대공기밀도가 낮다.
④ 전선의 반지름과 선간거리가 크다.

해설 코로나 임계전압 $E_0 = 24.3\,m_0 m_1 \delta d \log_{10} \dfrac{D}{r}$ [kV]이므로 상대공기밀도(δ)가 높아야 한다.
코로나를 방지하려면 임계전압을 높여야 하므로 전선 굵기를 크게 하고, 전선 간 거리를 증가시켜야 한다.

16 다음 사항 중 가공 송전선로의 코로나 손실과 관계가 없는 사항은? [15년 3회 산업]

① 전원 주파수　　② 전선의 연가
③ 상대공기밀도　　④ 선간거리

해설 코로나 손실
$P_d = \dfrac{241}{\delta}(f+25)\sqrt{\dfrac{d}{2D}}(E-E_0)^2 \times 10^{-5}$ [kW/km/선]이므로 전선의 연가와는 관련이 없다.

17 코로나 현상에 대한 설명이 아닌 것은? [17년 1회 기사]

① 전선을 부식시킨다.
② 코로나 현상은 전력의 손실을 일으킨다.
③ 코로나 방전에 의하여 전파 장해가 일어난다.
④ 코로나 손실은 전원 주파수의 $\left(\dfrac{2}{3}\right)^2$에 비례한다.

해설 코로나 손실
$P_l = \dfrac{241}{\delta}(f+25)\sqrt{\dfrac{d}{2D}}(E-E_0)^2 \times 10^{-5}$ [kW/km/선]
코로나 손실은 전원 주파수에 비례한다.

기출 핵심 NOTE

14 공기의 파열 극한 전위경도
- 직류 : 30[kV/cm]
- 교류 : 21[kV/cm]

15 코로나 임계전압
$E_0 = 24.3\,m_0 m_1 \delta d \log_{10} \dfrac{D}{r}$ [kV]

여기서, m_0 : 전선표면계수
　　　　m_1 : 날씨계수
　　　　δ : 상대공기밀도
　　　　d : 전선의 지름
　　　　D : 선간거리
　　　　r : 도체의 반지름

16 코로나 손실(Peek 실험식)
$P_l = \dfrac{241}{\delta}(f+25)\sqrt{\dfrac{d}{2D}}(E-E_0)^2 \times 10^{-5}$ [kW/km/선]

여기서, δ : 상대공기밀도
　　　　f : 주파수[Hz]
　　　　D : 선간거리[cm]
　　　　d : 전선의 지름[cm]
　　　　E : 대지전압[kV]
　　　　E_0 : 임계전압[kV]

정답 14. ③　15. ③　16. ②　17. ④

18 다음 중 송전선로에 복도체를 사용하는 주된 목적은?
[18년 3회 기사]

① 인덕턴스를 증가시키기 위하여
② 정전용량을 감소시키기 위하여
③ 코로나 발생을 감소시키기 위하여
④ 전선 표면의 전위경도를 증가시키기 위하여

해설 다도체(복도체)의 특징
- 같은 도체 단면적의 단도체보다 인덕턴스와 리액턴스가 감소하고 정전용량이 증가하여 송전용량을 크게 할 수 있다.
- 전선 표면의 전위경도를 저감시켜 코로나 임계전압을 높게 하므로 코로나손을 줄일 수 있다.
- 전력 계통의 안정도를 증대시킨다.

19 3상 3선식 복도체 방식의 송전선로를 3상 3선식 단도체 방식 송전선로와 비교한 것으로 알맞은 것은? (단, 단도체의 단면적은 복도체 방식 소선의 단면적 합과 같은 것으로 한다.)
[16년 2회 산업]

① 전선의 인덕턴스와 정전용량은 모두 감소한다.
② 전선의 인덕턴스와 정전용량은 모두 증가한다.
③ 전선의 인덕턴스는 증가하고, 정전용량은 감소한다.
④ 전선의 인덕턴스는 감소하고, 정전용량은 증가한다.

해설 복도체의 특징
- 인덕턴스와 리액턴스가 감소하고 정전용량이 증가하여 송전용량을 크게 할 수 있다.
- 전선 표면의 전위경도를 저감시켜 코로나를 방지한다.
- 전력 계통의 안정도를 증대시키고, 초고압 송전선로에 채용한다.

20 초고압 송전선로에 단도체 대신 복도체를 사용할 경우 틀린 것은?
[19·16년 2회 기사]

① 전선의 작용 인덕턴스를 감소시킨다.
② 선로의 작용정전용량을 증가시킨다.
③ 전선 표면의 전위경도를 저감시킨다.
④ 전선의 코로나 임계전압을 저감시킨다.

해설 복도체 및 다도체의 특징
- 동일한 단면적의 단도체보다 인덕턴스와 리액턴스가 감소하고 정전용량이 증가하여 송전용량을 크게 할 수 있다.
- 전선 표면의 전위경도를 저감시켜 코로나 임계전압을 증가시키고, 코로나손을 줄일 수 있다.
- 전력 계통의 안정도를 증대시키고, 초고압 송전선로에 채용한다.
- 페란티 효과에 의한 수전단 전압 상승 우려가 있다.
- 강풍, 빙설 등에 의한 전선의 진동 또는 동요가 발생할 수 있고, 단락사고 시 소도체가 충돌할 수 있다.

기출 핵심 NOTE

18 복도체를 사용하는 주목적
코로나 임계전압을 높여 코로나 발생방지

19 복도체의 장점
- 단도체에 비해 정전용량이 증가하고 인덕턴스가 감소하여 송전용량이 증가한다.
- 단도체에 비해 전류용량이 증대된다.

정답 18. ③ 19. ④ 20. ④

잠깐! 쉬어가세요.

"다른 누구에게
인정받으려 하지 말고
최선을 다하라."

- 앤드류 카네기 -

CHAPTER 03

송전선로 특성

- 01 단거리 송전선로 해석
- 02 단거리 송전선로 전압과의 관계
- 03 4단자 정수($ABCD$ parameter 일반 회로정수)
- 04 중거리 송전선로 해석
- 05 송전선로 시험
- 06 페란티 현상(효과)
- 07 장거리 송전선로 해석
- 08 송전전압 및 송전용량 계산
- 09 전력원선도
- 10 조상설비
- 11 전력용 콘덴서 설비
- 12 안정도

출제비율 기사 18.0%
산업기사 18.1%

CHAPTER 03 송전선로 특성

기출개념 01 단거리 송전선로 해석

선로의 길이가 짧아 선로정수로 저항과 인덕턴스만 생각한 집중정수회로로 해석한다.

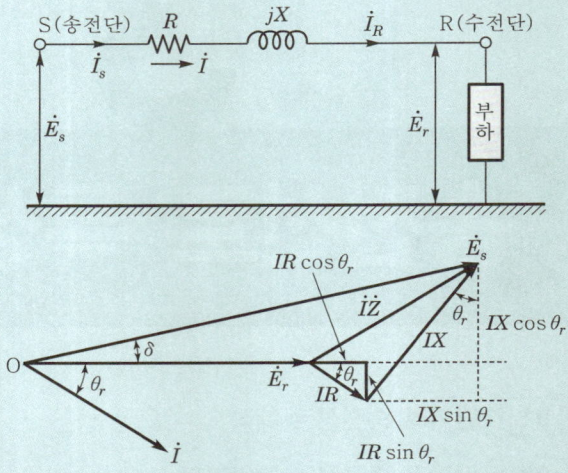

송전단 전압
$$E_s = \sqrt{(E_r + IR\cos\theta_r + IX\sin\theta_r)^2 + (IX\cos\theta_r - IR\sin\theta_r)^2}$$
$$\fallingdotseq E_r + I(R\cos\theta_r + X\sin\theta_r)$$

[1] 전압강하(e)

① 단상[상전압(E) = 선간전압(V)]인 경우
$$e = E_s - E_r = V_s - V_r = I(R\cos\theta + X\sin\theta)$$

② 3상[선간전압(V) = $\sqrt{3}$ 상전압(E)]인 경우
$$e = \sqrt{3}E_s - \sqrt{3}E_r = V_s - V_r = \sqrt{3}I(R\cos\theta + X\sin\theta) = \frac{P}{V}(R + X\tan\theta)$$

[2] 전압강하율(ε)

① 단상 : $\varepsilon = \dfrac{E_s - E_r}{E_r} \times 100[\%] = \dfrac{I(R\cos\theta + X\sin\theta)}{E_r} \times 100[\%]$

② 3상 : $\varepsilon = \dfrac{V_s - V_r}{V_r} \times 100[\%] = \dfrac{\sqrt{3}I(R\cos\theta + X\sin\theta)}{V_r} \times 100[\%]$

[3] 전압변동률(δ)

부하를 연결함으로써 나타나는 전압의 변화 정도
$$\delta = \frac{V_{ro} - V_r}{V_r} \times 100[\%]$$

여기서, V_{ro} : 무부하 시 수전단 전압, V_r : 부하 시 수전단 전압

기·출·개념 문제

1. 수전단 전압 3.3[kV], 역률 0.85[lag]인 부하 300[kW]에 공급하는 선로가 있다. 이때 송전단 전압은 약 몇 [V]인가?

17·02·99 기사 / 04 산업

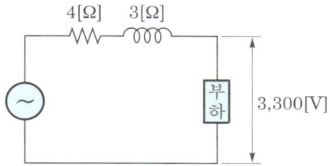

① 약 3,420
② 약 3,560
③ 약 3,680
④ 약 3,830

[해설] 부하전력 $P = VI\cos\theta$ 에서 $I = \dfrac{P}{V\cos\theta} = \dfrac{3 \times 10^5}{3,300 \times 0.85} = 107[A]$

송전단 전압 $V_s = V_R + I(R\cos\theta + X\sin\theta) = 3,300 + 107(4 \times 0.85 + 3 \times \sqrt{1 - 0.85^2})$
$= 3832.9 \fallingdotseq 3,830[V]$

답 ④

2. 송전단 전압이 6,600[V], 수전단 전압이 6,100[V]였다. 수전단의 부하를 끊은 경우 수전단 전압이 6,300[V]라면 이 회로의 전압강하율과 전압변동률은 각각 몇 [%]인가?

86 기사 / 94 산업

① 3.28, 8.2
② 8.2, 3.28
③ 4.14, 6.8
④ 6.8, 4.14

[해설] 전압강하율 $\varepsilon = \dfrac{6,600 - 6,100}{6,100} \times 100[\%] = 8.19[\%]$

전압변동률 $\delta = \dfrac{6,300 - 6,100}{6,100} \times 100[\%] = 3.278[\%]$

답 ②

3. 3상 3선식 송전선이 있다. 1선당의 저항은 8[Ω], 리액턴스는 12[Ω]이며, 수전단의 전력이 1,000[kW], 전압이 10[kV], 역률이 0.8일 때, 이 송전선의 전압강하율[%]은?

12 기사

① 14
② 15
③ 17
④ 19

[해설] 부하전력 $P = \sqrt{3} VI\cos\theta$ 에서 $I = \dfrac{P}{\sqrt{3} V\cos\theta} = \dfrac{10^6}{\sqrt{3} \times 10^4 \times 0.8} = 72.17[A]$

전압강하율 $\varepsilon = \dfrac{\sqrt{3} I(R\cos\theta + X\sin\theta)}{V_R} \times 100 = \dfrac{\sqrt{3} \times 72.17 \times (8 \times 0.8 + 12 \times 0.6)}{10 \times 10^3} \times 100$
$= 17[\%]$

답 ③

CHAPTER 03 송전선로 특성

기출개념 02 단거리 송전선로 전압과의 관계

[1] 전압강하

$$e = \frac{P}{V}(R + X\tan\theta)$$

: 전압에 반비례

[2] 전압강하율

$$\varepsilon = \frac{P}{V^2}(R + X\tan\theta)$$

: 전압의 제곱에 반비례

[3] 전력 손실(선로 손실)

$$P_l = 3I^2 \cdot R = 3\left(\frac{P}{\sqrt{3}\,V\cos\theta}\right)^2 \cdot R = \frac{P^2 R}{V^2\cos^2\theta} = \frac{P^2 \rho l}{V^2\cos^2\theta\, A}$$

: 전압의 제곱에 반비례

[4] 전선 단면적

$$A = \frac{P^2 \rho l}{P_l V^2 \cos^2\theta}$$

: 전압의 제곱에 반비례

[5] 전력 손실률

$$K = \frac{P_l}{P} \times 100[\%] = \frac{P \cdot R}{V^2 \cos^2\theta} \times 100[\%]$$

여기서, R, $\cos\theta$: 일정

$K = \dfrac{P}{V^2}$ 에서 $P = KV^2$

전력 손실률이 일정하면 공급전력(P)는 전압의 제곱에 비례한다.

전압강하(e)	$\dfrac{1}{V}$
송전전력(P)	V^2
전압강하율(ε)	$\dfrac{1}{V^2}$
전력 손실(P_l)	$\dfrac{1}{V^2}$
전선 단면적(A)	$\dfrac{1}{V^2}$

1. 3상 3선식 송전선로에서 송전전력 P[kW], 송전전압 V[kV], 전선의 단면적 A[mm²], 송전거리 l[km], 전선의 고유저항 ρ[Ω-mm²/m], 역률 $\cos\theta$일 때 선로 손실 P_l[kW]은?

08 기사 / 90 산업

① $\dfrac{\rho l P^2}{A V^2 \cos^2\theta}$ 　　② $\dfrac{\rho l P^2}{A^2 V \cos^2\theta}$

③ $\dfrac{\rho l P^2 \times 10^3}{A V^2 \cos^2\theta}$ 　　④ $\dfrac{\rho l P^2}{A V^2 \cos\theta}$

[해설] 선로 손실

$$P_l = 3I^2 R = 3 \cdot \left(\dfrac{P}{\sqrt{3} \cdot V \cdot \cos\theta}\right)^2 \cdot \rho \times 10^{-6} \times \dfrac{l \times 10^3}{A \times 10^{-6}} \times 10^{-3}[\text{kW}] = \dfrac{\rho l P^2}{A V^2 \cos^2\theta}[\text{kW}]$$

답 ①

2. 송전선로의 전압을 2배로 승압할 경우 동일 조건에서 공급전력을 동일하게 취하면 선로 손실은 승압 전의 (㉠)배로 되고, 선로 손실률을 동일하게 취하면 공급전력은 승압 전의 (㉡)배로 된다. 빈 칸에 알맞은 것은?

19·13·93 산업

① ㉠ $\dfrac{1}{4}$, ㉡ 4 　　② ㉠ 4, ㉡ $\dfrac{1}{4}$

③ ㉠ $\dfrac{1}{4}$, ㉡ 2 　　④ ㉠ 4, ㉡ $\dfrac{1}{2}$

[해설] 전력 손실은 전압의 제곱에 반비례하므로 $P_l = \dfrac{1}{V^2} = \dfrac{1}{2^2} = \dfrac{1}{4}$배

공급전력은 손실률이 일정한 경우 전압의 제곱에 비례하므로 $P = V^2 = 2^2 = 4$배　　**답** ①

3. 송전전력, 송전거리, 전선의 비중 및 전선 손실률이 일정하다고 하면 전선의 단면적 A는 다음 중 어느 것에 비례하는가? (단, V는 송전전압이다.)

18·16·13·10·94·93 기사 / 00 산업

① V 　　② V^2

③ $\dfrac{1}{V^2}$ 　　④ $\dfrac{1}{V}$

[해설] 송전전력 P, 송전거리 l, 전선의 저항 R과 비중, 전력 손실 P_l, 부하 역률 $\cos\theta$가 일정하면, 전선 단면적은 $A \propto \dfrac{1}{V^2}$이다.　　**답** ③

제3장 송전선로 특성

CHAPTER 03 송전선로 특성

기출개념 03 4단자 정수($ABCD$ parameter 일반 회로정수)

[1] 전파 방정식

$$\begin{bmatrix} E_s \\ I_s \end{bmatrix} = \begin{bmatrix} A & B \\ C & D \end{bmatrix} \begin{bmatrix} E_r \\ I_r \end{bmatrix}$$

송전단 전압 : $E_s = AE_r + BI_r$
송전단 전류 : $I_s = CE_r + DI_r$

[2] 4단자 정수의 의미

- $A = \dfrac{E_s}{E_r}\bigg|_{I_r = 0}$: 전압비

- $B = \dfrac{E_s}{I_r}\bigg|_{E_r = 0}$: 단락전달 임피던스

- $C = \dfrac{I_s}{E_r}\bigg|_{I_r = 0}$: 개방전달 어드미턴스

- $D = \dfrac{I_s}{I_r}\bigg|_{E_r = 0}$: 전류비

[3] 4단자 정수의 성질

$$\begin{vmatrix} A & B \\ C & D \end{vmatrix} = AD - BC = 1$$

[4] 직렬 병렬 성분의 4단자 정수

(1) 직렬 임피던스 성분의 4단자 정수

$$\begin{bmatrix} A & B \\ C & D \end{bmatrix} = \begin{bmatrix} 1 & Z \\ 0 & 1 \end{bmatrix}$$

(2) 병렬 어드미턴스 성분의 4단자 정수

$$\begin{bmatrix} A & B \\ C & D \end{bmatrix} = \begin{bmatrix} 1 & 0 \\ Y & 1 \end{bmatrix}$$

(3) 직·병렬 임피던스 성분의 4단자 정수

$$\begin{bmatrix} A & B \\ C & D \end{bmatrix} = \begin{bmatrix} 1 & Z_1 \\ 0 & 1 \end{bmatrix} \begin{bmatrix} 1 & 0 \\ \dfrac{1}{Z_2} & 1 \end{bmatrix} = \begin{bmatrix} 1 + \dfrac{Z_1}{Z_2} & Z_1 \\ \dfrac{1}{Z_2} & 1 \end{bmatrix}$$

기·출·개념 문제

1. 그림과 같은 회로의 일반 회로정수로서 옳지 않은 것은? `17·11·97 기사`

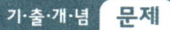

① $\dot{A} = 1$ ② $\dot{B} = Z + 1$
③ $\dot{C} = 0$ ④ $\dot{D} = 1$

[해설] 직렬 임피던스 회로의 4단자 정수
$$\begin{bmatrix} A & B \\ C & D \end{bmatrix} = \begin{bmatrix} 1 & Z \\ 0 & 1 \end{bmatrix}$$

답 ②

2. 그림 중 4단자 정수 A, B, C, D는? (여기서, E_S, I_S는 송전단 전압 및 전류, E_R, I_R는 수전단 전압 및 전류이고, Y는 병렬 어드미턴스이다.) `12·04·93 기사`

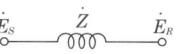

① 1, 0, Y, 1 ② 1, Y, 0, 1
③ 1, Y, 1, 0 ④ 1, 0, 0, 1

[해설] 병렬 어드미턴스 회로의 4단자 정수
$$\begin{bmatrix} A & B \\ C & D \end{bmatrix} = \begin{bmatrix} 1 & 0 \\ Y & 1 \end{bmatrix}$$

답 ①

3. 송전선로의 일반 회로정수가 $A = 0.7$, $B = j190$, $D = 0.9$라 하면 C의 값은? `18·13·05·90 기사`

① $-j\,1.95 \times 10^{-3}$ ② $j\,1.95 \times 10^{-3}$
③ $-j\,1.95 \times 10^{-4}$ ④ $j\,1.95 \times 10^{-4}$

[해설] $AD - BC = 1$에서 $C = \dfrac{AD - 1}{B} = \dfrac{0.7 \times 0.9 - 1}{j190} = j\,0.00195 = j\,1.95 \times 10^{-3}$

답 ②

4. 그림과 같이 회로정수 A, B, C, D인 송전선로에 변압기 임피던스 Z_R를 수전단에 접속했을 때 변압기 임피던스 Z_R를 포함한 새로운 회로정수 D_o는? (단, 그림에서 E_S, I_S는 송전단 전압, 전류이고, E_R, I_R는 수전단의 전압, 전류이다.) `14·13 기사/97 산업`

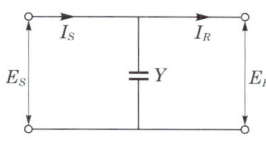

① $B + AZ_R$ ② $B + CZ_R$
③ $D + AZ_R$ ④ $D + CZ_R$

[해설] $\begin{bmatrix} A_o & B_o \\ C_o & D_o \end{bmatrix} = \begin{bmatrix} A & B \\ C & D \end{bmatrix} \begin{bmatrix} 1 & Z_R \\ 0 & 1 \end{bmatrix} = \begin{bmatrix} A & AZ_R + B \\ C & CZ_R + D \end{bmatrix}$

∴ $D_o = D + CZ_R$

답 ④

제3장 송전선로 특성

CHAPTER 03 송전선로 특성

기출개념 04 중거리 송전선로 해석

[1] T형 회로

선로정수 R, L, C를 다루며 임피던스를 송·수전단 양단에 $\dfrac{Z}{2}$씩 연결하고 선로 중앙에 어드미턴스 Y(정전용량)을 연결한 회로로 해석하는 방법

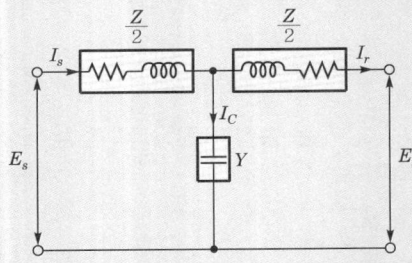

- $A = 1 + \dfrac{ZY}{2}$
- $B = Z\left(1 + \dfrac{ZY}{4}\right)$
- $C = Y$
- $D = 1 + \dfrac{ZY}{2}$

송전단 전압 : $E_s = \left(1 + \dfrac{ZY}{2}\right)E_r + Z\left(1 + \dfrac{ZY}{4}\right)I_r$

송전단 전류 : $I_s = YE_r + \left(1 + \dfrac{ZY}{2}\right)I_r$

[2] π형 회로

어드미턴스를 송·수전단 양단에 $\dfrac{Y}{2}$씩 연결하고 선로 중앙에 임피던스 Z를 연결한 회로로 해석하는 방법

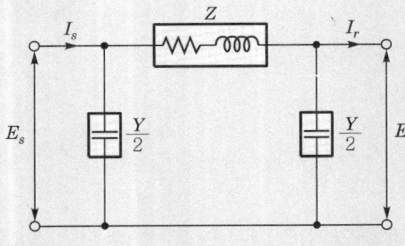

- $A = 1 + \dfrac{ZY}{2}$
- $B = Z$
- $C = Y\left(1 + \dfrac{ZY}{4}\right)$
- $D = 1 + \dfrac{ZY}{2}$

송전단 전압 : $E_s = \left(1 + \dfrac{ZY}{2}\right)E_r + ZI_r$

송전단 전류 : $I_s = Y\left(1 + \dfrac{ZY}{4}\right)E_r + \left(1 + \dfrac{ZY}{2}\right)I_r$

* 평행 2회선 송전선로의 4단자 정수

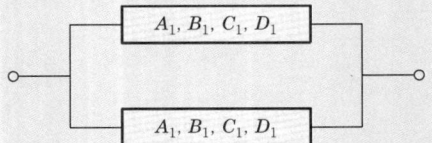

$\begin{bmatrix} A & B \\ C & D \end{bmatrix} = \begin{bmatrix} A_1 & \dfrac{B_1}{2} \\ 2C_1 & D_1 \end{bmatrix}$

A는 전압, D는 전류의 물리적 의미를 갖고 있으므로 변동이 없고, B는 임피던스이므로 $\dfrac{1}{2}$배 감소하고, C는 어드미턴스이므로 2배가 된다.

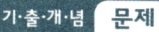 

1. 중거리 송전선로의 T형 회로에서 송전단 전류 I_S는? (단, Z, Y는 선로의 직렬 임피던스와 병렬 어드미턴스이고, E_R는 수전단 전압, I_R는 수전단 전류이다.) 19·12 기사 / 03·00·98·94 산업

① $I_R\left(1+\dfrac{ZY}{2}\right)+E_RY$
② $E_R\left(1+\dfrac{ZY}{2}\right)+ZI_R\left(1+\dfrac{ZY}{4}\right)$
③ $E_R\left(1+\dfrac{ZY}{2}\right)+ZI_R$
④ $I_R\left(1+\dfrac{ZY}{2}\right)+E_RY\left(1+\dfrac{ZY}{4}\right)$

[해설] T형 회로 $\begin{bmatrix} A & B \\ C & D \end{bmatrix} = \begin{bmatrix} 1+\dfrac{ZY}{2} & Z\left(1+\dfrac{ZY}{4}\right) \\ Y & 1+\dfrac{ZY}{2} \end{bmatrix}$

송전단 전류 $I_S = CE_R+DI_R = Y \cdot E_R + \left(1+\dfrac{ZY}{2}\right)I_R$ **답** ①

2. 중거리 송전선로의 π형 회로에서 송전단 전류 I_s는? (단, Z, Y는 선로의 직렬 임피던스와 병렬 어드미턴스이고, E_r, I_r은 수전단 전압과 전류이다.) 15 기사

① $\left(1+\dfrac{ZY}{2}\right)E_r+ZI_r$
② $\left(1+\dfrac{ZY}{2}\right)E_r+Z\left(1+\dfrac{ZY}{4}\right)I_r$
③ $\left(1+\dfrac{ZY}{2}\right)I_r+YE_r$
④ $\left(1+\dfrac{ZY}{2}\right)I_r+Y\left(1+\dfrac{ZY}{4}\right)E_r$

[해설] π형 회로의 4단자 정수 $\begin{bmatrix} A & B \\ C & D \end{bmatrix} = \begin{bmatrix} 1+\dfrac{ZY}{2} & Z \\ Y\left(1+\dfrac{ZY}{4}\right) & 1+\dfrac{ZY}{2} \end{bmatrix}$

송전단 전류 $I_s = CE_r+DI_r = Y\left(1+\dfrac{ZY}{4}\right)E_r+\left(1+\dfrac{ZY}{2}\right)I_r$ **답** ④

3. 일반 회로정수가 같은 평행 2회선에서 $\dot{A}$, $\dot{B}$, $\dot{C}$, $\dot{D}$는 각각 1회선의 경우의 몇 배로 되는가? 03·00 기사 / 00 산업

① 2, 2, $\dfrac{2}{1}$, 1
② 1, 2, $\dfrac{1}{2}$, 1
③ 1, $\dfrac{1}{2}$, 2, 1
④ 1, $\dfrac{1}{2}$, 2, 2

[해설] 평행 2회선 송전선로의 4단자 정수 $\begin{bmatrix} A_o & B_o \\ C_o & D_o \end{bmatrix} = \begin{bmatrix} A & \dfrac{B}{2} \\ 2C & D \end{bmatrix}$

A와 D는 일정하고, B는 $\dfrac{1}{2}$배 감소되고, C는 2배가 된다.   **답** ③

제3장 송전선로 특성

CHAPTER 03 송전선로 특성

기출개념 05 송전선로 시험

[1] 단락시험 : 수전단 전압 $E_r = 0$

$$E_s = AE_r + BI_r \big|_{E_r=0}$$
$$I_s = CE_r + DI_r \big|_{E_r=0}$$

$E_s = BI_r$ 이므로 $I_r = \dfrac{1}{B}E_s$

$I_s = DI_r$ 이므로 $I_r = \dfrac{1}{B}E_s$를 대입하면

$$\boxed{\text{단락전류} : I_{ss} = \dfrac{D}{B}E_s}$$

[2] 개방시험(=무부하 시험) : 수전단 전류 $I_r = 0$

$$E_s = AE_r + BI_r \big|_{I_r=0}$$
$$I_s = CE_r + DI_r \big|_{I_r=0}$$

$E_s = AE_r$ 이므로 $E_r = \dfrac{1}{A}E_s$

$I_s = CE_r$ 이므로 $E_r = \dfrac{1}{A}E_s$를 대입하면

$$\boxed{\text{충전전류(=무부하 전류)} : I_{so} = \dfrac{C}{A}E_s}$$

기·출·개·념 문제

1. 154[kV], 300[km]의 3상 송전선에서 일반 회로정수는 다음과 같다. $A = 0.900$, $B = 150$, $C = j0.901 \times 10^{-3}$, $D = 0.930$이 송전선에서 무부하 시 송전단에 154[kV]를 가했을 때 수전단 전압은 몇 [kV]인가?

〈11 기사 / 94 산업〉

① 143　　② 154　　③ 166　　④ 171

(해설) 무부하일 때는 수전단 전류 $I_R = 0$이므로 $E_S = AE_R$에서

수전단 전압 $E_R = \dfrac{E_S}{A} = \dfrac{154}{0.9} = 171[\text{kV}]$

답 ④

2. 일반 회로정수가 A, B, C, D이고 송전단 상전압이 E_S인 경우 무부하 시의 충전전류(송전단 전류)는?

〈12 기사 / 19 산업〉

① $\dfrac{C}{A}E_S$　　② $\dfrac{A}{C}E_S$　　③ ACE_S　　④ CE_S

(해설) 무부하인 경우는 수전단이 개방상태이므로 수전단 전류 $I_R = 0$이다.

충전전류(무부하 전류) : $I_{SO} = \dfrac{C}{A}E_S$

답 ①

기출개념 06 페란티 현상(효과)

(1) 발생원인 및 의미

무부하 또는 경부하 시 선로의 작용정전용량에 의해 충전전류가 흘러 **수전단의 전압이 송전단 전압보다 높아지는 현상**으로, 선로의 정전용량이 클수록 선로의 길이가 길수록 커진다.

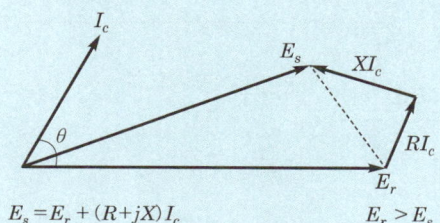

$E_s = E_r + (R+jX)I_c$ $E_r > E_s$

(2) 방지대책

진상전류를 제거하기 위해 수전단에 병렬로 **분로(병렬)리액터를 설치**한다.

기출·개념 문제

1. 수전단 전압이 송전단 전압보다 높아지는 현상을 무엇이라 하는가? `08 산업`
① 페란티 효과
② 표피효과
③ 근접효과
④ 도플러 효과

(해설) 경부하 또는 무부하인 경우에는 선로의 작용정전용량에 의한 충전전류의 영향이 크게 작용해서 전류는 진상전류로 되고, 이때에 수전단 전압이 송전단 전압보다 높게 되는 것을 페란티 현상(ferranti effect)이라 한다.

답 ①

2. 페란티 현상이 발생하는 주된 원인은? `13 산업`
① 선로의 저항
② 선로의 인덕턴스
③ 선로의 정전용량
④ 선로의 누설 컨덕턴스

(해설) 페란티 효과
경부하 또는 무부하인 경우에는 선로의 정전용량의 영향이 크게 작용해서 진상전류가 흘러 수전단 전압이 송전단 전압보다 높게 되는 것을 페란티 효과(ferranti effect)라 한다.

답 ③

CHAPTER 03 송전선로 특성

기출개념 07 장거리 송전선로 해석

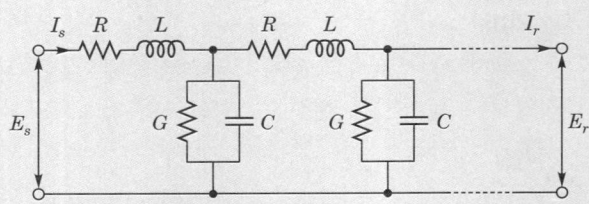

[1] 특성 임피던스

$$Z_0 = \sqrt{\frac{Z}{Y}} = \sqrt{\frac{R+j\omega L}{G+j\omega C}} \fallingdotseq \sqrt{\frac{L}{C}}\,[\Omega]$$

$$Z_0 = \sqrt{\frac{L}{C}} = \sqrt{\frac{0.4605\log_{10}\frac{D}{r}}{\frac{0.02413}{\log_{10}\frac{D}{r}}}} \fallingdotseq 138\log_{10}\frac{D}{r}\,[\Omega]$$

[2] 전파정수

$$\gamma = \sqrt{ZY} = \sqrt{(R+j\omega L)(G+j\omega C)} = \alpha + j\beta$$

여기서, α : 감쇠정수, β : 위상정수

[3] 전파속도

$$v = \lambda \cdot f = \frac{\omega}{\beta} = \frac{1}{\sqrt{LC}}\,[\text{m/s}]$$

[4] 송전선의 전파방정식

$$E_s = \cosh\gamma l E_r + Z_0 \sinh\gamma l I_r$$
$$I_s = \frac{1}{Z_0}\sinh\gamma l E_r + \cosh\gamma l I_r$$

[5] 송전선로 시험

(1) 단락시험, $E_r = 0$

수전단 단락 시 송전단 전류 : $I_{ss} = \frac{D}{B}E_s = \sqrt{\frac{Y}{Z}}\coth r E_s$

(2) 개방시험, $I_r = 0$

수전단 개방 시 송전단 전류 : $I_{so} = \frac{C}{A}E_s = \sqrt{\frac{Y}{Z}}\tanh r E_s$

[6] 전파방정식에서의 특성 임피던스

$$Z_0 = \sqrt{Z_{ss} \cdot Z_{so}}$$

여기서, Z_{ss} : 수전단을 단락하고 송전단에서 본 임피던스
Z_{so} : 수전단을 개방하고 송전단에서 본 임피던스

기·출·개·념 문제

1. 송전선의 특성 임피던스는 저항과 누설 컨덕턴스를 무시하면 어떻게 표시되는가? (단, L은 선로의 인덕턴스, C는 선로의 정전용량이다.)　　19·14·13·03·98 기사

① $\sqrt{\dfrac{L}{C}}$　　　　　　② $\sqrt{\dfrac{C}{L}}$

③ $\dfrac{L}{C}$　　　　　　　④ $\dfrac{C}{L}$

[해설] 특성 임피던스 $Z_0 = \sqrt{\dfrac{Z}{Y}} = \sqrt{\dfrac{R+j\omega L}{G+j\omega C}} = \sqrt{\dfrac{L}{C}}\,[\Omega]$　　**[답] ①**

2. 파동 임피던스가 500[Ω]인 가공 송전선 1[km]당의 인덕턴스 L과 정전용량 C는 얼마인가?　　14·02·98·97 기사

① $L = 1.67[\text{mH/km}],\ C = 0.0067[\mu\text{F/km}]$
② $L = 2.12[\text{mH/km}],\ C = 0.167[\mu\text{F/km}]$
③ $L = 1.67[\text{mH/km}],\ C = 0.0167[\mu\text{F/km}]$
④ $L = 0.0067[\text{mH/km}],\ C = 1.67[\mu\text{F/km}]$

[해설] 특성 임피던스 $Z_0 = \sqrt{\dfrac{L}{C}} \fallingdotseq 138\log_{10}\dfrac{D}{r}\,[\Omega]$이므로

$Z_0 = 138\log_{10}\dfrac{D}{r} = 500[\Omega]$에서 $\log_{10}\dfrac{D}{r} = \dfrac{500}{138}$이다.

$\therefore\ L = 0.05 + 0.4605\log_{10}\dfrac{D}{r} = 0.05 + 0.4605 \times \dfrac{500}{138} = 1.67[\text{mH/km}]$

$C = \dfrac{0.02413}{\log_{10}\dfrac{D}{r}} = \dfrac{0.02413}{\dfrac{500}{138}} = 6.67 \times 10^{-3}[\mu\text{F/km}]$　　**[답] ①**

3. 송전선로의 수전단을 개방할 경우, 송전단 전류 I_S는 어떤 식으로 표시되는가? (단, 송전단 전압을 V_S, 선로의 임피던스를 Z, 선로의 어드미턴스를 Y라 한다.)　　00·99 기사

① $I_S = \sqrt{\dfrac{Y}{Z}}\tanh\sqrt{ZY}\,V_S$　　　② $I_S = \sqrt{\dfrac{Z}{Y}}\tanh\sqrt{ZY}\,V_S$

③ $I_S = \sqrt{\dfrac{Y}{Z}}\cosh\sqrt{ZY}\,V_S$　　　④ $I_S = \sqrt{\dfrac{Z}{Y}}\cosh\sqrt{ZY}\,V_S$

[해설] 수전단 개방 시 송전단 전류

$I_{SO} = \dfrac{C}{A}E_S = \sqrt{\dfrac{Y}{Z}}\tanh\gamma\,V_S = \sqrt{\dfrac{Y}{Z}}\tanh\sqrt{ZY}\,V_S$

여기서, $\gamma = \sqrt{ZY}$: 전파정수　　**[답] ①**

CHAPTER 03 송전선로 특성

기출개념 08 송전전압 및 송전용량 계산

[1] 송전전압 계산 : Still의 식

경제적인 송전전압 $[\text{kV}] = 5.5\sqrt{0.6l + \dfrac{P}{100}}\,[\text{kV}]$

여기서, l : 송전거리[km], P : 송전전력[kW]
공칭전압 : 전부하 상태의 송전단 선간전압 기준으로 결정

[2] 송전용량 계산

(1) 고유부하법

가장 이상적인 송전용량

$$P_s = \dfrac{V_r^{\,2}}{Z_0} = \dfrac{V_r^{\,2}}{\sqrt{\dfrac{L}{C}}}\,[\text{MW}]$$

여기서, V_r : 수전단 선간전압[kV]

(2) 송전용량계수법

$$P_s = K\dfrac{V_r^{\,2}}{l}\,[\text{kW}]$$

여기서, V_r : 수전단 선간전압[kV], l : 송전거리[km]
K : 송전용량계수(60[kV] 이내 : $K=600$, 60~140[kV] 이내 : $K=800$, 140[kV] 이상 : $K=1{,}200$)

(3) 리액턴스법

$$P_s = \dfrac{V_s \cdot V_r}{X}\sin\delta\,[\text{MW}]$$

송수전단의 전압의 상차각 δ
$\delta = 90°$일 때 최대 송전전력 $P_s = \dfrac{V_s \cdot V_r}{X}\,[\text{MW}]$

기·출·개·념 문제

1. 62,000[kW]의 전력을 60[km] 떨어진 지점에 송전하려면 전압은 몇 [kV]로 하면 좋은가?

11 기사 / 12·04·03 산업

① 66　　② 110　　③ 140　　④ 154

(해설) $[\text{kV}] = 5.5\sqrt{0.6\times 60 + \dfrac{62{,}000}{100}} = 140\,[\text{kV}]$

답 ③

2. 송전단 전압 161[kV], 수전단 전압 154[kV], 상차각 60°, 리액턴스 65[Ω]일 때 선로 손실을 무시하면 전력은 약 몇 [MW]인가?

14·95 기사

① 330　　② 322　　③ 279　　④ 161

(해설) $P = \dfrac{161 \times 154}{65} \times \sin 60° = 330\,[\text{MW}]$

답 ①

기출개념 09 전력원선도

[1] 송전단 전력원선도

$$W_s = P_s + jQ_s = E_s I_s = E_s\left(\frac{D}{B}E_s - \frac{1}{B}E_r\right)$$

$$= \frac{D}{B}E_s^2 \underline{/\alpha} - \frac{E_s E_r}{B} \underline{/\theta}$$

- 원선도 반지름 : $\rho = \dfrac{E_s E_r}{B}$

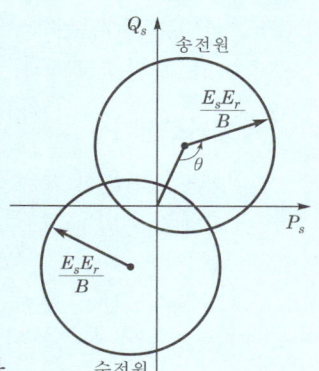

[2] 전력원선도 작성

① 가로축은 유효전력을, 세로축은 무효전력을 나타낸다.
② 전력원선도 작성에 필요한 것
  ㉠ 송·수전단의 전압
  ㉡ 선로의 일반 회로정수(A, B, C, D)
  ㉢ 원선도 반지름 : $\rho = \dfrac{E_s \cdot E_r}{B}$

[3] 전력원선도에서 구할 수 있는 것

① 송·수전 할 수 있는 최대 전력(정태안정 극한전력)
② 송·수전단 전압 간의 상차각
③ 수전단의 역률 조상설비용량
④ 선로손실 및 송전효율

[4] 전력원선도에서 구할 수 없는 것

① 과도안정 극한전력
② 코로나 손실

기·출·개·념 문제

1. 송수 양단의 전압을 E_S, E_R라 하고 4단자 정수를 A, B, C, D라 할 때 전력원선도의 반지름은?

02·98·94 기사 / 19·04·99·97·96 산업

① $\dfrac{E_S E_R}{A}$ ② $\dfrac{E_S E_R}{B}$ ③ $\dfrac{E_S E_R}{C}$ ④ $\dfrac{E_S E_R}{D}$

(해설) 전력원선도의 가로축에는 유효전력, 세로축에는 무효전력을 나타내고, 그 반지름은 $r = \dfrac{E_S E_R}{B}$ 이다.

답 ②

2. 전력원선도에서 알 수 없는 것은?

19·12·04·01·99·94 기사 / 10·04·93 산업

① 전력 ② 손실 ③ 역률 ④ 코로나 손실

(해설) 사고 시의 과도안정 극한전력, 코로나 손실은 전력원선도에서는 알 수 없다.

답 ④

CHAPTER 03 송전선로 특성

기출개념 10 조상설비

조상설비는 무효전력을 조정하여 전력손실을 경감시켜 전송효율을 높이고 전압을 조정하여 계통의 안정도를 증진시키는 설비이다.

[1] 동기조상기

무부하로 운전 중인 동기전동기의 V곡선을 이용한 것으로 과여자를 취하면 진상전류(콘덴서 역할)로 운전되며, 부족여자를 취하면 지상전류(리액터 역할)로 조정하게 된다.

* 특징
  ① 지상·진상 부하 모두에 사용
  ② 조정이 연속적이다.
  ③ 회전기로 전력 손실이 크다.
  ④ 시송전이 가능하다.
  ⑤ 증설이 불가능하다.

[2] 전력용 콘덴서

전력용 콘덴서는 부하와 병렬로 설치하여 역률을 개선하는 방식으로 진상전류를 공급하는 정지형 설비이다.

* 특징
  ① 지상 부하에 사용
  ② 조정이 단계적(불연속)이다.
  ③ 정지기로 손실이 적다.
  ④ 시송전이 불가능하다.
  ⑤ 증설이 가능하다.

[3] 분로 리액터

페란티 현상 방지를 위해 변전소에 설치 지상 무효분을 조정하는 설비이다.

기·출·개·념 문제

동기조상기가 정전 축전지보다 유리한 점은?   14·11·10·03 기사

① 필요에 따라 용량을 수시로 변경할 수 있다.
② 진상전류 이외에 지상전류를 얻을 수 있다.
③ 전력 손실이 적다.
④ 선로의 유도 리액턴스를 보상하여 전압강하를 줄인다.

(해설) 동기조상기는 과여자를 취하면 진상전류로 운전되고, 부족여자를 취하면 지상전류로 조정된다.

답 ②

기출개념 11 전력용 콘덴서 설비

[1] 역률 개선용 콘덴서의 용량 계산

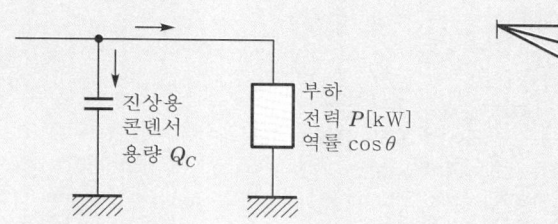
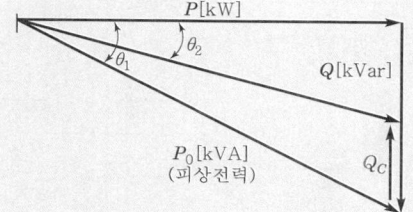

$$Q_C = P(\tan\theta_1 - \tan\theta_2)$$
$$= P\left(\frac{\sin\theta_1}{\cos\theta_1} - \frac{\sin\theta_2}{\cos\theta_2}\right) = P\left(\frac{\sqrt{1-\cos^2\theta_1}}{\cos\theta_1} - \frac{\sqrt{1-\cos^2\theta_2}}{\cos\theta_2}\right)[\text{kVA}]$$

여기서, $\cos\theta_1$: 개선 전 역률, $\cos\theta_2$: 개선 후 역률

[2] 전력용 콘덴서 설비

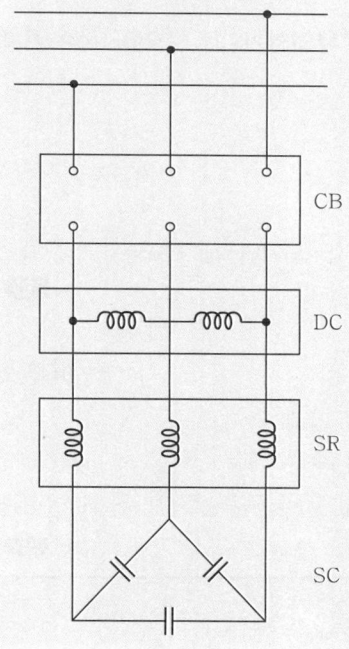

(1) 직렬 리액터(SR)

송전선에 콘덴서를 연결하면 제3고조파는 △ 결선으로 제거되지만 **제5고조파가 발생되므로 제5고조파 제거를 위해 직렬 공진**하는 직렬 리액터를 삽입한다.

(2) 직렬 리액터 용량

$$5\omega L = \frac{1}{5\omega C}, \quad \omega L = \frac{1}{25}\frac{1}{\omega C}$$

① 이론상 : 콘덴서 용량의 4[%]
② 실제 : 콘덴서 용량의 5~6[%]

(3) 방전코일(DC)

전원 개방 시 콘덴서에 **잔류 전하를 방전**시켜 감전사고를 방지하고 **재투입 시 콘덴서에 걸리는 과전압을 방지**한다.

CHAPTER 03 송전선로 특성

기·출·개·념 문제

1. 역률 0.8(지상)의 5,000[kW]의 부하에 전력용 콘덴서를 병렬로 접속하여 합성 역률을 0.9로 개선하고자 할 경우 소요되는 콘덴서의 용량[kVA]으로 적당한 것은 어느 것인가?

`09 기사 / 13·12 산업`

① 820
② 1,080
③ 1,350
④ 2,160

(해설) $Q_C = 5,000 \left(\dfrac{\sqrt{1-0.8^2}}{0.8} - \dfrac{\sqrt{1-0.9^2}}{0.9} \right) = 1,350 \,[\text{kVA}]$

답 ③

2. 피상전력 K[kVA], 역률 $\cos\theta$인 부하를 역률 100[%]로 하기 위한 병렬 콘덴서의 용량[kVA]은?

`11·03·00 기사 / 00 산업`

① $K\sqrt{1-\cos^2\theta}$
② $K\tan\theta$
③ $K\cos\theta$
④ $\dfrac{K\sqrt{1-\cos^2\theta}}{\cos\theta}$

(해설) 역률이 100[%]($\cos\theta_2 = 1$)이므로 $Q_C = K \cdot \cos\theta \left(\dfrac{\sin\theta}{\cos\theta} - \dfrac{0}{1} \right) = K\sqrt{1-\cos^2\theta}$

답 ①

3. 전력용 콘덴서 회로에 직렬 리액터를 접속시키는 목적은 무엇인가?

`13·96·94 기사 / 11 산업`

① 콘덴서 개방 시의 방전 촉진
② 콘덴서에 걸리는 전압의 저하
③ 제3고조파의 침입 방지
④ 제5고조파 이상의 고조파의 침입 방지

(해설) 송전선에 콘덴서를 연결하면 제3고조파는 △결선으로 제거되지만 제5고조파가 발생되므로 제5고조파 제거를 위해 직렬 리액터를 삽입한다.

답 ④

4. 전력용 콘덴서의 방전코일의 역할은?

`08·04·94 산업`

① 잔류 전하의 방전
② 고조파의 억제
③ 역률의 개선
④ 콘덴서의 수명 연장

(해설) 콘덴서에 전원을 제거하여도 충전된 잔류 전하에 의한 인축에 대한 감전사고를 방지하기 위해 잔류 전하를 모두 방전시켜야 한다.

답 ①

기출개념 12 안정도

계통이 주어진 운전조건하에서 운전을 계속 할 수 있는 능력을 말한다.

[1] 안정도의 종류

(1) 정태 안정도

정상적인 운전상태에서 부하를 서서히 증가했을 때 운전을 지속할 수 있는 능력
이때의 극한전력을 정태안정 극한전력이라고 한다.

(2) 동태 안정도

고성능의 자동전압조정기(AVR)로 한계를 향상시킨 운전능력

(3) 과도 안정도

부하가 크게 변동하거나 사고 발생 시 운전할 수 있는 능력
이때의 극한전력을 과도안정 극한전력이라고 한다.

[2] 안정도 향상 대책

(1) 계통의 직렬 리액턴스를 작게 한다.
① 발전기나 변압기의 리액턴스를 작게 한다.
② 복도체(다도체) 방식을 사용한다.
③ 직렬 콘덴서를 삽입한다.

(2) 전압 변동을 적게 한다.
① 속응여자방식을 채택한다.
② 계통을 연계한다.
③ 중간 조상방식을 채용한다.

(3) 고장전류를 줄이고, 고장구간을 신속하게 차단한다.
① 적당한 중성점 접지방식을 채용하여 지락전류를 줄인다.
② 고속 차단방식을 채용한다.
③ 재폐로 방식을 채용한다.

(4) 고장 시 전력 변동을 적게 한다.
① 조속기 동작을 신속하게 한다.
② 고장 발생과 동시에 발전기 회로에 직렬로 저항을 넣어 입·출력의 불평형을 적게 한다.

CHAPTER 03 송전선로 특성

기·출·개념 문제

1. 정태안정 극한전력이란?　　　03 기사 / 15·11·94 산업
① 부하가 서서히 증가할 때의 극한전력
② 부하가 갑자기 변할 때의 극한전력
③ 부하가 갑자기 사고가 났을 때의 극한전력
④ 부하가 변하지 않을 때의 극한전력

(해설) 부하를 서서히 증가시켜 송전 가능한 최대 전력을 정태안정 극한전력이라 한다.　　답 ①

2. 송전선의 안정도를 증진시키는 방법으로 맞는 것은?　　13·99 기사
① 발전기의 단락비를 작게 한다.
② 선로의 회선수를 감소시킨다.
③ 전압 변동을 작게 한다.
④ 리액턴스가 큰 변압기를 사용한다.

(해설) 안정도 증진방법 중에서 발전기의 단락비를 크게 하여야 하고, 선로 회선수는 다회선 방식을 채용하거나 복도체 방식을 사용하고, 선로의 리액턴스는 작아야 한다.　　답 ③

3. 송전 계통의 안정도를 향상시키는 방법이 아닌 것은?　　18·16·15·99·97 기사 / 18·15 산업
① 직렬 리액턴스를 증가시킨다.
② 전압변동률을 적게 한다.
③ 고장시간, 고장전류를 적게 한다.
④ 동기기간의 임피던스를 감소시킨다.

(해설) 계통 안정도 향상 대책 중에서 직렬 리액턴스는 송·수전 전력과 반비례하므로 크게 하면 안 된다.　　답 ①

4. 계통의 안정도에서 안정도 증진대책이 아닌 것은?　　12·95 기사
① 발전기나 변압기의 리액턴스를 작게 한다.
② 중간 조상방식을 채용한다.
③ 고장 시 발전기 입·출력의 불평형을 크게 한다.
④ 고속도 재폐로 방식을 채용한다.

(해설) 고장 시 발전기 입력과 출력 불균형 감소를 위해 조속기의 동작을 신속하게 하고, 중간 조상방식을 채용한다.　　답 ③

CHAPTER 03
송전선로 특성

이런 문제가 시험에 나온다! 단원 최근 빈출문제

01 3상 3선식 배전선로에 역률이 0.8(지상)인 3상 평형 부하 40[kW]를 연결했을 때 전압강하는 약 몇 [V]인가? (단, 부하의 전압은 200[V], 전선 1조의 저항은 0.02[Ω]이고, 리액턴스는 무시한다.) [18년 2회 산업]

① 2
② 3
③ 4
④ 5

해설 리액턴스는 무시하므로
전압강하 $e = \dfrac{P}{V}(R+X\tan\theta) = \dfrac{40}{0.2} \times 0.02 = 4[V]$

02 송전단 전압이 66[kV]이고, 수전단 전압이 62[kV]로 송전 중이던 선로에서 부하가 급격히 감소하여 수전단 전압이 63.5[kV]가 되었다. 전압강하율은 약 몇 [%]인가? [16년 2회 기사]

① 2.28
② 3.94
③ 6.06
④ 6.45

해설 전압강하율
$\varepsilon = \dfrac{V_s - V_r}{V_r} \times 100[\%] = \dfrac{66 - 63.5}{63.5} \times 100 = 3.937[\%]$

03 다음 송전선의 전압변동률 식에서 V_{R1}은 무엇을 의미하는가? [16년 1회 산업]

$$\varepsilon = \dfrac{V_{R1} - V_{R2}}{V_{R2}} \times 100[\%]$$

① 부하 시 송전단 전압
② 무부하 시 송전단 전압
③ 전부하 시 수전단 전압
④ 무부하 시 수전단 전압

해설
- V_{R1} : 무부하 시 수전단 전압
- V_{R2} : 전부하 시 수전단 전압

기출 핵심 NOTE

01 전압강하(e)
$e = \sqrt{3}\,I(R\cos\theta + X\sin\theta)$
$= \dfrac{P}{V}(R+X\tan\theta)$

02 전압강하율(ε)
$\varepsilon = \dfrac{V_s - V_r}{V_r} \times 100[\%]$
$= \dfrac{\sqrt{3}\,I(R\cos\theta + X\sin\theta)}{V_r} \times 100[\%]$
$= \dfrac{P}{V_r^2}(R+X\tan\theta) \times 100[\%]$

03 전압변동률(δ)
$\delta = \dfrac{V_{ro} - V_r}{V_r} \times 100[\%]$
여기서, V_{ro} : 무부하 시 수전단 전압
V_r : 부하 시 수전단 전압

정답 01. ③ 02. ② 03. ④

CHAPTER 03 송전선로 특성

04 송전단 전압이 154[kV], 수전단 전압이 150[kV]인 송전선로에서 부하를 차단하였을 때 수전단 전압이 152[kV]가 되었다면 전압변동률은 약 몇 [%]인가?

[17년 1회 산업]

① 1.11
② 1.33
③ 1.63
④ 2.25

해설 전압변동률

$$\delta = \frac{V_{r0} - V_{rn}}{V_{rn}} \times 100[\%] = \frac{152-150}{150} \times 100[\%] = 1.33[\%]$$

05 송전거리, 전력, 손실률 및 역률이 일정하다면 전선의 굵기는?

[16년 3회 기사]

① 전류에 비례한다.
② 전류에 반비례한다.
③ 전압의 제곱에 비례한다.
④ 전압의 제곱에 반비례한다.

해설 선로 손실 $P_l = \frac{\rho l P^2}{A V^2 \cos^2\theta}$ [kW]에서 $A = \frac{\rho l P^2}{P_l V^2 \cos^2\theta}$ [mm²] 이므로 전선의 굵기는 전압의 제곱에 반비례한다.

06 154[kV] 송전선로의 전압을 345[kV]로 승압하고 같은 손실률로 송전한다고 가정하면 송전전력은 승압 전의 약 몇 배 정도인가?

[16년 2회 기사]

① 2
② 3
③ 4
④ 5

해설 전력 $P \propto V^2$하므로 $\left(\frac{345}{154}\right)^2 = 5$배로 된다.

07 동일한 부하전력에 대하여 전압을 2배로 승압하면 전압강하, 전압강하율, 전력 손실률은 각각 얼마나 감소하는지를 순서대로 나열한 것은?

[19년 3회 산업]

① $\frac{1}{2}$, $\frac{1}{2}$, $\frac{1}{2}$
② $\frac{1}{2}$, $\frac{1}{2}$, $\frac{1}{4}$
③ $\frac{1}{2}$, $\frac{1}{4}$, $\frac{1}{4}$
④ $\frac{1}{4}$, $\frac{1}{4}$, $\frac{1}{4}$

해설 전압을 2배로 승압하면, 전압강하는 $\frac{1}{2}$배, 전선량과 전력 손실 및 전압강하율은 $\frac{1}{4}$배로 감소하고, 전력은 4배로 증가한다.

기출 핵심 NOTE

05 • 전력 손실

$$P_l = 3I^2 \cdot R = \frac{P^2 \cdot R}{V^2 \cos^2\theta}$$

$$= \frac{P^2 \rho \cdot l}{V^2 \cos^2\theta A}$$

• 단면적

$$A = \frac{P^2 \rho l}{P_l V^2 \cos^2\theta}$$

07 송전선로 전압과의 관계

• 전압강하(e) : $\frac{1}{V}$

• 송전전력(P) : V^2

• 전압강하율(ε) : $\frac{1}{V^2}$

• 전력 손실(P_l) : $\frac{1}{V^2}$

• 전선 단면적(A) : $\frac{1}{V^2}$

정답 04. ② 05. ④ 06. ④ 07. ③

08 전압과 역률이 일정할 때 전력을 몇 [%] 증가시키면 전력 손실이 2배로 되는가? [16년 3회 산업]

① 31
② 41
③ 51
④ 61

해설 전력 손실 $P_c = 3I^2R = \dfrac{P^2R}{V^2\cos^2\theta}$ 에서 부하전력 $P^2 \propto P_c$ 이다.
즉, $P \propto \sqrt{P_c}$ 이므로 전력 손실 P_c를 2배로 하면 부하전력 $P' = \sqrt{2P_c} = 1.414\sqrt{P_c}$ 이다. 그러므로 1.41배, 즉 41[%]가 된다.

09 그림과 같은 단거리 배전선로의 송전단 전압 6,600[V], 역률은 0.9이고, 수전단 전압 6,100[V], 역률 0.8일 때 회로에 흐르는 전류 I[A]는? (단, E_s 및 E_r은 송·수전단 대지전압이며, $r = 20$[Ω], $x = 10$[Ω]이다.) [16년 1회 기사]

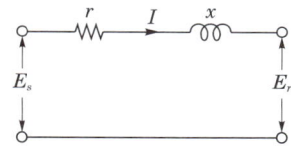

① 20
② 35
③ 53
④ 65

해설 선로 손실=송전단 전력−수전단 전력
$I^2r = E_1 I\cos\theta_1 - E_2 I\cos\theta_2$
$Ir = E_1\cos\theta_1 - E_2\cos\theta_2$
$\therefore I = \dfrac{E_1\cos\theta_1 - E_2\cos\theta_2}{r} = \dfrac{6,600 \times 0.9 - 6,100 \times 0.8}{20}$
$= 53[\text{A}]$

10 송전선 중간에 전원이 없을 경우에 송전단의 전압 $E_s = AE_r + BI_r$이 된다. 수전단의 전압 E_r의 식으로 옳은 것은? (단, I_s, I_r은 송전단 및 수전단의 전류이다.) [19년 1회 기사]

① $E_r = AE_s + CI_s$
② $E_r = BE_s + AI_s$
③ $E_r = DE_s - BI_s$
④ $E_r = CE_s - DI_s$

해설 $\begin{bmatrix} E_s \\ I_s \end{bmatrix} = \begin{bmatrix} A & B \\ C & D \end{bmatrix} \begin{bmatrix} E_r \\ I_r \end{bmatrix}$ 에서

$\begin{bmatrix} E_r \\ I_r \end{bmatrix} = \begin{bmatrix} A & B \\ C & D \end{bmatrix} \begin{bmatrix} E_s \\ I_s \end{bmatrix} = \dfrac{1}{AD-BC}\begin{bmatrix} D & -B \\ -C & A \end{bmatrix}\begin{bmatrix} E_s \\ I_s \end{bmatrix}$

기출 핵심 NOTE

10 전파 방정식

$\begin{bmatrix} E_s \\ I_s \end{bmatrix} = \begin{bmatrix} A & B \\ C & D \end{bmatrix} \begin{bmatrix} E_r \\ I_r \end{bmatrix}$

$\begin{bmatrix} E_r \\ I_r \end{bmatrix} = \begin{bmatrix} D & -B \\ -C & A \end{bmatrix} \begin{bmatrix} E_s \\ I_s \end{bmatrix}$

정답 08. ② 09. ③ 10. ③

CHAPTER 03 송전선로 특성

$AD - BC = 1$ 이므로 $\begin{bmatrix} E_r \\ I_r \end{bmatrix} = \begin{bmatrix} D & -B \\ -C & A \end{bmatrix} \begin{bmatrix} E_s \\ I_s \end{bmatrix}$ 이다.

그러므로 수전단 전압 $E_r = DE_s - BI_s$,
수전단 전류 $I_r = -CE_s + AI_s$로 된다.

11 단거리 송전선의 4단자 정수 A, B, C, D 중 그 값이 0인 정수는? [17년 3회 산업]

① A
② B
③ C
④ D

해설 단거리 송전선로는 정전용량과 누설 컨덕턴스를 무시하므로 어드미턴스 $Y = G + j\omega C$는 없다.

12 4단자 정수가 A, B, C, D인 선로에 임피던스가 $\dfrac{1}{Z_T}$인 변압기가 수전단에 접속된 경우 계통의 4단자 정수 중 D_0는? [18년 1회 기사]

① $D_0 = \dfrac{C + DZ_T}{Z_T}$
② $D_0 = \dfrac{C + AZ_T}{Z_T}$
③ $D_0 = \dfrac{D + CZ_T}{Z_T}$
④ $D_0 = \dfrac{B + AZ_T}{Z_T}$

해설

$\begin{bmatrix} A_0 & B_0 \\ C_0 & D_0 \end{bmatrix} = \begin{bmatrix} A & B \\ C & D \end{bmatrix} \begin{bmatrix} 1 & \dfrac{1}{Z_T} \\ 0 & 1 \end{bmatrix} = \begin{bmatrix} A & \dfrac{A}{Z_T} + B \\ C & \dfrac{C}{Z_T} + D \end{bmatrix}$

$\therefore D_0 = D + \dfrac{C}{Z_T} = \dfrac{C + DZ_T}{Z_T}$

13 중거리 송전선로의 특성은 무슨 회로로 다루어야 하는가? [16년 3회 기사]

① RL 집중정수회로
② RLC 집중정수회로
③ 분포정수회로
④ 특성 임피던스 회로

해설
- 단거리 송전선로 : RL 집중정수회로
- 중거리 송전선로 : RLC 집중정수회로
- 장거리 송전선로 : $RLCG$ 분포정수회로

> **기출 핵심 NOTE**
>
> **11** 직렬 임피던스의 4단자 정수
>
> $\begin{bmatrix} A & B \\ C & D \end{bmatrix} = \begin{bmatrix} 1 & Z \\ 0 & 1 \end{bmatrix}$
>
> **12** T형 회로 4단자 정수
> - $A = 1 + \dfrac{ZY}{2}$
> - $B = Z\left(1 + \dfrac{ZY}{4}\right)$
> - $C = Y$
> - $D = 1 + \dfrac{ZY}{2}$

정답 11. ③ 12. ① 13. ②

14 π형 회로의 일반 회로정수에서 B는 무엇을 의미하는가? [15년 2회 산업]

① 컨덕턴스 ② 리액턴스
③ 임피던스 ④ 어드미턴스

해설 π형 회로는 어드미턴스를 $\frac{1}{2}$로 분할하여 집중한 회로이고, A는 전압의 비, B는 임피던스, C는 어드미턴스, D는 전류의 비로 나타낸다.

15 중거리 송전선로의 π형 회로에서 송전단 전류 I_s는? (단, Z, Y는 선로의 직렬 임피던스와 병렬 어드미턴스이고, E_r, I_r은 수전단 전압과 전류이다.) [15년 2회 기사]

① $\left(1+\frac{ZY}{2}\right)E_r + ZI_r$
② $\left(1+\frac{ZY}{2}\right)E_r + Z\left(1+\frac{ZY}{4}\right)I_r$
③ $\left(1+\frac{ZY}{2}\right)I_r + YE_r$
④ $\left(1+\frac{ZY}{2}\right)I_r + Y\left(1+\frac{ZY}{4}\right)E_r$

15 π형 회로 4단자 정수
- $A = 1 + \frac{ZY}{2}$
- $B = Z$
- $C = Y\left(1+\frac{ZY}{4}\right)$
- $D = 1 + \frac{ZY}{2}$

해설 π형 회로의 4단자 정수 $\begin{bmatrix} A & B \\ C & D \end{bmatrix} = \begin{bmatrix} 1+\frac{ZY}{2} & Z \\ Y\left(1+\frac{ZY}{4}\right) & 1+\frac{ZY}{2} \end{bmatrix}$

송전단 전류 $I_s = CE_r + DI_r = Y\left(1+\frac{ZY}{4}\right)\cdot \dot{E_r} + \left(1+\frac{ZY}{2}\right)\cdot \dot{I_r}$

16 그림과 같이 정수가 서로 같은 평행 2회선 송전선로의 4단자 정수 중 B에 해당되는 것은? [16년 2회 기사]

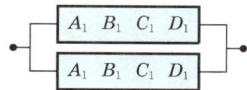

① $4B_1$ ② $2B_1$
③ $\frac{1}{2}B_1$ ④ $\frac{1}{4}B_1$

16 평행 2회선의 4단자 정수
A와 D는 일정하고 B는 $\frac{1}{2}$배 감소되고 C는 2배가 된다.

해설 평행 2회선 4단자 정수 $\begin{bmatrix} A & B \\ C & D \end{bmatrix} = \begin{bmatrix} A_1 & \frac{1}{2}B_1 \\ 2C_1 & D_1 \end{bmatrix}$

정답 14. ③ 15. ④ 16. ③

CHAPTER 03 송전선로 특성

17 일반 회로정수가 A, B, C, D이고 송전단 전압이 E_s인 경우 무부하 시 수전단 전압은? [19년 2회 기사]

① $\dfrac{E_s}{A}$　　② $\dfrac{E_s}{B}$

③ $\dfrac{A}{C}E_s$　　④ $\dfrac{C}{A}E_s$

해설 무부하 시 수전단 전류 $I_r = 0$이므로 송전단 전압 $E_s = AE_r$로 되어 수전단 전압 $E_r = \dfrac{E_s}{A}$가 된다.

18 4단자 정수 $A = D = 0.8$, $B = j1.0$인 3상 송전선로에 송전단 전압 160[kV]를 인가할 때 무부하 시 수전단 전압은 몇 [kV]인가? [17년 3회 기사]

① 154　　② 164
③ 180　　④ 200

해설 무부하 시이므로 수전단 전류 $I_r = 0$이므로 송전단 전압 $E_s = AE_r$에서
수전단 전압 $E_r = \dfrac{E_s}{A} = \dfrac{160}{0.8} = 200[\text{kV}]$

19 송전선로에 충전전류가 흐르면 수전단 전압이 송전단 전압보다 높아지는 현상과 이 현상의 발생 원인으로 가장 옳은 것은? [16년 3회 산업]

① 페란티 효과, 선로의 인덕턴스 때문
② 페란티 효과, 선로의 정전용량 때문
③ 근접효과, 선로의 인덕턴스 때문
④ 근접효과, 선로의 정전용량 때문

해설 경부하 또는 무부하인 경우에는 선로의 정전용량에 의한 충전전류의 영향이 크게 작용해서 진상전류가 흘러 수전단 전압이 송전단 전압보다 높게 되는 것을 페란티 효과(Ferranti effect)라 하고, 이것의 방지대책으로는 분로(병렬) 리액터를 설치한다.

20 다음 중 페란티 현상의 방지대책으로 적합하지 않은 것은? [17년 3회 산업]

① 선로전류를 지상이 되도록 한다.
② 수전단에 분로 리액터를 설치한다.
③ 동기조상기를 부족 여자로 운전한다.
④ 부하를 차단하여 무부하가 되도록 한다.

기출 핵심 NOTE

17 개방시험(무부하 시험)
- 수전단 전류 $I_r = 0$
$$E_s = AE_r + BI_r \Big|_{I_r = 0}$$
$$I_s = CE_r + DI_r$$
$$E_s = AE_r$$
$$I_s = CE_r$$
- 충전전류(무부하 전류)
$$I_{so} = \dfrac{C}{A}E_s$$

19 페란티 현상(효과)
- 의미
수전단 전압이 송전단 전압보다 높아지는 현상
- 방지대책
분로(병렬) 리액터 설치

정답 17. ①　18. ④　19. ②　20. ④

해설 페란티 효과의 원인이 경부하나 무부하일 때 선로의 정전용량에 의한 진상전류이므로 부하를 차단하여 무부하가 되면 안 된다.

21 장거리 송전선로의 특성을 표현한 회로로 옳은 것은?

[17년 3회 기사 / 17년 2회 산업]

① 분산부하회로 ② 분포정수회로
③ 집중정수회로 ④ 특성 임피던스 회로

해설 장거리 송전선로의 송전 특성은 분포정수회로로 해석한다.

22 선로의 특성 임피던스에 관한 내용으로 옳은 것은?

[18년 3회 산업]

① 선로의 길이에 관계없이 일정하다.
② 선로의 길이가 길어질수록 값이 커진다.
③ 선로의 길이가 길어질수록 값이 작아진다.
④ 선로의 길이보다는 부하전력에 따라 값이 변한다.

해설 특성 임피던스 $Z_0 = \sqrt{\dfrac{L}{C}} = 138\log_{10}\dfrac{D}{r}$ 으로 거리에 관계없이 일정하다.

22 특성 임피던스

$$Z_0 = \sqrt{\dfrac{Z}{Y}} \fallingdotseq \sqrt{\dfrac{L}{C}}$$

$$\fallingdotseq 138\log_{10}\dfrac{D}{r}\,[\Omega]$$

23 파동 임피던스가 300[Ω]인 가공 송전선 1[km]당의 인덕턴스는 몇 [mH/km]인가? (단, 저항과 누설 컨덕턴스는 무시한다.)

[17년 3회 산업]

① 0.5 ② 1
③ 1.5 ④ 2

해설 파동 임피던스

$Z_0 = \sqrt{\dfrac{L}{C}} = 138\log\dfrac{D}{r}$ 이므로 $\log\dfrac{D}{r} = \dfrac{Z_0}{138} = \dfrac{300}{138}$

∴ $L = 0.4605\log\dfrac{D}{r}$ [mH/km] $= 0.4605 \times \dfrac{300}{138} \fallingdotseq 1$ [mH/km]

24 송전선의 특성 임피던스를 Z_0, 전파속도를 v라 할 때, 이 송전선의 단위길이에 대한 인덕턴스 L은?

[19년 1회 산업]

① $L = \dfrac{v}{Z_0}$ ② $L = \dfrac{Z_0}{v}$

③ $L = \dfrac{Z_0^2}{v}$ ④ $L = \sqrt{Z_0}\,v$

24 • 특성 임피던스

$$Z_0 = \sqrt{\dfrac{L}{C}}$$

• 전파속도

$$v = \dfrac{1}{\sqrt{LC}}$$

$$\dfrac{Z_0}{v} = L$$

정답 21. ② 22. ① 23. ② 24. ②

CHAPTER 03 송전선로 특성

해설 특성 임피던스 $Z_0 = \sqrt{\dfrac{L}{C}} = Lv = \dfrac{1}{Cv}$ 이므로 인덕턴스 $L = \dfrac{Z_0}{v}$ 이다.

25 수전단을 단락한 경우 송전단에서 본 임피던스는 300[Ω]이고, 수전단을 개방한 경우에는 1,200[Ω]일 때 이 선로의 특성 임피던스는 몇 [Ω]인가? [17년 2회 산업]

① 300
② 500
③ 600
④ 800

해설 $Z_0 = \sqrt{Z_{ss} \cdot Z_{so}} = \sqrt{300 \times 1{,}200} = 600\,[\Omega]$

26 송전선의 특성 임피던스와 전파정수는 어떤 시험으로 구할 수 있는가? [19년 2회 기사]

① 뇌파시험
② 정격 부하시험
③ 절연강도 측정시험
④ 무부하 시험과 단락시험

해설 특성 임피던스 $Z_0 = \sqrt{\dfrac{Z}{Y}}\,[\Omega]$

전파정수 $\dot{\gamma} = \sqrt{ZY}\,[\mathrm{rad}]$

그러므로 단락 임피던스와 개방 어드미턴스가 필요하므로 단락시험과 무부하 시험을 한다.

27 다음 154[kV] 송전선로에서 송전거리가 154[km]라 할 때 송전용량계수법에 의한 송전용량은 몇 [kW]인가? (단, 송전용량계수는 1,200으로 한다.) [15년 3회 기사]

① 61,600
② 92,400
③ 123,200
④ 184,800

해설 송전용량 계산(송전용량계수법)
$P = K\dfrac{V_r^2}{l} = 1{,}200 \times \dfrac{154^2}{154} = 184{,}800\,[\mathrm{kW}]$

기출 핵심 NOTE

25 전파방정식에서의 특성 임피던스
$Z_0 = \sqrt{Z_{ss} \cdot Z_{so}}$
여기서, Z_{ss} : 수전단을 단락하고, 송전단에서 본 임피던스
Z_{so} : 수전단을 개방하고, 송전단에서 본 임피던스

27 송전용량 계산
- 고유부하법
$P_s = \dfrac{V_r^2}{\sqrt{\dfrac{L}{C}}}\,[\mathrm{MW}]$

- 송전용량계수법
$P_s = K\dfrac{V_r^2}{l}\,[\mathrm{kW}]$

여기서, V_r : 수전단 선간전압[kV]
l : 송전거리[km]
K : 송전용량계수

정답 25. ③ 26. ④ 27. ④

28 그림과 같은 2기 계통에 있어서 발전기에서 전동기로 전달되는 전력 P는? (단, $X = X_G + X_L + X_M$이고 E_G, E_M은 각각 발전기 및 전동기의 유기 기전력, δ는 E_G와 E_M 간의 상차각이다.) [19년 2회 기사]

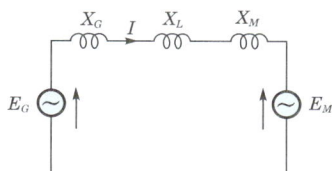

① $P = \dfrac{E_G}{XE_M}\sin\delta$

② $P = \dfrac{E_G E_M}{X}\sin\delta$

③ $P = \dfrac{E_G E_M}{X}\cos\delta$

④ $P = XE_G E_M \cos\delta$

해설 선로의 전송전력 $P = \dfrac{E_S E_R}{X} \times \sin\delta = \dfrac{E_G E_M}{X} \times \sin\delta [\text{MW}]$

기출 핵심 NOTE

28 송전용량 계산
- 리액턴스법

$$P_s = \dfrac{V_s \cdot V_r}{X}\sin\delta[\text{MW}]$$

여기서, δ : 송·수전단의 전압의 상차각

$\delta = 90°$일 때 최대 송전전력

$$P_s = \dfrac{V_s \cdot V_r}{X}[\text{MW}]$$

29 송전단 전압을 V_s, 수전단 전압을 V_r, 선로의 리액턴스를 X라 할 때 정상 시의 최대 송전전력의 개략적인 값은? [17년 2회 기사]

① $\dfrac{V_s - V_r}{X}$

② $\dfrac{V_s^2 - V_r^2}{X}$

③ $\dfrac{V_s(V_s - V_r)}{X}$

④ $\dfrac{V_s \cdot V_r}{X}$

해설 송전용량 $P_s = \dfrac{V_s \cdot V_r}{X}\sin\delta[\text{MW}]$

최대 송전전력 $P_s = \dfrac{V_s \cdot V_r}{X}[\text{MW}]$

30 송전단 전압 161[kV], 수전단 전압 155[kV], 상차각 40°, 리액턴스가 49.8[Ω]일 때 선로 손실을 무시한다면 전송전력은 약 몇 [MW]인가? [19년 3회 산업]

① 289

② 322

③ 373

④ 869

해설 전송전력 $P = \dfrac{V_s V_r}{X}\sin\delta = \dfrac{161 \times 155}{49.8} \times \sin 40° ≒ 322[\text{MW}]$

정답 28. ② 29. ④ 30. ②

CHAPTER 03 송전선로 특성

31 단거리 송전선로에서 정상상태 유효전력의 크기는?
[19년 1회 산업]

① 선로 리액턴스 및 전압 위상차에 비례한다.
② 선로 리액턴스 및 전압 위상차에 반비례한다.
③ 선로 리액턴스에 반비례하고, 상차각에 비례한다.
④ 선로 리액턴스에 비례하고, 상차각에 반비례한다.

해설 전송전력 $P_s = \dfrac{E_s E_r}{X} \sin\delta$[MW]이므로 송·수전단 전압 및 상차각에는 비례하고, 선로의 리액턴스에는 반비례한다

32 전력원선도의 실수축과 허수축은 각각 어느 것을 나타내는가?
[19년 1회 산업]

① 실수축은 전압이고, 허수축은 전류이다.
② 실수축은 전압이고, 허수축은 역률이다.
③ 실수축은 전류이고, 허수축은 유효전력이다.
④ 실수축은 유효전력이고, 허수축은 무효전력이다.

해설 전력원선도는 복소전력과 4단자 정수를 이용한 송·수전단의 전력을 원선도로 나타낸 것이므로 가로(실수)축에는 유효전력을, 세로(허수)축에는 무효전력을 표시한다.

33 조상설비가 아닌 것은?
[17년 3회 산업]

① 단권 변압기
② 분로 리액터
③ 동기조상기
④ 전력용 콘덴서

해설 조상설비의 종류에는 동기조상기(진상, 지상 양용)와 전력용 콘덴서(진상용) 및 분로 리액터(지상용)가 있다.

34 조상설비가 아닌 것은?
[17년 1회 기사]

① 정지형 무효전력 보상장치
② 자동고장구간개폐기
③ 전력용 콘덴서
④ 분로 리액터

해설 자동고장구간개폐기는 선로의 고장구간을 자동으로 분리하는 장치로 조상설비가 아니다.

기출 핵심 NOTE

32 전력원선도
㉠ 원선도 반지름
$$\rho = \dfrac{E_s \cdot E_r}{B}$$
• 가로축 : 유효전력
• 세로축 : 무효전력
㉡ 전력원선도에서 구할 수 있는 것
• 송·수전 할 수 있는 최대전력
• 송·수전단 전압 간의 상차각
• 수전단의 역률
• 조상설비용량
• 선로 손실 및 송전효율

33 조상설비
• 동기조상기
• 전력용 콘덴서
• 분로 리액터

정답 31. ③ 32. ④ 33. ① 34. ②

35 전력용 콘덴서에 의하여 얻을 수 있는 전류는?

[17년 3회 기사]

① 지상전류
② 진상전류
③ 동상전류
④ 영상전류

해설 전력용 콘덴서는 부하의 지상 무효전류를 진상시켜 역률을 개선하는 설비이다.

36 ㉠ 동기조상기와 ㉡ 전력용 콘덴서를 비교한 것으로 옳은 것은?

[17년 2회 기사]

① 시송전 : ㉠ 불가능, ㉡ 가능
② 전력 손실 : ㉠ 작다, ㉡ 크다
③ 무효전력 조정 : ㉠ 계단적, ㉡ 연속적
④ 무효전력 : ㉠ 진상·지상용, ㉡ 진상용

해설 전력용 콘덴서와 동기조상기의 비교

동기조상기	전력용 콘덴서
진상 및 지상용	진상용
연속적 조정	계단적 조정
회전기로 손실이 큼	정지기로 손실이 작음
시송전 가능	시송전 불가
송전 계통에 주로 사용	배전 계통 주로 사용

37 전력 계통에서 무효전력을 조정하는 조상설비 중 전력용 콘덴서를 동기조상기와 비교할 때 옳은 것은?

[15년 3회 기사]

① 전력 손실이 크다.
② 지상 무효전력분을 공급할 수 있다.
③ 전압조정을 계단적으로 밖에 못한다.
④ 송전선로를 시송전할 때 선로를 충전할 수 있다.

해설 전력용 콘덴서와 동기조상기의 비교

전력용 콘덴서	동기조상기
지상부하에 사용	진상·지상 부하 모두 사용
계단적 조정	연속적 조정
정지기로 손실이 적음	회전기로 손실이 큼
시송전 가능	시송전 불가
배전 계통 주로 사용	송전 계통에 주로 사용

기출 핵심 NOTE

35 전력용 콘덴서
- 지상부하에 사용한다.
- 조정이 단계적(불연속)이다.
- 정지기로 손실이 적다.
- 시송전이 불가능하다.
- 증설이 가능하다.

37 동기조상기
- 지상·진상 부하 모두에 사용된다.
- 조정이 연속적이다.
- 회전기로 전력 손실이 크다.
- 시송전이 가능하다.
- 증설이 불가능하다.

정답 35. ② 36. ④ 37. ③

CHAPTER 03 송전선로 특성

38 동기조상기에 대한 설명으로 틀린 것은? [18년 2회 기사]

① 시송전이 불가능하다.
② 전압조정이 연속적이다.
③ 중부하 시에는 과여자로 운전하여 앞선 전류를 취한다.
④ 경부하 시에는 부족 여자로 운전하여 뒤진 전류를 취한다.

[해설] 동기조상기는 경부하 시 부족 여자로 지상을, 중부하 시 과여자로 진상을 취하는 것으로, 연속적 조정 및 시송전이 가능하지만 손실이 크고, 시설비가 고가이므로 송전 계통에서 전압조정용으로 이용된다.

39 어떤 공장의 소모 전력이 100[kW]이며, 이 부하의 역률이 0.6일 때, 역률을 0.9로 개선하기 위한 전력용 콘덴서의 용량은 약 몇 [kVA]인가? [17년 2회 기사]

① 75 ② 80
③ 85 ④ 90

[해설] 역률 개선용 콘덴서 용량 Q_c[kVA]
$$Q_c = P(\tan\theta_1 - \tan\theta_2)$$
$$= P\left(\frac{\sqrt{1-\cos^2\theta_1}}{\cos\theta_1} - \frac{\sqrt{1-\cos^2\theta_2}}{\cos\theta_2}\right)[\text{kVA}]$$
$$= 100\left(\frac{0.8}{0.6} - \frac{\sqrt{1-0.9^2}}{0.9}\right)$$
$$\fallingdotseq 85[\text{kVA}]$$

기출 핵심 NOTE

39 콘덴서 용량
$$Q_c = P(\tan\theta_1 - \tan\theta_2)$$
$$= P\left(\frac{\sqrt{1-\cos^2\theta_1}}{\cos\theta_1} - \frac{\sqrt{1-\cos^2\theta_2}}{\cos\theta_2}\right)$$

40 3,300[V], 60[Hz], 뒤진 역률 60[%], 300[kW]의 단상 부하가 있다. 그 역률을 100[%]로 하기 위한 전력용 콘덴서의 용량은 몇 [kVA]인가? [17년 1회 산업]

① 150 ② 250
③ 400 ④ 500

[해설] 역률이 100[%]($\cos\theta_2 = 1$)이므로
$$\therefore Q_c = P\left(\frac{\sin\theta_1}{\cos\theta_1} - \frac{0}{1}\right) = 300 \times \frac{0.8}{0.6} = 400[\text{kVA}]$$

41 뒤진 역률 80[%], 10[kVA]의 부하를 가지는 주상 변압기의 2차측에 2[kVA]의 전력용 콘덴서를 접속하면 주상 변압기에 걸리는 부하는 약 몇 [kVA]가 되겠는가? [19년 3회 산업]

① 8 ② 8.5
③ 9 ④ 9.5

정답 38. ① 39. ③ 40. ③ 41. ③

해설 역률 개선 후 변압기에 걸리는 부하(개선 후 피상전력)

$$P_a' = \sqrt{유효전력^2+(무효전력-진상용량)^2}$$
$$= \sqrt{(10\times0.8)^2+(10\times0.6-2)^2} ≒ 9[\text{kVA}]$$

42 한 대의 주상 변압기에 역률(뒤짐) $\cos\theta_1$, 유효전력 P_1[kW]의 부하와 역률(뒤짐) $\cos\theta_2$, 유효전력 P_2[kW]의 부하가 병렬로 접속되어 있을 때 주상 변압기 2차측에서 본 부하의 종합 역률은 어떻게 되는가? [19년 2회 기사]

① $\dfrac{P_1+P_2}{\dfrac{P_1}{\cos\theta_1}+\dfrac{P_2}{\cos\theta_2}}$

② $\dfrac{P_1+P_2}{\dfrac{P_1}{\sin\theta_1}+\dfrac{P_2}{\sin\theta_2}}$

③ $\dfrac{P_1+P_2}{\sqrt{(P_1+P_2)^2+(P_1\tan\theta_1+P_2\tan\theta_2)^2}}$

④ $\dfrac{P_1+P_2}{\sqrt{(P_1+P_2)^2+(P_1\sin\theta_1+P_2\sin\theta_2)^2}}$

해설
- 합성 유효전력 : P_1+P_2
- 합성 무효전력 : $P_1\tan\theta_1+P_2\tan\theta_2$
- 합성 피상전력 : $\sqrt{(P_1+P_2)^2+(P_1\tan\theta_1+P_2\tan\theta_2)^2}$
- 합성(종합) 역률 : $\dfrac{P_1+P_2}{\sqrt{(P_1+P_2)^2+(P_1\tan\theta_1+P_2\tan\theta_2)^2}}$

43 전력용 콘덴서를 변전소에 설치할 때 직렬 리액터를 설치하고자 한다. 직렬 리액터의 용량을 결정하는 식은? (단, f_0는 전원의 기본 주파수, C는 역률 개선용 콘덴서의 용량, L은 직렬 리액터의 용량) [15년 2회 기사]

① $2\pi f_0 L = \dfrac{1}{2\pi f_0 C}$ ② $2\pi(3f_0)L = \dfrac{1}{2\pi(3f_0)C}$

③ $2\pi(5f_0)L = \dfrac{1}{2\pi(5f_0)C}$ ④ $2\pi(7f_0)L = \dfrac{1}{2\pi(7f_0)C}$

해설 직렬 리액터의 용량은 제5고조파를 직렬 공진시킬 수 있는 용량이어야 하므로 $5\omega L = \dfrac{1}{5\omega C}$이다.

∴ $2\pi(5f_0)L = \dfrac{1}{2\pi(5f_0)C}$

기출 핵심 NOTE

42 전력 3각형

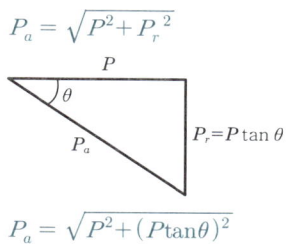

$P_a = \sqrt{P^2+P_r^2}$

$P_r = P\tan\theta$

$P_a = \sqrt{P^2+(P\tan\theta)^2}$

43 직렬 리액터(SR)
- 제5고조파 제거
- 직렬 리액터 용량

  $5\omega L = \dfrac{1}{5\omega C}$

  $\omega L = \dfrac{1}{25}\dfrac{1}{\omega C}$

- 이론상 : 4[%]
- 실제 : 5~6[%]

정답 42. ③ 43. ③

CHAPTER 03 송전선로 특성

44 제5고조파 전류의 억제를 위해 전력용 콘덴서에 직렬로 삽입하는 유도 리액턴스의 값으로 적당한 것은?
[15년 3회 기사]

① 전력용 콘덴서 용량의 약 6[%] 정도
② 전력용 콘덴서 용량의 약 12[%] 정도
③ 전력용 콘덴서 용량의 약 18[%] 정도
④ 전력용 콘덴서 용량의 약 24[%] 정도

해설 직렬 리액터의 용량은 전력용 콘덴서 용량의 이론상 4[%]이지만, 주파수 변동 등을 고려하여 실제는 5~6[%] 정도 사용한다.

45 송전선로에서 변압기의 유기 기전력에 의해 발생하는 고조파 중 제3고조파를 제거하기 위한 방법으로 가장 적당한 것은?
[15년 3회 기사]

① 변압기를 △결선한다.
② 동기조상기를 설치한다.
③ 직렬 리액터를 설치한다.
④ 전력용 콘덴서를 설치한다.

해설 고조파 중 제3고조파는 △결선으로 제거하고, 제5고조파는 직렬 리액터로 전력용 콘덴서와 직렬 공진을 이용하여 제거한다.

45 고조파 제거
- 제3고조파 제거 : △결선
- 제5고조파 제거 : 직렬 리액터

46 전력 계통에서 안정도의 종류에 속하지 않는 것은?
[17년 1회 산업]

① 상태 안정도
② 정태 안정도
③ 과도 안정도
④ 동태 안정도

해설 전력 계통 안정도
- 정태 안정도 → 고유 정태 안정도, 동적 정태 안정도
- 과도 안정도 → 고유 과도 안정도, 동적 과도 안정도

46 안정도의 종류
- 정태 안정도
  정상운전 상태의 운전 지속 능력
- 동태 안정도
  AVR로 한계를 향상시킨 능력
- 과도 안정도
  사고 시 운전할 수 있는 능력

47 전력 계통 안정도는 외란의 종류에 따라 구분되는데, 송전선로에서의 고장, 발전기 탈락과 같은 큰 외란에 대한 전력 계통의 동기 운전 가능 여부로 판정되는 안정도는?
[18년 3회 산업]

① 과도 안정도
② 정태 안정도
③ 전압 안정도
④ 미소 신호 안정도

해설 과도 안정도(transient stability)는 부하가 갑자기 크게 변동하거나 또는 계통에 사고가 발생하여 큰 충격을 주었을 경우에도 계통에 연결된 각 동기기가 동기를 유지해서 계속 운전할 수 있을 것인가의 능력을 말한다.

정답 44. ① 45. ① 46. ① 47. ①

48 송전 계통의 안정도를 증진시키는 방법은? [19년 2회 산업]

① 중간 조상설비를 설치한다.
② 조속기의 동작을 느리게 한다.
③ 계통의 연계는 하지 않도록 한다.
④ 발전기나 변압기의 직렬 리액턴스를 가능한 크게 한다.

해설 안정도 향상 대책
- 직렬 리액턴스 감소
- 전압 변동 억제(속응여자방식, 계통 연계, 중간 조상방식)
- 계통 충격 경감(소호 리액터 접지, 고속 차단, 재폐로 방식)
- 전력 변동 억제(조속기 신속 동작, 제동 저항기)

49 송전선에서 재폐로 방식을 사용하는 목적은 무엇인가?
[18년 1회 기사]

① 역률 개선
② 안정도 증진
③ 유도장해의 경감
④ 코로나 발생 방지

해설 고속도 재폐로 방식은 재폐로 차단기를 이용하여 사고 시 고장구간을 신속하게 분리하고, 건전한 구간은 자동으로 재투입을 시도하는 장치로 전력 계통의 안정도 향상을 목적으로 한다.

50 전력 계통의 안정도 향상 방법이 아닌 것은?
[17년 1회 기사]

① 선로 및 기기의 리액턴스를 낮게 한다.
② 고속도 재폐로 차단기를 채용한다.
③ 중성점 직접접지방식을 채용한다.
④ 고속도 AVR을 채용한다.

해설 안정도 향상 대책
- 직렬 리액턴스 감소
- 전압 변동 억제(속응여자방식, 계통 연계, 중간 조상방식)
- 계통 충격 경감(소호 리액터 접지, 고속 차단, 재폐로 방식)
- 전력 변동 억제(조속기 신속 동작, 제동 저항기)
그러므로 중성점 직접접지방식은 계통에 주는 충격이 크게 되므로 안정도 향상 대책이 되지 않는다.

기출 핵심 NOTE

48 안정도 향상 대책
㉠ 직렬 리액턴스를 적게 한다.
- 복도체 방식 사용
- 직렬 콘덴서 삽입

㉡ 전압 변동을 적게 한다.
- 속응여자방식 채택
- 계통 연계
- 중간 조상방식 채용

㉢ 고장전류를 줄이고, 고장구간 신속 차단
- 소호 리액터 접지방식 채택
- 고속차단방식 채용
- 재폐로 방식 채용

㉣ 고장 시 전력 변동을 적게 한다.
- 조속기 신속 동작
- 제동 저항기

정답 48. ① 49. ② 50. ③

잠깐! 쉬어가세요.

"어려움 한가운데,
그곳에 기회가 있다."

― 알버트 아인슈타인 ―

CHAPTER 04

중성점 접지와 유도장해

- **01** 중성점 접지 목적
- **02** 중성점 비접지방식
- **03** 중성점 직접접지방식
- **04** 중성점 소호 리액터 접지방식(=P.C 접지방식)
- **05** 중성점 잔류전압(E_n)
- **06** 정전유도
- **07** 전자유도
- **08** 유도장해 경감대책

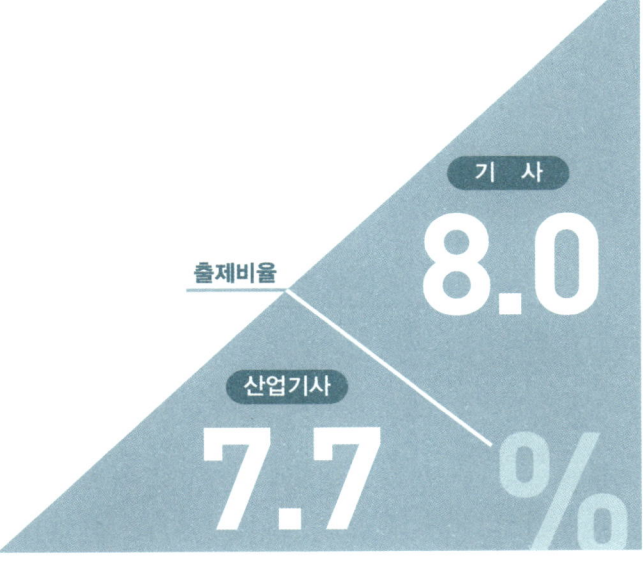

CHAPTER 04 중성점 접지와 유도장해

기출개념 01 중성점 접지 목적

* 접지 목적

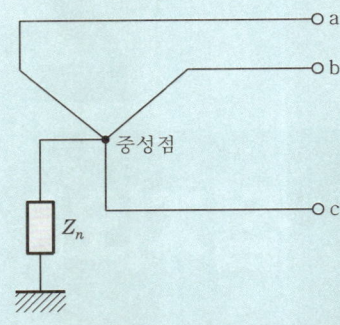

① 1선 지락 시 건전상의 전위 상승을 억제하여 **선로 및 기기의 절연 레벨을 낮춘다.**
② 뇌·아크 지락 시 **이상전압 발생을 방지**한다.
③ **보호계전기의 동작을 확실하게** 한다.
④ **과도 안정도가 증진**된다.

기·출·개·념 접근

우리나라 송전선로는 3상 3선식을 채택하고 있으며 Y결선의 중성점을 접지하는 방식을 이용하고 있다. 이러한 중성점 접지는 송전 계통의 안정도 선로 및 기기의 절연, 통신선의 유도장해, 보호계전기의 동작 등에 많은 영향을 미친다.
중성점 접지의 종류에는 중성점 임피던스의 크기에 따라 분류한다.
① $Z_n = 0$: 직접접지방식
② $Z_n = R$: 저항접지방식
③ $Z_n = L$: 소호 리액터 접지방식
④ $Z_n = \infty$: 비접지방식

기·출·개·념 문제

송전선로의 중성점 접지의 주된 목적은? 18 산업
① 단락전류 제한
② 송전용량의 극대화
③ 전압강하의 극소화
④ 이상전압의 발생 방지

(해설) 중성점 접지 목적
• 이상전압의 발생을 억제하여 전위 상승을 방지하고, 전선로 및 기기의 절연 수준을 경감한다.
• 지락 고장 발생 시 보호계전기의 신속하고 정확한 동작을 확보한다.

답 ④

중성점 비접지방식

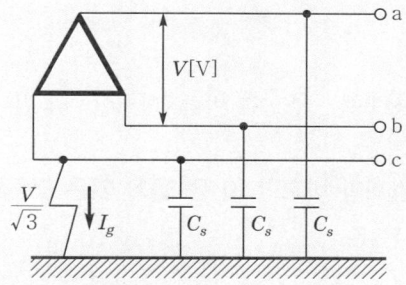

20~30[kV]의 저전압 단거리 송전선로에 사용

(1) 특징

① 변압기 점검 수리 시 V결선으로 계속 송전 가능하다.
② 선로에 제3고조파가 발생하지 않는다.
③ 1선 지락 시 지락전류가 적다.
  • 보호계전기의 동작이 불확실하다.
  • 통신선의 유도장해가 적다.
④ 1선 지락 시 건전상의 전위 상승이 $\sqrt{3}$ 배까지 상승한다.
  • 기기의 절연 수준을 높여야 한다.
⑤ 1선 지락 시 대지정전용량을 통해 전류가 흐르므로 90° 빠른 진상전류가 된다.

(2) 지락전류(고장전류)

$$I_g = \frac{E}{\dfrac{1}{j3\omega C_s}} = j3\omega C_s E = j3\omega C_s \frac{V}{\sqrt{3}} = j\sqrt{3}\,\omega C_s V[\text{A}]$$

(3) 3상 V결선

① V결선의 출력
$$P_V = \sqrt{3}\,VI\cos\theta\,[\text{W}]$$

② V결선의 변압기 이용률
$$U = \frac{\sqrt{3}\,VI\cos\theta}{2VI\cos\theta} = \frac{\sqrt{3}}{2} = 0.866 \quad \therefore\ 86.7[\%]$$

③ 출력비
$$\frac{P_V}{P_\triangle} = \frac{\sqrt{3}\,VI\cos\theta}{3VI\cos\theta} = \frac{1}{\sqrt{3}} = 0.577 \quad \therefore\ 57.7[\%]$$

CHAPTER 04 중성점 접지와 유도장해

기·출·개·념 문제

1. 중성점 비접지방식을 이용하는 것이 적당한 것은?   18 산업

① 고전압 장거리   ② 고전압 단거리
③ 저전압 장거리   ④ 저전압 단거리

(해설) 저전압 단거리 송전선로에는 중성점 비접지방식이 채용된다.   답 ④

2. 비접지방식을 직접접지방식과 비교한 것 중 옳지 않은 것은?   12·99·96 기사/09 산업

① 전자유도장해가 경감된다.
② 지락전류가 작다.
③ 보호계전기의 동작이 확실하다.
④ △결선을 하여 영상전류를 흘릴 수 있다.

(해설) 비접지방식은 직접접지방식에 비해 보호계전기 동작이 확실하지 않다.   답 ③

3. △ - △ 결선된 3상 변압기를 사용한 비접지방식의 선로가 있다. 이때 1선 지락 고장이 발생하면 다른 건전한 2선의 대지전압은 지락 전의 몇 배까지 상승하는가?   17 기사

① $\dfrac{\sqrt{3}}{2}$ ② $\sqrt{3}$
③ $\sqrt{2}$ ④ 1

(해설) 중성점 비접지방식에서 1선 지락전류는 고장상의 전압보다 진상이므로 건전상의 전압이 $\sqrt{3}$ 배로 상승한다.   답 ②

4. 비접지식 송전선로에 있어서 1선 지락 고장이 생겼을 경우 지락점에 흐르는 전류는?   17 기사

① 직류 전류
② 고장상의 영상전압과 동상의 전류
③ 고장상의 영상전압보다 90° 빠른 전류
④ 고장상의 영상전압보다 90° 늦은 전류

(해설) 비접지식 송전선로에서 1선 지락사고 시 고장전류는 대지정전용량에 흐르는 충전전류 $I = j\omega CE$ [A]이므로 고장점의 영상전압보다 90° 앞선 전류이다.   답 ③

기출개념 03 중성점 직접접지방식

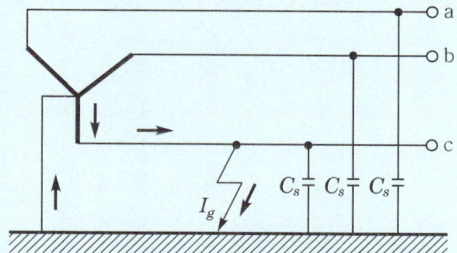

초고압 장거리 송전선로에 적용(154[kV], 345[kV], 765[kV]에 사용)

(1) 유효접지방식

1선 지락 시 건전상의 전위 상승을 1.3배 이하가 되도록 접지 임피던스를 조정한 방식

• 유효접지 조건

$$\frac{R_0}{X_1} \leq 1,\ 0 \leq \frac{X_0}{X_1} \leq 3$$
$$R_0 \leq X_1,\ 0 \leq X_0 \leq 3X_1$$

여기서, R_0 : 영상저항, X_0 : 영상 리액턴스, X_1 : 정상 리액턴스

(2) 특징

① **1선 지락 시 건전상의 전위 상승이 거의 없다.(최소)**
  ㉠ 선로의 절연 수준 및 기기의 절연 레벨을 낮출 수 있다.
  ㉡ 정격이 낮은 피뢰기를 사용할 수 있다.
  ㉢ 변압기의 단절연이 가능하다.

② **1선 지락 시 지락전류가 매우 크다.(최대)**
  ㉠ 보호계전기의 동작이 용이하여 회로 차단이 신속하다.
  ㉡ 큰 고장전류를 차단해야 하므로 대용량의 차단기가 필요하다.
  ㉢ 통신선의 유도장해가 크다.
  ㉣ 지락전류에 의한 기기의 충격이 크다.
  ㉤ 과도 안정도가 나쁘다.

CHAPTER 04 중성점 접지와 유도장해

기·출·개·념 문제

1. 1선 지락 시 전압 상승을 상규 대지전압의 1.4배 이하로 억제하기 위한 유효접지에서는 다음과 같은 조건을 만족하여야 한다. 다음 중 옳은 것은? (단, R_0 : 영상저항, X_0 : 영상 리액턴스, X_1 : 정상 리액턴스)　　02·99 기사

① $\dfrac{R_0}{X_1} \leq 1$, $0 \geq \dfrac{X_1}{X_0} \geq 3$
② $\dfrac{R_0}{X_1} \leq 1$, $0 \geq \dfrac{X_0}{X_1} \geq 3$
③ $\dfrac{R_0}{X_1} \leq 1$, $0 \leq \dfrac{X_0}{X_1} \leq 3$
④ $\dfrac{R_0}{X_1} \geq 1$, $0 \leq \dfrac{X_0}{X_1} \leq 3$

(해설) 중성점 접지에 연결하는 R, X는 영상분 전류가 흐르는 곳이므로 R_0, X_0이다.
유효접지(전압 상승이 1.3배 이하)가 되기 위해서는 R_0, X_0는 작아야 한다.　　**답 ③**

2. 송전선로에서 1선 지락 시에 건전상의 전압 상승이 가장 적은 접지방식은?　　16 기사
① 비접지방식
② 직접접지방식
③ 저항접지방식
④ 소호 리액터 접지방식

(해설) 중성점 직접접지방식은 중성점의 전위를 대지전압으로 하므로 1선 지락 발생 시 건전상 전위 상승이 거의 없다.　　**답 ②**

3. 중성점 직접접지방식에 대한 설명으로 틀린 것은?　　16 기사
① 계통의 과도 안정도가 나쁘다.
② 변압기의 단절연(段絶緣)이 가능하다.
③ 1선 지락 시 건전상의 전압은 거의 상승하지 않는다.
④ 1선 지락전류가 적어 차단기의 차단 능력이 감소된다.

(해설) 중성점 직접접지방식은 1상 지락사고일 경우 지락전류가 대단히 크기 때문에 보호계전기의 동작이 확실하고, 계통에 주는 충격이 커서 과도 안정도가 나쁘다. 또한 중성점의 전위는 대지전위이므로 저감 절연 및 변압기 단절연이 가능하다.　　**답 ④**

4. 송전 계통의 접지에 대하여 기술하였다. 다음 중 옳은 것은?　　03 기사 / 11·99·94 산업
① 소호 리액터 접지방식은 선로의 정전용량과 직렬 공진을 이용한 것으로 지락전류가 타방식에 비해 좀 큰 편이다.
② 고저항접지방식은 이중고장을 발생시킬 확률이 거의 없으며 비접지방식보다는 많은 편이다.
③ 직접접지방식을 채용하는 경우 이상전압이 낮기 때문에 변압기 선정 시 단절연이 가능하다.
④ 비접지방식을 택하는 경우 지락전류 차단이 용이하고 장거리 송전을 할 경우 이중고장의 발생을 예방하기 좋다.

(해설) 직접접지방식은 중성점 전위가 낮아 변압기 단절연에 유리하다. 그러나 사고 시 큰 전류에 의한 통신선에 대한 유도장해가 발생한다.　　**답 ③**

중성점 소호 리액터 접지방식(=P.C 접지방식)

(1) 특징

① 1선 지락 시 지락전류가 거의 0이다. (최소)
  ㉠ 보호계전기의 동작이 불확실하다.
  ㉡ 통신선의 유도장해가 적다.
  ㉢ 지락 시 아크가 발생되지 않으므로 고장이 스스로 복구될 수 있다.
  ㉣ 1선 지락 시 계속적인 송전이 가능하다.

② 1선 지락 시 건전상의 전위 상승은 $\sqrt{3}$ 배 이상이다.(최대)

③ 단선 고장 시 LC 직렬 공진 상태가 되어 이상전압을 발생시킬 수 있으므로 소호 리액터 탭을 설치 공진에서 약간 벗어난 과보상 상태로 한다.

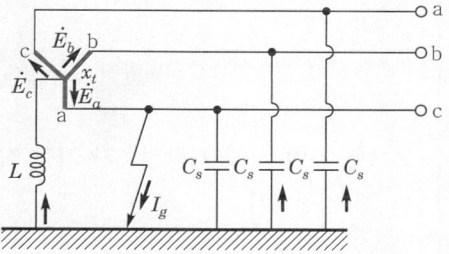

(2) 소호 리액턴스 및 인덕턴스의 크기

$$X_L + \frac{x_t}{3} = \frac{1}{3\omega C_s}$$

① 소호 리액터의 리액턴스

$$X_L = \frac{1}{3\omega C_s} - \frac{x_t}{3} [\Omega]$$

여기서, x_t : 변압기의 리액턴스

② 소호 리액터의 인덕턴스

$$L = \frac{1}{3\omega^2 C_s} - \frac{x_t}{3\omega} [\text{H}]$$

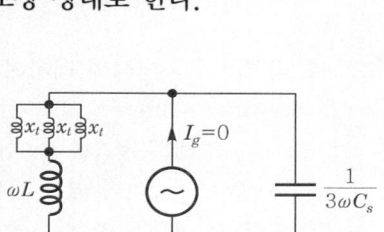

∥등가 회로∥

③ 소호 리액터의 용량(선로의 충전용량과 같다.)

$$Q_L = Q_c = 3EI_c = 3\omega CE^2 = 3\omega C\left(\frac{V}{\sqrt{3}}\right)^2 = \omega CV^2 [\text{VA}]$$

(3) 합조도(P)

소호 리액터의 탭이 공진점을 벗어나 있는 정도

$$P = \frac{I_L - I_c}{I_L} \times 100 [\%]$$

① $I_L = I_c$, $\omega L = \dfrac{1}{3\omega C_s}$, $P = 0$, 완전공진

② $I_L < I_c$, $\omega L > \dfrac{1}{3\omega C_s}$, $P = -$, 부족보상

③ $I_L > I_c$, $\omega L < \dfrac{1}{3\omega C_s}$, $P = +$, 과보상

CHAPTER 04 중성점 접지와 유도장해

기·출·개·념 문제

1. 소호 리액터를 송전 계통에 사용하면 리액터의 인덕턴스와 선로의 정전용량이 어떤 상태로 되어 지락전류를 소멸시키는가?   　　　　　　　　　　　　　　　　　　　　　　18 기사
  ① 병렬 공진
  ② 직렬 공진
  ③ 고임피던스
  ④ 저임피던스

  (해설) 소호 리액터 접지방식은 L, C 병렬 공진을 이용하여 지락전류를 소멸시킨다.   **답** ①

2. 1선 지락 시에 지락전류가 가장 작은 송전 계통은?   　　　　　　　　　　　　　　　　　19 기사
  ① 비접지식
  ② 직접접지식
  ③ 저항접지식
  ④ 소호 리액터 접지식

  (해설) 소호 리액터 접지식은 $L-C$ 병렬 공진을 이용하므로 지락전류가 최소로 되어 유도장해가 적고, 고장 중에도 계속적인 송전이 가능하고, 고장이 스스로 복구될 수 있어 과도 안정도가 좋지만 보호장치의 동작이 불확실하다.   **답** ④

3. 소호 리액터 접지방식에 대하여 틀린 것은?   　　　　　　　　　　　　　　　　　　　　16 산업
  ① 지락전류가 적다.
  ② 전자유도장해를 경감할 수 있다.
  ③ 지락 중에도 송전이 계속 가능하다.
  ④ 선택지락계전기의 동작이 용이하다.

  (해설) **소호 리액터 접지방식의 특징**
  유도장해가 적고, 1선 지락 시 계속적인 송전이 가능하고, 고장이 스스로 복구될 수 있으나, 보호장치의 동작이 불확실하고, 단선 고장 시에는 직렬 공진 상태가 되어 이상전압을 발생시킬 수 있으므로 완전공진시키지 않고 소호 리액터에 탭을 설치하여 공진에서 약간 벗어난 상태(과보상)가 된다.   **답** ④

4. 1상의 대지정전용량 0.53[μF], 주파수 60[Hz]인 3상 송전선의 소호 리액터의 공진 탭[Ω]은 얼마인가? (단, 소호 리액터를 접속시키는 변압기의 1상당의 리액턴스는 9[Ω]이다.)
  　　　　　　　　　　　　　　　　　　　　　　　　　　　　　　　　　　　　　　11 기사 / 94 산업
  ① 1,665
  ② 1,668
  ③ 1,671
  ④ 1,674

  (해설) 소호 리액터
  $$\omega L = \frac{1}{3\omega C} - \frac{X_t}{3} = \frac{1}{3 \times 2\pi \times 60 \times 0.53 \times 10^{-6}} - \frac{9}{3} = 1665.2[\Omega]$$ **답** ①

기출개념 05 중성점 잔류전압(E_n)

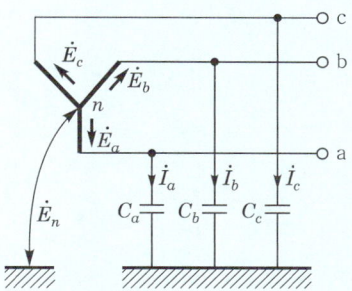

연가 불충분으로 각 상의 대지정전용량이 같지 않아서 중성점에 나타나는 전압
- 각 선로의 대지전위 : $E_a + E_n$, $E_b + E_n$, $E_c + E_n$
- 각 선로의 충전전류 : $I_a = j\omega C_a(E_a + E_n)$
$$I_b = j\omega C_b(E_b + E_n)$$
$$I_c = j\omega C_c(E_c + E_n)$$

$I_a + I_b + I_c = 0$에서 $j\omega(C_aE_a + C_bE_b + C_cE_c) + j\omega E_n(C_a + C_b + C_c) = 0$

$$E_n = \frac{C_aE_a + C_bE_b + C_cE_c}{C_a + C_b + C_c}$$

$E_a = E$, $E_b = a^2E = \left(-\frac{1}{2} - j\frac{\sqrt{3}}{2}\right)E$, $E_c = aE = \left(-\frac{1}{2} + j\frac{\sqrt{3}}{2}\right)E$를 대입하면

$$E_n = \frac{\sqrt{C_a(C_a - C_b) + C_b(C_b - C_c) + C_c(C_c - C_a)}}{C_a + C_b + C_c} \times E$$

$$= \frac{\sqrt{C_a(C_a - C_b) + C_b(C_b - C_c) + C_c(C_c - C_a)}}{C_a + C_b + C_c} \times \frac{V}{\sqrt{3}} \text{[V]}$$

기·출·개·념 문제

66[kV], 송전선에서 연가 불충분으로 각 선의 대지정전용량이 $C_a = 1.1[\mu F]$, $C_b = 1[\mu F]$, $C_c = 0.9[\mu F]$가 되었다. 이때 잔류전압[V]은?

① 1,500
② 1,800
③ 2,200
④ 2,500

해설 $E_n = \dfrac{\sqrt{C_a(C_a - C_b) + C_b(C_b - C_c) + C_c(C_c - C_a)}}{C_a + C_b + C_c} \times \dfrac{V}{\sqrt{3}}$

$= \dfrac{\sqrt{1.1 \times (1.1 - 1) + 1 \times (1 - 0.9) + 0.9 \times (0.9 - 1.1)}}{1.1 + 1 + 0.9} \times \dfrac{66 \times 10^3}{\sqrt{3}} = 2,200\text{[V]}$

답 ③

CHAPTER 04 중성점 접지와 유도장해

기출개념 06 정전유도

전력선과 통신선의 상호 정전용량을 통해 통신선에 전압이 유도되는 현상

(1) 단상 정전유도전압

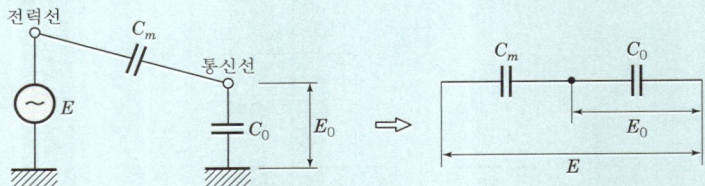

통신선의 정전유도전압 : $E_0 = \dfrac{C_m}{C_m + C_0} E\,[\mathrm{V}]$

(2) 3상 정전유도전압

$I_a + I_b + I_c = I_0$

$j\omega C_a(\dot{E}_a - E_0) + j\omega C_b(\dot{E}_b - E_0) + j\omega C_c(\dot{E}_c - E_0) = j\omega C_0 E_0$

$E_0 = \dfrac{C_a \dot{E}_a + C_b \dot{E}_b + C_c \dot{E}_c}{C_a + C_b + C_c + C_0}$

① $E_a = E$, $E_b = a^2 E$, $E_c = aE$인 대칭 3상 전압인 경우
통신선의 정전유도 전압

$$E_0 = \dfrac{\sqrt{C_a(C_a - C_b) + C_b(C_b - C_c) + C_c(C_c - C_a)}}{C_a + C_b + C_c + C_0} \times \dfrac{V}{\sqrt{3}}$$

연가가 완전하면 $C_a = C_b = C_c$이 되고 통신선 유도전압 $E_0 = 0$이다.

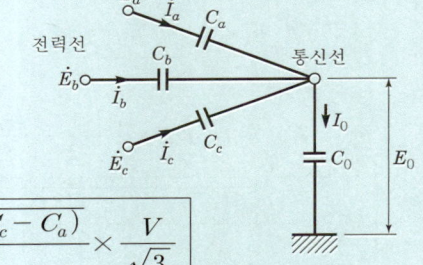

② $C_a = C_b = C_c = C$이고 전압이 비대칭 3상 전압인 경우

$I_a + I_b + I_c = I_0$

$j\omega C(E_a - E_0) + j\omega C(E_b - E_0) + j\omega C(E_c - E_0) = j\omega C_0 E_0$

$E_0 = \dfrac{C(E_a + E_b + E_c)}{C + C + C + C_0}$

$E_a + E_b + E_c = 3V_0$

통신선의 정전유도전압

$$E_0 = \dfrac{3C}{3C + C_0} V_0$$

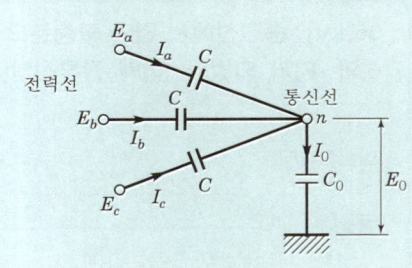

기출개념 07 전자유도

전력선과 통신선의 상호 인덕턴스에 의해서 통신선에 전압이 유도되는 현상

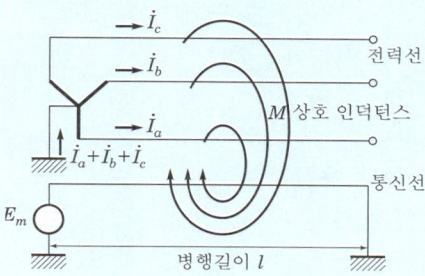

- 전자유도전압

$$E_m = j\omega Ml I_a + j\omega Ml I_b + j\omega Ml I_c = j\omega Ml(I_a + I_b + I_c) = j\omega Ml(3I_0)$$

여기서, $3I_0$: 3×영상전류(=지락전류=기유도전류)

평상시에는 영상전류 I_0는 적으나 1선 지락 시는 큰 I_0가 대지를 통해 흐르므로 통신장해를 일으킨다.

- 상호 인덕턴스(M) 계산 : 카슨-폴라체크의 식

$$M = 0.2\log_e \frac{2}{r \cdot d\sqrt{4\pi\omega\sigma}} + 0.1 - j\frac{\pi}{20} \text{[mH/km]}$$

여기서, r : 1.7811(Bessel 정수)
　　　　σ : 대지의 도전율
　　　　d : 전력선과 통신선과의 이격거리

기·출·개·념 문제

1. 송전선로에 근접한 통신선에 유도장해가 발생하였을 때, 전자유도의 원인은? 　19 산업

① 역상전압　　② 정상전압　　③ 정상전류　　④ 영상전류

[해설] 전자유도전압 $E_m = -j\omega Ml \times 3I_0$이므로 전자유도의 원인은 상호 인덕턴스와 영상전류이다.

답 ④

2. 통신선과 평행인 주파수 60[Hz]의 3상 1회선 송전선에서 1선 지락으로(영상전류가 100[A] 흐르고) 있을 때 통신선에 유기되는 전자유도전압[V]은? (단, 영상전류는 송전선 전체에 걸쳐 같으며, 통신선과 송전선의 상호 인덕턴스는 0.05[mH/km]이고, 그 평행길이는 50[km]이다.)　13·95 기사

① 162　　② 192　　③ 242　　④ 283

[해설] $E_m = j\omega M \cdot 3I_0$, 50[km]의 상호 인덕턴스=$0.05 \times 50$
∴ $E_m = 2\pi \times 60 \times 0.05 \times 10^{-3} \times 50 \times 3 \times 100 = 282.7$[V]

답 ④

CHAPTER 04 중성점 접지와 유도장해

기출개념 08 유도장해 경감대책

(1) 전력선측 방지대책
① 전력선과 통신선의 이격거리를 크게 한다.
② 소호 리액터 접지방식을 채용한다.
③ 고속차단방식을 채용한다.
④ 연가를 충분히 한다.
⑤ 전력선에 케이블을 사용한다.
⑥ 고조파 발생을 억제한다.
⑦ 차폐선을 시설한다(30~50[%] 유도전압을 줄일 수 있다).

(2) 통신선측 방지대책
① 통신선 도중에 절연변압기를 넣어서 구간을 분할한다.
② 연피 케이블을 사용한다.
③ 특성이 우수한 피뢰기를 설치한다.
④ 배류코일로 통신선을 접지해서 유도전류를 대지로 흘려준다.
⑤ 전력선과 통신선의 교차부분은 직각으로 한다.

기·출·개·념 문제

1. 전력선측의 유도장해 방지대책이 아닌 것은? 03·94 기사
① 전력선과 통신선의 이격거리 증대
② 전력선의 연가를 충분히 한다.
③ 배류코일을 사용한다.
④ 차폐선을 설치한다.

(해설) 배류코일로 통신선을 접지해서 유도전류를 대지로 흘려준다. 따라서 배류코일은 통신선측 유도장해 방지대책이다.
답 ③

2. 송전선이 통신선에 미치는 유도장해를 억제·제거하는 방법이 아닌 것은? 95 기사 / 11 산업
① 송전선에 충분한 연가를 실시한다.
② 송전 계통의 중성점 접지 개소를 택하여 중성점을 리액터 접지한다.
③ 송전선과 통신선의 상호 접근거리를 크게 한다.
④ 송전선측에 특성이 양호한 피뢰기를 설치한다.

(해설) 유도장해 방지를 위해서 설치하는 피뢰기는 통신선측에 설치하여야 한다.
답 ④

CHAPTER 04 중성점 접지와 유도장해

이런 문제가 시험에 나온다! 단원 최근 빈출문제

01 송전선로의 중성점을 접지하는 목적이 아닌 것은?

[17년 1회 기사]

① 송전용량의 증가
② 과도 안정도의 증진
③ 이상전압 발생의 억제
④ 보호계전기의 신속, 확실한 동작

[해설] 중성점 접지 목적
- 이상전압의 발생을 억제하여 전위 상승을 방지하고, 전선로 및 기기의 절연 수준을 경감시킨다.
- 지락 고장 발생 시 보호계전기의 신속하고 정확한 동작을 확보한다.
- 통신선의 유도장해를 방지하고, 과도 안정도를 향상시킨다(PC 접지).

02 송전 계통의 중성점을 접지하는 목적으로 틀린 것은?

[19년 3회 산업]

① 지락 고장 시 전선로의 대지전위 상승을 억제하고 전선로와 기기의 절연을 경감시킨다.
② 소호 리액터 접지방식에서는 1선 지락 시 지락점 아크를 빨리 소멸시킨다.
③ 차단기의 차단용량을 증대시킨다.
④ 지락 고장에 대한 계전기의 동작을 확실하게 한다.

[해설] 중성점 접지 목적
- 대지전압을 증가시키지 않고, 이상전압의 발생을 억제하여 전위 상승을 방지
- 전선로 및 기기의 절연 수준 경감(저감 절연)
- 고장 발생 시 보호계전기의 신속하고 정확한 동작을 확보
- 소호 리액터 접지에서는 1선 지락전류를 감소시켜 유도장해 경감
- 계통의 안정도 증진

> **기출 핵심 NOTE**
>
> **01** 중성점 접지 목적
> - 이상전압 발생 억제
> - 절연 수준 경감
> - 계전기 동작 확보
> - 유도장해 방지
> - 안정도 향상

정답 01. ① 02. ③

CHAPTER 04 중성점 접지와 유도장해

03 단상 변압기 3대를 △결선으로 운전하던 중 1대의 고장으로 V결선한 경우 V결선과 △결선의 출력비는 약 몇 [%]인가? [16년 3회 기사]

① 52.2　　② 57.7
③ 66.7　　④ 86.6

해설 V결선과 △결선의 출력비

$$\frac{P_V}{P_\triangle} = \frac{\sqrt{3}\,P_1}{3P_1} \times 100[\%] = 57.7[\%]$$

04 150[kVA] 단상 변압기 3대를 △-△ 결선으로 사용하다가 1대의 고장으로 V-V 결선하여 사용하면 약 몇 [kVA] 부하까지 걸 수 있겠는가? [16년 1회 기사]

① 200　　② 220
③ 240　　④ 260

해설 $P_V = \sqrt{3}\,P_1 = \sqrt{3} \times 150 = 260[\text{kVA}]$

05 단상 변압기 3대에 의한 △결선에서 1대를 제거하고 동일 전력을 V결선으로 보낸다면 동손은 약 몇 배가 되는가? [18년 1회 기사]

① 0.67　　② 2.0
③ 2.7　　④ 3.0

해설 전력이 동일하므로 $P = \sqrt{3}\,VI_V = 3VI_\triangle$에서 1상의 전류는 $I_V = \sqrt{3}\,I_\triangle$이다.
동손은 전류의 제곱과 변압기 수량에 비례하므로

$$\frac{I_V^2 \times 2}{I_\triangle^2 \times 3} = \frac{(\sqrt{3}\,I_\triangle)^2 \times 2}{(I_\triangle)^2 \times 3} = 2\text{배로 된다.}$$

06 일반적인 비접지 3상 송전선로의 1선 지락 고장 발생 시 각 상의 전압은 어떻게 되는가? [15년 2회 기사]

① 고장상의 전압은 떨어지고, 나머지 두 상의 전압은 변동하지 않는다.
② 고장상의 전압은 떨어지고, 나머지 두 상의 전압은 상승한다.
③ 고장상의 전압은 떨어지고, 나머지 상의 전압도 떨어진다.
④ 고장상의 전압이 상승한다.

기출 핵심 NOTE

03 V결선
- 출력
  $P_V = \sqrt{3}\,VI\cos\theta[\text{W}]$
- 출력비
  $\dfrac{P_V}{P_\triangle} = \dfrac{\sqrt{3}\,VI\cos\theta}{3VI\cos\theta} = 0.577$
- 변압기 이용률
  $U = \dfrac{\sqrt{3}\,VI}{2VI} = 0.866$

04 V결선의 출력
- $P_V = \sqrt{3}\,VI\cos\theta[\text{W}]$
- $P_V = \sqrt{3}\,VI[\text{VA}]$

06 비접지방식 특징
- V결선 가능
- 제3고조파 발생이 없다.
- 보호계전기 동작 불확실
- 유도장해가 적다.
- 1선 지락 시 건전상 전위 상승 $\sqrt{3}$ 배

정답 03. ② 04. ④ 05. ② 06. ②

해설 비접지식에서 1선 지락 고장이 발생하면 고장상의 전압은 떨어지고, 지락전류가 진상전류이므로 건전상의 전압은 상승한다.

07
비접지식 3상 송·배전 계통에서 1선 지락 고장 시 고장전류를 계산하는 데 사용되는 정전용량은? [19년 1회 기사]

① 작용정전용량 ② 대지정전용량
③ 합성정전용량 ④ 선간정전용량

해설 ① 작용정전용량 : 정상운전 중 충전전류 계산
② 대지정전용량 : 1선 지락전류 계산
④ 선간정전용량 : 정전유도전압 계산

기출 핵심 NOTE

07 지락전류

$$I_g = j3\omega C_s \frac{V}{\sqrt{3}} \,[\text{A}]$$

여기서, C_s : 대지정전용량

08
우리나라에서 현재 사용되고 있는 송전전압에 해당되는 것은? [18년 2회 산업]

① 150[kV] ② 220[kV]
③ 345[kV] ④ 700[kV]

해설 송전전압은 154[kV], 345[kV], 765[kV]이고, 송전방식은 3상 3선식 중성점 직접접지방식이다.

08 직접접지방식
- 초고압 장거리 송전선로에 사용
- 154[kV], 345[kV], 765[kV]

09
1선 지락 시에 전위 상승이 가장 적은 접지방식은? [16년 1회 산업]

① 직접접지
② 저항접지
③ 리액터 접지
④ 소호 리액터 접지

해설 1선 지락사고 시 전위 상승이 제일 적은 것은 직접접지방식이다.

09 직접접지방식의 특징
㉠ 1선 지락 시 전위 상승이 거의 없다(최소).
  - 절연 수준을 낮출 수 있다.
  - 단절연 가능
㉡ 1선 지락 시 지락전류가 크다(최대).
  - 보호계전기 동작 용이
  - 유도장해가 크다.
  - 과도 안정도가 나쁘다.
  - 대용량 차단기 필요
  - 기기의 충격이 크다.

10
22.9[kV-Y] 3상 4선식 중성선 다중접지 계통의 특성에 대한 내용으로 틀린 것은? [16년 2회 기사]

① 1선 지락사고 시 1상 단락전류에 해당하는 큰 전류가 흐른다.
② 전원의 중성점과 주상 변압기의 1차 및 2차를 공통의 중성선으로 연결하여 접지한다.
③ 각 상에 접속된 부하가 불평형일 때도 불완전 1선 지락 고장의 검출 감도가 상당히 예민하다.
④ 고·저압 혼촉 사고 시에는 중성선에 막대한 전위 상승을 일으켜 수용가에 위험을 줄 우려가 있다.

정답 07. ② 08. ③ 09. ① 10. ③

CHAPTER 04 중성점 접지와 유도장해

해설 다중접지 계통의 중성점 접지저항은 대단히 작은 값으로 부하 불평형일 경우 중성선에 흐르는 불평형 전류가 존재하므로 불완전 지락 고장의 검출 감도가 떨어진다.

11 송전 계통에서 1선 지락 시 유도장해가 가장 작은 중성점 접지방식은? [16년 2회 기사]

① 비접지방식
② 저항접지방식
③ 직접접지방식
④ 소호 리액터 접지방식

해설 1선 지락 시 유도장해가 가장 큰 접지방식은 직접접지방식이고, 가장 작은 접지방식은 소호 리액터 접지방식이다.

12 선간전압이 V[kV]이고, 1상의 대지정전용량이 C[μF], 주파수가 f[Hz]인 3상 3선식 1회선 송전선의 소호 리액터 접지방식에서 소호 리액터의 용량은 몇 [kVA]인가? [18년 3회 산업]

① $6\pi fCV^2 \times 10^{-3}$
② $3\pi fCV^2 \times 10^{-3}$
③ $2\pi fCV^2 \times 10^{-3}$
④ $\sqrt{3}\pi fCV^2 \times 10^{-3}$

해설 소호 리액터 용량

$$Q_c = 3\omega CE^2 \times 10^{-3} = 3\omega C\left(\frac{V}{\sqrt{3}}\right)^2 \times 10^{-3}$$
$$= 2\pi fCV^2 \times 10^{-3} [\text{kVA}]$$

13 66[kV], 60[Hz] 3상 3선식 선로에서 중성점을 소호 리액터 접지하여 완전공진 상태로 되었을 때 중성점에 흐르는 전류는 몇 [A]인가? (단, 소호 리액터를 포함한 영상회로의 등가저항은 200[Ω], 중성점 잔류전압은 4,400[V]라고 한다.) [19년 3회 산업]

① 11
② 22
③ 33
④ 44

해설 완전공진 상태이므로 리액턴스분은 존재하지 않고, 영상회로의 등가저항만 존재하므로 중성점에 흐르는 전류 $I_n = \frac{4,400}{200} = 22$[A]이다.

기출 핵심 NOTE

11 소호 리액터 접지방식의 특징

㉠ 1선 지락 시 지락전류가 거의 0이다(최소).
 • 보호계전기 동작 불확실
 • 유도장해가 적다.
 • 1선 지락 시 계속 송전 가능
㉡ 1선 지락 시 전위 상승 $\sqrt{3}$ 배 이상(최대)
㉢ 단선 고장 시 LC 직렬 공진으로 이상전압 발생

12 소호 리액터의 용량

$$Q_L = Q_c = 3EI_c = 3\omega CE^2$$
$$= 3\omega C\left(\frac{V}{\sqrt{3}}\right)^2 = \omega CV^2 [\text{VA}]$$

선로의 충전용량과 같다.

13 완전공진 상태

• $I_L = I_C$
• $\omega L = \frac{1}{3\omega C_s}$

정답 11. ④ 12. ③ 13. ②

14 3상 송전선로의 각 상의 대지정전용량을 C_a, C_b 및 C_c라 할 때, 중성점 비접지 시의 중성점과 대지 간의 전압은? (단, E는 상전압이다.) [15년 1회 기사]

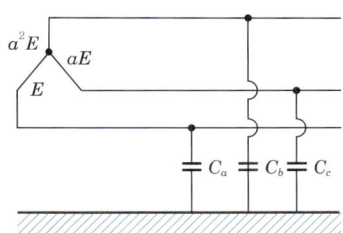

① $(C_a+C_b+C_c)E$

② $\dfrac{\sqrt{C_aC_b+C_bC_c+C_cC_a}}{C_a+C_b+C_c}E$

③ $\dfrac{\sqrt{C_a(C_a-C_b)+C_b(C_b-C_c)+C_c(C_c-C_a)}}{C_a+C_b+C_c}E$

④ $\dfrac{\sqrt{C_a(C_b-C_c)+C_b(C_c-C_a)+C_c(C_a-C_b)}}{C_a+C_b+C_c}E$

[해설] 3상 대칭 송전선에서는 정상운전 상태에서 중성점의 전위가 항상 0이어야 하지만 실제에 있어서는 선로 각 선의 대지정전용량이 차이가 있으므로 중성점에는 전위가 나타나게 되며 이것을 중성점 잔류전압이라고 한다.

$$E_n = \dfrac{\sqrt{C_a(C_a-C_b)+C_b(C_b-C_c)+C_c(C_c-C_a)}}{C_a+C_b+C_c} \cdot E\,[\text{V}]$$

기출 핵심 NOTE

14 중성점 잔류전압
연가 불충분으로 각 상의 대지정전용량이 같지 않아서 중성점에 나타나는 전압

15 단선식 전력선과 단선식 통신선이 그림과 같이 근접되었을 때, 통신선의 정전유도전압 E_0는? [16년 2회 산업]

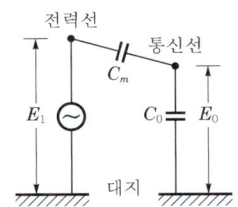

① $\dfrac{C_m}{C_0+C_m}E_1$ ② $\dfrac{C_0+C_m}{C_m}E_1$

③ $\dfrac{C_0}{C_0+C_m}E_1$ ④ $\dfrac{C_0+C_m}{C_0}E_1$

[해설] 단상 선로의 정전유도전압

$$E_0 = \dfrac{C_m}{C_0+C_m}E_1\,[\text{V}]$$

15 정전유도전압
전력선과 통신선의 상호 정전용량을 통해 통신선에 유도된 전압

정답 14. ③ 15. ①

CHAPTER 04 중성점 접지와 유도장해

16 전력선에 의한 통신선로의 전자유도장해의 발생 요인은 주로 무엇 때문인가? [16년 3회 산업]

① 영상전류가 흘러서
② 부하전류가 크므로
③ 상호정전용량이 크므로
④ 전력선의 교차가 불충분하여

해설 전자유도전압
$$E_m = j\omega Ml(I_a + I_b + I_c) = j\omega Ml \times 3I_0$$
여기서, $3I_0$: $3 \times$ 영상전류=지락전류=기유도전류

17 전력선에 의한 통신선로의 전자유도장해의 발생 요인은 주로 무엇 때문인가? [15년 1회 기사]

① 지락사고 시 영상전류가 커지기 때문에
② 전력선의 전압이 통신선로보다 높기 때문에
③ 통신선에 피뢰기를 설치하였기 때문에
④ 전력선과 통신선로 사이의 상호 인덕턴스가 감소하였기 때문에

해설 전자유도전압
$$E_m = j\omega Ml(\dot{I_a} + \dot{I_b} + \dot{I_c}) = j\omega Ml \times 3I_0$$
여기서, I_0 : 영상전류

18 통신선과 평행인 주파수 60[Hz]의 3상 1회선 송전선이 있다. 1선 지락 때문에 영상전류가 100[A] 흐르고 있다면 통신선에 유도되는 전자유도전압은 약 몇 [V]인가? (단, 영상전류는 전 전선에 걸쳐서 같으며, 송전선과 통신선과의 상호 인덕턴스는 0.06[mH/km], 그 평행길이는 40[km]이다.) [16년 3회 기사]

① 156.6
② 162.8
③ 230.2
④ 271.4

해설 전자유도전압
$$E_m = j\omega Ml \times 3I_0$$
$$= 2\pi \times 60 \times 0.06 \times 10^{-3} \times 40 \times 3 \times 100$$
$$= 271.4 [V]$$

> **기출 핵심 NOTE**
>
> **16 전자유도전압**
> 전력선과 통신선의 상호 인덕턴스에 의해 통신선에 유도된 전압
> $$E_m = j\omega Ml(I_a + I_b + I_c)$$
> $$= j\omega Ml(3I_0)$$
> 1선 지락 시 큰 영상전류(I_0)로 통신장해를 일으킨다.

정답 16. ① 17. ① 18. ④

19 유도장해를 방지하기 위한 전력선측의 대책으로 틀린 것은? [17년 3회 기사]

① 차폐선을 설치한다.
② 고속도 차단기를 사용한다.
③ 중성점 전압을 가능한 높게 한다.
④ 중성점 접지에 고저항을 넣어서 지락전류를 줄인다.

해설 중성점 전압이 높게 되면 건전상의 전위가 상승하여 고장전류가 증가하므로 유도장해가 커지게 된다.

기출 핵심 NOTE

19 유도장해 경감대책
  ㉠ 전력선측 대책
  • 소호 리액터 접지방식 채용
  • 고속차단방식 채용
  • 이격거리를 크게 한다.
  • 연가
  • 케이블 사용
  • 고조파 발생 억제
  • 차폐선 시설
  ㉡ 통신선측 대책
  • 절연변압기 설치
  • 배류코일로 통신선 접지
  • 연피 케이블
  • 피뢰기 설치
  • 전력선과 통신선의 직각 교차

정답 19. ③

잠깐! 쉬어가세요.

"다른 사람의 경주를 뛰지 말고
자신만의 달리기를 완주하라."

- 조엘 오스틴 -

CHAPTER 05
고장 계산

- **01** 옴[Ω]법
- **02** 퍼센트[%]법
- **03** PU법
- **04** 대칭좌표법에 의한 고장해석 기본 이론
- **05** 1선 지락과 2선 지락 고장해석
- **06** 선간단락과 3상 단락 고장해석
- **07** 영상회로, 정상회로, 역상회로

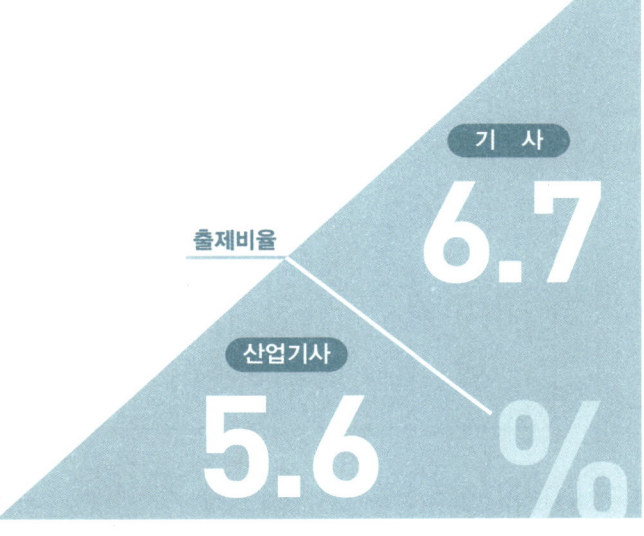

출제비율
기사 6.7%
산업기사 5.6%

CHAPTER 05 고장 계산

기출개념 01 옴[Ω]법

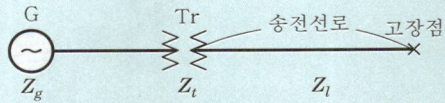

여기서, Z_g : 발전기 임피던스
Z_t : 변압기 임피던스
Z_l : 선로 임피던스

(1) 단락전류

$$I_s = \frac{E}{Z} = \frac{V}{\sqrt{3}\,Z}\,[\text{A}]$$

여기서, Z : 단락지점에서 전원측을 본 계통 임피던스($Z = Z_g + Z_t + Z_l$)
V : 단락점의 선간전압 $\left(E = \dfrac{V}{\sqrt{3}}\right)$

(2) 단락용량

① 단상인 경우

$$P_s = EI_s = E\frac{E}{Z} = \frac{E^2}{Z}\,[\text{kVA}]$$

② 3상인 경우

$$P_s = 3EI_s = 3\frac{V}{\sqrt{3}}I_s = \sqrt{3}\,VI_s = \sqrt{3}\,V\frac{V}{\sqrt{3}\,Z} = \frac{V^2}{Z}\,[\text{kVA}]$$

기·출·개·념 문제

1. 그림과 같은 3상 송전 계통에서 송전전압은 22[kV]이다. 지금 1점 P에서 3상 단락하였을 때의 발전기에 흐르는 단락전류[A]는 약 얼마인가? *12 기사 / 98 산업*

① 733 ② 1,270
③ 2,200 ④ 3,810

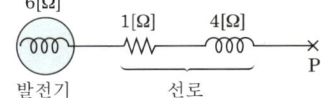

(해설) $I_s = \dfrac{\frac{22 \times 10^3}{\sqrt{3}}}{\sqrt{1^2 + 10^2}} = 1,270\,[\text{A}]$

답 ②

2. 단락용량 5,000[MVA]인 모선의 전압이 154[kV]라면 등가 모선 임피던스는 약 몇 [Ω]인가? *16 기사*

① 2.54 ② 4.74 ③ 6.34 ④ 8.24

(해설) 단락용량 $P_s = \dfrac{V^2}{Z}$ 에서 임피던스 $Z = \dfrac{V^2}{P_s} = \dfrac{154^2}{5,000} = 4.74\,[\Omega]$이다.

답 ②

기출개념 02 퍼센트[%]법

(1) %임피던스(%Z)

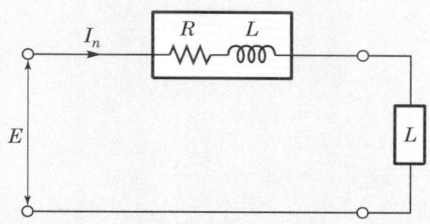

기준 전압 E에 대한 임피던스 전압강하의 비를 백분율로 나타낸 것

① $\boxed{\%Z = \dfrac{Z \cdot I_n}{E} \times 100 [\%]}$ ← 정격전류가 주어지는 경우

여기서, I_n : 정격전류

② $\%Z = \dfrac{Z \cdot I_n}{E} = \dfrac{Z \cdot \dfrac{P}{\sqrt{3}\,V}}{\dfrac{V}{\sqrt{3}}} \times 100 = \dfrac{PZ}{V^2} \times 100$

정격전압 V[kV], 정격용량 P[kVA] 단위라면

$= \dfrac{P \times 10^3 \times Z}{(V \times 10^3)^2} \times 100 = \boxed{\dfrac{PZ}{10\,V^2}\,[\%]}$ ← 정격용량이 주어지는 경우

%Z는 정격용량(P)에 비례하고, 정격전압의 제곱에 반비례한다.

③ %Z와 옴Z와의 관계

$\boxed{Z = \dfrac{\%Z\,10\,V^2}{P}\,[\Omega]}$

(2) 단락전류

$I_s = \dfrac{E}{Z}$

$\%Z = \dfrac{ZI_n}{E} \times 100$이므로 $Z = \dfrac{\%ZE}{100\,I_n}\,[\Omega]$

따라서, $I_s = \dfrac{E}{\dfrac{\%ZE}{100\,I}} = \boxed{\dfrac{100}{\%Z}\,I_n\,[\text{A}]}$

(3) 단락용량

$I_s = \dfrac{100}{\%Z}I_n$

양변에 $\sqrt{3}\,V$를 곱하면 $\sqrt{3}\,VI_s = \dfrac{100}{\%Z}\sqrt{3}\,VI_n$

$\boxed{P_s = \dfrac{100}{\%Z}P_n\,[\text{kVA}]}$

CHAPTER 05 고장 계산

1. 66[kV] 3상 1회선 송전선로 1선의 리액턴스가 30[Ω], 전류가 200[A]일 때, %리액턴스는?

① $\dfrac{100\sqrt{3}}{11}$ ② $\dfrac{100}{11}$

③ $\dfrac{11}{100\sqrt{3}}$ ④ $\dfrac{11}{100}$

(해설) $\%X = \dfrac{XI_n}{E} \times 100 = \dfrac{30 \times 200}{\dfrac{66{,}000}{\sqrt{3}}} \times 100 = \dfrac{100\sqrt{3}}{11}$ [%]

답 ①

2. 3상 송전선로의 선간전압을 100[kV], 3상 기준 용량을 10,000[kVA]로 할 때, 선로 리액턴스(1선당) 100[Ω]을 %임피던스로 환산하면 얼마인가?

① 1 ② 10
③ 0.33 ④ 3.33

(해설) $\%Z = \dfrac{P \cdot Z}{10\,V^2} = \dfrac{10{,}000 \times 100}{10 \times 100^2} = 10$ [%]

답 ②

3. 그림과 같은 3상 3선식 전선로의 단락점에 있어서 3상 단락전류는 약 몇 [A]인가? (단, 66[kV]에 대한 %리액턴스는 10[%]이고, 저항분은 무시한다.)

① 1,750[A] ② 2,000[A]
③ 2,500[A] ④ 3,030[A]

(해설) 단락전류 $I_s = \dfrac{100}{\%Z} \cdot I_n = \dfrac{100}{10} \times \dfrac{20{,}000}{\sqrt{3} \times 66} ≒ 1{,}750$ [A]

답 ①

4. 6.6/3.3[kV], 3ϕ, 10,000[kVA], 임피던스 10[%]의 변압기가 있다. 이 변압기의 2차측에서 3상 단락되었을 때의 단락용량[kVA]은 얼마인가?

① 150,000 ② 100,000
③ 50,000 ④ 20,000

(해설) 단락용량 $P_s = \dfrac{100}{\%Z} \times P_n = \dfrac{100}{10} \times 10{,}000 = 100{,}000$ [kVA]

답 ②

기출개념 03 PU(Per Unit)법

기준값을 1로 하여 계산하는 방법으로 %법에 비해 100이라는 계수를 갖지 않는다.

① $\%Z = \dfrac{Z \cdot I_n}{E} \times 100$

$$Z[\text{PU}] = \dfrac{Z \cdot I_n}{E} [\text{PU}]$$

② $\%Z = \dfrac{PZ}{10\,V^2}$

$$Z[\text{PU}] = \dfrac{PZ}{10\,V^2} \times 10^{-2} [\text{PU}]$$

* %Z 집계방법

발전소, 변전소, 선로 등의 각 부분에 [kVA] 용량이 다를 경우 같은 [kVA] 용량으로 환산

① 기준 용량을 정한다. → [kVA]′
② 기준 용량이 다른 경우 %Z를 같은 기준 용량으로 환산한다.

$$\%Z' = \%Z \times \dfrac{[\text{kVA}]'}{[\text{kVA}]}$$

③ 고장점에서 집계한다.

기·출·개·념 문제

그림에서 A점의 차단기 용량으로 가장 적당한 것은? 01·95·90 기사

① 50[MVA]
② 100[MVA]
③ 150[MVA]
④ 200[MVA]

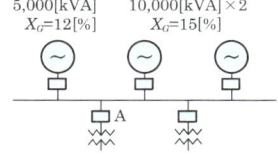

[해설] 기준 용량을 10,000[kVA]로 설정하면

5,000[kVA] 발전기 $\%X_G \times \dfrac{10,000}{5,000} \times 12 = 24[\%]$

A 차단기 전원측에는 발전기가 병렬 접속이므로 합성 $\%Z_g = \dfrac{1}{\dfrac{1}{24} + \dfrac{1}{15} + \dfrac{1}{15}} = 5.71[\%]$

∴ $P_s = \dfrac{100}{5.71} \times 10,000 \times 10^{-3} = 175[\text{MVA}]$

차단기 용량은 단락용량을 기준 이상으로 한 값으로 200[MVA]이다.   답 ④

CHAPTER 05 고장 계산

기출개념 04 대칭좌표법에 의한 고장해석 기본 이론

(1) 대칭 3상 전압

$$E_a = E\angle 0° = E$$
$$E_b = E\angle -120° = a^2 E$$
$$E_c = E\angle -240° = aE$$

$$a^2 = -\frac{1}{2} - j\frac{\sqrt{3}}{2},\ a = -\frac{1}{2} + j\frac{\sqrt{3}}{2}$$

(2) 대칭 3상 전압의 합

$$E_a + E_b + E_c = E + a^2 E + aE = (1 + a^2 + a)E = 0$$
$$1 + a^2 + a = 0,\ a^3 = 1$$

(3) 비대칭 3상 전압의 대칭분

① 대칭분 전압

$$V_0 = \frac{1}{3}(V_a + V_b + V_c)$$
$$V_1 = \frac{1}{3}(V_a + aV_b + a^2 V_c)$$
$$V_2 = \frac{1}{3}(V_a + a^2 V_b + aV_c)$$

② 각 상의 전압

$$V_a = V_0 + V_1 + V_2$$
$$V_b = V_0 + a^2 V_1 + aV_2$$
$$V_c = V_0 + aV_1 + a^2 V_2$$

(4) 발전기 기본식

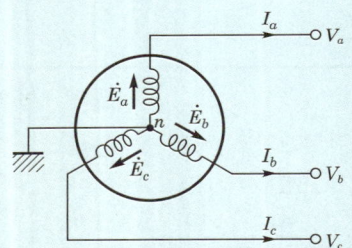

단자전압의 대칭분(= 발전기 기본식)

$$V_0 = -Z_0 I_0$$
$$V_1 = E_a - Z_1 I_1$$
$$V_2 = -Z_2 I_2$$

기·출·개·념 문제

A, B 및 C상 전류를 각각 I_a, I_b 및 I_c라 할 때, $I_x = \frac{1}{3}(I_a + a^2 I_b + aI_c)$, $a = -\frac{1}{2} + j\frac{\sqrt{3}}{2}$으로 표시되는 I_x는 어떤 전류인가?   18·03 기사 / 13 산업

① 정상전류 ② 역상전류
③ 영상전류 ④ 역상전류와 영상전류의 합계

해설 역상전류 $I_2 = \frac{1}{3}(I_a + a^2 I_b + aI_c) = \frac{1}{3}(I_a + I_b \angle -120° + I_c \angle -240°)$

답 ②

기출개념 05 · 1선 지락과 2선 지락 고장해석

(1) **1선 지락 고장**
- 고장조건 : $V_a = 0$, $I_b = I_c = 0$
- 대칭분 전류

$$I_0 = \frac{1}{3}(I_a + I_b + I_c)$$
$$I_1 = \frac{1}{3}(I_a + aI_b + a^2 I_c)$$
$$I_2 = \frac{1}{3}(I_a + a^2 I_b + aI_c)$$

$\Big|_{I_b = I_c = 0}$

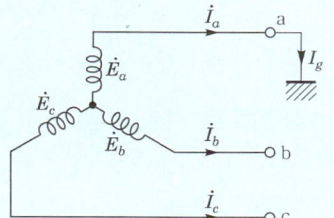

$$\boxed{I_0 = I_1 = I_2 = \frac{1}{3} I_a = \frac{1}{3} I_g} \text{(대칭분 전류가 같다.)}$$

$V_a = 0$
$V_0 + V_1 + V_2 = 0$
발전기 기본식에서
$-Z_0 I_0 + E_a - Z_1 I_1 - Z_2 I_2 = 0$
$E_a = (Z_0 + Z_1 + Z_2) I_0$

$$\boxed{I_0 = \frac{E_a}{Z_0 + Z_1 + Z_2} = I_1 = I_2}$$

$$\boxed{\text{지락전류 } I_g = I_a = I_0 + I_1 + I_2 = \frac{3E_a}{Z_0 + Z_1 + Z_2} \text{[A]}}$$

(2) **2선 지락 고장**
- 고장조건 : $V_b = V_c = 0$, $I_a = 0$
- 대칭분 전압

$$V_0 = \frac{1}{3}(V_a + V_b + V_c)$$
$$V_1 = \frac{1}{3}(V_a + aV_b + a^2 V_c)$$
$$V_2 = \frac{1}{3}(V_a + a^2 V_b + aV_c)$$

$\Big|_{V_b = V_c = 0}$

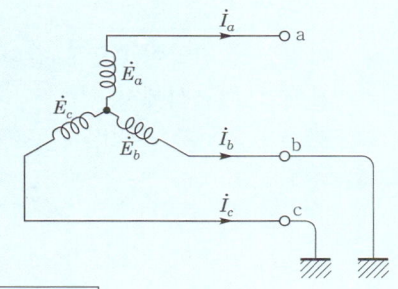

$$\boxed{V_0 = V_1 = V_2 = \frac{1}{3} V_a} \text{(대칭분의 전압이 같다.)}$$

기·출·개·념 문제

1선 접지 고장을 대칭좌표법으로 해석할 경우 필요한 것은? 13·05 기사 / 08 산업
① 정상 임피던스도(Diagram) 및 역상 임피던스도
② 정상 임피던스도
③ 정상 임피던스도 및 역상 임피던스도
④ 정상 임피던스도, 역상 임피던스도 및 영상 임피던스도

[해설] 지락전류
$I_g = \dfrac{3E_a}{Z_0 + Z_1 + Z_2}$ [A]이므로 영상·정상·역상 임피던스가 모두 필요하다.

답 ④

CHAPTER 05 고장 계산

기출개념 06 선간단락과 3상 단락 고장해석

(1) 선간단락 고장

- 고장조건 : $I_a = 0$, $I_b = -I_c$, $V_b = V_c$
- 영상전류 : $I_0 = \dfrac{1}{3}(I_a + I_b + I_c) = 0$
- 영상전압 : $V_0 = 0$

$$I_b + I_c = (a^2 + a)(I_1 + I_2) = 0$$
$$I_1 = -I_2$$
$$V_b = V_c \text{이면 } V_1 = V_2$$

발전기 기본식에서 $E_a - Z_1 I_1 = -Z_2 I_2 \big|_{I_1 = -I_2}$ $\therefore I_1 = \dfrac{E_a}{Z_1 + Z_2} = -I_2$

단락전류 : $\boxed{I_s = I_b = I_0 + a^2 I_1 + a I_2 = (a^2 - a)I_1 = \dfrac{(a^2 - a)E_a}{Z_1 + Z_2}}$

(2) 3상 단락 고장

- 고장조건

$$V_a = V_b = V_c = 0$$
$$I_a + I_b + I_c = 0$$
$$\boxed{V_0 = V_1 = V_2 = 0}$$

대칭분의 전압이 0으로 같다.
발전기 기본식에서
$V_0 = 0, \ -Z_0 I_0 = 0, \ I_0 = 0$
$V_1 = 0, \ E_a - Z_1 I_1 = 0, \ I_1 = \dfrac{E_a}{Z_1}$
$V_2 = 0, \ -Z_2 I_2 = 0, \ I_2 = 0$

각 상 전류 : $\boxed{I_a = I_1 = \dfrac{E_a}{Z_1}, \ I_b = a^2 I_a = \dfrac{a^2 E_a}{Z_1}, \ I_c = a I_a = \dfrac{a E_a}{Z_1}}$

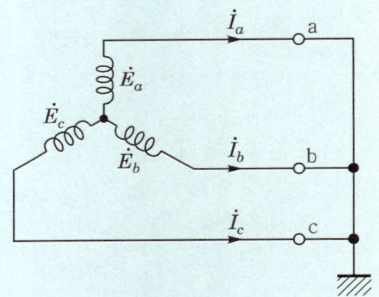

기·출·개·념 문제

3상 송전선로에서 선간단락이 발생하였을 때 다음 중 옳은 것은? `18·12·08 기사`

① 역상전류만 흐른다.
② 정상전류와 역상전류가 흐른다.
③ 역상전류와 영상전류가 흐른다.
④ 정상전류와 영상전류가 흐른다.

(해설) 선간단락 고장해석은 정상전류와 역상전류가 흐른다.

답 ②

기출개념 07 영상회로, 정상회로, 역상회로

(1) 영상회로

3상 1회선 송전선에서 단자 a, b, c를 일괄하고 이것과 대지와의 사이에 단상전원을 넣어 단상 교류가 흘러가는 범위의 회로

영상회로 구성 시 중성점 접지 임피던스(Z_n)에는 1상의 영상전류(I_0)의 3배($3I_0$)가 흐르므로 1상분의 영상전류를 취급하는 **영상회로에서는 중성점 접지 임피던스(Z_n)를 3배($3Z_n$)로 해준다.**

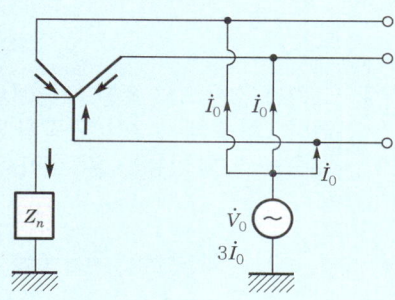

(2) 정상회로

a, b, c에 상회전 방향이 정상인 3상 평형전압을 인가해서 각각 I_1, a^2I_1, aI_1 이라는 평형 3상 교류가 흐르는 범위의 회로

대칭 3상 교류이기 때문에 중성점에는 전류가 흐르지 않으므로 **정상회로에는 중성점 임피던스는 들어가지 않는다.**

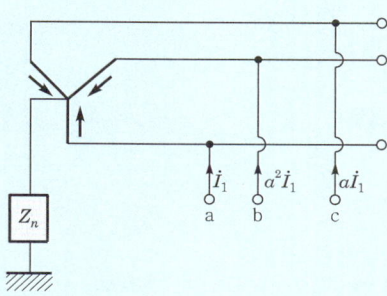

(3) 역상회로

a, b, c에 상회전 방향이 역상인 3상 평형전압을 인가해서 3상 전류를 흘려 줄 경우 3상 전류가 흐르는 범위의 회로로 **정상회로와 같다.**

(4) 영상·정상·역상 임피던스의 관계

선로는 정지물이기 때문에 정상 임피던스와 역상 임피던스는 같다.

$$Z_0 > Z_1 = Z_2$$

기·출·개·념 문제

그림과 같은 회로의 영상, 정상, 역상 임피던스 Z_0, Z_1, Z_2는? **17 기사**

① $Z_0 = Z + 3Z_n$, $Z_1 = Z_2 = Z$
② $Z_0 = 3Z_n$, $Z_1 = Z$, $Z_2 = 3Z$
③ $Z_0 = 3Z + Z_n$, $Z_1 = 3Z$, $Z_2 = Z$
④ $Z_0 = Z + Z_n$, $Z_1 = Z_2 = Z + 3Z_n$

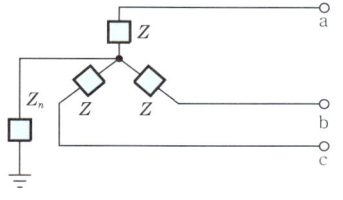

[해설] 영상 임피던스 $Z_0 = Z + 3Z_n$(중성점 임피던스 3배)
정상 임피던스(Z_1) = 역상 임피던스(Z_2) = Z(중성점 임피던스 무시)

답 ①

제5장 고장 계산 | **103**

CHAPTER 05 고장 계산

이런 문제가 시험에 나온다! 단원 최근 빈출문제

기출 핵심 NOTE

01 그림과 같은 3상 송전 계통에서 송전단 전압은 3,300[V]이다. 점 P에서 3상 단락사고가 발생했다면 발전기에 흐르는 단락전류는 약 몇 [A]인가? [17년 3회 기사]

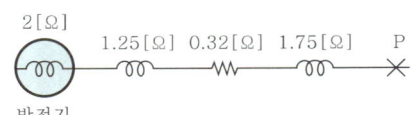

① 320　　② 330
③ 380　　④ 410

해설

$I_s = \dfrac{E}{Z} = \dfrac{\frac{3,300}{\sqrt{3}}}{\sqrt{0.32^2 + (2+1.25+1.75)^2}} = 380.2[A]$

01 단락전류

$I_s = \dfrac{E}{Z} = \dfrac{\frac{V}{\sqrt{3}}}{Z}[A]$

여기서, Z : 단락지점에서 전원 측을 본 계통 임피던스

02 %임피던스와 관련된 설명으로 틀린 것은? [18년 1회 기사]

① 정격전류가 증가하면 %임피던스는 감소한다.
② 직렬 리액터가 감소하면 %임피던스도 감소한다.
③ 전기 기계의 %임피던스가 크면 차단기의 용량은 작아진다.
④ 송전 계통에서는 임피던스의 크기를 Ω값 대신에 %값으로 나타내는 경우가 많다.

해설 %임피던스는 정격전류 및 정격용량에는 비례하고, 차단전류 및 차단용량에는 반비례하므로 정격전류가 증가하면 %임피던스는 증가한다.

02 %임피던스

- $\%Z = \dfrac{Z \cdot I_n}{E} \times 100[\%]$

  정격전류(I_n)와 비례

- $\%Z = \dfrac{PZ}{10V^2}[\%]$

  정격용량(P)에 비례
  정격전압(V)의 제곱에 반비례

03 154[kV] 3상 1회선 송전선로의 1선의 리액턴스가 10[Ω], 전류가 200[A]일 때 %리액턴스는? [17년 3회 산업]

① 1.84　　② 2.25
③ 3.17　　④ 4.19

해설 $\%Z = \dfrac{ZI_n}{E} \times 100[\%]$이므로

$\%X = \dfrac{10 \times 200}{154 \times \frac{10^3}{\sqrt{3}}} \times 100 ≒ 2.25[\%]$

03 %임피던스

$\%Z = \dfrac{ZI_n}{E} \times 100[\%]$

정답 01. ③　02. ①　03. ②

04 선간전압이 154[kV]이고, 1상당의 임피던스가 $j8[\Omega]$인 기기가 있을 때, 기준 용량을 100[MVA]로 하면 %임피던스는 약 몇 [%]인가? [19년 1회 기사]

① 2.75
② 3.15
③ 3.37
④ 4.25

해설 $\%Z = \dfrac{PZ}{10V^2} = \dfrac{100 \times 10^3 \times 8}{10 \times 154^2} = 3.37[\%]$

04 %임피던스

$\%Z = \dfrac{PZ}{10V^2}[\%]$

05 66[kV] 송전선로에서 3상 단락 고장이 발생하였을 경우 고장점에서 본 등가 정상 임피던스가 자기용량(40[MVA]) 기준으로 20[%]일 경우 고장전류는 정격전류의 몇 배가 되는가? [15년 1회 기사]

① 2
② 4
③ 5
④ 8

해설 $I_s = \dfrac{100}{\%Z} \times I_n = \dfrac{100}{20} \times I_n = 5I_n$

∴ 5배이다.

05 단락전류

$I_s = \dfrac{100}{\%Z} I_n[A]$

06 10,000[kVA] 기준으로 등가 임피던스가 0.4[%]인 발전소에 설치될 차단기의 차단용량은 몇 [MVA]인가? [19년 2회 기사]

① 1,000
② 1,500
③ 2,000
④ 2,500

해설 차단용량
$P_s = \dfrac{100}{\%Z} P_n = \dfrac{100}{0.4} \times 10,000 \times 10^{-3} = 2,500[\text{MVA}]$

06 단락용량

$P_s = \dfrac{100}{\%Z} P_n[\text{kVA}]$

07 전압 V_1[kV]에 대한 %리액턴스 값이 X_{p1}이고, 전압 V_2[kV]에 대한 %리액턴스 값이 X_{p2}일 때, 이들 사이의 관계로 옳은 것은? [15년 3회 기사]

① $X_{p1} = \dfrac{V_1^2}{V_2} X_{p2}$
② $X_{p1} = \dfrac{V_2}{V_1^2} X_{p2}$
③ $X_{p1} = \left(\dfrac{V_2}{V_1}\right)^2 X_{p2}$
④ $X_{p1} = \left(\dfrac{V_1}{V_2}\right)^2 X_{p2}$

해설 $\%Z = \dfrac{PZ}{10V^2}$ 에서 $\%Z \propto \dfrac{1}{V^2}$ 이므로 $\dfrac{Z_{p2}}{Z_{p1}} = \dfrac{V_1^2}{V_2^2}$

∴ $X_{p1} = \left(\dfrac{V_2}{V_1}\right)^2 X_{p2}$

07 %임피던스

$\%Z = \dfrac{PZ}{10V^2}[\%]$

정격전압의 제곱에 반비례

정답 04. ③ 05. ③ 06. ④ 07. ③

제5장 고장 계산

CHAPTER 05 고장 계산

08 그림과 같은 전선로의 단락용량은 약 몇 [MVA]인가? (단, 그림의 수치는 10,000[kVA]를 기준으로 한 %리액턴스를 나타낸다.)
[18년 3회 산업]

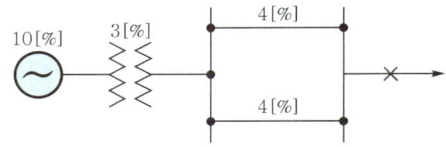

① 33.7
② 66.7
③ 99.7
④ 132.7

해설 단락용량

$$P_s = \frac{100}{\%Z}P_n = \frac{100}{10+3+\frac{4}{2}} \times 10,000 \times 10^{-3} = 66.7[\text{MVA}]$$

기출 핵심 NOTE

08 단락용량

$$P_s = \frac{100}{\%Z}P_n$$

여기서, %Z : 단락 지점에서 전원측을 본 계통 %임피던스

$$\%Z = \frac{4 \times 4}{4+4} + 3 + 10 = 15[\%]$$

09 전원측과 송전선로의 합성 %Z_s가 10[MVA] 기준 용량으로 1[%]의 지점에 변전설비를 시설하고자 한다. 이 변전소에 정격용량 6[MVA]의 변압기를 설치할 때 변압기 2차측의 단락용량은 몇 [MVA]인가? (단, 변압기의 %Z_t는 6.9[%]이다.)
[17년 3회 산업]

① 80
② 100
③ 120
④ 140

해설 10[MVA] 기준으로 변압기 %$Z_t{'} = \frac{10}{6} \times 6.9 = 11.5[\%]$

$$P_s = \frac{100}{\%Z} \times P_n = \frac{100}{1+11.5} \times 10 = 80[\text{MVA}]$$

09 [MVA] 용량이 다른 경우

- 기준 용량을 정한다. → [MVA]′
- %Z를 기준 용량으로 환산한다.

$$\%Z' = \%Z\frac{[\text{MVA}]'}{[\text{MVA}]}$$

- 고장점에서 집계한다.

10 송전선로의 고장전류 계산에 영상 임피던스가 필요한 경우는?
[17년 3회 기사]

① 1선 지락
② 3상 단락
③ 3선 단선
④ 선간단락

해설 각 사고별 대칭좌표법 해석

	정상분	역상분	영상분
1선 지락	정상분	역상분	영상분
선간단락	정상분	역상분	×
3상 단락	정상분	×	×

그러므로 영상 임피던스가 필요한 경우는 1선 지락이다.

10 1선 지락

- 대칭분 전류가 같다.

$$I_0 = I_1 = I_2 = \frac{1}{3}I_a$$

$$I_0 = I_1 = I_2 = \frac{E_a}{Z_0 + Z_1 + Z_2}[\text{A}]$$

- 지락전류

$$I_g = I_a = 3I_0 = \frac{3E_a}{Z_0 + Z_1 + Z_2}[\text{A}]$$

- 영상·정상·역상 임피던스 필요

정답 08. ② 09. ① 10. ①

11 중성점 저항접지방식에서 1선 지락 시의 영상전류를 I_0라고 할 때, 접지저항으로 흐르는 전류는? [19년 1회 산업]

① $\frac{1}{3}I_0$ 　　② $\sqrt{3}\,I_0$
③ $3I_0$ 　　④ $6I_0$

[해설] 1선 지락 시 $I_0 = I_1 = I_2$

지락 고장전류 $I_g = I_0 + I_1 + I_2 = \dfrac{3E_a}{Z_0 + Z_1 + Z_2} = 3I_0$

12 3상 무부하 발전기의 1선 지락 고장 시에 흐르는 지락전류는? (단, E는 접지된 상의 무부하 기전력이고 Z_0, Z_1, Z_2는 발전기의 영상, 정상, 역상 임피던스이다.) [19년 3회 기사]

① $\dfrac{E}{Z_0 + Z_1 + Z_2}$

② $\dfrac{\sqrt{3}\,E}{Z_0 + Z_1 + Z_2}$

③ $\dfrac{3E}{Z_0 + Z_1 + Z_2}$

④ $\dfrac{E^2}{Z_0 + Z_1 + Z_2}$

[해설] 1선 지락 시에는 $I_0 = I_1 = I_2$이므로

지락 고장전류 $I_g = I_0 + I_1 + I_2 = \dfrac{3E}{Z_0 + Z_1 + Z_2}$

13 선간단락 고장을 대칭좌표법으로 해석할 경우 필요한 것 모두를 나열한 것은? [17년 1회 산업]

① 정상 임피던스
② 역상 임피던스
③ 정상 임피던스, 역상 임피던스
④ 정상 임피던스, 영상 임피던스

[해설] 각 사고별 대칭좌표법 해석

1선 지락	정상분	역상분	영상분
선간단락	정상분	역상분	×
3상 단락	정상분	×	×

그러므로 선간단락 고장해석은 정상 임피던스와 역상 임피던스가 필요하다.

기출 핵심 NOTE

13 선간단락

- $I_1 = -I_2 = \dfrac{E_a}{Z_1 + Z_2}$

- 단락전류

  $I_s = \dfrac{(a^2 - a)E_a}{Z_1 + Z_2}$ [A]

- 정상·역상 임피던스 필요

정답 11. ③　12. ③　13. ③

CHAPTER 05 고장 계산

14 Y결선된 발전기에서 3상 단락사고가 발생한 경우 전류에 관한 식 중 옳은 것은? (단, Z_0, Z_1, Z_2는 영상, 정상, 역상 임피던스이다.) [15년 2회 기사]

① $I_a + I_b + I_c = I_0$
② $I_a = \dfrac{E_a}{Z_0}$
③ $I_b = \dfrac{a^2 E_a}{Z_1}$
④ $I_c = \dfrac{a E_a}{Z_2}$

해설 3상 단락사고 시 각 상의 전류

$$I_a = \dfrac{E_a}{Z_1},\ I_b = \dfrac{a^2 E_a}{Z_1},\ I_c = \dfrac{a E_a}{Z_1}$$

기출 핵심 NOTE

14 3상 단락 고장
- 대칭분 전압이 0으로 같다.
  $V_0 = V_1 = V_2 = 0$
- 각 상 전류
  $I_a = \dfrac{E_a}{Z_1},\ I_b = \dfrac{a^2 E_a}{Z_1},\ I_c = \dfrac{a E_a}{Z_1}$
- 정상 임피던스만 필요

15 3상 Y결선된 발전기가 무부하 상태로 운전 중 3상 단락 고장이 발생하였을 때 나타나는 현상으로 틀린 것은? [15년 3회 산업]

① 영상분 전류는 흐르지 않는다.
② 역상분 전류는 흐르지 않는다.
③ 3상 단락전류는 정상분 전류의 3배가 흐른다.
④ 정상분 전류는 영상분 및 역상분 임피던스에 무관하고 정상분 임피던스에 반비례한다.

해설 각 사고별 대칭좌표법 해석

1선 지락	정상분	역상분	영상분
선간단락	정상분	역상분	×
3상 단락	정상분	×	×

그러므로 3상 단락전류는 정상분 전류만 흐른다.

16 송전선로의 정상 임피던스를 Z_1, 역상 임피던스를 Z_2, 영상 임피던스를 Z_0라 할 때 옳은 것은? [17년 1회 기사]

① $Z_1 = Z_2 = Z_0$
② $Z_1 = Z_2 < Z_0$
③ $Z_1 > Z_2 = Z_0$
④ $Z_1 < Z_2 = Z_0$

해설 정상 임피던스와 역상 임피던스는 동일한 값으로 영상 임피던스보다는 작다. 그러므로 $Z_1 = Z_2 < Z_0$이다.

16 영상·정상·역상 임피던스의 관계
$Z_0 > Z_1 = Z_2$
선로는 정지물이므로 정상 임피던스와 역상 임피던스는 같다.

정답 14. ③ 15. ③ 16. ②

17 그림과 같은 전력 계통의 154[kV] 송전선로에서 고장 지락 임피던스 Z_{gf}를 통해서 1선 지락 고장이 발생되었을 때 고장점에서 본 영상 %임피던스는? (단, 그림에 표시한 임피던스는 모두 동일 용량, 100[MVA] 기준으로 환산한 %임피던스이다.) [16년 1회 기사]

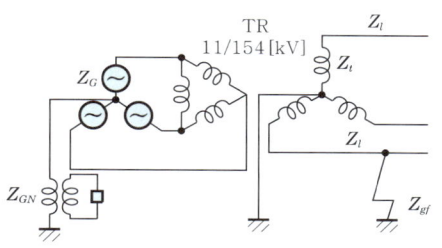

① $Z_0 = Z_l + Z_t + Z_G$
② $Z_0 = Z_l + Z_t + Z_{gf}$
③ $Z_0 = Z_l + Z_t + 3Z_{gf}$
④ $Z_0 = Z_l + Z_t + Z_{gf} + Z_G + Z_{GN}$

해설 영상 임피던스는 변압기 내부 임피던스(Z_t)와 선로 임피던스(Z_l) 그리고 지락 발생한 1상의 임피던스($3Z_{gf}$)의 합계로 된다.
즉, $Z_0 = Z_l + Z_t + 3Z_{gf}$이다.

> **기출 핵심 NOTE**
>
> **17 영상·정상·역상회로**
> 영상회로에서는 중성점 접지 임피던스를 3배 해주고 정상·역상회로에서는 중성점 접지 임피던스는 들어가지 않는다.

18 송전 계통의 한 부분이 그림과 같이 3상 변압기로 1차측은 △로, 2차측은 Y로 중성점이 접지되어 있을 경우, 1차측에 흐르는 영상전류는? [17년 2회 기사]

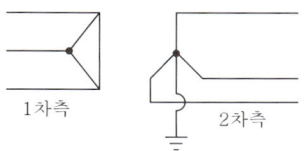

① 1차측 선로에서 ∞이다.
② 1차측 선로에서 반드시 0이다.
③ 1차측 변압기 내부에서는 반드시 0이다.
④ 1차측 변압기 내부와 1차측 선로에서 반드시 0이다.

해설 영상전류는 중성점이 접지되어 있는 2차측에는 선로와 변압기 내부 및 중성선과 비접지인 1차측 내부에는 흐르지만 1차측 선로에는 흐르지 않는다.

정답 17. ③ 18. ②

잠깐! 쉬어가세요.

"행복한 사람은
희망과 기쁨과 사랑에 살고,
불행한 사람은
분노와 질투와 절망에 산다."

- 철학자 안병욱 -

CHAPTER 06

이상전압

- **01** 이상전압의 종류
- **02** 진행파의 반사와 투과
- **03** 가공지선
- **04** 매설지선
- **05** 피뢰기(Lighting Arrester, LA)
- **06** 피뢰기 관련 용어
- **07** 절연 협조

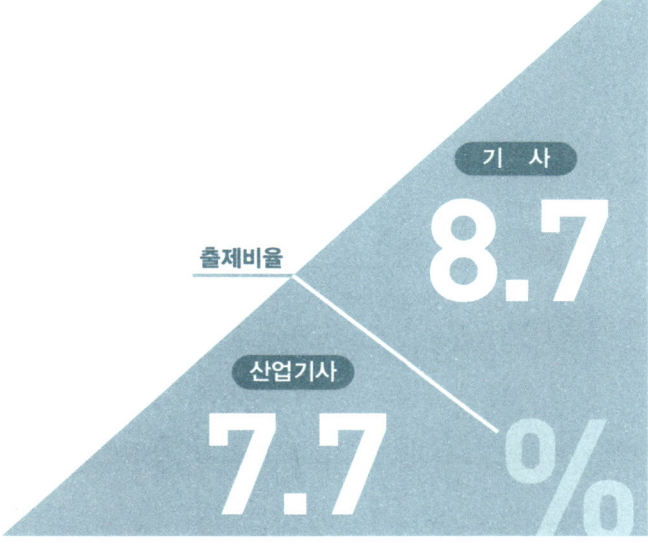

CHAPTER 06 이상전압

기출개념 01 이상전압의 종류

(1) 내부 이상전압

① 개폐 서지
- 송전선로의 개폐 조작에 의한 이상전압으로 송전선로 대지전압의 4배 정도로 나타난다.
- 억제방법 : 차단기 내 저항기를 설치(=개폐저항기 설치)

② 1선 지락 시 건전상의 전위 상승
- 억제방법 : 중성점 직접접지방식 채택

③ 무부하 시 수전단의 전위 상승(페란티 현상)
- 억제방법 : 분로 리액터 설치

④ 중성점 잔류전압에 의한 전위 상승
- 억제방법 : 연가

(2) 외부 이상전압

① 유도뇌
뇌운 상호간 또는 뇌운과 대지와의 방전으로 생기는 이상전압

② 직격뇌
뇌운이 직접선로에 방전되는 것
- 뇌파형

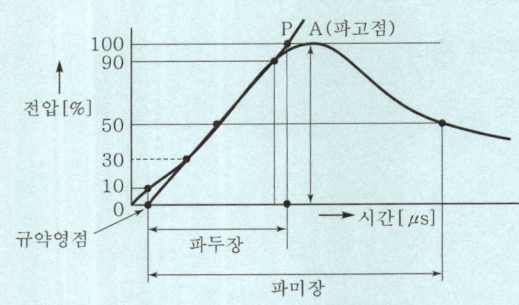

㉠ 규약영점 : 파고값의 30[%]와 90[%]의 점을 맺는 직선이 시간축과 교차하는 점
㉡ 표준 충격 전압파형
- IEC 기준 : 1.2×50[μs]
- 우리나라 : 1×40[μs]

기·출·개·념 문제

개폐 서지의 이상전압을 감쇄할 목적으로 설치하는 것은?   17 기사

① 단로기   ② 차단기   ③ 리액터   ④ 개폐저항기

(해설) 차단기의 작동으로 인한 개폐 서지에 의한 이상전압을 억제하기 위한 방법으로 개폐저항기를 사용한다.

답 ④

기출개념 02 진행파의 반사와 투과

선로정수가 다른 선로의 접속점에 진행파가 왔을 경우 속도 임피던스가 달라져 반사와 투과 현상이 생긴다.

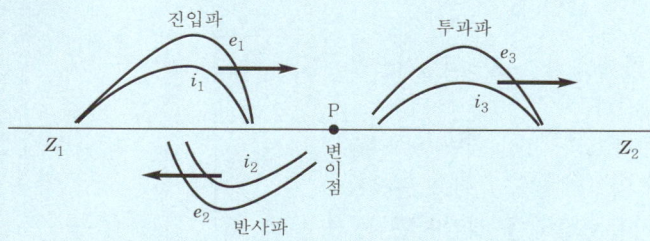

(1) 반사파

① 반사전압 : $e_2 = \dfrac{Z_2 - Z_1}{Z_2 + Z_1} e_1 = \beta e_1$, 전압반사계수 : $\beta = \dfrac{Z_2 - Z_1}{Z_2 + Z_1}$

② 반사전류 : $i_2 = \dfrac{Z_2 - Z_1}{Z_2 + Z_1} i_1 = \beta i_1$, 전류반사계수 : $\beta = \dfrac{Z_2 - Z_1}{Z_2 + Z_1}$

(2) 투과파

① 투과전압 : $e_3 = \dfrac{2Z_2}{Z_2 + Z_1} e_1 = \gamma e_1$, 전압투과계수 : $\gamma = \dfrac{2Z_2}{Z_2 + Z_1}$

② 투과전류 : $i_3 = \dfrac{2Z_1}{Z_2 + Z_1} i_1 = \gamma i_1$, 전류투과계수 : $\gamma = \dfrac{2Z_1}{Z_2 + Z_1}$

기·출·개·념 문제

1. 파동 임피던스 $Z_1 = 400[\Omega]$인 선로 종단에 파동 임피던스 $Z_2 = 1,200[\Omega]$의 변압기가 접속되어 있다. 지금 선로에서 파고 $e_1 = 800[\text{kV}]$인 전압이 입사했다면, 접속점에서 전압의 반사파의 파고값[kV]은?   12·91 산업

① 400   ② 800   ③ 1,200   ④ 1,600

(해설) $e_2 = \dfrac{1,200 - 400}{1,200 + 400} \times 800 = 400[\text{kV}]$

2. 임피던스 Z_1, Z_2 및 Z_3를 그림과 같이 접속한 선로의 A쪽에서 전압파 E가 진행해 왔을 때, 접속점 B에서 무반사로 되기 위한 조건은?   19·15·09·02·94 기사 / 09·93 산업

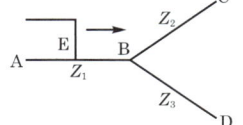

① $Z_1 = Z_2 + Z_3$ ② $\dfrac{1}{Z_3} = \dfrac{1}{Z_1} + \dfrac{1}{Z_2}$

③ $\dfrac{1}{Z_1} = \dfrac{1}{Z_2} + \dfrac{1}{Z_3}$ ④ $\dfrac{1}{Z_2} = \dfrac{1}{Z_1} + \dfrac{1}{Z_3}$

(해설) 무반사 조건은 변이점 B에서 입사쪽과 투과쪽의 특성 임피던스가 동일하여야 한다.

즉, $\dfrac{1}{Z_1} = \dfrac{1}{Z_2} + \dfrac{1}{Z_3}$로 한다.

CHAPTER 06 이상전압

기출개념 03 가공지선

(1) 설치 목적
  ① **직격 차폐효과** : 직격뇌로부터 전선로 보호
  ② **정전 차폐효과** : 유도뇌 전압을 경감시킨다.
  ③ **전자 차폐효과** : 1선 지락 시 지락전류의 일부가 가공지선을 통하므로 전자유도장해를 경감시킨다.

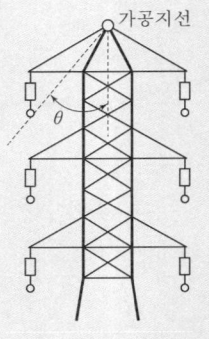
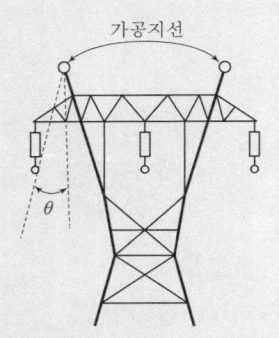

(2) 차폐각
  30~45° 정도로 시공(30° 이하 : 보호효율 100[%], 45° 정도 : 보호효율 97[%])
  차폐각은 적을수록 보호효율은 높지만 건설비가 비싸다.

기·출·개·념 문제

1. 직격뢰에 대한 방호설비로 가장 적당한 것은? 18 기사
  ① 복도체
  ② 가공지선
  ③ 서지 흡수기
  ④ 정전 방전기

  (해설) 가공지선은 직격뢰로부터 전선로를 보호한다.   답 ②

2. 가공지선의 설치 목적이 아닌 것은? 17 기사
  ① 전압강하의 방지
  ② 직격뢰에 대한 차폐
  ③ 유도뢰에 대한 정전 차폐
  ④ 통신선에 대한 전자유도장해 경감

  (해설) 가공지선의 설치 목적은 뇌격으로부터 전선과 기기 등을 보호하고, 유도장해를 경감시킨다.   답 ①

3. 가공지선에 대한 다음 설명 중 옳은 것은? 14·96 기사 / 11 산업
  ① 차폐각은 보통 15~30° 정도로 하고 있다.
  ② 차폐각이 클수록 벼락에 대한 차폐효과가 크다.
  ③ 가공지선을 2선으로 하면 차폐각이 작아진다.
  ④ 가공지선으로는 연동선을 주로 사용한다.

  (해설) 가공지선의 차폐각은 30~45° 정도이고, 차폐각은 작을수록 보호효율이 크고, 사용 전선은 주로 ACSR을 사용한다.   답 ③

기출개념 04 매설지선

(1) **설치 목적**
철탑의 접지저항값(=탑각 접지저항)을 작게 하여 역섬락 방지

(2) **역섬락**
산악지에서는 탑각 접지저항이 높아 가공지선으로 들어온 직격뢰가 대지를 통해 방전되지 못하고 철탑부나 애자부를 통해 아크방전되는 현상

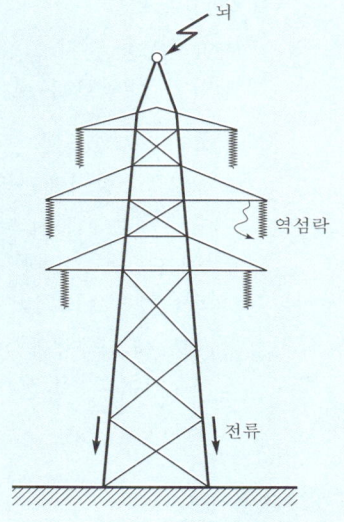

기·출·개·념 문제

1. 송전선로에 매설지선을 설치하는 주된 목적은? [17 기사]

① 철탑 기초의 강도를 보강하기 위하여
② 직격뢰로부터 송전선을 차폐 보호하기 위하여
③ 현수애자 1연의 전압 부담을 균일화하기 위하여
④ 철탑으로부터 송전선로의 역섬락을 방지하기 위하여

(해설) 뇌전류가 철탑으로부터 대지로 흐를 경우, 철탑 전위의 파고값이 전선을 절연하고 있는 애자련이 절연파괴 전압 이상으로 될 경우 철탑으로부터 전선을 향해 역섬락이 발생하므로 이것을 방지하기 위해서는 매설지선을 시설하여 철탑의 탑각 접지저항을 작게 하여야 한다.   **답** ④

2. 송전선로에서 역섬락을 방지하기 위하여 가장 필요한 것은? [00·99·98·97·95 기사 / 15·13·02·00·99·95 산업]

① 피뢰기를 설치한다.
② 소호각을 설치한다.
③ 가공지선을 설치한다.
④ 탑각 접지저항을 적게 한다.

(해설) 철탑의 전위=탑각 접지저항×뇌전류이므로 역섬락을 방지하려면 탑각 접지저항을 줄여 뇌전류에 의한 철탑의 전위를 낮추어야 한다.   **답** ④

CHAPTER 06 이상전압

기출개념 05 피뢰기(Lighting Arrester, LA)

(1) 설치 목적
이상전압을 대지로 방전시키고 속류를 차단 계통을 정상적인 상태로 유지

(2) 구조
① 직렬갭 : 상시에는 개로상태로 누설전류를 방지하고 이상전압 내습 시 뇌전류를 방전하고 속류를 차단한다.
② 특성요소 : 전압이 증가되면 저항이 감소되는 비직선 저항체로 뇌전류 방전 중 자체 전위 상승 억제
③ 실드 링 : 전자기적인 충격 완화
④ 아크가이드 : 방전개시시간 지연 방지

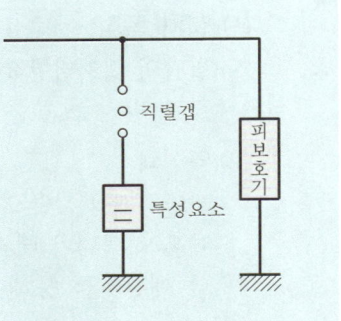

기·출·개·념 문제

1. 피뢰기를 가장 적절하게 설명한 것은? 14 기사 / 93 산업
① 동요 전압의 파두, 파미의 파형의 준도를 저감하는 것
② 이상전압이 내습하였을 때 방전하고 기류를 차단하는 것
③ 뇌동요 전압의 파고를 저감하는 것
④ 1선이 지락할 때 아크를 소멸시키는 것

(해설) 충격파 전압의 파고치를 저감시키고 속류를 차단한다. 답 ②

2. 피뢰기의 구조는? 98·96·94·93 기사 / 10·02 산업
① 특성요소와 소호 리액터
② 특성요소와 콘덴서
③ 소호 리액터와 콘덴서
④ 특성요소와 직렬갭

(해설)
• 직렬갭 : 평상시에는 개방상태이고, 과전압(이상 충격파)이 인가되면 도통된다.
• 특성요소 : 비직선 전압 전류 특성에 따라 방전 시에는 대전류를 통과시키고, 방전 후에는 속류를 저지 또는 직렬갭으로 차단할 수 있는 정도로 제한하는 특성을 가진다. 답 ④

3. 전력용 피뢰기에서 직렬갭(gap)의 주된 사용 목적은? 15·09·04·96 기사
① 방전 내량을 크게 하고, 장시간 사용하여도 열화를 적게 하기 위하여
② 충격방전 개시전압을 높게 하기 위하여
③ 상시는 누설전류를 방지하고, 충격파 방전 종료 후에는 속류를 즉시 차단하기 위하여
④ 충격파 침입 시 대지로 흐르는 방전전류를 크게 하여 제한전압을 낮게 하기 위하여

(해설) 피뢰기의 직렬갭 역할은 충격파(이상전압)는 대지로 방류하고, 속류는 차단하여 회로를 정상상태로 한다. 답 ③

기출개념 06 피뢰기 관련 용어

① **충격방전 개시전압**
피뢰기 단자에 충격파를 인가했을 경우 방전을 개시하는 전압으로 충격파의 파고값(최댓값)으로 표시

② **상용주파 방전개시전압**
상용 주파수의 방전개시전압으로 피뢰기 정격전압의 1.5배

$$충격비 = \frac{충격방전\ 개시전압}{상용주파\ 방전개시전압의\ 파고값}$$

③ **피뢰기의 방전전류**
피뢰기를 통해서 대지로 흐르는 충격전류
- 피뢰기 공칭 방전전류 : 10,000[A], 5,000[A], 2,500[A]

④ **피뢰기 정격전압**
속류를 끊을 수 있는 최고의 교류전압으로 중성점 접지방식과 계통전압에 따라 변화한다.
- **직접접지계** : 선로 공칭전압의 0.8~1.0배
- **저항 소호 리액터 접지계** : 선로 공칭전압의 1.4~1.6배

⑤ **피뢰기 제한전압**
방전으로 저하되어서 피뢰기 단자 간에 남게 되는 충격전압의 파고값이다.
= **피뢰기 동작 중 단자전압의 파고값**
= 충격파 전류가 흐르고 있을 때의 피뢰기 단자전압

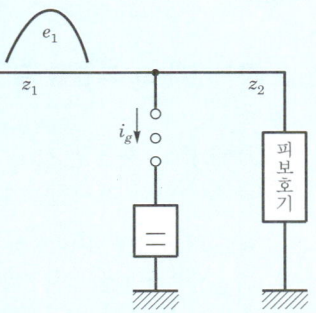

- 피뢰기 제한전압 계산
= 투과전압 - 피뢰기 처리 전압

$$e_0 = \frac{2Z_2}{Z_2 + Z_1}e_1 - \frac{Z_1 Z_2}{Z_2 + Z_1}i_g$$

여기서, i_g : 공칭방전전류

⑥ **여유도** $= \dfrac{기기의\ 절연강도 - 피뢰기의\ 제한전압}{피뢰기\ 제한전압} \times 100$

⑦ **피뢰기 구비조건**
- 충격방전 개시전압이 낮을 것
- 상용주파 방전개시전압이 높을 것
- 방전내량이 크고 제한전압이 낮을 것
- 속류차단능력이 충분할 것

CHAPTER 06 이상전압

기·출·개·념 문제

1. 우리나라 22.9[kV] 배전선로에 적용하는 피뢰기의 공칭방전전류[A]는? 〔16 산업〕

① 1,500 ② 2,500
③ 5,000 ④ 10,000

(해설) 우리나라 피뢰기의 공칭방전전류 2,500[A]는 배전선로용이고, 5,000[A]와 10,000[A]는 변전소에 적용한다.   답 ②

2. 피뢰기에서 속류를 끊을 수 있는 최고의 교류전압은? 〔10 기사〕

① 정격전압 ② 제한전압
③ 차단전압 ④ 방전개시전압

(해설) 제한전압은 충격방전전류를 통하고 있을 때의 단자전압이고, 정격전압은 속류를 차단하는 최고의 전압이다.   답 ①

3. 피뢰기의 제한전압이란? 〔16 기사／17·16 산업〕

① 충격파의 방전개시전압 ② 상용 주파수의 방전개시전압
③ 전류가 흐르고 있을 때의 단자전압 ④ 피뢰기 동작 중 단자전압의 파고값

(해설) 피뢰기 시 동작하여 방전전류가 흐르고 있을 때 피뢰기 양단자 간 전압의 파고값을 제한 전압이라 한다.   답 ④

4. 피뢰기가 그 역할을 잘 하기 위하여 구비되어야 할 조건으로 틀린 것은? 〔16·13·10 기사／04·01 산업〕

① 속류를 차단할 것 ② 내구력이 높을 것
③ 충격방전 개시전압이 낮을 것 ④ 제한전압은 피뢰기의 정격전압과 같게 할 것

(해설) 피뢰기의 구비조건
- 충격방전 개시전압이 낮을 것
- 상용주파 방전개시전압 및 정격전압이 높을 것
- 방전 내량이 크면서 제한전압은 낮을 것
- 속류차단능력이 충분할 것   답 ④

기·출·개·념 플러스

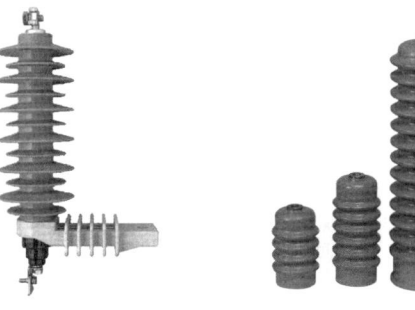
┃피뢰기┃

┃서지 흡수기┃

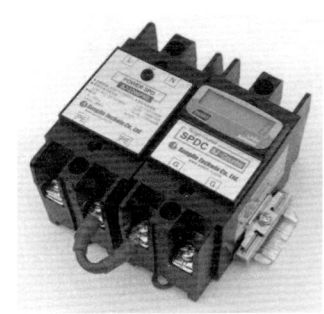
┃서지 보호기┃

기출개념 07 절연 협조

(1) 절연 협조의 정의
계통 내의 각 기기·기구 및 애자 등의 적정한 절연강도를 정해 안정성과 경제성을 유지하는 것

(2) 기준 충격 절연강도(BIL)
기기의 절연을 표준화한 것

$$BIL = 5 \times E + 50 [kV]$$

여기서, E : 절연계급(=최저전압), $E = \dfrac{공칭전압}{1.1}$

(3) 기준 충격 절연강도 순서

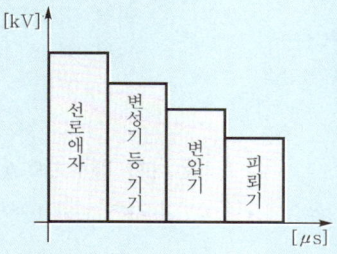

선로애자 > 변성기 등 기기 > 변압기 > 피뢰기

기·출·개·념 문제

1. 송전 계통의 절연 협조에 있어 절연 레벨을 가장 낮게 잡고 있는 기기는? [15 기사]

① 차단기   ② 피뢰기
③ 단로기   ④ 변압기

(해설) 절연 협조는 계통 기기에서 경제성을 유지하고 운용에 지장이 없도록 기준 충격 절연강도(BIL ; Basic-impulse Insulation Level)를 만들어 기기 절연을 표준화하고 통일된 절연체계를 구성할 목적으로 선로애자가 가장 높고, 피뢰기를 가장 낮게 한다. **답 ②**

2. 345[kV] 송전 계통의 절연 협조에서 충격 절연내력의 크기 순으로 나열한 것은? [19 산업]

① 선로애자 > 차단기 > 변압기 > 피뢰기
② 선로애자 > 변압기 > 차단기 > 피뢰기
③ 변압기 > 차단기 > 선로애자 > 피뢰기
④ 변압기 > 선로애자 > 차단기 > 피뢰기

(해설) 절연 협조는 피뢰기의 제1보호 대상을 변압기로 하고, 가장 높은 기준 충격 절연강도(BIL)는 선로애자이다.
그러므로 선로애자 > 차단기 > 변압기 > 피뢰기 순으로 한다. **답 ①**

CHAPTER 06 이상전압

단원 최근 빈출문제

01 송·배전 계통에 발생하는 이상전압의 내부적 원인이 아닌 것은? [15년 2회 기사]

① 선로의 개폐
② 직격뢰
③ 아크 접지
④ 선로의 이상상태

해설 이상전압 발생 원인
- 내부적 원인 : 개폐 서지, 아크 지락, 연가 불충분 등
- 외부적 원인 : 뇌(직격뢰 및 유도뢰)

02 개폐 서지를 흡수할 목적으로 설치하는 것의 약어는? [17년 2회 산업]

① CT
② SA
③ GIS
④ ATS

해설 개폐 서지를 흡수하여 변압기 등을 보호하는 것을 서지 흡수기(SA)라 한다.

03 전력 계통에서 내부 이상전압의 크기가 가장 큰 경우는? [16년 1회 기사]

① 유도성 소전류 차단 시
② 수차 발전기의 부하 차단 시
③ 무부하 선로 충전전류 차단 시
④ 송전선로의 부하 차단기 투입 시

해설 전력 계통에서 가장 큰 내부 이상전압은 개폐 서지로 무부하일 때 선로의 충전전류를 차단할 때이다.

04 서지파가 파동 임피던스 Z_1의 선로측에서 파동 임피던스 Z_2의 선로측으로 진행할 때 반사계수 β는? [15년 2회 기사]

① $\beta = \dfrac{Z_2 - Z_1}{Z_2 + Z_1}$
② $\beta = \dfrac{2Z_2}{Z_2 + Z_1}$
③ $\beta = \dfrac{Z_1 - Z_2}{Z_2 + Z_1}$
④ $\beta = \dfrac{2Z_1}{Z_2 + Z_1}$

해설
- 반사계수 $\beta = \dfrac{Z_2 - Z_1}{Z_2 + Z_1}$
- 투과계수 $\gamma = \dfrac{2Z_2}{Z_2 + Z_1}$

기출 핵심 NOTE

01 ㉠ 내부 이상전압
- 개폐 서지
- 1선 지락 시 전위 상승
- 페란티 현상
- 중성점 잔류전압에 의한 전위 상승

㉡ 외부 이상전압
- 유도뢰
- 직격뢰

02 서지 흡수기(SA)
Surge Absorber

04
- 전압 반사계수
$$\beta = \dfrac{Z_2 - Z_1}{Z_2 + Z_1}$$
- 전압 투과계수
$$\gamma = \dfrac{2Z_2}{Z_2 + Z_1}$$

정답 01. ② 02. ② 03. ③ 04. ①

05 가공지선을 설치하는 주된 목적은? [19년 2회 산업]

① 뇌해 방지
② 전선의 진동방지
③ 철탑의 강도 보강
④ 코로나의 발생방지

해설 가공지선의 설치 목적은 뇌격으로부터 전선과 기기 등을 보호하고, 유도장해를 경감시킨다.

06 다음 중 뇌해 방지와 관계가 없는 것은? [19·18·15년 1회 산업]

① 댐퍼
② 소호환
③ 가공지선
④ 탑각 접지

해설 댐퍼는 진동에너지를 흡수하여 전선 진동을 방지하기 위하여 설치하는 것으로 뇌해 방지와는 관계가 없다.

07 가공지선에 대한 설명 중 틀린 것은? [19년 3회 기사]

① 유도뢰 서지에 대하여도 그 가설구간 전체에 사고 방지의 효과가 있다.
② 직격뢰에 대하여 특히 유효하며, 탑 상부에 시설하므로 뇌는 주로 가공지선에 내습한다.
③ 송전선의 1선 지락 시 지락전류의 일부가 가공지선에 흘러 차폐작용을 하므로 전자유도장해를 적게 할 수 있다.
④ 가공지선 때문에 송전선로의 대지정전용량이 감소하므로 대지 사이에 방전할 때 유도전압이 특히 커서 차폐효과가 좋다.

해설 가공지선의 설치로 송전선로의 대지정전용량이 증가하므로 유도전압이 적게 되어 차폐효과가 있다.

08 접지봉으로 탑각의 접지저항값을 희망하는 접지저항값까지 줄일 수 없을 때 사용하는 것은? [15년 1회 기사]

① 가공지선
② 매설지선
③ 크로스 본드선
④ 차폐선

해설 뇌전류가 철탑으로부터 대지로 흐를 경우, 철탑 전위의 파고값이 전선을 절연하고 있는 애자련의 절연파괴 전압 이상으로 될 경우 철탑으로부터 전선을 향해 역섬락이 발생하므로 이것을 방지하기 위해서는 매설지선을 시설하여 철탑의 탑각 접지저항을 작게 하여야 한다.

기출 핵심 NOTE

05 가공지선 설치 목적
- 직격 차폐효과
- 정전 차폐효과
- 전자 차폐효과

08 매설지선 설치 목적
탑각 접지저항을 작게 하여 역섬락 방지

정답 05. ① 06. ① 07. ④ 08. ②

CHAPTER 06 이상전압

09 이상전압의 파고값을 저감시켜 전력사용설비를 보호하기 위하여 설치하는 것은? [19·15년 1회 기사]

① 초호환 ② 피뢰기
③ 계전기 ④ 접지봉

해설 이상전압 내습 시 피뢰기의 단자전압이 어느 일정 값 이상으로 올라가면 즉시 방전하여 전압 상승을 억제하여 전력사용설비(변압기 등)를 보호하고, 이상전압이 없어져서 단자전압이 일정 값 이하가 되면 즉시 방전을 정지해서 원래의 송전상태로 되돌아가게 된다.

10 변전소, 발전소 등에 설치하는 피뢰기에 대한 설명 중 틀린 것은? [19년 2회 기사]

① 방전전류는 뇌충격 전류의 파고값으로 표시한다.
② 피뢰기의 직렬갭은 속류를 차단 및 소호하는 역할을 한다.
③ 정격전압은 상용 주파수 정현파 전압의 최고 한도를 규정한 순시값이다.
④ 속류란 방전 현상이 실질적으로 끝난 후에도 전력 계통에서 피뢰기에 공급되어 흐르는 전류를 말한다.

해설 피뢰기의 충격방전 개시전압은 피뢰기의 단자 간에 충격전압을 인가하였을 경우 방전을 개시하는 전압으로 파고값(최댓값)으로 표시하고, 정격전압은 속류를 차단하는 최고의 전압으로 실효값으로 나타낸다.

11 피뢰기의 충격방전 개시전압은 무엇으로 표시하는가? [18년 1회 기사]

① 직류전압의 크기 ② 충격파의 평균치
③ 충격파의 최대치 ④ 충격파의 실효치

해설 피뢰기의 충격방전 개시전압은 피뢰기의 단자 간에 충격전압을 인가하였을 경우 방전을 개시하는 전압으로 파고치(최댓값)로 표시한다.

12 피뢰기의 제한전압에 대한 설명으로 옳은 것은? [17·16년 1회 산업]

① 방전을 개시할 때의 단자전압의 순시값
② 피뢰기 동작 중 단자전압의 파고값
③ 특성요소에 흐르는 전압의 순시값
④ 피뢰기에 걸린 회로전압

기출 핵심 NOTE

09 피뢰기 설치 목적
이상전압을 대지로 방전시키고 속류차단

11 충격방전 개시전압
충격파의 파고치로 표시

12 피뢰기 제한전압
- 피뢰기 동작 중 단자전압의 파고값
- 충격파 전류가 흐를 때 피뢰기 단자전압
- 절연 협조의 기본 전압

정답 09. ② 10. ③ 11. ③ 12. ②

해설 제한전압은 피뢰기가 동작하고 있을 때 단자에 허용하는 파고값을 말한다.

13 피뢰기가 방전을 개시할 때의 단자전압의 순시값을 방전개시전압이라 한다. 방전 중의 단자전압의 파고값을 무엇이라 하는가? [17년 2회 기사]

① 속류
② 제한전압
③ 기준 충격 절연강도
④ 상용주파 허용단자전압

해설 피뢰기가 동작하고 있을 때 단자에 허용하는 파고값은 제한전압이다.

14 피뢰기의 구비조건이 아닌 것은? [17년 1회 기사]

① 상용주파 방전개시전압이 낮을 것
② 충격방전 개시전압이 낮을 것
③ 속류차단능력이 클 것
④ 제한전압이 낮을 것

해설 피뢰기의 구비조건
- 충격방전 개시전압이 낮을 것
- 상용주파 방전개시전압 및 정격전압이 높을 것
- 방전 내량이 크면서 제한전압은 낮을 것
- 속류차단능력이 충분할 것

15 송전 계통에서 절연 협조의 기본이 되는 것은? [15년 3회 기사]

① 애자의 섬락전압
② 권선의 절연내력
③ 피뢰기의 제한전압
④ 변압기 부싱의 섬락전압

해설 피뢰기 제한전압(뇌전류 방전 시 직렬갭 양단에 걸린 전압)을 절연 협조에 기본이 되는 전압으로 하고, 피뢰기의 제1보호 대상은 변압기로 한다.

14 피뢰기 구비조건
- 충격방전 개시전압이 낮을 것
- 상용주파 방전개시전압이 높을 것
- 방전 내량이 클 것
- 제한전압이 낮을 것
- 속류차단능력이 충분할 것

정답 13. ② 14. ① 15. ③

"목표를 보는 자는
장애물을 겁내지 않는다."

- 한나 모어 -

CHAPTER 07 전력 개폐장치

- 01 보호계전방식과 계전기 구비조건
- 02 계전기 동작에 의한 분류
- 03 계전기 기능(용도)상 분류
- 04 기기 및 선로 단락보호계전기
- 05 차단기의 정격과 동작 책무
- 06 차단기 종류
- 07 단로기(DS ; Disconnecting Switch)
- 08 개폐기
- 09 전력퓨즈
- 10 계기용 변성기
- 11 영상전류와 영상전압 측정방법
- 12 송전방식

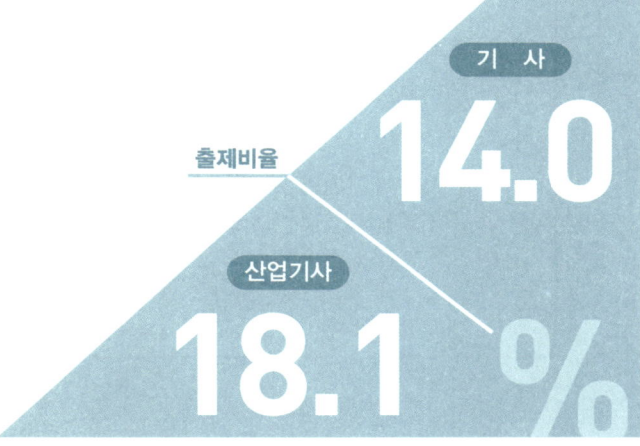

출제비율 기 사 14.0 산업기사 18.1 %

CHAPTER 07 전력 개폐장치

기출개념 01 보호계전방식과 계전기 구비조건

(1) 보호계전방식

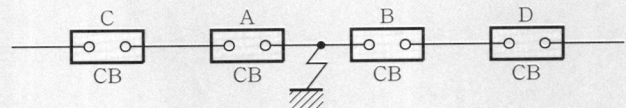

① 주보호 계전방식
  보호 대상의 이상상태를 제거함에 있어 최소 범위의 정전으로 차단지령을 내리는 방식
② 후비보호 계전방식
  주보호가 오동작하였을 경우 Back-up 동작, 즉 B차단기 고장 시 사고는 제거되어야 하므로 B차단기에 인접한 D차단기를 개방하는 방식

(2) 계전기 구비조건
① 동작이 예민하고 오동작이 없을 것
② 고장회선 내지 고장구간을 정확히 선택차단 할 수 있을 것
③ 적절한 후비보호능력이 있을 것
④ 가격이 저렴하고 소비전력이 적을 것
⑤ 오래 사용하여도 특성의 변화가 없을 것

기·출·개·념 문제

1. 송전선로의 후비보호 계전방식의 설명으로 틀린 것은? [19 산업]
  ① 주보호계전기가 그 어떤 이유로 정지해 있는 구간의 사고를 보호한다.
  ② 주보호계전기에 결함이 있어 정상 동작을 할 수 없는 상태에 있는 구간 사고를 보호한다.
  ③ 차단기 사고 등 주보호계전기로 보호할 수 없는 장소의 사고를 보호한다.
  ④ 후비보호계전기의 정정값은 주보호계전기와 동일하다.

  (해설) 후비보호 계전방식은 주보호계전기가 작동하지 않을 때 작동하므로 정정값을 동일하게 하여서는 안 된다.
  답 ④

2. 보호계전기의 기본 기능이 아닌 것은? [16 산업]
  ① 확실성   ② 선택성
  ③ 유동성   ④ 신속성

  (해설) 보호계전기의 구비조건
  • 고장상태 및 개소를 식별하고 정확히 선택할 수 있을 것
  • 동작이 신속하고 오동작이 없을 것
  • 열적, 기계적 강도가 있을 것
  • 적절한 후비보호능력이 있을 것
  답 ③

기출개념 02 계전기 동작에 의한 분류

(1) 동작기구상의 분류
① 유도형 계전기 : 회전자계에 의한 유도작용에 의해 원판에 생기는 토크를 사용하여 접점개폐를 하도록 한 구조
② 가동 철심형 계전기 : 전자석의 흡인력을 이용한 구조
③ 가동 코일형 계전기 : 가동 철심형과 같은 원리나 영구자석을 이용한 구조
④ 전자형 계전기 : IC 논리회로를 이용한 구조

(2) 동작시간에 의한 분류
① 순한시 계전기
정정치 이상의 전류가 흐르면 **즉시 동작**하는 계전기 한도를 넘는 양과 아무 관계가 없다. 보통 0.3초 이내
② 정한시 계전기
정정치 이상의 전류가 흐르면 **정해진 일정한 시간에 동작**하는 계전기
③ 반한시 계전기
전류값이 **클수록 빨리 동작**하고 반대로 전류값이 **적을수록 느리게 동작**하는 계전기
④ 반한시성 정한시 계전기
어느 전류값까지는 반한시성으로 되고 그 이상이 되면 정한시로 동작하는 계전기로 가장 실용적이다.

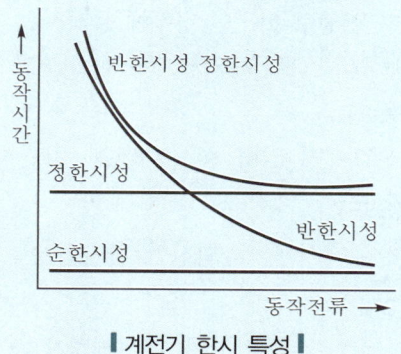

▮계전기 한시 특성▮

기·출·개·념 문제

동작 전류의 크기가 커질수록 동작시간이 짧게 되는 특성을 가진 계전기는?   18 기사/17 산업

① 순한시 계전기   ② 정한시 계전기
③ 반한시 계전기   ④ 반한시성 정한시 계전기

(해설) 반한시 계전기
정정된 값 이상의 전류가 흐를 때 동작시간은 전류값이 크면 동작시간이 짧아지고, 전류값이 적으면 느리게 동작하는 계전기

답 ③

CHAPTER 07 전력 개폐장치

기출개념 03 계전기 기능(용도)상 분류

(1) 과전류 계전기(OCR)
전류의 크기가 일정값 이상이면 동작하는 계전기 과부하, 단락보호용

(2) 과전류 지락계전기(OCGR)
과전류 계전기의 동작전류를 특별히 적게 하여 지락보호용으로 사용

(3) 방향 과전류 계전기(DOCR)
과전류 계전기에 방향성을 준 것으로 루프 계통의 단락사고 보호용으로 사용

(4) 방향지락계전기(DGR)
방향성을 갖는 과전류 지락계전기

(5) 부족전압계전기(UVR)
전압의 크기가 일정값 이하로 되면 동작하는 계전기 단락 고장 검출용

(6) 과전압 계전기(OVR)
전압의 크기가 일정값 이상이면 동작하는 계전기

(7) 지락 과전압 계전기(OVGR)
지락사고 시 영상전압의 크기에 따라 동작하는 계전기

(8) 거리계전기(Distance Realy ; DR)
전압과 전류의 비가 일정값 이하인 경우에 동작하는 계전기이다. 전압과 전류의 비는 전기적인 거리, 즉 임피던스를 나타내므로 거리계전기라는 명칭을 사용한다.

(9) 선택지락계전기(SGR)
병행 2회선 송전선로에서 지락 회선만 선택 차단하는 계전기

(10) 선택단락계전기(SSR)
병행 2회선 송전선로에서 단락 회선만 차단하는 계전기

(11) 방향단락계전기(DSR)
어느 일정 방향으로 일정값 이상의 단락전류가 흐르면 동작하는 계전기

(12) 방향거리계전기(DDR)
거리계전기에 방향성을 가진 계전기로 방향단락계전기 대용으로도 쓰임.

(13) 결상 계전기(OPR)
3상 회로에 평형 3상 전압이 가해지지 않을 경우 기기 회로 보호를 위해 결상상태를 검출하여 차단하는 계전기

(14) 역상 계전기(NSR)
전력설비의 불평형 운전 또는 결상 운전 방지를 위한 보호계전기

기·출·개념 문제

1. 과부하 또는 외부의 단락사고 시에 동작하는 계전기는? `99·94 기사`
① 차동계전기
② 과전압 계전기
③ 과전류 계전기
④ 부족전압계전기

(해설) 과부하 또는 단락사고 시 흐르는 전류는 대단히 크기 때문에 기기 및 전선은 보호하기 위해 과전류 계전장치를 하여 전로를 차단한다. **답 ③**

2. 인입되는 전압이 정정값 이하로 되었을 때 동작하는 것으로서 단락 고정 검출 등에 사용되는 계전기는? `16 산업`
① 접지 계전기
② 부족전압계전기
③ 역전력 계전기
④ 과전압 계전기

(해설) 전원이 정정되어 전압이 저하되었을 때, 또는 단락사고로 인하여 전압이 저하되었을 때에는 부족전압계전기를 사용한다. **답 ②**

3. 어느 일정한 방향으로 일정한 크기 이상의 단락전류가 흘렀을 때 동작하는 보호계전기의 약어는? `17 산업`
① ZR
② UFR
③ OVR
④ DOCR

(해설) 어느 일정한 방향으로 일정한 크기 이상의 단락전류가 흘렀을 때에는 방향단락계전기(DSR), 방향 과전류 계전기(DOCR) 등이 사용된다. **답 ④**

4. 다음은 어떤 계전기의 동작 특성을 나타낸 것인가? `96 산업`

> 전압 및 전류를 입력량으로 하여, 전압과 전류의 비의 함수가 예정값 이하로 되었을 때 동작한다.

① 변화폭 계전기
② 거리계전기
③ 차동계전기
④ 방향계전기

(해설) 전압과 전류의 비의 함수는 임피던스를 의미하므로 거리계전기이다. **답 ②**

5. 선택지락계전기의 용도를 옳게 설명한 것은? `19·15 기사`
① 단일 회선에서 지락 고장 회선의 선택 차단
② 단일 회선에서 지락전류의 방향 선택 차단
③ 병행 2회선에서 지락 고장 회선의 선택 차단
④ 병행 2회선에서 지락 고장의 지속시간 선택 차단

(해설) 병행 2회선 송전선로의 지락사고 차단에 사용하는 계전기는 고장난 회선을 선택하는 선택지락계전기를 사용한다. **답 ③**

제7장 전력 개폐장치

CHAPTER 07 전력 개폐장치

기출개념 04 기기 및 선로 단락보호계전기

[1] 기기보호계전기

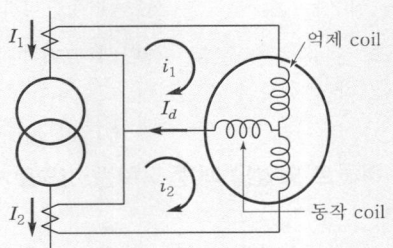

(1) **차동계전기(DFR)** : 입력전류와 유출되는 출력전류의 차로 동작하는 계전기

(2) **비율차동계전기(RDFR)** : 고장에 의해서 생긴 불평형 전류차가 평형전류의 몇 [%] 이상(30~35[%]) 되었을 때 동작하는 계전기
발전기, 변압기의 내부 고장 보호용

(3) **부흐홀츠계전기** : 변압기 보호용으로 변압기 주탱크와 콘서베이터를 연결하는 파이프 도중에 설치하여 절연유의 아크 분해 시 발생되는 수소가스 검출로 동작하는 계전기

[2] 선로 단락보호계전기

(1) **방사상식 선로**
① 전원이 일단에 있는 경우 : 과전류 계전기
② 전원이 양단에 있는 경우 : 과전류 계전기와 방향단락계전기를 조합하여 사용

(2) **환상식 선로**
① 전원이 일단에 있는 경우 : 방향단락계전기
② 전원이 양단에 있는 경우 : 방향거리계전기

기·출·개·념 문제

1. 변압기의 보호방식에서 차동계전기는 무엇에 의하여 동작하는가? 　　　19 산업
① 1, 2차 전류의 차로 동작한다.　　② 전압과 전류의 배수차로 동작한다.
③ 정상전류와 역상전류의 차로 동작한다.　④ 정상전류와 영상전류의 차로 동작한다.
(해설) 사고 전류가 한쪽 회로에 흐르거나 혹은 양회로의 전류 방향이 반대되었을 때 또는 변압기 1, 2차 전류의 차에 의하여 동작하는 계전기이다.　　**답 ①**

2. 발전기 또는 주변압기의 내부 고장 보호용으로 가장 널리 쓰이는 것은?　18 기사 / 17 산업
① 거리계전기　　　　② 과전류 계전기
③ 비율차동계전기　　④ 방향단락계전기
(해설) 비율차동계전기는 발전기나 변압기의 내부 고장 보호에 적용한다.　　**답 ③**

차단기의 정격과 동작 책무

차단기(CB)는 선로에 전류가 흐르는 상태에서 회로를 개폐할 수 있는 장치로 정상적인 부하전류 개폐 및 고장전류를 모두 차단한다.

(1) 정격전압

차단기에 가할 수 있는 사용 전압의 상한값

공칭전압 $\times \dfrac{1.2}{1.1}$ 배의 전압 정도

공칭전압	3.3[kV]	6.6[kV]	22.9[kV]	66[kV]	154[kV]	345[kV]
정격전압	3.6[kV]	7.2[kV]	25.8[kV]	72.5[kV]	170[kV]	362[kV]

(2) 정격차단전류

규정된 동작 책무하에서 차단할 수 있는 최대의 차단전류 한도

(3) 정격차단용량

차단용량[MVA] = $\sqrt{3} \times$ 정격전압[kV] $\times$ 정격 차단전류[kA]

(4) 정격차단시간

트립코일 여자부터 아크 소호까지의 시간 또는 개극시간과 아크시간의 합으로 3, 5, 8[Hz]가 있다.

(5) 표준동작책무

투입(C) – 차단(O) – 투입(C)의 규격

① 일반용
　㉠ 갑호 : O – 1분 – CO – 3분 – CO
　㉡ 을호 : CO – 15초 – CO

② 고속도 재투입용
　O – 임의(표준 0.35초) – CO – 1분 – CO

기·출·개념 문제

차단기의 정격차단시간은?　　　　　　　　　　18·16 기사 / 16 산업

① 고장 발생부터 소호까지의 시간
② 가동 접촉자 시동부터 소호까지의 시간
③ 트립코일 여자부터 소호까지의 시간
④ 가동 접촉자 개구부터 소호까지의 시간

(해설) 차단기의 정격차단시간은 트립코일이 여자하는 순간부터 아크가 소멸하는 시간으로 약 3~8[Hz] 정도이다.

답 ③

CHAPTER 07 전력 개폐장치

기출개념 06 차단기 종류

(1) 유입차단기(OCB ; Oil Circuit Breaker)
   ① 소호 매질 : 절연유
   ② 특징
      ㉠ 보수가 번거롭다.
      ㉡ 방음설비가 필요없다.
      ㉢ 부싱 변류기를 사용할 수 있다.

(2) 진공차단기(VCB ; Vacuum Circuit Breaker)
   ① 소호 매질 : 고진공
   ② 특징
      ㉠ 소형 경량으로 조작이 간편하다.
      ㉡ 소음이 없고, 소호실 보수가 필요없다.
      ㉢ 화재 위험이 없고, 주파수에 영향이 없다.
      ㉣ 25[kV] 이하급 소내 전력 공급용

(3) 공기차단기(ABB ; Air Blast circuit Breaker)
   ① 소호 매질 : 압축공기(압축공기의 압력 10~20[kg/cm^2])
   ② 특징
      ㉠ 방음설비가 필요하다.
      ㉡ 차단 시 소음은 크지만 유지보수가 용이하다.

(4) 자기차단기(MBB ; Magnetic Blast circuit Breaker)
   ① 소호 매질 : 자계의 전자력
   ② 특징
      ㉠ 전류 절단이 잘 발생되나 전류 절단에 의한 과전압 발생이 없다.
      ㉡ 주파수에 영향을 받지 않는다.
      ㉢ 소호능력이 낮아 3.3~6.6[kV]의 저전압 회로에 사용

(5) 가스차단기(GCB ; Gas Circuit Breaker)
   ① 소호 매질 : SF$_6$ 가스
   ② 특징
      ㉠ 밀폐구조로 소음이 적고, 신뢰성이 우수하다.
      ㉡ 고전압 대전류 차단에 용이하다.
      ㉢ 154[kV], 345[kV] 선로에 사용
   ③ SF$_6$ 가스의 특징
      ㉠ 무색, 무취, 무독성이다.
      ㉡ 소호능력이 공기의 100~200배이다.
      ㉢ 절연내력이 공기의 2~3배가 된다.

(6) 기중차단기(ACB ; Air Circuit Breaker)
   ① 소호 매질 : 공기(대기)
   ② 저압용 차단기

기·출·개념 문제

1. 다음 차단기들의 소호 매질이 적합하지 않게 결합된 것은?   11·06 산업
   - ① 공기차단기 – 압축공기
   - ② 가스차단기 – SF_6 가스
   - ③ 자기차단기 – 진공
   - ④ 유입차단기 – 절연유

   (해설) 자기차단기의 소호 매질은 차단전류에 의해 생기는 자계로 아크를 밀어낸다.   **답 ③**

2. SF_6 가스차단기에 대한 설명으로 옳지 않은 것은?   18·11·99·92 기사 / 15·14·12·99 산업
   - ① 공기에 비하여 소호능력이 약 100배 정도 된다.
   - ② 절연거리를 적게 할 수 있어 차단기 전체를 소형, 경량화 할 수 있다.
   - ③ SF_6 가스를 이용한 것으로서 독성이 있으므로 취급에 유의하여야 한다.
   - ④ SF_6 가스 자체는 불활성 기체이다.

   (해설) SF_6 가스는 유독가스가 발생하지 않는다.   **답 ③**

3. 배전 계통에서 사용하는 고압용 차단기의 종류가 아닌 것은?   18 기사
   - ① 기중차단기(ACB)
   - ② 공기차단기(ABB)
   - ③ 진공차단기(VCB)
   - ④ 유입차단기(OCB)

   (해설) 기중차단기(ACB)는 대기압에서 소호하고, 교류 저압 차단기이다.   **답 ①**

4. 다음 중 재점호가 가장 일어나기 쉬운 차단전류는?   09 기사 / 19·13 산업
   - ① 동상전류
   - ② 지상전류
   - ③ 진상전류
   - ④ 단락전류

   (해설) 재점호는 무부하 선로의 충전전류 때문에 전로를 차단할 때 소호되지 않고 아크가 남아있는 것을 말한다.   **답 ③**

기·출·개념 플러스

┃진공차단기┃

┃유입차단기┃

┃공기차단기┃

┃자기차단기┃

┃가스차단기┃

CHAPTER 07 전력 개폐장치

기출개념 07 단로기(DS ; Disconnecting Switch)

전류가 흐르지 않는 상태에서 회로를 개폐할 수 있는 장치로 고장전류 및 부하전류 차단 능력은 없고 무부하 충전전류 및 변압기 여자전류는 개폐가 가능하다.

(1) 단로기(DS)와 차단기(CB) 조작

- 급전 시 : DS → CB 순
- 정전 시 : CB → DS 순

(2) 인터록(interlock)

고장전류나 부하전류가 흐르고 있는 경우에는 단로기로 선로를 개폐하거나 차단이 불가능하다. 무부하 조건을 만족하게 되면, 즉 **차단기가 열려 있어야만 단로기 조작이 가능**하다.

기·출·개·념 문제

1. 부하전류의 차단능력이 없는 것은?   18 기사
① DS
② NFB
③ OCB
④ VCB

(해설) 단로기(DS)는 소호장치가 없으므로 통전 중인 전로를 개폐하여서는 안 된다.

답 ①

2. 변전소에서 수용가로 공급되는 전력을 차단하고 소 내 기기를 점검할 경우, 차단기와 단로기의 개폐 조작방법으로 옳은 것은?   19 산업

① 점검 시에는 차단기로 부하회로를 끊고 난 다음에 단로기를 열어야 하며, 점검 후에는 단로기를 넣은 후 차단기를 넣어야 한다.
② 점검 시에는 단로기를 열고 난 후 차단기를 열어야 하며, 점검 후에는 단로기를 넣고 난 다음에 차단기로 부하회로를 연결하여야 한다.
③ 점검 시에는 차단기로 부하회로를 끊고 단로기를 열어야 하며, 점검 후에는 차단기로 부하회로를 연결한 후 단로기를 넣어야 한다.
④ 점검 시에는 단로기를 열고 난 후 차단기를 열어야 하며, 점검이 끝난 경우에는 차단기를 부하에 연결한 다음에 단로기를 넣어야 한다.

(해설)
- 점검 시 : 차단기를 먼저 열고, 단로기를 열어야 한다.
- 점검 후 : 단로기를 먼저 투입하고, 차단기를 투입하여야 한다.

답 ①

기출개념 08 개폐기

부하전류 개폐는 가능하나 고장전류 차단능력은 없다.

* 각종 개폐기 동작 특성

(1) 자동고장구간 개폐기(ASS ; Automatic Section Switch)

수용가 구내 고장구간만 신속 차단하여 사고 파급 확대 방지를 위한 것으로 변전소 차단기 또는 배전선로 차단기 일종인 리클로저(recloser)와 협조, 고장구간을 자동 분리한다.

(2) 자동부하 전환 개폐기(ALTS ; Automatic Load Transfer Switch)

정전사고 시 자동으로 상시전원에서 예비전원(발전기)으로 자동전환하여 무정전 전원 공급을 수행하는 개폐기

(3) 가스절연 개폐장치(GIS ; Gas Insulated Switchgear)

한 함 안에 모선, 변성기, 피뢰기, 개폐장치를 내장시키고 절연성능과 소호 특성이 우수한 SF_6 가스로 충전시킨 종합개폐장치로 변전소에 주로 사용

① 장점
  ㉠ SF_6를 이용한 밀폐형 구조로 소음이 없다.
  ㉡ 신뢰도가 높고 감전사고가 적다.
  ㉢ 소형화할 수 있고 설치면적이 작아진다.

② 단점
  ㉠ 내부를 직접 눈으로 볼 수 없다.
  ㉡ 가스압력, 수분 등을 엄중하게 감시할 필요가 있다.
  ㉢ 한랭지, 산악지방에서는 액화 방지대책이 필요하다.
  ㉣ 장비비가 고가이다.

기·출·개·념 문제

최근에 우리나라에서 많이 채용되고 있는 가스절연 개폐설비(GIS)의 특징으로 틀린 것은?

18 기사

① 대기 절연을 이용한 것에 비해 현저하게 소형화할 수 있으나 비교적 고가이다.
② 소음이 적고 충전부가 완전한 밀폐형으로 되어 있기 때문에 안정성이 높다.
③ 가스압력에 대한 엄중 감시가 필요하며, 내부 점검 및 부품 교환이 번거롭다.
④ 한랭지, 산악지방에서도 액화방지 및 산화방지 대책이 필요없다.

[해설] 가스절연 개폐장치(GIS)의 장단점
• 장점 : 소형화, 고성능, 고신뢰성, 설치공사기간 단축, 유지보수 간편, 무인운전 등
• 단점 : 육안검사 불가능, 대형 사고 주의, 고가, 고장 시 임시 복구 불가, 액화 및 산화방지 대책이 필요

답 ④

CHAPTER 07 전력 개폐장치

기출개념 09 전력퓨즈(PF)

(1) 주목적
고전압 회로 및 기기의 단락보호용으로 사용

(2) 동작원리에 따른 구분
① 한류형
  절연통 속에 퓨즈를 넣고 양끝을 밀봉한 퓨즈로 소음이 없다.
② 비한류형(방출형)

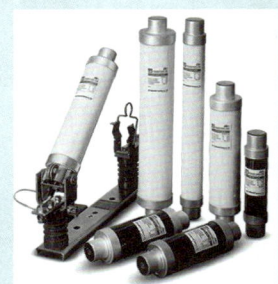
|한류형 퓨즈|

|비한류형 퓨즈|

(3) 전력퓨즈의 장단점
① 장점
  ㉠ 소형·경량으로 차단용량이 크다.
  ㉡ 변성기가 필요없고, 유지보수가 간단하다.
  ㉢ 정전용량이 적고, 가격이 저렴하다.
② 단점
  ㉠ 재투입이 불가능하다.
  ㉡ 과전류에 용단이 되기 쉽다.
  ㉢ 결상을 일으킬 우려가 있다.
  ㉣ 계전기가 없어 동작시간 조절이 불가능하다.

기·출·개·념 문제

전력용 퓨즈의 설명으로 옳지 않은 것은? 17 산업
① 소형으로 큰 차단용량을 갖는다.
② 가격이 싸고 유지보수가 간단하다.
③ 밀폐형 퓨즈는 차단 시에 소음이 없다.
④ 과도전류에 의해 쉽게 용단되지 않는다.

(해설) 전력퓨즈는 단락전류 차단용으로 사용되며, 차단 특성이 양호하고 보수가 간단하다는 좋은 점이 있으나, 재사용할 수 없고 과도전류에 동작할 우려가 있으며 임의의 동작 특성을 얻을 수 없는 단점이 있다. **답** ④

기출개념 10 계기용 변성기

(1) 계기용 변류기(CT)
회로의 대전류를 소전류로 변성하여 계기나 계전기에 전원 공급
① 1차 정격전류 : 회로의 최대 부하전류를 계산해서 1.25~1.5배 정도로 선정
② 2차 정격전류 : 계기나 계전기의 입력전류로 5[A]
③ 정격부담
 - 변류기의 2차 단자 간에 접속되는 부하의 피상전력, 단위[VA]
 - 저압 : 15[VA], 고압 : 40[VA] 이하
④ 점검 시
 - 보수점검 시 변류기 2차측은 단락시킨다(2차측 절연보호).
 - 1차측에 전류가 흐를 때 2차측을 개방하면 1차측 전압이 2차측에 나타나 고전압 발생 위험이 있다.

(2) 계기용 변압기(PT)
고전압을 저전압으로 변성하여 계기나 계전기에 전원 공급
① 2차 전압 : 110[V]
② 계기용 변압기의 종류
 ㉠ 전자형 계기용 변압기
  - 전자유도 원리를 이용한 것
  - 오차가 적으나 절연에 대한 신뢰도가 낮다.
 ㉡ 콘덴서형 계기용 변압기(CPD ; Capacitance Potential Device)
  - 콘덴서의 분압원리를 이용한 것
  - 오차는 크나 절연에 대한 신뢰도가 높다.

(3) 계기용 변압 변류기(MOF, PCT)
계기용 변압기(PT)와 계기용 변류기(CT)를 한 탱크 내에 장치한 것으로 전력량계 전원 공급원이다.

기·출·개·념 문제

1. 3상으로 표준 전압 3[kV], 800[kW]를 역률 0.9로 수전하는 공장의 수전회로에 시설할 계기용 변류기의 변류비로 적당한 것은? (단, 변류기의 2차 전류는 5[A]이며, 여유율은 1.2로 한다.)

17 산업

① 10　　　② 20　　　③ 30　　　④ 40

(해설) 변류기 1차 전류 $I_1 = \dfrac{800}{\sqrt{3} \times 3 \times 0.9} \times 1.2 = 205[A]$

∴ 200[A]를 적용하므로 변류비는 $\dfrac{200}{5} = 40$

답 ④

2. 변류기 개방 시 2차측을 단락하는 이유는?

18 기사 / 19·18 산업

① 2차측 절연 보호　　　② 측정오차 방지
③ 2차측 과전류 보호　　④ 1차측 과전류 방지

(해설) 운전 중 변류기 2차측이 개방되면 부하전류가 모두 여자전류가 되어 2차 권선에 대단히 높은 전압이 인가하여 2차측 절연이 파괴된다. 그러므로 2차측에 전류계 등 기구가 연결되지 않을 때에는 단락을 하여야 한다.

답 ①

CHAPTER 07 전력 개폐장치

기출개념 11 영상전류와 영상전압 측정방법

(1) 영상전류 측정방법

① 영상 변류기(ZCT) : 지락(영상)전류 검출용 변류기 1차측에 3개의 도체로 각 도체에 각 상 전류가 흘러 2차측에 $3I_0$의 전류를 얻는 것

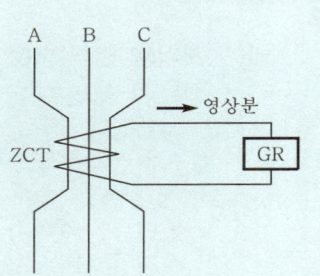

② 중성점 접지 개소를 이용하는 방법

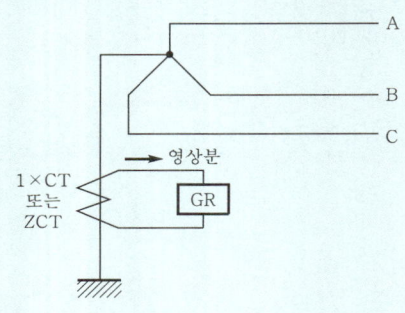

③ 잔류회로를 이용하는 방법

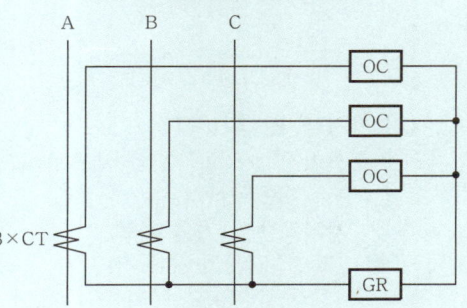

(2) 영상전압 측정방법

① 접지형 계기용 변압기(GPT)
  • 비접지방식의 선로는 지락전류 검출이 어려워 GPT로 영상전압을 검출 선로를 보호한다.
  • 접속방법 : 1차측은 Y결선 중성점 접지하고, 2차측은 개방 △ 결선한다.

② 중성점에 PT 사용

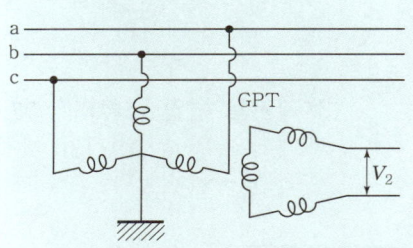

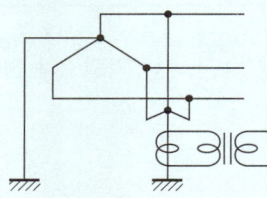

기·출·개·념 문제

비접지 계통의 지락사고 시 계전기에 영상전류를 공급하기 위하여 설치하는 기기는? 19 기사
① PT ② CT ③ ZCT ④ GPT

[해설] • ZCT : 지락사고가 발생하면 영상전류를 검출하여 계전기에 공급한다.
• GPT : 지락사고가 발생하면 영상전압을 검출하여 계전기에 공급한다.

답 ③

기출개념 12 송전방식

(1) 교류 송전방식
① 전압의 승압, 강압이 용이하다.
② 회전자계를 쉽게 얻을 수 있다.
③ 일관된 운용을 할 수 있다.

(2) 직류 송전방식
① 장점
　㉠ 절연계급을 낮출 수 있다.
　㉡ 송전효율이 좋다.
　㉢ 선로의 리액턴스가 없으므로 안정도가 높다.
　㉣ 도체의 표피효과가 없다.
　㉤ 유전체손, 충전전류를 고려하지 않아도 된다.
　㉥ 비동기 연계가 가능하다(주파수가 다른 선로의 연계가 가능하다).
② 단점
　㉠ 변환, 역변환 장치가 필요하다.
　㉡ 고전압, 대전류의 경우 직류 차단기가 개발되어 있지 않다.
　㉢ 전압의 승압, 강압이 어렵다.
　㉣ 회전자계를 얻기 어렵다.
　㉤ 고조파 억제 대책이 필요하다.

기·출·개·념 문제

직류 송전방식이 교류 송전방식에 비하여 유리한 점이 아닌 것은?   99·94 기사
① 표피효과에 의한 송전 손실이 없다.
② 통신선에 대한 유도 잡음이 적다.
③ 선로의 절연이 용이하다.
④ 정류가 필요없고 승압 및 강압이 쉽다.

(해설) 부하와 발전 부분은 교류방식이고, 송전 부분에서만 직류방식이기 때문에 정류장치가 필요하고, 직류에서는 직접 승압, 강압이 불가능하므로 교류로 변환 후 변압을 할 수 있다.　**답** ④

CHAPTER 07 전력 개폐장치

단원 최근 빈출문제

01 보호계전기의 구비조건으로 틀린 것은? [17년 3회 산업]

① 고장상태를 신속하게 선택할 것
② 조정범위가 넓고 조정이 쉬울 것
③ 보호동작이 정확하고 감도가 예민할 것
④ 접점의 소모가 크고, 열적·기계적 강도가 클 것

해설 보호계전기의 접점은 다빈도의 동작에도 소모가 적어야 한다.

02 고장 즉시 동작하는 특성을 갖는 계전기는? [15년 2회 기사]

① 순한시 계전기
② 정한시 계전기
③ 반한시 계전기
④ 반한시성 정한시 계전기

해설 순한시 계전기(instantaneous time – limit relay)
정정값 이상의 전류는 크기에 관계없이 바로 동작하는 고속도 계전기이다.

03 최소 동작전류 이상의 전류가 흐르면 한도를 넘는 양(量)과는 상관없이 즉시 동작하는 계전기는? [18년 3회 기사]

① 순한시 계전기
② 반한시 계전기
③ 정한시 계전기
④ 반한시성 정한시 계전기

해설 순한시 계전기
정정값 이상의 전류는 크기에 관계없이 바로 동작하는 고속도 계전기이다.

04 정정된 값 이상의 전류가 흘렀을 때 동작전류의 크기와 상관없이 항상 정해진 시간이 경과한 후에 동작하는 보호계전기는? [18년 2회 산업]

① 순시 계전기
② 정한시 계전기
③ 반한시 계전기
④ 반한시성 정한시 계전기

해설 정한시 계전기
정정값 이상의 전류가 유입하면 전류의 크기에 관계없이 일정 시한이 지나야 동작한다.

기출 핵심 NOTE

01 계전기 구비조건
- 동작이 예민할 것
- 오동작이 없을 것
- 고장구간 선택차단
- 후비보호능력
- 소비전력이 적을 것
- 특성 변화가 없을 것

02 동작시간에 의한 분류
- 순한시 계전기
  : 즉시 동작
- 정한시 계전기
  : 정해진 시간에 동작
- 반한시 계전기
  : 전류값이 클수록 빨리 동작
- 반한시성 정한시 계전기
  : 어느 전류값까지는 반한시성 그 이상이 되면 정한시 동작

정답 01.④ 02.① 03.① 04.②

05 보호계전기의 반한시·정한시 특성은? [19·15년 1회 기사]

① 동작전류가 커질수록 동작시간이 짧게 되는 특성
② 최소 동작전류 이상의 전류가 흐르면 즉시 동작하는 특성
③ 동작전류의 크기에 관계없이 일정한 시간에 동작하는 특성
④ 동작전류가 커질수록 동작시간이 짧아지며, 어떤 전류 이상이 되면 동작전류의 크기에 관계없이 일정한 시간에서 동작하는 특성

해설 반한시 정한시 계전기
어느 전류값까지는 반한시성이고, 그 이상이면 정한시 특성을 갖는 계전기

06 송전선로의 단락보호 계전방식이 아닌 것은? [15년 1회 산업]

① 과전류 계전방식
② 방향단락 계전방식
③ 거리계전방식
④ 과전압 계전방식

해설 송전선로의 단락보호는 방사상일 경우에는 과전류 계전기, 환상선로일 경우에는 방향단락계전기, 방향거리계전기 등을 사용한다. 그러므로 단락보호 계전방식이 아닌 것은 과전압 계전방식이다.

07 전압요소가 필요한 계전기가 아닌 것은? [19년 3회 기사]

① 주파수 계전기
② 동기 탈조 계전기
③ 지락 과전류 계전기
④ 방향성 지락 과전류 계전기

해설 지락 과전류 계전기는 지락사고 시 일정 전류값 이상이면 동작하는 계전기로 전압요소가 필요하지 않다.

08 거리계전기의 종류가 아닌 것은? [17년 1회 산업]

① 모(mho)형
② 임피던스(impedance)형
③ 리액턴스(reactance)형
④ 정전용량(capacitance)형

해설 거리계전기는 고장 전 및 고장 후의 전압과 전류의 비(전기적 거리)를 이용하므로 모계전기, 임피던스 계전기, 리액턴스 계전기 등이 있다.

09 보호계전기와 그 사용 목적이 잘못된 것은? [17년 1회 기사]

① 비율차동계전기 : 발전기 내부 단락 검출용
② 전압평형계전기 : 발전기 출력측 PT 퓨즈 단선에 의한 오작동 방지
③ 역상 과전류 계전기 : 발전기 부하 불평형 회전자 과열 소손
④ 과전압 계전기 : 과부하 단락사고

기출 핵심 NOTE

06 ㉠ 과전압 계전기(OVR)
전압이 일정값 이상에 동작
㉡ 과전류 계전기(OCR)
• 전류가 일정값 이상에 동작
• 과부하, 단락보호용
㉢ 거리계전기(DR)
전압과 전류의 비가 일정값 이하인 경우 동작
㉣ 지락 과전류 계전기(OCGR)
지락보호용으로 과전류 계전기의 동작전류를 특별히 적게 한 것

정답 05.④ 06.④ 07.③ 08.④ 09.④

CHAPTER 07 전력 개폐장치

해설 과전압 계전기는 지락 등 사고 시 중성점의 전압을 검출하여 작동하는 계전기이므로 과부하 단락과는 관련이 없다.

10 송·배전선로에서 선택지락계전기(SGR)의 용도는? [17년 1회 기사]

① 다회선에서 접지 고장 회선의 선택
② 단일 회선에서 접지전류의 대·소 선택
③ 단일 회선에서 접지전류의 방향 선택
④ 단일 회선에서 접지사고의 지속시간 선택

해설 동일 모선에 2개 이상의 다회선을 가진 비접지 배전 계통에서 지락(접지)사고의 보호에는 선택지락계전기(SGR)가 사용된다.

11 송전선로의 보호방식으로 지락에 대한 보호는 영상전류를 이용하여 어떤 계전기를 동작시키는가? [17년 2회 산업]

① 선택지락계전기   ② 전류차동계전기
③ 과전압 계전기   ④ 거리계전기

해설 지락사고 시 영상 변류기(ZCT)로 영상전류를 검출하여 지락계전기(OVGR, SGR)를 동작시킨다.

12 영상 변류기와 관계가 가장 깊은 계전기는? [18년 1회 산업]

① 차동계전기   ② 과전류 계전기
③ 과전압 계전기   ④ 선택접지계전기

해설 지락사고가 발생하면 영상전류를 영상 변류기가 검출하여 지락(접지) 계전기를 작동시킨다.

13 전원이 양단에 있는 방사상 송전선로에서 과전류 계전기와 조합하여 단락보호에 사용하는 계전기는? [15년 2회 산업]

① 선택지락계전기   ② 방향단락계전기
③ 과전압 계전기   ④ 부족전류계전기

해설 송전선로의 단락보호방식
- 방사상식 선로 : 반한시 특성 또는 순한시성 반시성 특성을 가진 과전류 계전기를 사용하고 전원이 양단에 있는 경우에는 방향단락계전기와 과전류 계전기를 조합하여 사용한다.
- 환상식 선로 : 방향단락 계전방식, 방향거리 계전방식이다.

기출 핵심 NOTE

10 선택지락계전기(SGR)
지락(접지)회선만 선택 차단

13 단락보호방식
㉠ 방사상 선로
  • 전원이 1단에만 있을 경우
    : 과전류 계전기
  • 전원이 양단에 있을 경우
    : 과전류 계전기 + 방향단락 계전기
㉡ 환상 선로
  • 전원이 1단에만 있을 경우
    : 방향단락계전기
  • 전원이 두 군데 이상인 경우
    : 방향거리계전기

정답 10. ① 11. ① 12. ④ 13. ②

14 동일 모선에 2개 이상의 급전선(feeder)을 가진 비접지 배전 계통에서 지락사고에 대한 보호계전기는?
[16년 3회 기사]

① OCR ② OVR
③ SGR ④ DFR

해설 동일 모선에 2개 이상의 급전선을 가진 비접지 배전 계통에서 지락사고의 보호는 선택지락계전기(SGR)가 사용된다.

15 모선 보호용 계전기로 사용하면 가장 유리한 것은?
[17년 3회 기사]

① 거리방향계전기 ② 역상 계전기
③ 재폐로 계전기 ④ 과전류 계전기

해설 모선 보호 계전방식에는 전류차동 계전방식, 전압차동 계전방식, 위상 비교 계전방식, 방향 비교 계전방식, 거리방향 계전방식 등이 있다.

16 모선보호에 사용되는 계전방식이 아닌 것은? [18년 1회 기사]

① 위상비교방식 ② 선택접지 계전방식
③ 방향거리 계전방식 ④ 전류차동 보호방식

해설 모선보호 계전방식에는 전류차동방식, 전압차동방식, 위상비교방식, 방향비교방식, 거리방향방식 등이 있다. 선택접지 계전방식은 송전선로 지락보호 계전방식이다.

17 보호계전기의 보호방식 중 표시선 계전방식이 아닌 것은?
[16년 3회 기사]

① 방향비교방식 ② 위상비교방식
③ 전압반향방식 ④ 전류순환방식

해설 표시선(pilot wire) 계전방식은 송전선 보호범위 내의 사고에 대하여 고장점의 위치에 관계없이 선로 양단을 신속하게 차단하는 계전방식으로 방향비교방식, 전압반향방식, 전류순환방식 등이 있다.

18 변압기 등 전력설비 내부 고장 시 변류기에 유입하는 전류와 유출하는 전류의 차로 동작하는 보호계전기는?
[18년 1회 기사]

① 차동계전기 ② 지락계전기
③ 과전류 계전기 ④ 역상전류 계전기

기출 핵심 NOTE

15 거리방향계전기
계통의 조건 변화에 영향이 적고 과전류 계전기에 비해 사고의 선택성이 높고 동작이 확실하다.

16 모선보호 계전방식
- 전류차동 계전방식
- 전압차동 계전방식
- 방향비교 계전방식
- 위상비교 계전방식

17 표시선 계전방식
- 방향비교방식
- 전압반향방식
- 전류순환방식

18 기기보호계전기
- 차동계전기(DFR)
- 비율차동계전기(RDFR)
- 부흐홀츠계전기

정답 14. ③ 15. ① 16. ② 17. ② 18. ①

CHAPTER 07 전력 개폐장치

[해설] 유입하는 전류와 유출하는 전류의 차로 동작하는 것은 차동계전기이다.

19 3상 결선 변압기의 단상 운전에 의한 소손 방지 목적으로 설치하는 계전기는? [16년 1회 기사]

① 단락계전기　　② 결상 계전기
③ 지락계전기　　④ 과전압 계전기

[해설] 3상 운전 변압기의 단상 운전 방지를 위한 계전기는 역상(결상) 계전기를 사용한다.

20 송전 계통에서 발생한 고장 때문에 일부 계통의 위상각이 커져서 동기를 벗어나려고 할 경우 이것을 검출하고 계통을 분리하기 위해서 차단하지 않으면 안 될 경우에 사용되는 계전기는? [18년 1회 산업]

① 한시계전기
② 선택단락계전기
③ 탈조보호계전기
④ 방향거리계전기

[해설] 송전 계통에서 발생한 각종 사고 등으로 위상각이 증가하여 동기를 이탈하려고 하는 경우 이것을 검출하여 작동하는 계전기는 탈조보호(계자 상실 등)계전기이다.

21 3상 결선 변압기의 단상 운전에 의한 소손 방지 목적으로 설치하는 계전기는? [18년 1회 기사]

① 차동계전기　　② 역상 계전기
③ 단락계전기　　④ 과전류 계전기

[해설] 3상 운전 변압기의 단상 운전을 방지하기 위한 계전기는 역상(결상) 계전기를 사용한다.

22 부하전류 및 단락전류를 모두 개폐할 수 있는 스위치는? [19·16년 3회 산업]

① 단로기　　② 차단기
③ 선로 개폐기　　④ 전력퓨즈

[해설] 단로기(DS)와 선로 개폐기(LS)는 무부하 전로만 개폐 가능하고, 전력퓨즈(PF)는 단락전류 차단용으로 사용하고, 차단기(CB)는 부하전류 및 단락전류를 모두 개폐할 수 있다.

> **기출 핵심 NOTE**
>
> **19 결상 계전기(OPR)**
> 3상 회로에 평형 3상 전압이 가해지지 않을 경우 기기 보호를 위해 결상상태를 검출하여 차단하는 계전기
>
> **21 역상 계전기(NSR)**
> 전력설비의 불평형 운전 또는 결상 운전 방지
>
> **22 차단기(CB)**
> 아크 소호장치가 있어 부하전류 개폐 및 고장전류를 모두 차단
>
> **정답** 19. ②　20. ③　21. ②　22. ②

23 차단기의 정격투입전류란 투입되는 전류의 최초 주파수의 어느 값을 말하는가? [18년 1회 산업]

① 평균값　　② 최댓값
③ 실효값　　④ 직류값

해설 차단기의 정격투입전류는 최초 주파수의 최댓값으로 정격차단전류의 약 2.5배 이상으로 한다.

23 정격투입전류
최초 주파수의 최댓값

24 3상용 차단기의 정격전압은 170[kV]이고, 정격차단전류가 50[kA]일 때 차단기의 정격차단용량은 약 몇 [MVA]인가? [18년 3회 기사]

① 5,000　　② 10,000
③ 15,000　　④ 20,000

해설 정격차단용량 P_s[MVA]$= \sqrt{3} \times 170 \times 50$
$= 14,722 ≒ 15,000$[MVA]

24 정격차단용량
$P_s = \sqrt{3} \times$정격전압$\times$정격차단전류

25 차단기에서 정격차단시간의 표준이 아닌 것은? [19년 3회 산업]

① 3[Hz]　　② 5[Hz]
③ 8[Hz]　　④ 10[Hz]

해설 차단기의 정격차단시간은 트립코일이 여자하여 가동 접촉자가 시동하는 순간(개극시간)부터 아크가 소멸하는 시간(소호시간)으로 약 3~8[Hz] 정도이다.

25 정격차단시간
- 트립코일 여자부터 아크 소호까지의 시간
- 개극시간과 아크시간의 합
- 3[Hz], 5[Hz], 8[Hz]

26 차단기의 정격차단시간을 설명한 것으로 옳은 것은? [19년 2회 산업]

① 계기용 변성기로부터 고장전류를 감지한 후 계전기가 동작할 때까지의 시간
② 차단기가 트립 지령을 받고 트립장치가 동작하여 전류 차단을 완료할 때까지의 시간
③ 차단기의 개극(발호)부터 이동 행정 종료 시까지의 시간
④ 차단기 가동 접촉자 시동부터 아크 소호가 완료될 때까지의 시간

해설 차단기의 정격차단시간은 트립코일이 여자하여 가동 접촉자가 시동하는 순간(개극시간)부터 아크가 소멸하는 시간(소호시간)으로 약 3~8[Hz] 정도이다.

정답 23. ② 24. ③ 25. ④ 26. ②

CHAPTER 07 전력 개폐장치

27 충전된 콘덴서의 에너지에 의해 트립되는 방식으로 정류기, 콘덴서 등으로 구성되어 있는 차단기의 트립방식은?
[17년 3회 산업]

① 과전류 트립방식
② 콘덴서 트립방식
③ 직류전압 트립방식
④ 부족전압 트립방식

해설 차단기의 트립방식은 과전류 트립방식, 직류전압 트립방식, 콘덴서 트립방식, 부족전압 트립방식이 있는데 충전된 콘덴서의 에너지를 이용하는 것은 콘덴서 트립방식이다.

28 6[kV]급의 소내 전력 공급용 차단기로서 현재 가장 많이 채택하는 것은?
[16년 3회 산업]

① OCB
② GCB
③ VCB
④ ABB

해설 진공차단기(VCB)는 고진공 상태에서 차단하는 방식으로 25[kV] 이하 소내 전력 공급용으로 많이 사용된다.

29 접촉자가 외기(外氣)로부터 격리되어 있어 아크에 의한 화재의 염려가 없으며 소형, 경량으로 구조가 간단하고 보수가 용이하며 진공 중의 아크 소호능력을 이용하는 차단기는?
[16년 2회 산업]

① 유입차단기
② 진공차단기
③ 공기차단기
④ 가스차단기

해설 진공 중에서 아크를 소호하는 것은 진공차단기이다.

30 차단기와 아크 소호 원리가 바르지 않은 것은?
[17년 2회 기사]

① OCB : 절연유에 분해가스 흡부력 이용
② VCB : 공기 중 냉각에 의한 아크 소호
③ ABB : 압축공기를 아크에 불어 넣어서 차단
④ MBB : 전자력을 이용하여 아크를 소호 실내로 유도하여 냉각

해설 진공차단기(VCB)의 소호 원리는 고진공(10^{-4}[mmHg])에서 전자의 고속도 확산을 이용하여 아크를 차단한다.

기출 핵심 NOTE

27 차단기 트립방식
- 과전류 트립방식
- 직류전압 트립방식(DC 방식)
- 콘덴서 트립방식(CTD 방식)
- 부족전압 트립방식

28 진공차단기(VCB)
25[kV] 이하급 소내 전력 공급용으로 많이 사용된다.

30 차단기의 소호 매질
- 유입차단기(OCB) : 절연유
- 진공차단기(VCB) : 고진공
- 공기차단기(ABB) : 압축공기
- 자기차단기(MBB) : 자계의 전자력
- 가스차단기(GCB) : SF_6 가스
- 기중차단기(ACB) : 공기(대기)

정답 27. ② 28. ③ 29. ② 30. ②

31 전력 계통에서 사용되고 있는 GCB(Gas Circuit Breaker)용 가스는? [17년 2회 기사]

① N_2 가스
② SF_6 가스
③ 아르곤 가스
④ 네온 가스

해설 가스차단기(GCB)에 사용되는 가스는 육불화황(SF_6)이다.

32 변전소의 가스차단기에 대한 설명으로 틀린 것은? [19년 1회 기사]

① 근거리 차단에 유리하지 못하다.
② 불연성이므로 화재의 위험성이 적다.
③ 특고압 계통의 차단기로 많이 사용된다.
④ 이상전압의 발생이 적고, 절연 회복이 우수하다.

해설 가스차단기(GCB)는 공기차단기(ABB)에 비교하면 밀폐된 구조로 소음이 없고, 공기보다 절연내력(2~3배) 및 소호능력(100~200배)이 우수하고, 근거리(전류가 흐르는 거리, 즉 임피던스[Ω]가 작아 고장전류가 크다는 의미) 전류에도 안정적으로 차단되고, 과전압 발생이 적고, 아크 소멸 후 절연 회복이 신속한 특성이 있다.

33 부하전류의 차단에 사용되지 않는 것은? [19·18년 3회 기사]

① DS
② ACB
③ OCB
④ VCB

해설 단로기(DS)는 소호능력이 없으므로 통전 중의 전로를 개폐할 수 없다. 그러므로 무부하 선로의 개폐에 이용하여야 한다.

34 부하전류가 흐르는 전로는 개폐할 수 없으나 기기의 점검이나 수리를 위하여 회로를 분리하거나, 계통의 접속을 바꾸는 데 사용하는 것은? [17년 1회 기사]

① 차단기
② 단로기
③ 전력용 퓨즈
④ 부하 개폐기

해설 단로기는 무부하 전로를 개폐하고, 차단기는 부하전류는 물론 단락전류도 모두 개폐할 수 있다.

기출 핵심 NOTE

33 단로기(DS)
- 아크 소호능력이 없다.
- 부하전류 및 고장전류 차단능력이 없다.
- 무부하 충전전류 및 변압기 여자전류 개폐 가능

정답 31. ② 32. ① 33. ① 34. ②

CHAPTER 07 전력 개폐장치

35 그림과 같은 배전선이 있다. 부하에 급전 및 정전할 때 조작방법으로 옳은 것은? [11·98·93년 기사 / 15년 2회 산업]

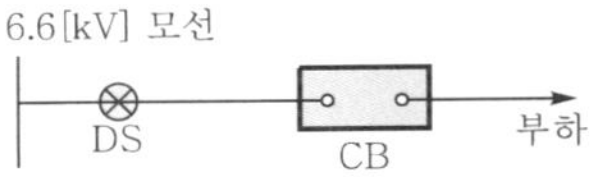

6.6[kV] 모선
DS CB 부하

① 급전 및 정전할 때는 항상 DS, CB 순으로 한다.
② 급전 및 정전할 때는 항상 CB, DS 순으로 한다.
③ 급전 시는 DS, CB 순이고, 정전 시는 CB, DS 순이다.
④ 급전 시는 CB, DS 순이고, 정전 시는 DS, CB 순이다.

해설 단로기(DS)는 통전 중의 전로를 개폐할 수 없으므로 차단기(CB)가 열려 있을 때만 조작할 수 있다. 그러므로 급전 시에는 DS, CB 순으로 하고, 차단 시에는 CB, DS 순으로 하여야 한다.

> **기출 핵심 NOTE**
>
> **35** 단로기(DS)와 차단기(CB) 조작
> • 급전 시 : DS → CB
> • 정전 시 : CB → DS

36 인터록(interlock)의 기능에 대한 설명으로 옳은 것은? [19·16년 3회 기사]

① 조작자의 의중에 따라 개폐되어야 한다.
② 차단기가 열려 있어야 단로기를 닫을 수 있다.
③ 차단기가 닫혀 있어야 단로기를 닫을 수 있다.
④ 차단기와 단로기를 별도로 닫고, 열 수 있어야 한다.

해설 단로기는 소호능력이 없으므로 조작할 때에는 다음과 같이 하여야 한다.
• 회로를 개방시킬 때 : 차단기를 먼저 열고, 단로기를 열어야 한다.
• 회로를 투입시킬 때 : 단로기를 먼저 투입하고, 차단기를 투입하여야 한다.

> **36** 인터록(Interlock)
> 차단기가 열려 있어야만 단로기 조작이 가능

37 전력용 퓨즈는 주로 어떤 전류의 차단을 목적으로 사용하는가? [18·16년 2회 산업]

① 지락전류
② 단락전류
③ 과도전류
④ 과부하 전류

해설 전력퓨즈는 단락전류 차단용으로 사용되며 차단 특성이 양호하고 보수가 간단하다는 장점이 있으나 재사용할 수 없고, 과도전류에 동작할 우려가 있으며, 임의의 동작 특성을 얻을 수 없는 단점이 있다.

> **37** 전력퓨즈(PF)
> 고전압 회로 및 기기의 단락보호

정답 35. ③ 36. ② 37. ②

38 한류 리액터를 사용하는 가장 큰 목적은?

[18·16·15년 1회 기사]

① 충전전류의 제한 ② 접지전류의 제한
③ 누설전류의 제한 ④ 단락전류의 제한

해설 한류 리액터를 사용하는 이유는 단락사고로 인한 단락전류를 제한하여 기기 및 계통을 보호하기 위함이다.

기출 핵심 NOTE

38 한류 리액터
단락 고장에 대하여 고장전류를 제한하기 위해서 직렬로 접속되는 리액터

39 배전반에 접속되어 운전 중인 계기용 변압기(PT) 및 변류기(CT)의 2차측 회로를 점검할 때 조치사항으로 옳은 것은?

[19년 1회 기사]

① CT만 단락시킨다.
② PT만 단락시킨다.
③ CT와 PT 모두를 단락시킨다.
④ CT와 PT 모두를 개방시킨다.

해설 변류기(CT)의 2차측은 운전 중 개방되면 고전압에 의해 변류기가 2차측 절연파괴로 인하여 소손되므로 점검할 경우, 변류기 2차측 단자를 단락시켜야 한다.

39 계기용 변류기(CT)
고전압 발생 위험 방지를 위해 점검 시 2차측 단락

40 다음 보호계전기 회로에서 박스 ㉠부분의 명칭은?

[19년 1회 산업]

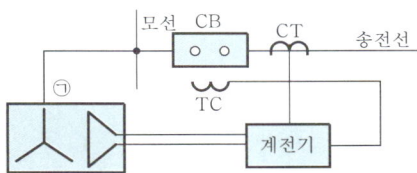

① 차단 코일 ② 영상 변류기
③ 계기용 변류기 ④ 계기용 변압기

해설 ㉠의 명칭은 접지형 계기용 변압기(GPT)로 계통에서 지락사고 발생 시 영상전압을 검출하여 보호계전기를 작동시킨다.

40 접지형 계기용 변압기(GPT)
• 영상전압 검출
• 접속방법
 1차측은 Y결선하여 중성점 접지
 2차측은 개방 △결선

41 영상 변류기를 사용하는 계전기는?

[18년 3회 산업]

① 지락계전기 ② 차동계전기
③ 과전류 계전기 ④ 과전압 계전기

해설 영상 변류기(ZCT)는 전력 계통에 지락사고 발생 시 영상전류를 검출하여 과전류 지락계전기(OCGR), 선택지락계전기(SGR) 등을 동작시킨다.

41 영상 변류기(ZCT)
영상(지락)전류 검출용 변류기

정답 38. ④ 39. ① 40. ④ 41. ①

제7장 전력 개폐장치 **149**

CHAPTER 07 전력 개폐장치

42 영상 변류기를 사용하는 계전기는? [17년 1회 기사]

① 과전류 계전기　② 과전압 계전기
③ 부족전압계전기　④ 선택지락계전기

해설 영상 변류기(ZCT)는 지락사고 발생 시 영상전류를 검출하여 과전류 지락계전기(OCGR), 선택지락계전기(SGR) 등을 동작시킨다.

43 그림에서 X부분에 흐르는 전류는 어떤 전류인가? [19·15년 2회 산업]

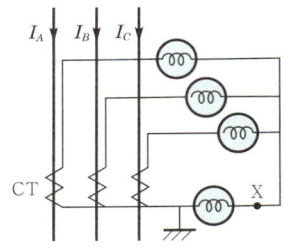

① b상 전류　② 정상전류
③ 역상전류　④ 영상전류

해설 X부분에 흐르는 전류는 각 상 전류의 합계이므로 영상전류가 된다.

기출 핵심 NOTE

43 영상전류

$$I_0 = \frac{1}{3}(I_a + I_b + I_c)$$

$$I_a + I_b + I_c = 3I_0$$

정답 42. ④　43. ④

CHAPTER 08
배전선로 공급방식

- **01** 배전선로의 구성
- **02** 배전방식
- **03** 배전선로의 전기공급방식
- **04** 단상 2선식을 기준한 1선당 공급전력
- **05** 전기방식별 전류비·저항비·중량비
- **06** 배전선로의 전압과의 관계

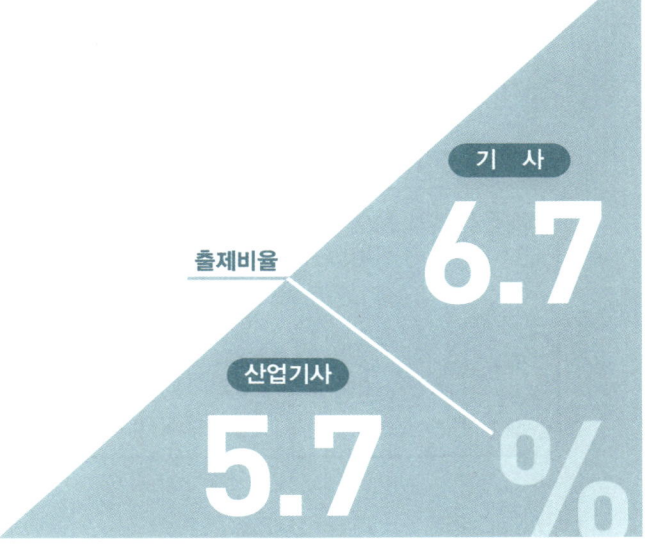

출제비율
기 사 6.7%
산업기사 5.7

CHAPTER 08 배전선로 공급방식

기출개념 01 배전선로의 구성

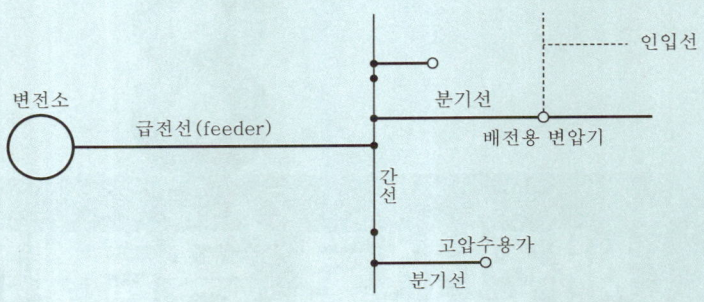

(1) 급전선(feeder)
배전 변전소에서 간선에 이르기까지 도중에 부하가 접속되지 않는 선로
(2) 간선
부하분포에 따라 배전하는 선로
(3) 분기선
간선에서 분기하여 수용가에 이르는 선로

기출개념 02 배전방식

[1] 수지식 배전방식 : 농·어촌지역
부하분포에 따라 나뭇가지 형태로 수용가에 공급하는 방식
(1) 장점
① 수요 증가 시 간선 분기선을 연장, 쉽게 대응할 수 있다.
② 시설비가 저렴하다.
(2) 단점
① 사고 시 정전범위가 넓다.
② 전압강하, 전력 손실이 크다.

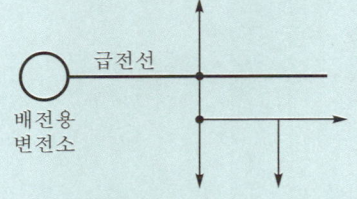

기·출·개·념 문제

배전선로의 용어 중 틀린 것은?   18 산업
① 궤전점 : 간선과 분기선의 접속점
② 분기선 : 간선으로 분기되는 변압기에 이르는 선로
③ 간선 : 급전선에 접속되어 부하로 전력을 공급하거나 분기선을 통하여 배전하는 선로
④ 급전선 : 배전용 변전소에서 인출되는 배전선로에서 최초의 분기점까지의 전선으로 도중에 부하가 접속되어 있지 않은 선로

(해설) 배전선로에서 간선과 분기선의 접속점을 부하점이라고 한다.   답 ①

[2] 환상식 배전방식 : 중·소도시

급전선(feeder)이 나오면서 개폐기를 이용하여 루프를 구성하고 부하에 따라 분기선을 이용·공급하는 방식으로 수지식에 비해 신뢰도가 높다.

[3] 저압 뱅킹 배전방식 : 부하 밀집지역

2대 이상의 변압기의 저압측을 병렬로 접속하는 방식이다.

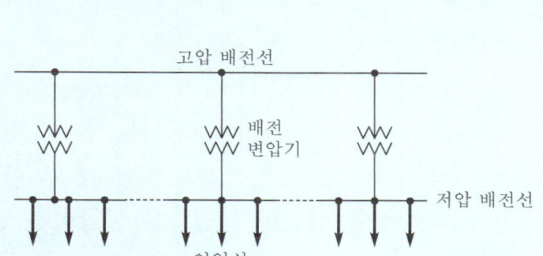

(1) 장점
  ① 변압기 설비용량이 경감된다.
  ② 전압강하, 전력 손실이 적다.
  ③ 플리커(flicker)가 경감된다.
  ④ 부하 증가에 대한 융통성이 좋다.

(2) 단점

  캐스케이딩(cascading) 현상이 발생한다.
  * 캐스케이딩 현상 : 변압기 1대 고장으로 건전한 변압기의 일부 또는 전부가 연쇄적으로 차단되는 현상

기·출·개·념 문제

1. 고압 배전선로 구성방식 중 고장 시 자동적으로 고장 개소의 분리 및 건전선로에 폐로하여 전력을 공급하는 개폐기를 가지며, 수요분포에 따라 임의의 분기선으로부터 전력을 공급하는 방식은?

19 기사

① 환상식   ② 망상식   ③ 뱅킹식   ④ 가지식(수지식)

(해설) 환상식(loop system)

배전 간선을 환상(loop)선으로 구성하고, 분기선을 연결하는 방식으로 한쪽의 공급선에 이상이 생기더라도, 다른 한쪽에 의해 공급이 가능하고 손실과 전압강하가 적고, 수요분포에 따라 임의의 분기선을 내어 전력을 공급하는 방식으로 부하가 밀집된 도시에서 적합하다.

답 ①

2. 저압 뱅킹 방식에서 저전압의 고장에 의하여 건전한 변압기의 일부 또는 전부가 차단되는 현상은?

19 기사 / 19 산업

① 아킹(arcing)   ② 플리커(flicker)
③ 밸런스(balance)   ④ 캐스케이딩(cascading)

(해설) 캐스케이딩(cascading) 현상

저압 뱅킹 방식에서 변압기 또는 선로의 사고에 의해서 뱅킹 내의 건전한 변압기의 일부 또는 전부가 연쇄적으로 차단되는 현상으로, 방지책은 변압기의 1차측에 퓨즈, 저압선의 중간에 구분 퓨즈를 설치한다.

답 ④

CHAPTER 08 배전선로 공급방식

[4] 망상(네트워크) 배전방식 : 빌딩 등 대도시 밀집지역

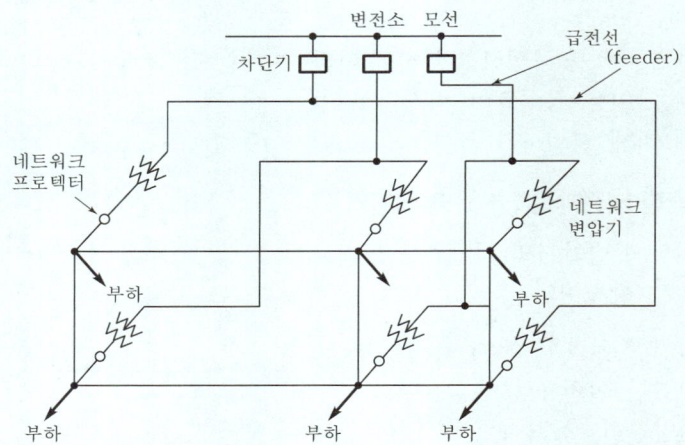

부하와 부하를 접속점을 사용, 모두 연결하여 망을 구성 변전소의 급전선(feeder)이 접속점을 연결하여 전력을 공급하는 방식

(1) 장점
① 무정전 공급이 가능하다.
② 전압 변동, 전력 손실이 적다(최소).
③ 부하 증가에 대한 적응이 좋다.
④ 변전소 수를 줄일 수 있다.

(2) 단점
① 인축 접지사고가 증가한다.
② 건설비가 많이 들고, 역류개폐장치(network protector)가 필요하다.
* 네트워크 프로텍터(network protector)＝역류개폐장치
  전류가 변압기 쪽으로 역류하면 차단기를 개방, 고장부분을 분리하는 장치
  • 구성 : 네트워크 계전기, 퓨즈, 차단기

기·출·개·념 문제

네트워크 배전방식의 설명으로 옳지 않은 것은? 17 기사
① 전압 변동이 적다.   ② 배전 신뢰도가 높다.
③ 전력 손실이 감소한다. ④ 인축의 접촉사고가 적어진다.

해설 네트워크 방식(network system)
 • 무정전 공급이 가능하다.
 • 전압 변동이 적다.
 • 손실이 감소된다.
 • 부하 증가에 대한 적응성이 좋다.
 • 건설비가 비싸다.
 • 역류개폐장치(network protector)가 필요하다.

답 ④

기출개념 03 배전선로의 전기공급방식

전기방식	전력(P)	전선수(W)	전력 손실(P_l)	전압강하(e)
단상 2선식	$VI\cos\theta$	2W	$2I^2R$	$2I(R\cos\theta+X\sin\theta)$
단상 3선식	$2VI\cos\theta$	3W	$2I^2R$	$2I(R\cos\theta+X\sin\theta)$
3상 3선식	$\sqrt{3}\,VI\cos\theta$	3W	$3I^2R$	$\sqrt{3}\,I(R\cos\theta+X\sin\theta)$
3상 4선식	$3VI\cos\theta$	4W	$3I^2R$	$\sqrt{3}\,I(R\cos\theta+X\sin\theta)$

(1) 단상 2선식

① 공급전력 : $P = VI\cos\theta$

② 1선당 공급전력 : $P' = \dfrac{VI\cos\theta}{2} = 0.5\,VI$

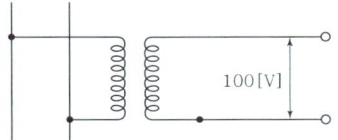

(2) 단상 3선식

① 공급전력 : $P = 2VI\cos\theta$

② 1선당 공급전력

$$P' = \frac{2VI\cos\theta}{3} = \frac{2}{3}VI = 0.67\,VI$$

③ 단상 3선식의 문제점

부하 불평형이 생기면 전압 불평형이 발생되므로 전압 불평형을 방지하기 위해 **밸런서**(balancer)를 설치한다.

④ 밸런서의 특징
  ㉠ 권수비가 1 : 1인 단권 변압기이다.
  ㉡ 누설 임피던스가 적다.
  ㉢ 여자 임피던스가 크다.

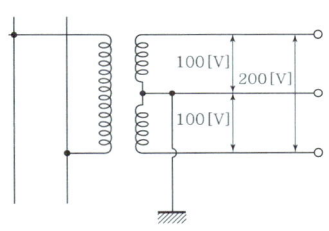

(3) 3상 3선식

① 공급전력 : $P = \sqrt{3}\,VI\cos\theta$

② 1선당 공급전력 : $P' = \dfrac{\sqrt{3}\,VI\cos\theta}{3} = \dfrac{\sqrt{3}}{3}VI$
$= 0.57\,VI$

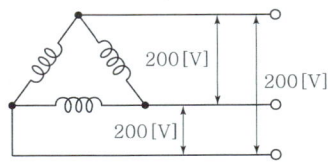

(4) 3상 4선식

① 공급전력 : $P = 3VI\cos\theta$

② 1선당 공급전력

$$P' = \frac{3VI\cos\theta}{4}$$
$$= \frac{3}{4}VI = 0.75\,VI$$

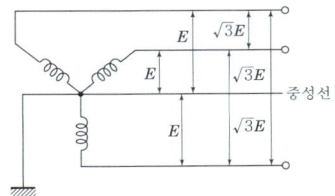

CHAPTER 08 배전선로 공급방식

기·출·개념 문제

1. 그림과 같은 단상 3선식 회로의 중성선 P점에서 단선되었다면 백열등 A(100[W])와 B(400[W])에 걸리는 단자전압은 각각 몇 [V]인가?

① $V_A = 160$, $V_B = 40$
② $V_A = 120$, $V_B = 80$
③ $V_A = 40$, $V_B = 160$
④ $V_A = 60$, $V_B = 120$

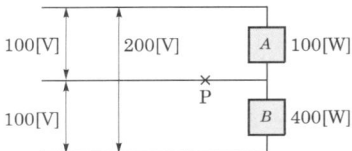

[해설] 전력 $P = \dfrac{V^2}{R}$ 에서 저항 $R = \dfrac{V^2}{P}$

- 100[W] 백열등 저항 $R = \dfrac{100^2}{100} = 100[\Omega]$
- 400[W] 백열등 저항 $R = \dfrac{100^2}{400} = 25[\Omega]$

P점이 단선되면 A, B가 직렬 회로가 되고, 인가전압은 200[V]이므로 분압법칙에 의해

$V_A = \dfrac{100}{100+25} \times 200 = 160[V]$, $V_B = \dfrac{25}{100+25} \times 200 = 40[V]$

답 ①

2. 단상 3선식에 사용되는 밸런서의 특성이 아닌 것은?

① 여자 임피던스가 작다.
② 누설 임피던스가 작다.
③ 권수비가 1 : 1이다.
④ 단권 변압기이다.

[해설] 밸런서의 특징
- 여자 임피던스가 크다.
- 누설 임피던스가 작다.
- 권수비가 1 : 1인 단권 변압기이다.

답 ①

3. 같은 선로와 같은 부하에서 교류 단상 3선식은 단상 2선식에 비하여 전압강하와 배전효율은 어떻게 되는가?

① 전압강하는 적고, 배전효율은 높다.
② 전압강하는 크고, 배전효율은 낮다.
③ 전압강하는 적고, 배전효율은 낮다.
④ 전압강하는 크고, 배전효율은 높다.

[해설] 단상 3선식은 단상 2선식에 비하여 동일 전력일 경우 전류가 $\dfrac{1}{2}$이므로 전압강하는 적어지고, 1선당 전력은 1.33배이므로 배전효율은 높다.

답 ①

4. 우리나라 22.9[kV] 배전선로에서 가장 많이 사용하는 배전방식과 중성점 접지방식은?

① 3상 3선식 비접지
② 3상 4선식 비접지
③ 3상 3선식 다중접지
④ 3상 4선식 다중접지

[해설]
- 송전선로 : 중성점 직접접지, 3상 3선식
- 배전선로 : 중성점 다중접지, 3상 4선식

답 ④

기출개념 04 단상 2선식을 기준한 1선당 공급전력

(1) 단상 2선식

$$P' = \frac{P}{2} = \frac{VI\cos\theta}{2} = 0.5VI$$

(2) 단상 3선식

$$P' = \frac{P}{3} = \frac{2VI\cos\theta}{3} = 0.67VI$$

$$\frac{단상\ 3선식}{단상\ 2선식} = \frac{0.67VI}{0.5VI} = 1.33$$

(3) 3상 3선식

$$P' = \frac{P}{3} = \frac{\sqrt{3}VI\cos\theta}{3} = 0.57VI$$

$$\frac{3상\ 3선식}{단상\ 2선식} = \frac{0.57VI}{0.5VI} = 1.15$$

(4) 3상 4선식

$$P' = \frac{P}{4} = \frac{3VI\cos\theta}{4} = 0.75VI$$

$$\frac{3상\ 4선식}{단상\ 2선식} = \frac{0.75VI}{0.5VI} = 1.5$$

❙1선당 공급전력 비교❙

전기방식	전력(P)	1선당 전력	1선당 공급전력의 비
단상 2선식	$VI\cos\theta$	$0.5VI\cos\theta$	1
단상 3선식	$2VI\cos\theta$	$0.67VI\cos\theta$	1.33
3상 3선식	$\sqrt{3}VI\cos\theta$	$0.57VI\cos\theta$	1.15
3상 4선식	$3VI\cos\theta$	$0.75VI\cos\theta$	1.5(최대)

기·출·개념 문제

송전방식에서 선간전압, 선로전류, 역률이 일정할 때(3상 3선식/단상 2선식)의 전선 1선당의 전력비는 약 몇 [%]인가? **16 산업**

① 87.5 ② 94.7 ③ 115.5 ④ 141.4

해설 1선당 전력비

$$\left(\frac{3상\ 3선식}{1상\ 2선식}\right) = \frac{\frac{\sqrt{3}VI}{3}}{\frac{VI}{2}} \times 100 = \frac{\frac{\sqrt{3}}{3}}{\frac{1}{2}} \times 100 = 115.5[\%]$$

 ③

CHAPTER 08 배전선로 공급방식

기출개념 05 전기방식별 전류비·저항비·중량비

[1] 단상 2선식과 단상 3선식

(1) 공급전력이 동일 : $VI\cos\theta = 2VI_2\cos\theta$

전류비 : $\dfrac{I_2}{I} = \dfrac{1}{2}$

(2) 전력 손실이 동일 : $2I^2R = 2I_2^2R_2$

저항비 : $\dfrac{R_2}{R} = \left(\dfrac{I}{I_2}\right)^2 = 2^2 = 4$

(3) 중량비

전선중량 = 가닥수×비중×단면적×길이 (비중, 길이는 일정)
= 가닥수×단면적 = 가닥수×$\dfrac{1}{저항}$

중량비 : $\dfrac{1\phi 3\mathrm{W}}{1\phi 2\mathrm{W}} = \dfrac{3}{2} \times \dfrac{1}{4} = \dfrac{3}{8}$

[2] 단상 2선식과 3상 3선식

(1) 공급전력이 동일 : $VI\cos\theta = \sqrt{3}\,VI_3\cos\theta$

전류비 : $\dfrac{I_3}{I} = \dfrac{1}{\sqrt{3}}$

(2) 전력 손실이 동일 : $2I^2R = 3I_3^2R_3$

저항비 : $\dfrac{R_3}{R} = \dfrac{2I^2}{3I_3^2} = \dfrac{2}{3}(\sqrt{3})^2 = 2$

(3) 중량비

중량비 : $\dfrac{3\phi 3\mathrm{W}}{1\phi 2\mathrm{W}} = \dfrac{3}{2} \times \dfrac{1}{2} = \dfrac{3}{4}$

[3] 단상 2선식과 3상 3선식

(1) 공급전력이 동일 : $VI\cos\theta = 3VI_4\cos\theta$

전류비 : $\dfrac{I_4}{I} = \dfrac{1}{3}$

(2) 전력 손실이 동일 : $2I^2R = 3I_4^2R_4$

저항비 : $\dfrac{R_4}{R} = \dfrac{2I^2}{3I_4^2} = \dfrac{2}{3}(3)^2 = 6$

(3) 중량비

중량비 : $\dfrac{3\phi 4\mathrm{W}}{1\phi 2\mathrm{W}} = \dfrac{4}{2} \times \dfrac{1}{6} = \dfrac{1}{3}$

| 각 전기방식별 비교 |

전기방식	1선당 공급전력	전류비	저항비	중량비
$1\phi 2\mathrm{W}$	1	1	1	1
$1\phi 3\mathrm{W}$	1.33	$\dfrac{1}{2}$	4	$\dfrac{3}{8}$
$3\phi 3\mathrm{W}$	1.15	$\dfrac{1}{\sqrt{3}}$	2	$\dfrac{3}{4}$
$3\phi 4\mathrm{W}$	1.5(최대)	$\dfrac{1}{3}$	6	$\dfrac{1}{3}$(최소)

기·출·개념 문제

1. 송전전력, 부하 역률, 송전거리, 전력 손실 및 선간전압이 같을 경우 3상 3선식에서 전선 한 가닥에 흐르는 전류는 단상 2선식에서 전선 한 가닥에 흐르는 경우의 몇 배가 되는가?
   04 기사 / 12 산업

   ① $\dfrac{1}{\sqrt{3}}$ 배
   ② $\dfrac{2}{3}$ 배
   ③ $\dfrac{3}{4}$ 배
   ④ $\dfrac{4}{9}$ 배

   (해설) 전력과 전압 등이 일정하므로 $VI_1\cos\theta = \sqrt{3}\,VI_3\cos\theta$에서 $I_1 = \sqrt{3}\,I_3$이므로 $I_3 = \dfrac{1}{\sqrt{3}}I_1$이다.

   답 ①

2. 선간전압, 배전거리, 선로 손실 및 전력 공급을 같게 할 경우 단상 2선식과 3상 3선식에서 전선 한 가닥의 저항비(단상/3상)는?
   00 기사

   ① $\dfrac{1}{\sqrt{2}}$
   ② $\dfrac{1}{\sqrt{3}}$
   ③ $\dfrac{1}{3}$
   ④ $\dfrac{1}{2}$

   (해설) $\sqrt{3}\,VI_3\cos\theta = VI_1\cos\theta$에서 $\sqrt{3}\,I_3 = I_1$
   동일한 손실이므로 $3I_3^2R_3 = 2I_1^2R_1$
   ∴ $3I_3^2R_3 = 2(\sqrt{3}\,I_3)^2R_1$이므로 $R_3 = 2R_1$ 즉, $\dfrac{R_1}{R_3} = \dfrac{1}{2}$ 이다.

   답 ④

3. 배전선로의 전기방식 중 전선의 중량(전선 비용)이 가장 적게 소요되는 방식은? (단, 배전전압, 거리, 전력 및 선로 손실 등은 같다.)
   13·11 기사 / 11·03·02·96 산업

   ① 단상 2선식
   ② 단상 3선식
   ③ 3상 3선식
   ④ 3상 4선식

   (해설) 단상 2선식을 기준으로 동일한 조건이면 3상 4선식의 전선 중량이 제일 적다.

   답 ④

4. 송전전력, 부하 역률, 송전거리, 전력 손실 및 선간전압을 동일하게 하였을 경우 3상 3선식에 요하는 전선 총량은 단상 2선식에 필요로 하는 전선량의 몇 배인가?
   04·99 기사 / 11 산업

   ① $\dfrac{1}{2}$
   ② $\dfrac{2}{3}$
   ③ $\dfrac{3}{4}$
   ④ 1

   (해설) 전선의 중량은 전선의 저항에 반비례하므로, 저항의 비 $\dfrac{R_1}{R_3} = \dfrac{1}{2}$ 이다.
   따라서 $\dfrac{3W_3}{2W_1} = \dfrac{3}{2} \times \dfrac{R_1}{R_3} = \dfrac{3}{2} \times \dfrac{1}{2} = \dfrac{3}{4}$ 배

   답 ③

제8장 배전선로 공급방식

CHAPTER 08 배전선로 공급방식

기출개념 06 배전선로의 전압과의 관계

(1) 전압강하

$$e = \frac{P}{V}(R + X\tan\theta) : 전압에 반비례$$

(2) 전압강하율

$$\varepsilon = \frac{P}{V^2}(R + X\tan\theta) : 전압의 제곱에 반비례$$

(3) 전력 손실(선로 손실)

$$P_l = 3I^2 \cdot R = 3\left(\frac{P}{\sqrt{3}\,V\cos\theta}\right)^2 \cdot R = \frac{P^2 R}{V^2\cos^2\theta} = \frac{P^2 \rho l}{V^2\cos^2\theta A}$$

: 전압의 제곱에 반비례, $\cos^2\theta$에 반비례

(4) 전선 단면적

$$A = \frac{P^2 \rho l}{P_l V^2 \cos^2\theta} : 전압의 제곱에 반비례$$

(5) 전력 손실률

$$K = \frac{P_l}{P} \times 100[\%] = \frac{\dfrac{P^2 \rho l}{V^2 \cos^2\theta A}}{P} \times 100[\%] = \frac{P\rho l}{V^2 \cos^2\theta A} \times 100[\%]$$

전력 손실률이 일정하면 공급전력(P)은 전압의 제곱에 비례한다.

전압강하(e)	$\dfrac{1}{V}$
송전전력(P)	V^2
전압강하율(ε)	$\dfrac{1}{V^2}$
전력 손실(P_l)	$\dfrac{1}{V^2} \cdot \dfrac{1}{\cos^2\theta}$
전선 단면적(A)	$\dfrac{1}{V^2}$

기·출·개·념 문제

부하 역률이 0.8인 선로의 저항 손실은 0.9인 선로의 저항 손실에 비해서 약 몇 배 정도 되는가?

① 0.97   ② 1.1   ③ 1.27   ④ 1.5

[해설] 저항 손실 $P_c \propto \dfrac{1}{\cos^2\theta}$ 이므로 $\dfrac{\dfrac{1}{0.8^2}}{\dfrac{1}{0.9^2}} = \left(\dfrac{0.9}{0.8}\right)^2 \fallingdotseq 1.27$

답 ③

CHAPTER 08 배전선로 공급방식

이런 문제가 시험에 나온다! 단원 최근 빈출문제

01 저압 뱅킹(banking) 배전방식이 적당한 곳은?
[18년 2회 산업]

① 농촌
② 어촌
③ 화학공장
④ 부하 밀집지역

해설 저압 뱅킹 배전방식은 2대 이상의 변압기의 저압측을 병렬로 접속하는 방식으로 부하가 밀집된 도시에 적용한다.

02 저압 배전 계통을 구성하는 방식 중 캐스케이딩(cascading)을 일으킬 우려가 있는 방식은? [18년 2회 기사]

① 방사상 방식
② 저압 뱅킹 방식
③ 저압 네트워크 방식
④ 스포트 네트워크 방식

해설 캐스케이딩(cascading) 현상은 저압 뱅킹 방식에서 변압기 또는 선로의 사고에 의해서 뱅킹 내의 건전한 변압기의 일부 또는 전부가 연쇄적으로 차단되는 현상으로, 방지책은 변압기의 1차측에 퓨즈, 저압선의 중간에 구분 퓨즈를 설치한다.

03 저압 뱅킹 방식에 대한 설명으로 틀린 것은? [15년 1회 산업]

① 전압 동요가 적다.
② 캐스케이딩 현상에 의해 고장 확대가 축소된다.
③ 부하 증가에 대해 융통성이 좋다.
④ 고장보호방식이 적당할 때 공급 신뢰도는 향상된다.

해설 저압 뱅킹 방식의 특징
- 전압강하 및 전력 손실이 줄어든다.
- 변압기의 용량 및 전선량(동량)이 줄어든다.
- 부하 변동에 대하여 탄력적으로 운용된다.
- 플리커 현상이 경감된다.
- 캐스케이딩 현상이 발생할 수 있다.

기출 핵심 NOTE

01 저압 뱅킹 배전방식
㉠ 2대 이상의 변압기의 저압측을 병렬로 접속하는 방식
㉡ 특징
- 변압기 설비용량 경감
- 전압강하·전력 손실 경감
- 플리커 경감
- 부하 증가에 대한 융통성 증가
- 캐스케이딩 현상 발생

02 캐스케이딩 현상
변압기 1대 고장으로 건전 변압기의 일부 또는 전부가 연쇄적으로 차단되는 현상

정답 01. ④ 02. ② 03. ②

CHAPTER 08 배전선로 공급방식

04 망상(network) 배전방식의 장점이 아닌 것은?

[15년 1회 기사]

① 전압 변동이 적다.
② 인축의 접지사고가 적어진다.
③ 부하의 증가에 대한 융통성이 크다.
④ 무정전 공급이 가능하다.

해설 network system(망상식)의 특징
- 무정전 공급이 가능하다.
- 전압 변동이 적고, 손실이 최소이다.
- 부하 증가에 대한 적응성이 좋다.
- 시설비가 고가이다.
- 인축에 대한 사고가 증가한다.
- 역류개폐장치(network protector)가 필요하다.

05 망상(network) 배전방식에 대한 설명으로 옳은 것은?

[18년 3회 기사]

① 전압 변동이 대체로 크다.
② 부하 증가에 대한 융통성이 적다.
③ 방사상 방식보다 무정전 공급의 신뢰도가 더 높다.
④ 인축에 대한 감전사고가 적어서 농촌에 적합하다.

해설 망상식(network system) 배전방식은 무정전 공급이 가능하며 전압 변동이 적고 손실이 감소되며, 부하 증가에 대한 적응성이 좋으나, 건설비가 비싸고, 인축에 대한 사고가 증가하고, 보호장치인 네트워크 변압기와 네트워크 변압기의 2차측에 설치하는 계전기와 기중차단기로 구성되는 역류개폐장치(network protector)가 필요하다.

06 단상 2선식 배전선로의 선로 임피던스가 $2+j5$[Ω]이고, 무유도성 부하전류가 10[A]일 때 송전단의 역률은? (단, 수전단 전압의 크기는 100[V]이고, 위상각은 0°이다.)

[18년 1회 기사]

① $\dfrac{5}{12}$　　② $\dfrac{5}{13}$

③ $\dfrac{11}{12}$　　④ $\dfrac{12}{13}$

해설 무유도성 부하전류이므로 부하저항 = $\dfrac{100}{10} = 10$[Ω]이다.

그러므로 역률 $\cos\theta = \dfrac{R}{Z} = \dfrac{10+2}{\sqrt{12^2+5^2}} = \dfrac{12}{13}$

> **기출 핵심 NOTE**
>
> **04** 네트워크 배전방식
> ㉠ 장점
> - 무정전 공급 가능
> - 전압 변동, 전력 손실 최소
> - 부하 증가에 대한 적응이 좋다.
>
> ㉡ 단점
> - 인축 접지사고 증가
> - 역류개폐장치 필요
> - 건설비가 비싸다.
>
> **06** $R-L$ 직렬회로의 역률
> $$\cos\theta = \frac{R}{Z} = \frac{R}{\sqrt{R^2+X_L^{\,2}}}$$

정답 04. ② 05. ③ 06. ④

07 교류 저압 배전방식에서 밸런서를 필요로 하는 방식은?
[18년 2회 산업]

① 단상 2선식 ② 단상 3선식
③ 3상 3선식 ④ 3상 4선식

해설 밸런서는 단상 3선식에서 설비의 불평형을 방지하기 위하여 선로 말단에 시설한다.

08 저압 배전선로에 대한 설명으로 틀린 것은?
[17·16년 1회 기사]

① 저압 뱅킹 방식은 전압 변동을 경감할 수 있다.
② 밸런서(balancer)는 단상 2선식에 필요하다.
③ 배전선로의 부하율이 F일 때 손실계수는 F와 F^2의 중간값이다.
④ 수용률이란 최대수용전력을 설비용량으로 나눈 값을 퍼센트로 나타낸 것이다.

해설 밸런서는 단상 3선식에서 설비의 불평형을 방지하기 위하여 선로 말단에 시설한다.

09 공통 중성선 다중접지 3상 4선식 배전선로에서 고압측(1차측) 중성선과 저압측(2차측) 중성선을 전기적으로 연결하는 목적은?
[15년 1회 기사 / 16년 3회 산업]

① 저압측의 단락사고를 검출하기 위함
② 저압측의 접지사고를 검출하기 위함
③ 주상 변압기의 중성선측 부싱(bushing)을 생략하기 위함
④ 고·저압 혼촉 시 수용가에 침입하는 상승 전압을 억제하기 위함

해설 3상 4선식 중성선 다중접지식 선로에서 1차(고압)측 중성선과 2차(저압)측 중성선을 전기적으로 연결하여 저·고압 혼촉사고가 발생할 경우 저압 수용가에 침입하는 상승 전압을 억제하기 위함이다.

10 선간전압, 부하 역률, 선로 손실, 전선 중량 및 배전거리가 같다고 할 경우 단상 2선식과 3상 3선식의 공급전력의 비(단상/3상)는?
[18년 1회 산업]

① $\dfrac{3}{2}$ ② $\dfrac{1}{\sqrt{3}}$
③ $\sqrt{3}$ ④ $\dfrac{\sqrt{3}}{2}$

기출 핵심 NOTE

07 단상 3선식
㉠ 전압 불평형 방지를 위해 밸런서 설치
㉡ 밸런서의 특징
  • 권수비 1:1의 단권 변압기
  • 누설 임피던스가 적다.
  • 여자 임피던스가 크다.

10 1선당 공급전력

전기방식	공급전력의 비
$1\phi 2W$	1
$1\phi 3W$	1.33
$3\phi 3W$	1.15
$3\phi 4W$	1.5

정답 07. ② 08. ② 09. ④ 10. ④

CHAPTER 08 배전선로 공급방식

해설

1선당 전력의 비(단상/3상)는 $\dfrac{\frac{VI}{2}}{\frac{\sqrt{3}\,VI}{3}} = \dfrac{3}{2\sqrt{3}} = \dfrac{\sqrt{3}}{2}$

11 송전전력, 부하 역률, 송전거리, 전력 손실, 선간전압이 동일할 때 3상 3선식에 의한 소요 전선량은 단상 2선식의 몇 [%]인가? [17년 3회 기사]

① 50 ② 67
③ 75 ④ 87

해설 소요 전선량은 단상 2선식 기준으로 단상 3선식은 37.5[%], 3상 3선식은 75[%], 3상 4선식은 33.3[%]이다.

12 배전전압, 배전거리 및 전력 손실이 같다는 조건에서 단상 2선식 전기방식의 전선 총 중량을 100[%]라 할 때 3상 3선식 전기방식은 몇 [%]인가? [17년 2회 산업]

① 33.3 ② 37.5
③ 75.0 ④ 100.0

해설 전선 총 중량은 단상 2선식을 기준으로 단상 3선식은 $\dfrac{3}{8}$, 3상 3선식은 $\dfrac{3}{4}$, 3상 4선식은 $\dfrac{1}{3}$이다.

13 동일 전력을 동일 선간전압, 동일 역률로 동일 거리에 보낼 때 사용하는 전선의 총 중량이 같으면 3상 3선식인 때와 단상 2선식일 때의 전력 손실비는? [19년 1회 기사]

① 1 ② $\dfrac{3}{4}$
③ $\dfrac{2}{3}$ ④ $\dfrac{1}{\sqrt{3}}$

해설
- 동일 전력이므로 $VI_1 = \sqrt{3}\,VI_3$에서 전류비 $\dfrac{I_{33}}{I_{12}} = \dfrac{1}{\sqrt{3}}$ 이다.
- 총 중량이 동일하므로 $2A_{12}l = 3A_{33}l$ 이고, 저항은 전선 단면적에 반비례하므로 저항비는 $\dfrac{R_{33}}{R_{12}} = \dfrac{A_{12}}{A_{33}} = \dfrac{3}{2}$ 이다.

$\therefore$ 손실비 $= \dfrac{3I_{33}^{\ 2}R_{33}}{2I_{12}^{\ 2}R_{12}} = \dfrac{3}{2}\times\left(\dfrac{I_{33}}{I_{12}}\right)^2\times\dfrac{R_{33}}{R_{12}}$

$= \dfrac{3}{2}\times\left(\dfrac{1}{\sqrt{3}}\right)^2\times\dfrac{3}{2} = \dfrac{3}{4}$

기출 핵심 NOTE

11 전선 중량비

전기방식	중량비
$1\phi 2W$	1
$1\phi 3W$	$\dfrac{3}{8}$
$3\phi 3W$	$\dfrac{3}{4}$
$3\phi 4W$	$\dfrac{1}{3}$

13 전류비

전기방식	전류비
$1\phi 2W$	1
$1\phi 3W$	$\dfrac{1}{2}$
$3\phi 3W$	$\dfrac{1}{\sqrt{3}}$
$3\phi 4W$	$\dfrac{1}{3}$

정답 11. ③ 12. ③ 13. ②

14 3상 3선식의 전선 소요량에 대한 3상 4선식의 전선 소요량의 비는 얼마인가? (단, 배전거리, 배전전력 및 전력손실은 같고, 4선식의 중성선의 굵기는 외선의 굵기와 같으며, 외선과 중성선 간의 전압은 3선식의 선간전압과 같다.)

[16년 3회 기사]

① $\dfrac{4}{9}$ ② $\dfrac{2}{3}$

③ $\dfrac{3}{4}$ ④ $\dfrac{1}{3}$

해설

전선 소요량비 = $\dfrac{3\phi 4\text{W}}{3\phi 3\text{W}} = \dfrac{\frac{1}{3}}{\frac{3}{4}} = \dfrac{4}{9}$

기출 핵심 NOTE

14 전선중량비

전기방식	중량비
$1\phi 2\text{W}$	1
$1\phi 3\text{W}$	$\dfrac{3}{8}$
$3\phi 3\text{W}$	$\dfrac{3}{4}$
$3\phi 4\text{W}$	$\dfrac{1}{3}$

정답 14. ①

제8장 배전선로 공급방식

"어려운 문제를 만나면
문제성보다 가능성에 대해 이야기해 보라."

- 마이클 버나드 벡위스 -

CHAPTER 09
배전선로 설비 및 운용

- 01 배전선로의 전기적 특성
- 02 수요와 부하
- 03 역률 개선
- 04 배전선로 보호 협조
- 05 배전선로 전압조정

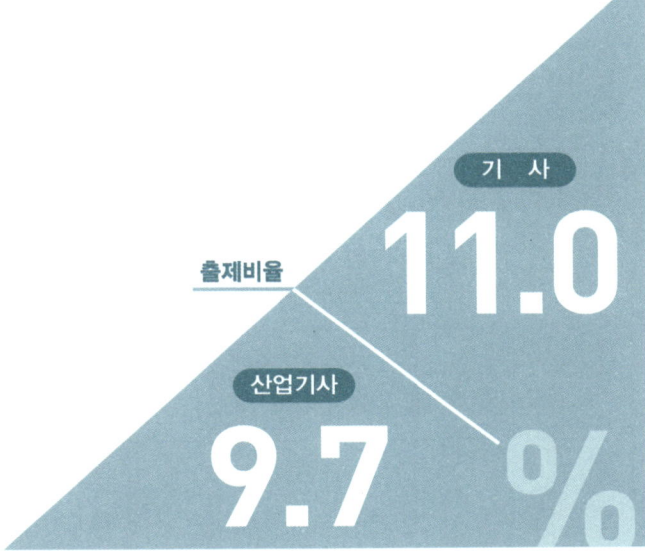

CHAPTER 09 배전선로 설비 및 운용

기출개념 01 배전선로의 전기적 특성

[1] 전압강하

① 단상($V = E$)
$$e = E_s - E_r = I(R\cos\theta + X\sin\theta)$$

② 3상($V = \sqrt{3}\,E$)
$$e = \sqrt{3}\,E_s - \sqrt{3}\,E_r = \sqrt{3}\,I(R\cos\theta + X\sin\theta)$$

[2] 직류 배전선의 전압강하

(1) 2선당 저항이 주어진 경우

$e = V_s - V_r = I(R\cos\theta + X\sin\theta)$에서 직류방식이므로 리액턴스 $X = 0 = IR$

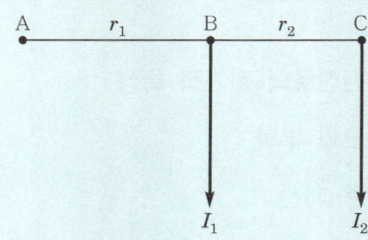

- B점의 전압 : $V_B = V_A - e = V_A - r_1(I_1 + I_2)$
- C점의 전압 : $V_C = V_B - e = V_B - r_2 I_2$

(2) 1선당 저항이 주어진 경우

$e = V_s - V_r = 2I(R\cos\theta + X\sin\theta)$에서 직류방식이므로 리액턴스 $X = 0 = 2IR$

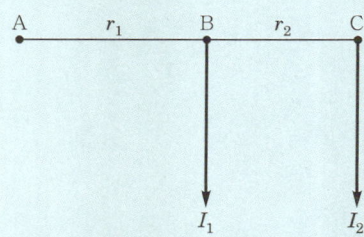

- B점의 전압 : $V_B = V_A - e = V_A - 2r_1(I_1 + I_2)$
- C점의 전압 : $V_C = V_B - e = V_B - 2r_2 I_2$

[3] 전압강하 분포

부하는 말단집중부하와 분산분포부하로 구성되며 그 특성은 다음과 같다.

구 분	전압강하	전력 손실
말단집중부하	IR	$I^2 R$
분산분포부하	$\dfrac{1}{2}IR$	$\dfrac{1}{3}I^2 R$

기·출·개·념 문제

1. 단상 2선식의 교류 배전선이 있다. 전선 한 줄의 저항은 0.15[Ω], 리액턴스는 0.25[Ω]이다. 부하는 무유도성으로 100[V], 3[kW]일 때 급전점의 전압은 약 몇 [V]인가? `18 산업`
   ① 100
   ② 110
   ③ 120
   ④ 130

   해설 급전점 전압 $V_s = V_r + I(R\cos\theta_r + X\sin\theta_r) = 100 + \dfrac{3,000}{100} \times 0.15 \times 2 = 109 ≒ 110[V]$

   답 ②

2. 그림과 같은 단상 2선식 배선에서 인입구 A점의 전압이 220[V]라면 C점의 전압[V]은? (단, 저항값은 1선의 값이며, AB간은 0.05[Ω], BC간은 0.1[Ω]이다.) `17 산업`
   ① 214
   ② 210
   ③ 196
   ④ 192

   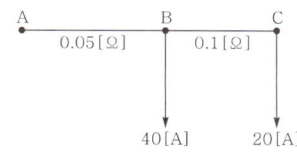

   해설 $V_B = 220 - 2 \times 0.05(40 + 20) = 214[V]$
   $V_C = 214 - 2 \times 0.1 \times 20 = 210[V]$

   답 ②

3. 전선의 굵기가 균일하고 부하가 송전단에서 말단까지 균일하게 분포되어 있을 때 배전선 말단에서 전압강하는? (단, 배전선 전체 저항 R, 송전단의 부하전류는 I이다.) `18 기사`
   ① $\dfrac{1}{2}RI$
   ② $\dfrac{1}{\sqrt{2}}RI$
   ③ $\dfrac{1}{\sqrt{3}}RI$
   ④ $\dfrac{1}{3}RI$

   해설
구 분	말단에 집중부하	균등부하분포
전압강하	IR	$\dfrac{1}{2}IR$
전력 손실	I^2R	$\dfrac{1}{3}I^2R$

   답 ①

4. 선로에 따라 균일하게 부하가 분포된 선로의 전력 손실은 이들 부하가 선로의 말단에 집중적으로 접속되어 있을 때보다 어떻게 되는가? `18·15·11 기사 / 13 산업`
   ① 2배로 된다.
   ② 3배로 된다.
   ③ $\dfrac{1}{2}$로 된다.
   ④ $\dfrac{1}{3}$로 된다.

   해설
구 분	말단에 집중부하	균등부하분포
전압강하	IR	$\dfrac{1}{2}IR$
전력 손실	I^2R	$\dfrac{1}{3}I^2R$

   답 ④

CHAPTER 09 배전선로 설비 및 운용

기출개념 02-1 수요와 부하(Ⅰ)

[1] 수용률

수용률은 수용장소에 설비된 모든 부하설비용량의 합에 대한 최대수용전력의 비를 말한다.

$$수용률 = \frac{최대수용전력[\text{kW}]}{설비용량[\text{kW}]} \times 100[\%]$$

일반적으로 1보다 적고 낮게 적용하는 것이 바람직하다.

＊변압기 용량 계산

$$변압기\ 용량[\text{kVA}] = \frac{최대전력[\text{kW}]}{역률}[\text{kVA}] = \frac{설비용량 \times 수용률}{역률}[\text{kVA}]$$

수용률이 커지면 최대전력이 증가되므로 변압기 용량이 커져서 경제적으로 불리하다.

기·출·개·념 문제

1. 어느 수용가의 부하설비는 전등설비가 500[W], 전열설비가 600[W], 전동기 설비가 400[W], 기타 설비가 100[W]이다. 이 수용가의 최대수용전력이 1,200[W]이면 수용률은 몇 [%]인가?

　　　　　　　　　　　　　　　　　　　　　　　　　　　　　　　　　　　　　19 기사

① 55　　　　　　　　　　　② 65
③ 75　　　　　　　　　　　④ 85

[해설] 수용률 $= \dfrac{최대수용전력[\text{kW}]}{부하설비용량[\text{kW}]} \times 100[\%]$

$= \dfrac{1,200}{500+600+400+100} \times 100 = 75[\%]$

답 ③

2. 총 부하설비가 160[kW], 수용률이 60[%], 부하 역률이 80[%]인 수용가에 공급하기 위한 변압기 용량[kVA]은?

　　　　　　　　　　　　　　　　　　　　　　　　　　　　　　　　　　　　　16 산업

① 40　　　　　　　　　　　② 80
③ 120　　　　　　　　　　④ 160

[해설] 변압기 용량 $P_t = \dfrac{160 \times 0.6}{0.8} = 120[\text{kVA}]$

답 ③

기출개념 02-2 수요와 부하(Ⅱ)

[2] 부등률

부등률은 수용가 상호간 최대부하는 같은 시간에 발생되지 않으므로 합성 최대수용전력에 대한 각 수용가에서의 최대수용전력과의 비를 말한다.

$$\text{부등률} = \frac{\text{각 수용가의 최대수용전력의 합}}{\text{합성 최대전력}}$$

부등률은 1보다 크고 변압기 용량 계산에 사용된다.

* 변압기 용량 계산

$$\text{변압기 용량}[\text{kVA}] = \frac{\text{합성최대전력}[\text{kVA}]}{\text{역률}} = \frac{\text{설비용량}}{\text{역률}} \times \frac{\text{수용률}}{\text{부등률}}[\text{kVA}]$$

기출개념 문제

1. 배전선로의 전기적 특성 중 그 값이 1 이상인 것은?　　　11·02 기사 / 18·17·13·12 산업

① 전압강하율　　　② 부등률
③ 부하율　　　　　④ 수용률

(해설) 부등률 = $\dfrac{\text{각 수용가의 최대수용전력의 합}[\text{kW}]}{\text{합성(종합) 최대전력}[\text{kW}]}$ 으로 이 값은 항상 1보다 크다.　　**답** ②

2. 설비용량이 360[kW], 수용률이 0.8, 부등률이 1.2일 때 최대수용전력은 몇 [kW]인가?　　18 기사

① 120　　　② 240
③ 360　　　④ 480

(해설) 최대수용전력 $P_m = \dfrac{360 \times 0.8}{1.2} = 240[\text{kW}]$　　**답** ②

3. 각 수용가의 수용설비용량이 50[kW], 100[kW], 80[kW], 60[kW], 150[kW]이며, 각각의 수용률이 0.6, 0.6, 0.5, 0.5, 0.4일 때 부하의 부등률이 1.3이라면 변압기 용량은 약 몇 [kVA]가 필요한가? (단, 평균 부하 역률은 80[%]라고 한다.)　　16·12·03 기사

① 142　　　② 165
③ 183　　　④ 212

(해설) 변압기 용량

$$P_T = \frac{50 \times 0.6 + 100 \times 0.6 + 80 \times 0.5 + 60 \times 0.5 + 150 \times 0.4}{1.3 \times 0.8} = 212[\text{kVA}]$$

답 ④

CHAPTER 09 배전선로 설비 및 운용

기출개념 02-3 수요와 부하(Ⅲ)

[3] 부하율

부하율은 부하 변동 상태를 나타내는 것으로 어떤 임의의 기간 중의 최대부하전력에 대한 평균부하전력의 비를 말한다.

$$\text{부하율} = \frac{\text{평균부하전력}}{\text{최대부하전력}} \times 100[\%]$$

① 일부하율 $= \dfrac{\dfrac{\text{일 사용 전력량[kWh]}}{24\text{시간[h]}}}{\text{최대전력[kW]}} \times 100[\%]$

② 연부하율 $= \dfrac{\dfrac{\text{연 사용 전력량[kWh]}}{24 \times 365 \text{시간[h]}}}{\text{최대전력[kW]}} \times 100[\%]$

부하율이 적을수록 설비를 유용하게 사용하지 못하고 첨두부하설비가 증가하고, 부하율이 클수록 설비를 유용하게 사용되고 있다는 뜻이다.

* 수용률, 부하율, 부등률의 관계

$$\text{부하율} = \frac{\text{평균전력}}{\text{최대전력}} = \frac{\text{평균전력}}{\text{설비용량}} \times \frac{\text{부등률}}{\text{수용률}}$$

부하율은 부등률에 비례하고, 수용률에 반비례한다.

기·출·개념 문제

1. 정격 10[kVA]의 주상 변압기가 있다. 이것의 2차측 일부하 곡선이 다음 그림과 같을 때 1일의 부하율은 몇 [%]인가? `03·02·00·95 기사`

① 52.3
② 54.3
③ 56.3
④ 58.3

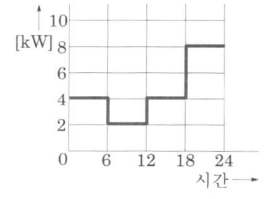

(해설) 부하율 $= \dfrac{\text{평균수용전력}}{\text{최대수용전력}} \times 100 = \dfrac{(4 \times 12 + 2 \times 6 + 8 \times 6) \div 24}{8} \times 100 = 56.25[\%]$ **답** ③

2. 수용가군 총합의 부하율은 각 수용가의 수용분 및 수용가 사이의 부등률이 변화할 때 옳은 것은?   `15·12·93 기사 / 16 산업`

① 부등률과 수용률에 비례한다.
② 부등률에 비례하고, 수용률에 반비례한다.
③ 수용률에 비례하고, 부등률에 반비례한다.
④ 부등률과 수용률에 반비례한다.

(해설) 부하율 $= \dfrac{\text{평균전력}}{\text{설비용량의 합계}} \times \dfrac{\text{부등률}}{\text{수용률}}$ 이므로 부등률에 비례하고, 수용률에 반비례한다.

답 ②

기출개념 02-4 수요와 부하(Ⅳ)

[4] 손실계수

손실계수는 최대전력손실에 대한 평균전력손실의 비를 말한다.

$$손실계수(H) = \frac{평균전력손실}{최대전력손실} \times 100 [\%]$$

일반적으로 실험식 사용

손실계수$(H) = \alpha F + (1-\alpha)F^2$

여기서, α = 손실정수(0.1~0.3)
F = 부하율

부하율이 좋으면 $H ≒ F$, 부하율이 나쁘면 $H ≒ F^2$이다.

* **손실계수와 부하율의 관계**

$$0 \leq F^2 \leq H \leq F \leq 1$$

기·출·개·념 문제

1. 배전선로에서 손실계수 H와 부하율 F 사이에 성립하는 식은? (단, 부하율 $F > 1$이다.)

　　　　　　　　　　　　　　　　　　　　　　　　　　　98 산업

① $H > F^2$　　　　　　　　　② $H < F^2$
③ $H = F^2$　　　　　　　　　④ $H > F$

(해설) 손실계수 H와 부하율 F의 관계는 부하율이 좋으면 $H ≒ F$이고, 부하율이 나쁘면 $H ≒ F^2$이다. 따라서 $0 \leq F^2 \leq H \leq F \leq 1$ 관계가 성립된다.
즉, $H > F^2$, $H < F$이다.　　　　　　　　　　　　　　　**답** ①

2. 다음 중 배전선로의 부하율이 F일 때 손실계수 H와의 관계로 옳은 것은?

　　　　　　　　　　　　　　　　　　　　　　　　　　　17 산업

① $H = F$　　　　　　　　　② $H = \dfrac{1}{F}$
③ $H = F^3$　　　　　　　　　④ $0 \leq F^2 \leq H \leq F \leq 1$

(해설) 손실계수 H는 최대전력손실에 대한 평균전력손실의 비로 일반적으로 손실계수 $H = \alpha F + (1-\alpha)F^2$의 실험식을 사용한다. 이때 손실정수 $\alpha = 0.1$~0.3이고, F는 부하율이다. 부하율이 좋으면 $H ≒ F$이고 부하율이 나쁘면 $H = F^2$이다. 손실계수 H와 부하율 F와의 관계는 다음 식이 성립된다.
$0 \leq F^2 \leq H \leq F \leq 1$　　　　　　　　　　　　　　**답** ④

CHAPTER 09 배전선로 설비 및 운용

기출개념 03 역률 개선

[1] 역률 개선의 효과
① 전력 손실 감소
② 전압강하 경감
③ 설비용량의 여유분 증가
④ 전기요금 절감

[2] [kVA] 용량과 정전용량 [μF]과의 관계

① △ 결선

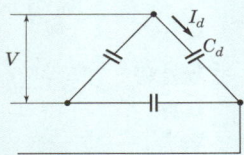

$$Q_\triangle = 3EI_d = 3E\omega C_d E = 3\omega C_d E^2 = 3\omega C_d V^2 \times 10^{-3} [\text{kVA}]$$

$$C_d = \frac{Q_\triangle}{3 \times \omega V^2} \times 10^3 [\mu\text{F}] = \frac{Q_\triangle}{3 \times 2\pi f V^2} \times 10^3 [\mu\text{F}]$$

② Y결선

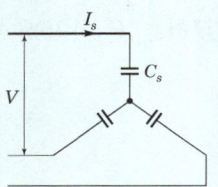

$$Q_Y = 3EI_s = 3E\omega C_s E = 3\omega C_s E^2 = 3\omega C_s \left(\frac{V}{\sqrt{3}}\right)^2 = \omega C_s V^2 \times 10^{-3} [\text{kVA}]$$

$$C_s = \frac{Q_Y}{\omega V^2} \times 10^3 [\mu\text{F}] = \frac{Q_Y}{2\pi f V^2} \times 10^3 [\mu\text{F}]$$

[3] 역률 개선용 콘덴서의 용량 계산

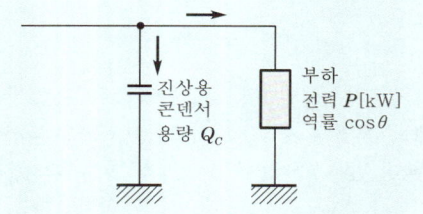
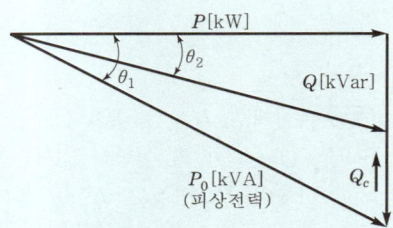

$$Q_c = P[\text{kW}](\tan\theta_1 - \tan\theta_2)$$
$$= P\left(\frac{\sin\theta_1}{\cos\theta_1} - \frac{\sin\theta_2}{\cos\theta_2}\right) = P\left(\frac{\sqrt{1-\cos^2\theta_1}}{\cos\theta_1} - \frac{\sqrt{1-\cos^2\theta_2}}{\cos\theta_2}\right)[\text{kVA}]$$

여기서, $\cos\theta_1$: 개선 전 역률, $\cos\theta_2$: 개선 후 역률

기·출·개·념 문제

1. 배전선로의 역률 개선에 따른 효과로 적합하지 않은 것은? 19·15 산업
① 전원측 설비의 이용률 향상
② 선로 절연에 요하는 비용 절감
③ 전압강하 감소
④ 선로의 전력 손실 경감

(해설) 역률 개선의 효과
- 전력 손실이 감소한다.
- 전압강하가 감소한다.
- 설비의 여유가 증가한다.
- 전력 사업자 공급설비를 합리적으로 운용한다.
- 수용가측의 전기요금을 절약한다.

답 ②

2. 어떤 콘덴서 3개를 선간전압 3,300[V], 주파수 60[Hz]의 선로에 △로 접속하여 60[kVA]가 되도록 하려면 콘덴서 1개의 정전용량[μF]은 얼마로 하여야 하는가? 00 기사 / 13·03 산업
① 5
② 50
③ 0.5
④ 500

(해설) △결선일 때 충전용량 $Q = 3\omega CV^2$

$$\therefore C = \frac{60 \times 10^3}{3 \times 2\pi \times 60 \times 3,300^2} \times 10^6 = 4.87 ≒ 5[\mu F]$$

답 ①

3. 역률 0.8(지상)의 5,000[kW]의 부하에 전력용 콘덴서를 병렬로 접속하여 합성 역률을 0.9로 개선하고자 할 경우 소요되는 콘덴서의 용량[kVA]으로 적당한 것은 어느 것인가? 09 기사 / 13·12산업
① 820
② 1,080
③ 1,350
④ 2,160

(해설) $Q = 5,000\left(\dfrac{\sqrt{1-0.8^2}}{0.8} - \dfrac{\sqrt{1-0.9^2}}{0.9}\right) = 1,350[\text{kVA}]$

답 ③

4. 3상 배전선로의 말단에 역률 80[%](뒤짐) 160[kW]의 평형 3상 부하가 있다. 부하점에 부하와 병렬로 전력용 콘덴서를 접속하여 선로 손실을 최소로 하기 위해 필요한 콘덴서 용량[kVA]은? (단, 여기서 부하단 전압은 변하지 않는 것으로 한다.) 09·01·96 기사
① 96
② 120
③ 128
④ 200

(해설) 선로 손실을 최소로 하려면 역률을 1로 개선해야 한다.

$$\therefore Q_c = P(\tan\theta_1 - \tan\theta_2) = P(\tan\theta - 0) = P\frac{\sin\theta}{\cos\theta} = 160 \times \frac{0.6}{0.8} = 120[\text{kVA}]$$

답 ②

제9장 배전선로 설비 및 운용

CHAPTER 09 배전선로 설비 및 운용

기출개념 04 배전선로 보호 협조

(1) 리클로저(recloser)
선로 고장이 발생하였을 때 고장전류를 검출하여 지정된 시간 내에 고속차단하고 자동 재폐로 동작을 수행하여 고장구간을 분리하거나 재송전하는 기능을 가진 차단기

(2) 섹셔널라이저(sectionalizer) : 자동선로 구분개폐기
고장 발생 시 리클로저와 협조하여 고장구간을 신속히 개방하여 사고를 국부적으로 분리시키는 개폐기

(3) 라인퓨즈(line fuse)
배전선로 도중에 삽입되는 퓨즈

* 보호 협조 설치 순서

> 변전소 차단기 – 리클로저 – 섹셔널라이저 – 라인퓨즈 – 부하측

기·출·개념 문제

1. 선로 고장 시 고장전류를 차단할 수 없어 리클로저와 같이 차단기능이 있는 후비보호장치와 직렬로 설치되어야 하는 장치는? [15 기사]

① 배선용 차단기 ② 유입개폐기
③ 컷 아웃 스위치 ④ 섹셔널라이저

(해설) 섹셔널라이저(sectionalizer)는 고장 발생 시 차단기능이 없으므로 고장을 차단하는 후비 보호장치(리클로저)와 직렬로 설치하여 고장구간을 분리시키는 개폐기이다. **답 ④**

2. 공통 중성선 다중접지방식의 배전선로에서 recloser(R), sectionalizer(S), line fuse(F)의 보호 협조가 가장 적합한 배열은? (단, 보호 협조는 변전소를 기준으로 한다.) [19 기사]

① S – F – R ② S – R – F
③ F – S – R ④ R – S – F

(해설) 리클로저(recloser)는 선로에 고장이 발생하였을 때 고장전류를 검출하여 지정된 시간 내에 고속차단하고 자동 재폐로 동작을 수행하여 고장구간을 분리하거나 재송전하는 장치이다. 섹셔널라이저(sectionalizer)는 부하전류는 개폐할 수 있지만 고장전류를 차단할 수 없으므로 리클로저와 직렬로 설치하여야 한다.
그러므로 변전소 차단기 → 리클로저 → 섹셔널라이저 → 라인퓨즈로 구성한다. **답 ④**

기출개념 05 배전선로 전압조정

(1) 변전소의 전압조정
① 부하 시 탭절환장치(ULTC)
② ULTC가 없는 변전소의 경우(66[kV] 이하) : 정지형 전압조정기(SVR ; Static Voltage Regulator)

(2) 배전선로 전압조정방식
① 승압기
② 유도전압조정기(IR ; Induction Regulator)
③ 주상 변압기 탭(tap) 조정

(3) 승압기(단권 변압기)
* 단상 승압기
배전선로의 길이가 길어 전압강하가 클 경우 전압강하 경감대책

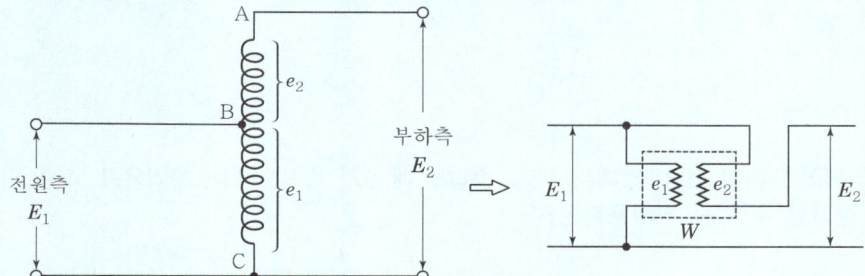

여기서, E_1 : 승압 전의 전압[V]
E_2 : 승압 후의 전압[V]
e_1 : 승압기의 1차 정격전압[V]
e_2 : 승압기의 2차 정격전압[V]
n : 승압기의 권수비 $\left(\dfrac{e_1}{e_2}\right)$
W : 부하의 용량($W = E_2 i_2$)[VA]

① 승압 후의 전압 : $E_2 = e_1 + e_2$
$= e_1 + \dfrac{1}{n} e_1$
$= E_1 + \dfrac{1}{n} E_1$
$= E_1 \left(1 + \dfrac{1}{n}\right)$
$= E_1 + \left(1 + \dfrac{e_2}{e_1}\right)$

② 승압기 용량(변압기 용량, 자기용량) : $w = e_2 i_2 = \dfrac{W}{E_2} \times e_2$ [VA]

CHAPTER 09 배전선로 설비 및 운용

기·출·개·념 문제

1. 배전선로에서 사용하는 전압조정방법이 아닌 것은? `19 산업`

① 승압기 사용
② 병렬 콘덴서 사용
③ 저전압 계전기 사용
④ 주상 변압기 탭 전환

[해설] 배전선로의 전압조정은 변전소의 모선이나 급전선의 전압을 일괄 조정하는 방법과 변압기의 탭 조정, 승압기 설치 등의 방법이 있다.

답 ③

2. 단상 승압기 1대를 사용하여 승압할 경우 승압 전의 전압을 E_1이라 하면, 승압 후의 전압 E_2는 어떻게 되는가? (단, 승압기의 변압비는 $\dfrac{\text{전원측 전압}}{\text{부하측 전압}} = \dfrac{e_1}{e_2}$이다.) `18 산업`

① $E_2 = E_1 + e_1$
② $E_2 = E_1 + e_2$
③ $E_2 = E_1 + \dfrac{e_2}{e_1}E_1$
④ $E_2 = E_1 + \dfrac{e_1}{e_2}E_1$

[해설] 승압 후 전압

$$E_2 = E_1\left(1 + \dfrac{e_2}{e_1}\right) = E_1 + \dfrac{e_2}{e_1}E_1$$

답 ③

3. 승압기에 의하여 전압 V_e에서 V_h로 승압할 때, 2차 정격전압 e, 자기용량 W인 단상 승압기가 공급할 수 있는 부하용량은? `17 기사`

① $\dfrac{V_h}{e} \times W$
② $\dfrac{V_c}{e} \times W$
③ $\dfrac{V_e}{V_h - V_e} \times W$
④ $\dfrac{V_h - V_e}{V_e} \times W$

[해설] 승압기 자기용량 $W = \dfrac{e}{V_h} \times$ 부하용량이므로, 여기서 부하의 용량을 구하면 $\dfrac{V_h}{e} \times W$이다.

답 ①

CHAPTER 09
배전선로 설비 및 운용

이런 문제가 시험에 나온다! 단원 최근 빈출문제

 기출 핵심 NOTE

01 배전선에서 균등하게 분포된 부하일 경우 배전선 말단의 전압강하는 모든 부하가 배전선의 어느 지점에 집중되어 있을 때의 전압강하와 같은가? [16년 1회 산업]

① $\frac{1}{2}$ ② $\frac{1}{3}$
③ $\frac{2}{3}$ ④ $\frac{1}{5}$

해설 전압강하 분포

부하 형태	말단에 집중	균등분포
전류분포		
전압강하	1	$\frac{1}{2}$

01 전압강하 분포

구 분	전압강하
말단 집중	IR
분산분포	$\frac{1}{2}IR$

02 어떤 건물에서 총 설비부하용량이 850[kW], 수용률이 60[%]이면 변압기 용량은 최소 몇 [kVA]로 하여야 하는가? (단, 설비부하의 종합 역률은 0.75이다.) [15년 1회 산업]

① 740 ② 680
③ 650 ④ 500

해설 변압기 용량 $P_t = \frac{850 \times 0.6}{0.75} = 680[\text{kVA}]$

02 변압기 용량

$[\text{kVA}] = \frac{\text{최대전력}}{\text{역률}}$
$= \frac{\text{설비용량} \times \text{수용률}}{\text{역률}}$

03 최대수용전력의 합계와 합성 최대수용전력의 비를 나타내는 계수는? [19년 2회 산업]

① 부하율 ② 수용률
③ 부등률 ④ 보상률

해설
- 수용률 = $\frac{\text{최대수용전력}[\text{kW}]}{\text{부하설비용량}[\text{kW}]} \times 100[\%]$
- 부하율 = $\frac{\text{평균부하전력}[\text{kW}]}{\text{최대부하전력}[\text{kW}]} \times 100[\%]$
- 부등률 = $\frac{\text{개개의 최대수용전력의 합}[\text{kW}]}{\text{합성 최대수용전력}[\text{kW}]}$

03 부등률

$\frac{\text{개개의 최대수용전력의 합}}{\text{합성 최대수용전력}}$

부등률은 항상 1보다 크다.

정답 01. ① 02. ② 03. ③

CHAPTER 09 배전선로 설비 및 운용

04 설비용량 800[kW], 부등률 1.2, 수용률 60[%]일 때, 변전시설 용량은 최저 약 몇 [kVA] 이상이어야 하는가? (단, 역률은 90[%] 이상 유지되어야 한다.) [16년 2회 산업]

① 450
② 500
③ 550
④ 600

해설 $P_m = \dfrac{800 \times 0.6}{1.2} \times \dfrac{1}{0.9} = 444.4 ≒ 450[\text{kVA}]$

기출 핵심 NOTE

04 변압기 용량

$[\text{kVA}] = \dfrac{\text{설비용량[kW]}}{\text{역률}} \times \dfrac{\text{수용률}}{\text{부등률}}$

05 연간 전력량이 E[kWh]이고, 연간 최대전력이 W[kW]인 연부하율은 몇 [%]인가? [16년 1회 기사]

① $\dfrac{E}{W} \times 100$
② $\dfrac{\sqrt{3}\,W}{E} \times 100$
③ $\dfrac{8,760\,W}{E} \times 100$
④ $\dfrac{E}{8,760\,W} \times 100$

해설 연부하율 $= \dfrac{\frac{E}{365 \times 24}}{W} \times 100 = \dfrac{E}{8,760\,W} \times 100[\%]$

05 연부하율

$= \dfrac{\frac{\text{연 사용 전력량}}{24 \times 365\text{시간}}}{\text{최대전력}} \times 100[\%]$

$= \dfrac{\text{연 사용 전력량}}{8,760 \times \text{최대전력}} \times 100[\%]$

06 배전선로의 손실을 경감하기 위한 대책으로 적절하지 않은 것은? [16년 3회 기사]

① 누전차단기 설치
② 배전전압의 승압
③ 전력용 콘덴서 설치
④ 전류밀도의 감소와 평형

해설 전력 손실 감소대책
- 가능한 높은 전압 사용
- 굵은 전선 사용으로 전류밀도 감소
- 높은 도전율을 가진 전선 사용
- 송전거리 단축
- 전력용 콘덴서 설치
- 노후설비 신속 교체

07 배전 계통에서 전력용 콘덴서를 설치하는 목적으로 가장 타당한 것은? [15년 1회 기사]

① 배전선의 전력 손실 감소
② 전압강하 증대
③ 고장 시 영상전류 감소
④ 변압기 여유율 감소

해설 배전 계통에서 전력용 콘덴서를 설치하는 것은 부하의 지상 무효전력을 진상시켜 역률을 개선하여 전력 손실을 줄이는 데 주목적이 있다.

07 역률 개선의 효과
- 전력 손실 감소
- 전압강하 경감
- 설비용량 여유분 증가
- 전기요금 절감

정답 04. ① 05. ④ 06. ① 07. ①

08 전력 계통의 전압을 조정하는 가장 보편적인 방법은?

[15년 1회 기사]

① 발전기의 유효전력 조정   ② 부하의 유효전력 조정
③ 계통의 주파수 조정   ④ 계통의 무효전력 조정

해설 전력 계통의 전압조정은 계통의 무효전력을 흡수하는 커패시터나 리액터를 사용하여야 한다.

09 전력용 콘덴서의 사용 전압을 2배로 증가시키고자 한다. 이때 정전용량을 변화시켜 동일 용량[kVar]으로 유지하려면 승압 전의 정전용량보다 어떻게 변화하면 되는가?

[16년 3회 기사]

① 4배로 증가   ② 2배로 증가
③ $\dfrac{1}{2}$로 감소   ④ $\dfrac{1}{4}$로 감소

해설 콘덴서 저장용량 $W = QV = CV^2$이므로 전압을 2배로 하면 정전용량을 $\dfrac{1}{4}$배로 줄이면 된다.

10 동일 전력을 수송할 때 다른 조건은 그대로 두고 역률을 개선한 경우의 효과로 옳지 않은 것은? [15년 3회 산업]

① 선로 변압기 등의 저항손이 역률의 제곱에 반비례하여 감소한다.
② 변압기, 개폐기 등의 소요용량은 역률에 비례하여 감소한다.
③ 선로의 송전용량이 그 허용전류에 의하여 제한될 때는 선로의 송전용량은 증가한다.
④ 전압강하는 $1 + \dfrac{X}{R}\tan\psi$에 비례하여 감소한다.

해설 선로의 송전용량은 허용전류에 의하여 제한받으면 송전용량도 제한받는다.

11 역률 80[%], 500[kVA]의 부하설비에 100[kVA]의 진상용 콘덴서를 설치하여 역률을 개선하면 수전점에서의 부하는 약 몇 [kVA]가 되는가? [19년 3회 기사]

① 400   ② 425
③ 450   ④ 475

해설 역률 개선 후 수전점의 부하(개선 후 피상전력)

$P_a' = \sqrt{유효전력^2 + (무효전력 - 진상용량)^2}$
$= \sqrt{(500 \times 0.8)^2 + (500 \times 0.6 - 100)^2}$
$= 447.2 ≒ 450[kVA]$

기출 핵심 NOTE

10 • 선로 손실(저항손)

$$P_l = 3I^2 \cdot R = \dfrac{P^2 \cdot R}{V^2 \cos^2\theta}$$

• 전압강하

$$e = \sqrt{3}\,I(R\cos\theta + X\sin\theta)$$
$$= \dfrac{P}{V}(R + X\tan\theta)$$

11 역률 개선용 콘덴서 용량

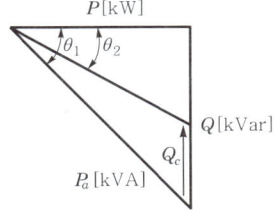

여기서, $\cos\theta_1$: 개선 전 역률
$\cos\theta_2$: 개선 후 역률
$Q_c = P[kW](\tan\theta_1 - \tan\theta_2)[kVA]$

정답 08. ④ 09. ④ 10. ③ 11. ③

CHAPTER 09 배전선로 설비 및 운용

12 수전단의 전력원 방정식이 $P_r^2 + (Q_r + 400)^2 = 250,000$ 으로 표현되는 전력 계통에서 가능한 최대로 공급할 수 있는 부하전력(P_r)과 이때 전압을 일정하게 유기하는 데 필요한 무효전력(Q_r)은 각각 얼마인가? [16년 3회 기사]

① $P_r = 500$, $Q_r = -400$
② $P_r = 400$, $Q_r = 500$
③ $P_r = 300$, $Q_r = 100$
④ $P_r = 200$, $Q_r = -300$

해설 전압을 일정하게 유지하려면 전부하 상태이므로 무효전력을 조정하기 위해서는 조상설비용량이 -400으로 되어야 한다. 그러므로 부하전력 $P_r = 500$, 무효전력 $Q_r = -400$이 되어야 한다.

13 배전선의 전압조정장치가 아닌 것은? [18년 3회 기사]

① 승압기
② 리클로저
③ 유도전압조정기
④ 주상 변압기 탭절환장치

해설 리클로저(recloser)는 선로에 고장이 발생하였을 때 고장전류를 검출하여 지정된 시간 내에 고속차단하고 자동 재폐로 동작을 수행하여 고장구간을 분리하거나 재송전하는 장치이므로 전압조정장치가 아니다.

14 다중접지 계통에 사용되는 재폐로 기능을 갖는 일종의 차단기로서 과부하 또는 고장전류가 흐르면 순시 동작하고, 일정시간 후에는 자동적으로 재폐로하는 보호기기는? [19년 1회 기사]

① 라인퓨즈
② 리클로저
③ 섹셔널라이저
④ 고장구간 자동개폐기

해설 리클로저(recloser)
선로에 고장이 발생하였을 때 고장전류를 검출하여 지정된 시간 내에 고속차단하고 자동 재폐로 동작을 수행하여 고장구간을 분리하거나 재송전하는 장치이다.

15 22.9[kV-Y] 가공 배전선로에서 주공급 선로의 정전사고 시 예비전원 선로로 자동 전환되는 개폐장치는? [15년 3회 기사]

① 기중부하개폐기
② 고장구간 자동개폐기
③ 자동선로 구분개폐기
④ 자동부하 전환개폐기

기출 핵심 NOTE

13 배전선로 전압조정방식
- 승압기
- 유도전압조정기(IR)
- 주상 변압기 탭 조정

14 배전선로 보호 협조
- 리클로저
  고장구간을 분리하거나 재송전하는 기능을 가진 차단기
- 섹셔널라이저
  고장구간 개방·분리시키는 개폐기
- 라인퓨즈
  배전선로 도중에 삽입되는 퓨즈

정답 12. ① 13. ② 14. ② 15. ④

해설 자동부하 전환개폐기(ALTS)는 주전원 정전 시나 전압이 감소될 때 예비전원으로 자동 전환되어 무정전 전원 공급을 수행하는 개폐기를 말한다.

16 주상 변압기의 고장이 배전선로에 파급되는 것을 방지하고 변압기의 과부하 소손을 예방하기 위하여 사용되는 개폐기는? [19년 1회 산업]

① 리클로저
② 부하개폐기
③ 컷 아웃 스위치
④ 섹셔널라이저

해설 컷 아웃 스위치
변압기 1차측에 설치하여 변압기의 단락사고가 전력 계통으로 파급되는 것을 방지한다.

17 주상 변압기의 고압측 및 저압측에 설치되는 보호장치가 아닌 것은? [15년 3회 산업]

① 피뢰기
② 1차 컷 아웃 스위치
③ 캐치 홀더
④ 케이블 헤드

해설 주상 변압기 보호장치
• 1차(고압)측 : 피뢰기와 컷 아웃 스위치
• 2차(저압)측 : 제2종 접지공사와 캐치 홀더

18 배전용 변전소의 주변압기로 주로 사용되는 것은? [17년 3회 기사]

① 강압 변압기
② 체승 변압기
③ 단권 변압기
④ 3권선 변압기

해설 발전소에 있는 주변압기는 체승용으로 되어 있고, 변전소의 주변압기는 강압용으로 되어 있다.

19 폐쇄 배전반을 사용하는 주된 이유는 무엇인가? [15년 1회 기사]

① 보수의 편리
② 사람에 대한 안전
③ 기기의 안전
④ 사고 파급 방지

해설 폐쇄형 배전반은 완전 밀폐형으로 충전부분의 노출이 없어 사람에 대한 감전의 위험이 적다.

기출 핵심 NOTE

16 주상 변압기 보호장치
• 1차측 : 컷 아웃 스위치
• 2차측 : 캐치 홀더
퓨즈 형태로 비접지측 전선에 시설

정답 16. ③ 17. ④ 18. ① 19. ②

"행복은 생각하고, 말하고,
행동하는 것이 일치할 때 찾아온다."

- 마하트마 간디 -

CHAPTER 10 수력발전

- **01** 수력발전방식
- **02** 수력발전소의 출력
- **03** 수력학
- **04** 하천 유량
- **05** 수력발전소의 계통
- **06** 수차
- **07** 수차의 특성
- **08** 캐비테이션(cavitation) 현상

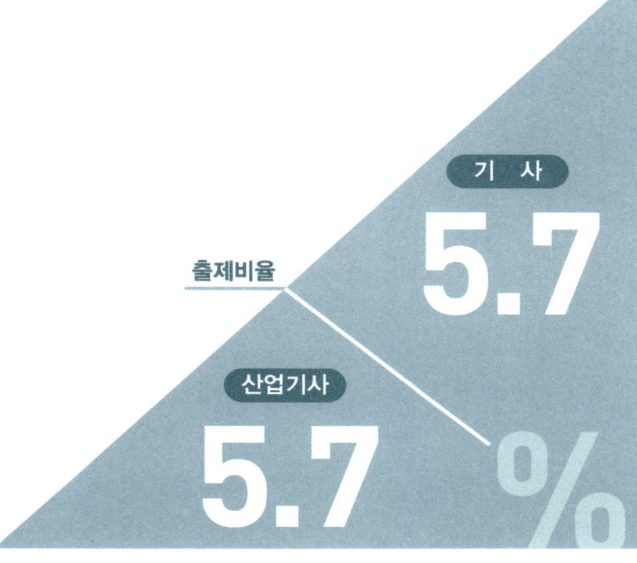

CHAPTER 10 수력발전

기출개념 01 수력발전방식

[1] 낙차에 의한 분류(= 취수방법에 의한 분류)

(1) **수로식** : 취수댐으로부터 수로를 통해 낙차를 얻어 발전하는 방식

(2) **댐식** : 댐을 막아 낙차를 얻어 발전하는 방식

(3) **댐수로식** : 댐으로부터 수로를 연결하여 낙차를 만들어 발전하는 방식

(4) **유역 변경식** : 어느 하천에는 저수용 댐을 설치하고 발전소는 다른 하천에 도수로를 연결하여 유역을 변경하는 방식

[2] 운용방법에 의한 분류(= 유량 사용방법에 의한 분류)

(1) **유입식 발전소** : 하천의 자연 유량을 그대로 발전에 사용하는 방식

(2) **조정지식 발전소** : 저수용량이 불충분해 조정지를 만들어 하천으로부터의 취수량과 발전에 필요한 수량을 저수하였다가 발전하는 방식

(3) **저수지식 발전소** : 풍수기에 남는 물을 저수하였다가 갈수기 등에 방출하여 하천 유량을 유효하게 이용하는 발전방식

(4) **양수식 발전소** : 전력수요가 적은 심야 또는 휴일에 남아도는 전력을 이용하여 양수 펌프를 돌려 하부 저수지 **물을 상부 저수지에 양수하여 저장해 두었다가 첨두 부하 시에 이것을 이용하는 발전방식**

(5) **조력발전소** : 해수의 간만의 차에 의한 방식

기출개념 02 수력발전소의 출력

수력발전소의 출력은 유량(Q)과 낙차(H)의 곱으로 계산

(1) **수력발전의 이론상 출력**

$$P = 9.8Q \cdot H [\text{kW}]$$

여기서, Q : 유량[m^3/sec]
H : 유효낙차[m]

(2) **수력발전의 실제 출력**

$$P = 9.8QH\eta_t\eta_g = 9.8QH\eta [\text{kW}]$$

여기서, η_t : 수차효율, η_g : 발전기 효율
$\eta = \eta_t\eta_g$: 종합 효율(합성 효율)

기출개념 03 수력학

[1] 물의 압력
1기압, 온도 4[℃], 비중 1.0을 기준으로 계산
(1) 단위체적당 중량 : $\omega = 1,000 [\text{kg/m}^3]$
(2) 단위면적당 압력(정수압)

$$P = \frac{W}{A} = \frac{\omega A H}{A} = \omega H = 1,000 H \ [\text{kg/m}^2]$$

여기서, P : 압력[kg/m²], W : 수주의 무게[kg], H : 높이[m], A : 단면적[m²]

[2] 수두
물이 가지는 에너지를 높이로 환산한 것
(1) 위치수두 H[m] : 물의 위치에너지를 수두로 표시한 값
(2) 압력수두 : 물이 가지는 압력에너지를 수두로 표시한 값

$$H_P = \frac{P[\text{kg/m}^2]}{\omega [\text{kg/m}^3]} = \frac{P}{1,000} [\text{m}]$$

(3) 속도수두 : 물의 운동(속도)에너지를 수두로 나타낸 값

$$H_v = \frac{v^2}{2g} [\text{m}]$$

여기서, v : 유속[m/sec], g : 중력가속도[m/sec²]

(4) 물의 분출속도 : $v = \sqrt{2gH} \ [\text{m/sec}]$

[3] 연속의 정리
유량(Q)은 그 지점의 면적과 유수의 속도에 곱으로 나타낸다.

$$Q = A_1 v_1 = A_2 v_2 = 일정$$

[4] 베르누이의 정리
물이 가지는 전체 에너지, 즉 총수두는 어느 곳에서나 일정하다.

$$H_1 + \frac{P_1}{\omega} + \frac{v_1^2}{2g} = H_2 + \frac{P_2}{\omega} + \frac{v_2^2}{2g} = 일정$$

기출개념 04 하천 유량

[1] 연평균 유량
강수량 중에서 상당량은 증발되고 지하로 스며들며 하천으로 흘러가므로 어느 하천의 유역면적 b[km²], 연강수량 a[mm], 유출계수 k라 하면 연평균 유량 Q[m³/sec]는 다음과 같다.

$$Q = \frac{a \cdot b \cdot 1,000}{365 \times 24 \times 60 \times 60} \times k \ [\text{m}^3/\text{sec}]$$

[2] 유량의 변동
① 갈수량(갈수위) : 1년 365일 중 355일은 이것보다 내려가지 않는 유량과 수위
② 저수량(저수위) : 1년 365일 중 275일은 이것보다 내려가지 않는 유량과 수위
③ 평수량(평수위) : 1년 365일 중 185일은 이것보다 내려가지 않는 유량과 수위
④ 풍수량(풍수위) : 1년 365일 중 95일은 이것보다 내려가지 않는 유량과 수위
⑤ 고수량 : 매년 1 내지 2회 생기는 유량
⑥ 홍수량 : 3 내지 4년에 한 번 생기는 유량

[3] 유량조사 도표
① 유량도 : 가로축에 1년 365일 역일 순으로 하고, 세로축에 유량을 취하여 매일 또는 매월 하천의 유량을 기입하여 연결한 곡선(하천의 유량 변동 상태와 유출량을 알 수 있다.)
② 유황곡선 : 유량도를 기초로 하여 가로축에 일수, 세로축에 유량을 취하여 큰 것부터 차례대로 1년분을 배열한 곡선(갈수량, 저수량, 평수량, 풍수량 및 유출량과 특정 유량으로 발전가능일수를 알 수 있다.)
③ 적산 유량곡선 : 가로축에 365일을, 세로축에 유량의 누계를 나타낸 곡선 댐 설계 시나 저수지 용량을 결정할 때 사용한다.

기출개념 05 수력발전소의 계통

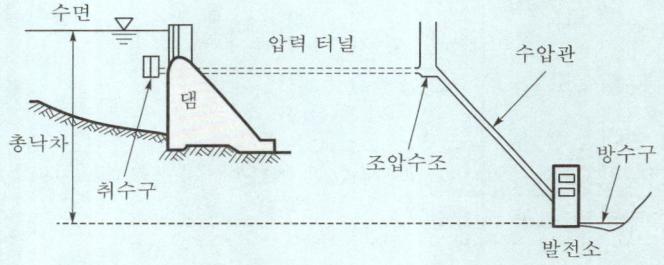

[1] 취수구의 설비
(1) **제수문** : 하천의 물을 수로에 유입시키기 위한 설비로 유량을 조절한다.
(2) **스크린** : 각종 부유물 등을 제거하기 위한 설비
(3) **침사지** : 유수 중의 토사를 침전시켜 배제하기 위한 설비

[2] 수로
취수구로부터 수조 또는 발전기의 수차까지 물이 흐르게 하는 통로

[3] 조압수조
(1) **설치목적** : 부하 급변 시 생기는 수격작용을 완화시켜 수압관을 보호한다.
(2) **종류**
① 단동 조압수조 : 수조의 높이만을 증가시킨 수조
② 차동 조압수조 : 라이저(riser)라는 상승관을 가진 수조
③ 수실 조압수조 : 수조의 상·하부 측면에 수실을 가진 수조
④ 제수공 조압수조 : 포트(제수공)를 통해 물의 마찰을 증가시키는 수조

기출개념 06 수차

[1] 개념
물이 보유하고 있는 에너지를 기계적인 에너지로 변환시키는 장치

[2] 수차의 종류
(1) **충동 수차** : 위치에너지를 운동에너지로 변환시키는 수차
  • 펠톤 수차 : 고낙차용 300[m] 이상

(2) **반동 수차** : 물의 위치에너지를 압력에너지로 바꾸고 이것을 러너에 유입시켜 발생하는 반동력을 이용하여 수차를 회전시키는 구조
  ① 프란시스 수차 : 중낙차용 130~300[m] 이하
  ② 프로펠러 수차, 카플란 수차 : 중낙차용 15~130[m] 이하
  ③ 튜블러 수차 : 15[m] 이하의 저낙차용으로 사용
  * 흡출관 : 반동 수차의 낙차를 증가시킬 목적으로 수차 출구에서 방수로 수면까지 연결하는 관으로 흡출고가 너무 크지 않도록 한다.

기출개념 07 수차의 특성

[1] 수차의 특유속도
단위 낙차 1[m] 위치에서 운전시켜 단위출력 1[kW]를 발생시키기 위한 1분당 필요한 회전수

$$N_s = N \times \frac{P^{\frac{1}{2}}}{H^{\frac{5}{4}}} = N \times \frac{\sqrt{P}}{H^{\frac{5}{4}}} \text{[rpm]}$$

여기서, N : 정격 회전수[rpm]
H : 유효낙차[m]
P : 낙차 H[m]에서의 수차의 정격출력[kW]

(1) **펠톤수차** : $12 \leq N_s \leq 23$

(2) **프란시스 수차** : $N_s \leq \dfrac{20,000}{H+20} + 30$

(3) **사류 수차** : $N_s \leq \dfrac{20,000}{H+20} + 40$

(4) **카프란 수차, 프로펠러 수차** : $N_s \leq \dfrac{20,000}{H+20} + 50$

CHAPTER 10 수력발전

[2] 수차의 낙차 변동에 대한 특성

(1) 회전수 : $\dfrac{N_2}{N_1} = \left(\dfrac{H_2}{H_1}\right)^{\frac{1}{2}}$

(2) 유량 : $\dfrac{Q_2}{Q_1} = \left(\dfrac{H_2}{H_1}\right)^{\frac{1}{2}}$

(3) 출력 : $\dfrac{P_2}{P_1} = \left(\dfrac{H_2}{H_1}\right)^{\frac{3}{2}}$

[3] 조속기

부하의 변동에 관계없이 수차의 속도를 일정하게 유지하기 위하여 수차의 유량을 조절하는 장치
① 평속기 : 수차의 속도 편차 검출
② 배압밸브 : 유압 조정
③ 서보모터 : 펠톤 수차의 니들밸브 반동 수차의 안내 날개 개폐
④ 복원기구(제동 권선) : 회전기의 관성에 의한 동작시간 지연에 의해 생기는 난조를 방지하기 위한 기구로 발전기의 안정도를 향상시킨다.
* 조속기의 동작순서
  평속기 → 배압밸브 → 서보모터 → 복원기구

기출개념 08 캐비테이션(cavitation) 현상

공기의 흐름보다 유수의 흐름이 빠르면 미세한 기포가 발생되며, 기포가 압력이 높은 곳에서 터지게 되는데 이때 부근의 물체에 큰 충격을 준다. 이 충격이 러너와 버킷 등을 침식시키는 현상을 공동 현상 또는 캐비테이션 현상이라 한다.

[1] 캐비테이션의 영향

① 수차의 금속 부분이 부식된다.
② 수차에 진동·소음이 발생된다.
③ 수차의 효율이 저하된다.

[2] 캐비테이션 방지대책

① 수차의 특유 속도를 너무 높게 취하지 말 것
② 흡출관 높이를 높게 취하지 말 것
③ 침식에 강한 재료를 사용할 것

CHAPTER 10 수력발전

단원 최근 빈출문제

01 수력발전소를 건설할 때 낙차를 취하는 방법으로 적합하지 않은 것은? [15년 2회 기사]

① 수로식 ② 댐식
③ 유역 변경식 ④ 역조정지식

해설 수력발전소 분류에서 낙차를 얻는 방식은 댐식, 수로식, 댐수로식, 유역 변경식 등이 있고, 유량 사용 방법은 유입식, 저수지식, 조정지식, 양수식(역조정지식) 등이 있다.

02 수력발전소의 취수방법에 따른 분류로 틀린 것은? [18년 3회 산업]

① 댐식 ② 수로식
③ 역조정지식 ④ 유역 변경식

해설 수력발전소 분류에서 낙차를 얻는 방식(취수방법)은 댐식, 수로식, 댐수로식, 유역 변경식 등이 있고, 유량 사용 방법은 유입식, 저수지식, 조정지식, 양수식(역조정지식) 등이 있다.

03 양수 발전의 주된 목적으로 옳은 것은? [19년 3회 산업]

① 연간 발전량을 늘이기 위하여
② 연간 평균 손실 전력을 줄이기 위하여
③ 연간 발전 비용을 줄이기 위하여
④ 연간 수력발전량을 늘이기 위하여

해설 잉여전력을 이용하여 하부 저수지의 물을 상부 저수지로 양수하여 첨수 부하 등에 이용하므로 발전 비용이 절약된다.

04 유효낙차 75[m], 최대사용수량 200[m³/s], 수차 및 발전기의 합성 효율이 70[%]인 수력발전소의 최대 출력은 약 몇 [MW]인가? [16년 2회 산업]

① 102.9 ② 157.3
③ 167.5 ④ 177.8

해설 출력

$P = 9.8HQ\eta = 9.8 \times 75 \times 200 \times 0.7 \times 10^{-3} = 102.9 [\text{MW}]$

기출 핵심 NOTE

01 수력발전소 구분
㉠ 낙차에 의한 분류
 (=취수방법에 의한 분류)
 • 수로식
 • 댐식
 • 댐수로식
 • 유역 변경식
㉡ 유량 사용 방법에 의한 분류
 • 유입식 발전소
 • 조정지식 발전소
 • 저수지식 발전소
 • 양수식 발전소
 • 조력발전소

03 양수식 발전
전력 수요가 적은 심야에 잉여전력을 이용하여 하부 저수지의 물을 상부 저수지에 양수하였다가 전력 사용량이 많은 주간에 다시 하부 저수지로 흘려보내 발전하는 방식이다.

04 수력발전소 출력
• 이론 출력
 $P = 9.8QH [\text{kW}]$
• 실제 출력
 $P = 9.8QH\eta_t\eta_g$
  $= 9.8QH\eta [\text{kW}]$

정답 01. ④ 02. ③ 03. ③ 04. ①

CHAPTER 10 수력발전

05 유효낙차 100[m], 최대사용수량 20[m³/s], 수차효율 70[%]인 수력발전소의 연간 발전 전력량은 약 몇 [kWh]인가? (단, 발전기의 효율은 85[%]라고 한다.)

[19년 2회 기사]

① 2.5×10^7　　② 5×10^7
③ 10×10^7　　④ 20×10^7

해설 연간 발전 전력량 $W = P \cdot T$ [kWh]
$W = P \cdot T = 9.8 H Q \eta \cdot T$
$= 9.8 \times 100 \times 20 \times 0.7 \times 0.85 \times 365 \times 24$
$= 10.2 \times 10^7 [\text{kWh}]$

06 총 낙차 300[m], 사용 수량 20[m³/s]인 수력발전소의 발전기 출력은 약 몇 [kW]인가? (단, 수차 및 발전기 효율은 각각 90[%], 98[%]라 하고, 손실낙차는 총 낙차의 6[%]라고 한다.)

[19년 1회 기사]

① 48,750　　② 51,860
③ 54,170　　④ 54,970

해설 발전기 출력 $P = 9.8 H Q \eta$ [kW]
$P = 9.8 \times 300 \times (1 - 0.06) \times 20 \times 0.9 \times 0.98 = 48,750$ [kW]

07 유효낙차가 40[%] 저하되면 수차의 효율이 20[%] 저하된다고 할 경우 이때의 출력은 원래의 약 몇 [%]인가? (단, 안내 날개의 열림은 불변인 것으로 한다.)

[18년 2회 산업]

① 37.2　　② 48.0
③ 52.7　　④ 63.7

해설 발전소 출력 $P = 9.8 H Q \eta$ [kW]이므로
$P \propto H^{\frac{3}{2}} \eta = (1 - 0.4)^{\frac{3}{2}} \times (1 - 0.2) = 0.372$
∴ 37.2[%]

08 유효낙차 400[m]의 수력발전소에서 펠톤 수차의 노즐에서 분출하는 물의 속도를 이론값의 0.95배로 한다면 물의 분출속도는 약 몇 [m/s]인가?

[15년 2회 산업]

① 42.3　　② 59.5
③ 62.6　　④ 84.1

해설 물의 분출속도
$v = k\sqrt{2gH} = 0.95 \times \sqrt{2 \times 9.8 \times 400} ≒ 84.1$ [m/s]

> **기출 핵심 NOTE**
>
> **07** 수차의 낙차 변동에 대한 특성
>
> 출력 : $\dfrac{P_2}{P_1} = \left(\dfrac{H_2}{H_1}\right)^{\frac{3}{2}}$
>
> **08** • 물의 분출속도
> $v = \sqrt{2gH}$ [m/sec]
> • 유량
> $Q = Av$ [m³/sec]

정답 05.③　06.①　07.①　08.④

09 어떤 수력발전소의 수압관에서 분출되는 물의 속도와 직접적인 관련이 없는 것은? [19년 3회 산업]

① 수면에서의 연직거리 ② 관의 경사
③ 관의 길이 ④ 유량

해설 물의 분출속도 $v = \sqrt{2gH}\,[\text{m/s}]$로 계산되고, 여기서 H는 낙차(수두)이므로 관의 경사에 의한 연직거리와 유량(단면적×속도)에 의해 결정되고, 관의 길이와는 관계가 없다.

10 갈수량이란 어떤 유량을 말하는가? [17년 1회 산업]

① 1년 365일 중 95일간은 이보다 낮아지지 않는 유량
② 1년 365일 중 185일간은 이보다 낮아지지 않는 유량
③ 1년 365일 중 275일간은 이보다 낮아지지 않는 유량
④ 1년 365일 중 355일간은 이보다 낮아지지 않는 유량

해설 갈수량
1년 365일 중 355일은 이것보다 내려가지 않는 유량과 수위

11 발전소의 발전기 정격전압[kV]으로 사용되는 것은? [19년 3회 산업]

① 6.6 ② 33
③ 66 ④ 154

해설 발전소의 발전기 정격전압은 5~21[kV] 정도이다.

12 댐의 부속설비가 아닌 것은? [16년 3회 기사]

① 수로 ② 수조
③ 취수구 ④ 흡출관

해설 흡출관은 반동 수차에서 낙차를 증대시키는 설비이므로 수차의 부속설비이다.

13 취수구에 제수문을 설치하는 목적은? [16년 3회 산업]

① 유량을 조정한다.
② 모래를 배제한다.
③ 낙차를 높인다.
④ 홍수위를 낮춘다.

해설 취수구에 설치한 모든 수문은 유량을 조절한다.

기출 핵심 NOTE

10 유량의 종류
- 갈수량
  1년 365일 중 355일은 이것보다 내려가지 않는 유량
- 저수량
  1년 365일 중 275일은 이것보다 내려가지 않는 유량
- 평수량
  1년 365일 중 185일은 이것보다 내려가지 않는 유량
- 풍수량
  1년 365일 중 95일은 이것보다 내려가지 않는 유량
- 고수량
  매년 1 내지 2회 생기는 유량
- 홍수량
  3 내지 4년에 한번 생기는 유량

13 제수문
하천의 물을 수로에 유입시키기 위한 설비로 유량을 조절한다.

정답 09. ③ 10. ④ 11. ① 12. ④ 13. ①

CHAPTER 10 수력발전

14 수력발전소에서 흡출관을 사용하는 목적은?
[19년 3회·16년 2회 기사]

① 압력을 줄인다.
② 유효낙차를 늘린다.
③ 속도 변동률을 작게 한다.
④ 물의 유선을 일정하게 한다.

해설 흡출관은 중낙차 또는 저낙차용으로 적용되는 반동 수차에서 낙차를 증대시킬 목적으로 사용된다.

15 수차의 특유 속도 N_s를 나타내는 계산식으로 옳은 것은? (단, H : 유효낙차[m], P : 수차의 출력[kW], N : 수차의 정격 회전수[rpm]라 한다.) [18년 1회 산업]

① $N_s = \dfrac{NP^{\frac{1}{2}}}{H^{\frac{5}{4}}}$ ② $N_s = \dfrac{H^{\frac{5}{4}}}{NP}$

③ $N_s = \dfrac{HP^{\frac{1}{4}}}{N^{\frac{5}{4}}}$ ④ $N_s = \dfrac{NP^2}{H^{\frac{5}{4}}}$

해설 수차의 특유 속도는 러너와 유수의 상대 속도로 다음과 같다.
$$N_s = N \cdot \dfrac{P^{\frac{1}{2}}}{H^{\frac{5}{4}}}$$

16 낙차 350[m], 회전수 600[rpm]인 수차를 325[m]의 낙차에서 사용할 때의 회전수는 약 몇 [rpm]인가?
[15년 1회 산업]

① 500   ② 560
③ 580   ④ 600

해설 $\dfrac{N'}{N} = \left(\dfrac{H'}{H}\right)^{\frac{1}{2}}$

그러므로 $N' = \left(\dfrac{H'}{H}\right)^{\frac{1}{2}} \cdot N = \left(\dfrac{325}{350}\right)^{\frac{1}{2}} \times 600 = 580 [\mathrm{rpm}]$

17 조속기의 폐쇄시간이 짧을수록 옳은 것은? [17년 3회 기사]

① 수격작용은 작아진다.
② 발전기의 전압 상승률은 커진다.
③ 수차의 속도 변동률은 작아진다.
④ 수압관 내의 수압 상승률은 작아진다.

기출 핵심 NOTE

14 흡출관
반동 수차의 낙차를 증가시킬 목적으로 사용한다.

15 수차의 특유 속도
$$N_s = N \times \dfrac{P^{\frac{1}{2}}}{H^{\frac{5}{4}}}$$
$$= N \times \dfrac{\sqrt{P}}{H^{\frac{5}{4}}} [\mathrm{rpm}]$$

16 수차의 낙차 변동에 대한 특성

• 회전수 : $\dfrac{N_2}{N_1} = \left(\dfrac{H_2}{H_1}\right)^{\frac{1}{2}}$

(낙차의 2분의 1승에 비례)

• 출력 : $\dfrac{P_2}{P_1} = \left(\dfrac{H_2}{H_1}\right)^{\frac{3}{2}}$

(낙차의 2분의 3승에 비례)

정답 14. ② 15. ① 16. ③ 17. ③

해설 조속기의 폐쇄시간이 짧을수록 속도 변동률은 작아지고, 수압 상승률은 커진다.

18 수차 발전기에 제동권선을 설치하는 주된 목적은?

[17년 2회 기사]

① 정지시간 단축
② 회전력의 증가
③ 과부하 내량의 증대
④ 발전기 안정도의 증진

해설 제동권선은 조속기의 난조를 방지하여 발전기의 안정도를 향상시킨다.

19 수차 발전기가 난조를 일으키는 원인은? [19년 1회 산업]

① 수차의 조속기가 예민하다.
② 수차의 속도 변동률이 적다.
③ 발전기의 관성 모멘트가 크다.
④ 발전기의 자극에 제동권선이 있다.

해설 수차의 조속기를 신속하게 작동시키면 전압 변동이 줄어들지만, 너무 예민하게 하면 난조가 발생하므로 난조를 방지할 수 있는 제동권선 등을 시설한다.

> 기출 핵심 NOTE
>
> **18** 제동권선
> 회전기의 관성에 의한 동작시간 지연에 의해 생기는 난조를 방지하기 위한 기구로 발전기의 안정도를 향상시킨다.

정답 18. ④ 19. ①

잠깐! 쉬어가세요.

"승리보다는 승리를 위해
노력하는 것이 더 큰 의미가 있다."

- 지그 지글러 -

CHAPTER 11

화력발전

- 01 열역학
- 02 화력발전의 열사이클
- 03 보일러 및 부속설비
- 04 복수기 및 급수장치
- 05 화력발전소의 효율

출제비율
기사 4.3%
산업기사 4.3%

CHAPTER 11 화력발전

기출개념 01 열역학

[1] 열량의 환산
① 1[kcal]=3.968[BTU] : British Thermal Unit로 영국의 온도 단위
② 1[BTU]=0.252[kcal]
③ 1[kWh]=860[kcal]

[2] 압력의 단위
표준 기압 : 1[atm]=760[mmHg]=1.033[kg/cm^2]

[3] 물과 증기 가열
(1) 포화온도 : 물이 증기로 변하는 한계온도
(2) 포화증기 : 물이 증발하기 시작하는 온도에서 발생하는 증기
  ① 습증기 : 수분이 포함되어 있는 증기
  ② 건조포화증기 : 수분이 없는 완전한 증기
(3) 과열증기 : 건조포화증기를 계속 가열하여 온도와 체적만 증가시킨 증기

[4] 엔탈피와 엔트로피
(1) 엔탈피 : 증기 1[kg]이 보유한 열량[kcal/kg]
(2) 엔트로피 : 증기 단위질량의 증발열을 절대온도로 나눈 값
(3) T-S 선도 : 가로축에는 엔트로피와 세로축에는 절대온도를 그린 선도

기출개념 02 화력발전의 열사이클

[1] 카르노 사이클
가장 이상적인 사이클로 두 개의 등온변화와 두 개의 단열변화로 이루어지며 효율이 가장 우수하다.

[2] 랭킨 사이클
화력발전소의 가장 기본적인 사이클이다.

(1) 보일러 : 화석연료를 이용하여 급수를 끓여 주는 곳
(2) 과열기 : 과열증기를 만들어 터빈에 공급하는 설비
(3) 터빈 : 증기를 이용하여 전기에너지 생성
(4) 복수기 : 터빈에서 나오는 배기를 물로 전환시키는 설비
(5) 절탄기 : 보일러 부속설비로 배기가스의 여열을 이용하여 보일러의 급수를 예열하여 효율을 향상시키기 위한 설비

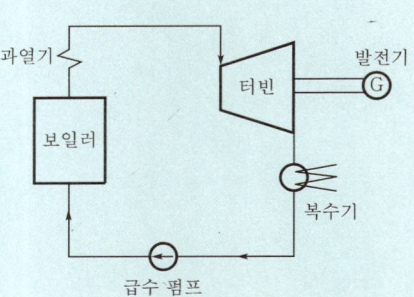

[3] 재열 사이클
터빈에서 임의의 온도까지 팽창한 증기를 추출하여 보일러로 되돌려 보내서 재열기로 적당한 온도까지 재가열시켜 다시 터빈으로 보내는 방식이다.

[4] 재생 사이클
터빈 내에서 팽창한 증기를 일부만 추기하여 급수 가열기에 보내어 급수 가열에 이용하는 방식이다.

[5] 재생·재열 사이클
재생과 재열 사이클의 장점을 모두 살린 방식으로 가장 열효율이 좋은 방식이다.

기출개념 03 보일러 및 부속설비

[1] 보일러의 종류
(1) **자연 순환식 보일러** : 보일러 급수가 가열되어 발생한 증기와 물이 부력에 의한 순환력으로 자연 순환하는 방식
(2) **강제 순환식 보일러** : 순환 펌프를 설치하여 강제로 순환시키는 방식
(3) **관류식 보일러** : 급수 펌프로부터 급수 가열기, 절탄기를 거쳐 증발관 과열기를 통과하는 사이에 열을 흡수해서 직접 과열증기를 만드는 방식

[2] 보일러의 부속설비
(1) **과열기** : 포화증기를 과열증기로 만들어 터빈에 공급하기 위한 설비
(2) **재열기** : 터빈 내에서 팽창된 증기를 다시 재가열하는 설비
(3) **절탄기** : 배기가스의 남아있는 열을 이용하여 보일러 급수를 예열하는 설비
(4) **공기예열기** : 연소가스를 이용하여 연소에 필요한 연소용 공기를 예열하는 설비

기출개념 04 복수기 및 급수장치

[1] 복수기
- 터빈에서 나오는 배기를 물로 전환시키는 설비로, 열손실이 50~55[%] 정도로 가장 크다.
- 종류 : 표면 복수기, 분사 복수기, 증발 복수기

[2] 급수설비
(1) **급수 펌프** : 보일러에 물을 공급하기 위한 장치
(2) **탈기기** : 급수 중에 포함되어 있는 산소를 제거하여 보일러 부속장치의 부식을 방지하는 장치

CHAPTER 11 화력발전

[3] 보일러 급수의 불순물에 의한 장해

(1) **포밍** : 급수 불순물에 의해 증기가 잘 발생되지 않고 거품이 발생하는 현상
(2) **스케일** : 보일러 급수 중의 염류 등이 굳어서 보일러 내벽에 부착되는 현상으로, 보일러의 물순환 방해 및 내면의 수관벽을 과열시키는 원인이 된다.
(3) **캐리오버** : 보일러 급수 중에 포함된 불순물이 증기 속에 혼입되어 터빈까지 전달되어 터빈에 장해를 주는 현상

기출개념 05 화력발전소의 효율

화력발전소의 열효율은 $\eta = \dfrac{전기}{열}$ 의 비율로 발생한 전력량과 소비한 연료의 보유 발열량과의 비율이다.

$$\eta = \dfrac{860\,W}{mH} \times 100\,[\%]$$

여기서, W : 전력량$(P \cdot t)$[kWh]
m : 연료량[kg]
H : 발열량[kcal/kg]

CHAPTER 11
화력발전

이런 문제가 시험에 나온다! 단원 최근 빈출문제

기출 핵심 NOTE

01 어떤 화력발전소에서 과열기 출구의 증기압이 169[kg/cm²]이다. 이것은 약 몇 [atm]인가? [17년 2회 기사]

① 127.1
② 163.6
③ 1,650
④ 12,850

[해설] 1기압[atm]은 1.033[kg/cm²]이므로 $\frac{169}{1.033}$ = 163.6[atm]

01 압력의 단위
1[atm] = 760[mmHg]
= 1.033[kg/cm²]

02 기력발전소의 열사이클 과정 중 단열팽창 과정에서 물 또는 증기의 상태 변화로 옳은 것은? [17년 2회 산업]

① 습증기 → 포화액
② 포화액 → 압축액
③ 과열 증기 → 습증기
④ 압축액 → 포화액 → 포화 증기

[해설] 단열팽창의 과정은 터빈에서 발생하고, 과열 증기가 습증기로 변화하는 과정이다.

02
- 습증기
  수분이 포함되어 있는 공기
- 과열 증기
  건조 포화 증기를 계속 가열하여 온도와 체적만 증가시킨 증기

03 화력발전소의 기본 사이클이다. 그 순서로 옳은 것은? [19년 2회 산업]

① 급수 펌프 → 과열기 → 터빈 → 보일러 → 복수기 → 급수 펌프
② 급수 펌프 → 보일러 → 과열기 → 터빈 → 복수기 → 급수 펌프
③ 보일러 → 급수 펌프 → 과열기 → 복수기 → 급수 펌프 → 보일러
④ 보일러 → 과열기 → 복수기 → 터빈 → 급수 펌프 → 축열기 → 과열기

[해설] 기본 사이클의 순환 순서

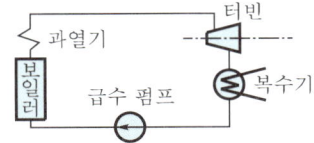

[정답] 01.② 02.③ 03.②

제11장 화력발전 **201**

CHAPTER 11 화력발전

04 그림과 같은 열사이클은? [16년 2회 산업]

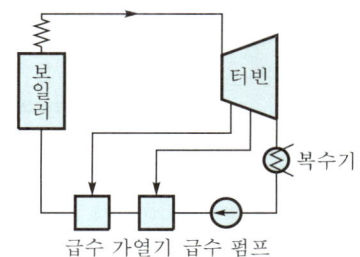

① 재생 사이클   ② 재열 사이클
③ 카르노 사이클   ④ 재생·재열 사이클

해설 터빈 중간에 증기의 일부를 추기하여 급수를 가열하는 급수 가열기가 있는 재생 사이클이다.

05 터빈(turbine)의 임계속도란? [19년 2회 기사]

① 비상 조속기를 동작시키는 회전수
② 회전자의 고유 진동수와 일치하는 위험 회전수
③ 부하를 급히 차단하였을 때의 순간 최대 회전수
④ 부하 차단 후 자동적으로 정정된 회전수

해설 터빈 임계속도란 회전날개를 포함한 모터 전체의 고유 진동수와 회전속도에 따른 진동수가 일치하여 공진이 발생되는 지점의 회전속도를 임계속도라 한다. 터빈속도가 변화될 때 임계속도에 도달하면 공진의 발생으로 진동이 급격히 증가한다.

06 화력발전소에서 가장 큰 손실은? [18년 2회 기사]

① 소내용 동력   ② 송풍기 손실
③ 복수기에서의 손실   ④ 연돌 배출가스 손실

해설 화력발전소의 가장 큰 손실은 복수기의 냉각 손실로 전열량의 약 50[%] 정도가 소비된다.

07 화력발전소에서 가장 큰 손실은? [18년 1회 산업]

① 소내용 동력   ② 복수기의 방열손
③ 연돌 배출가스 손실   ④ 터빈 및 발전기의 손실

해설 화력발전소의 가장 큰 손실은 복수기의 냉각 손실로 전열량의 약 50[%] 정도가 된다.

기출 핵심 NOTE

04 • 재생 사이클 : 급수 가열기가 있다.
• 재열 사이클 : 재열기가 있다.

06 복수기
터빈에서 나오는 배기를 물로 전환시키는 설비로 열손실이 크다.

정답 04. ① 05. ② 06. ③ 07. ②

08 우리나라의 화력발전소에서 가장 많이 사용되고 있는 복수기는? [17년 3회 산업]

① 분사 복수기 ② 방사 복수기
③ 표면 복수기 ④ 증발 복수기

해설 복수기에는 분사 복수기와 표면 복수기가 있는데, 표면 복수기를 주로 사용한다.

09 보일러에서 흡수 열량이 가장 큰 것은? [18년 3회 산업]

① 수냉벽 ② 과열기
③ 절탄기 ④ 공기 예열기

해설 보일러의 흡수 열량은 대부분 보일러의 수냉벽(수관)에서 흡수된다.

10 보일러 급수 중에 포함되어 있는 산소 등에 의한 보일러 배관의 부식을 방지할 목적으로 사용되는 장치는? [18년 1회 산업]

① 탈기기 ② 공기 예열기
③ 급수 가열기 ④ 수위 경보기

해설 탈기기(deaerator)
발전설비(power plant) 및 보일러(boiler), 소각로 등의 설비에 공급되는 급수(boiler feed water) 중에 녹아 있는 공기(특히 용존산소 및 이산화탄소)를 추출하여 배관 및 plant 장치에 부식을 방지하고, 급격한 수명 저하에 효과적인 설비라 할 수 있다.

11 기력발전소 내의 보조기 중 예비기를 가장 필요로 하는 것은? [15년 3회 기사]

① 미분탄 송입기 ② 급수 펌프
③ 강제 통풍기 ④ 급탄기

해설 화력발전소 설비 중 급수 펌프는 예비기를 포함하여 2대 이상 확보하여야 한다.

12 터빈 발전기의 냉각방식에 있어서 수소냉각방식을 채택하는 이유가 아닌 것은? [16년 2회 산업]

① 코로나에 의한 손실이 적다.
② 수소 압력의 변화로 출력을 변화시킬 수 있다.
③ 수소의 열전도율이 커서 발전기 내 온도 상승이 저하한다.
④ 수소 부족 시 공기와 혼합 사용이 가능하므로 경제적이다.

기출 핵심 NOTE

08 복수기의 종류
- 표면 복수기
- 분사 복수기
- 증발 복수기

10 탈기기
급수 중에 포함되어 있는 산소를 제거하여 보일러 부속장치의 부식을 방지하는 장치

11 급수 펌프
보일러에 물을 공급하기 위한 장치

정답 08. ③ 09. ① 10. ① 11. ② 12. ④

CHAPTER 11 화력발전

해설 수소는 공기와 결합하면 폭발할 우려가 있으므로 공기와 혼합되지 않도록 기밀구조를 유지하여야 한다.

13 보일러 급수 중의 염류 등이 굳어서 내벽에 부착되어 보일러 열 전도와 물의 순환을 방해하며 내면의 수관벽을 과열시켜 파열을 일으키게 하는 원인이 되는 것은?

[15년 2회 기사]

① 스케일　　② 부식
③ 포밍　　　④ 캐리오버

해설 스케일
급수에 포함된 염류가 보일러 물의 증발에 의해 농축되고 가열되어서 용해도가 작은 것부터 순차적으로 침전하여 보일러 벽에 부착하는 현상이다.

14 발전 전력량 E[kWh], 연료 소비량 W[kg], 연료의 발열량 C[kcal/kg]인 화력발전소의 열효율 η[%]는?

[15년 2회 기사]

① $\dfrac{860E}{WC} \times 100$　　② $\dfrac{E}{WC} \times 100$

③ $\dfrac{E}{860WC} \times 100$　　④ $\dfrac{9.8E}{WC} \times 100$

해설 발전소 열효율 $\eta = \dfrac{860W}{mH} \times 100$[%]

여기서, W : 전력량[kWh]
　　　　m : 소비된 연료량[kg]
　　　　H : 연료의 열량[kcal/kg]

기출 핵심 NOTE

13 • 포밍
보일러 속의 염류의 농도가 높아 보일러에 거품이 이는 현상이다.
• 캐리오버
포밍 및 프라이밍 현상이 있을 때 물방울이 증기와 함께 보일러에서 나가게 되므로 이 물방울과 함께 염류가 밖으로 운반되어 과열기관에 고착하고 나아가서는 터빈에 장해를 주는 현상이다.

14 화력발전소의 효율
$\eta = \dfrac{860W}{mH} \times 100$[%]

정답 13. ① 14. ①

CHAPTER 12 원자력발전

- 01 원자력발전의 원리
- 02 원자로의 구성
- 03 원자로의 종류

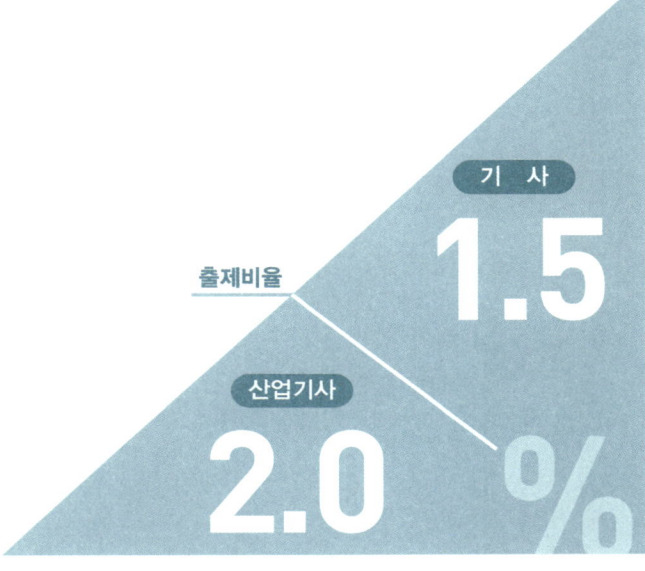

출제비율
기사 1.5%
산업기사 2.0%

CHAPTER 12 원자력발전

기출개념 01 원자력발전의 원리

[1] 원리
우라늄(U), 플루토늄(Pu)과 같은 무거운 원자핵이 중성자를 흡수하여 핵분열하여 가벼운 핵으로 바뀌면서 발생하는 핵분열 에너지를 이용, 고온·고압의 수증기를 이용하여 터빈을 돌려 전기를 생산한다.

[2] 원자력발전과 화력발전의 비교

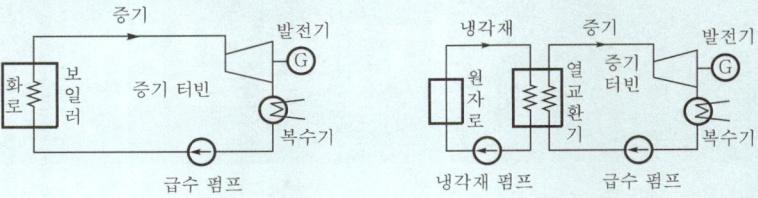

| 화력발전 | 원자력발전 |

① 원자력발전소는 화력발전소의 보일러 대신 원자로와 열교환기를 사용한다.
② 동일 출력일 경우 원자력발전소의 터빈이나 복수기가 화력발전소에 비해 대형이다.
③ 원자력발전소는 방사능에 대한 차폐 시설물의 투자가 필요하다.
④ 원자력발전소의 건설비가 화력발전소에 비해 고가이다.

기출개념 02 원자로의 구성

원자로는 핵연료, 감속재 및 냉각재로 된 원자로 노심과 핵분열의 동작을 제어하는 제어재, 반사체, 안전을 위한 차폐재로 구성되어 있다.

[1] 핵연료
원자력발전용 핵연료 물질 U^{233}, U^{235}, Pu^{239}가 있지만 원자로에는 인공적으로 U^{235}의 함유량을 증가시킨 농축 우라늄을 사용한다. 핵연료는 고온에 견딜 수 있어야 하고, 열전도도가 높고, 방사선에 안정하며 밀도가 높아야 한다.

[2] 감속재
고속 중성자의 에너지를 감소시켜 열 중성자로 바꿔주는 물질
(1) 감속재 종류 : 경수(H_2O), 중수(D_2O), 흑연(C), 베릴륨(Be)
(2) 감속재 구비조건
① 원자 질량이 적을 것
② 감속능력이 클 것
③ 중성자 흡수능력이 적을 것

[3] 제어재(봉)
중성자를 흡수하여 중성자의 수를 조절함으로서 핵분열 연쇄반응을 제어하는 물질
(1) 제어재 재료 : 카드뮴(Cd), 붕소(B), 하프늄(Hf)
(2) 제어재 구비조건
① 중성자 흡수능력이 좋을 것
② 냉각재·방사선에 안정할 것

[4] 냉각재

원자로 내에서 발생한 열을 외부로 끄집어내기 위한 물질

(1) **냉각재 재료** : 경수(H_2O), 중수(D_2O), 이산화탄소(CO_2), 헬륨(He)

(2) **냉각재 구비조건**
① 열용량이 크고, 열전달 특성이 좋을 것
② 중성자 흡수가 적을 것
③ 방사능을 띠기 어려울 것

[5] 반사체

핵분열 시 중성자가 원자로 밖으로 빠져 나가지 않도록 하는 물질
- 반사체 재료 : 경수(H_2O), 중수(D_2O), 흑연(C), 베릴륨(Be)

[6] 차폐재

원자로 내부의 방사선이 외부로 누출되는 것을 방지하는 역할
- 차폐재 종류 : 콘크리트, 물, 납

기출개념 03 원자로의 종류

[1] 비등수형 원자로(BWR)

원자로 내에서 핵분열로 발생한 열로, 바로 물을 가열하여 증기를 발생시켜 터빈에 공급하는 방식으로 우리나라는 사용하지 않는다.

* 특징
① 핵연료로 농축 우라늄을 사용한다.
② 감속재와 냉각재로 경수(H_2O)를 사용한다.
③ 열교환기가 필요없다.
④ 경제적이고, 열효율이 높다.

[2] 가압수형 원자로(PWR)

원자로 내에서의 압력을 매우 높여 물의 비등을 억제함으로써 2차측에 설치한 증기발생기를 통하여 증기를 발생시켜 터빈에 공급하는 방식으로, 우리나라 원자력발전에 사용하고 있다.

(1) **핵연료** : 저농축 우라늄

(2) **감속재 및 냉각재** : 경수(H_2O)

(3) **특징** : 노심에서 발생한 열은 가압된 경수에 의해서 열교환기에 운반된다.

CHAPTER 12
원자력발전

이런 문제가 시험에 나온다! 단원 최근 빈출문제

기출 핵심 NOTE

01 다음 (㉠), (㉡), (㉢)에 들어갈 내용으로 옳은 것은?

[17년 1회 기사]

> 원자력이란 일반적으로 무거운 원자핵이 핵분열하여 가벼운 핵으로 바뀌면서 발생하는 핵분열에너지를 이용하는 것이고, (㉠) 발전은 가벼운 원자핵을(과) (㉡)하여 무거운 핵으로 바꾸면서 (㉢) 전·후의 질량 결손에 해당하는 방출에너지를 이용하는 방식이다.

① ㉠ 원자핵 융합, ㉡ 융합, ㉢ 결합
② ㉠ 핵결합, ㉡ 반응, ㉢ 융합
③ ㉠ 핵융합, ㉡ 융합, ㉢ 핵반응
④ ㉠ 핵반응, ㉡ 반응, ㉢ 결합

해설 핵융합 발전은 가벼운 원자핵을 융합하여 무거운 핵으로 바꾸면서 핵반응 전·후의 질량 결손에 해당하는 방출에너지를 이용한다.

02 원자로의 감속재에 대한 설명으로 틀린 것은?

[17년 3회 기사]

① 감속능력이 클 것
② 원자 질량이 클 것
③ 사용 재료로 경수를 사용
④ 고속 중성자를 열 중성자로 바꾸는 작용

해설 감속재는 고속 중성자를 열 중성자까지 감속시키기 위한 것으로, 중성자 흡수가 적고 탄성 산란에 의해 감속이 크다. 중수, 경수, 베릴륨, 흑연 등이 사용된다.

02 감속재
㉠ 종류 : 경수, 중수, 흑연, 베릴륨
㉡ 구비조건
• 원자 질량이 적을 것
• 감속능력이 클 것
• 중성자 흡수능력이 적을 것

03 원자로의 냉각재가 갖추어야 할 조건이 아닌 것은?

[15년 1회 기사]

① 열용량이 적을 것
② 중성자의 흡수가 적을 것
③ 열전도율 및 열전달계수가 클 것
④ 방사능을 띠기 어려울 것

03 냉각재
㉠ 종류 : 경수, 중수, 이산화탄소, 헬륨
㉡ 구비조건
• 열용량이 클 것
• 열전달 특성이 좋을 것
• 중성자 흡수가 적을 것

정답 01. ③ 02. ② 03. ①

[해설] 냉각재는 원자로에서 발생한 열에너지를 외부로 꺼내기 위한 매개체로 경수, 중수, 탄산가스, 헬륨, 액체 금속 유체(나트륨) 등으로 열용량이 커야 한다.

04 경수 감속 냉각형 원자로에 속하는 것은? [17년 2회 산업]
① 고속 증식로
② 열 중성자로
③ 비등수형 원자로
④ 흑연 감속가스 냉각로

[해설] 경수 감속 냉각형 원자로는 가압수형 원자로와 비등수형 원자로가 있다.

05 증식비가 1보다 큰 원자로는? [17년 1회 기사]
① 경수로
② 흑연로
③ 중수로
④ 고속 증식로

[해설] 고속 증식로는 중성자가 고속이므로 증식비가 커진다.

기출 핵심 NOTE

04 원자로의 종류
- 비등수형 원자로(BWR)
- 가압수형 원자로(PWR)
  → 감속재 및 냉각재 : 경수(H_2O)

05 고속 증식로(FBR)
증식비는 1보다 크다.

정답 04. ③ 05. ④

잠깐! 쉬어가세요.

"인생은 험난하다.
그러므로 당신에게 인생을 두고
웃을 수 있는 능력이 있다면
당신은 인생을 즐길 능력이 있는 것이다."

- 셀마 헤이에 -

부록

과년도 출제문제

2021년 제1회 기출문제

01 그림과 같은 유황 곡선을 가진 수력 지점에서 최대 사용수량 OC으로 1년간 계속 발전하는 데 필요한 저수지의 용량은?

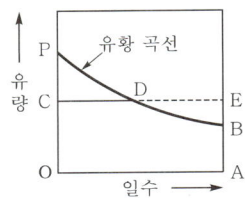

① 면적 OCPBA
② 면적 OCDBA
③ 면적 DEB
④ 면적 PCD

해설 그림에서 유황 곡선이 PDB이고 1년간 OC의 유량으로 발전하면, D점 이후의 일수는 유량이 DEB에 해당하는 만큼 부족하므로 저수지를 이용하여 필요한 유량을 확보하여야 한다.

02 통신선과 평행인 주파수 60[Hz]의 3상 1회선 송전선이 있다. 1선 지락 때문에 영상전류가 100[A] 흐르고 있다면 통신선에 유도되는 전자유도전압[V]은 약 얼마인가? (단, 영상전류는 전 전선에 걸쳐서 같으며, 송전선과 통신선과의 상호 인덕턴스는 0.06[mH/km], 그 평행 길이는 40[km]이다.)

① 156.6
② 162.8
③ 230.2
④ 271.4

해설 전자유도전압
$E_m = j\omega Ml \times 3I_0$
$= 2\pi \times 60 \times 0.06 \times 40 \times 10^{-3} \times 3 \times 100$
$= 271.44[V]$

03 고장전류의 크기가 커질수록 동작시간이 짧게 되는 특성을 가진 계전기는?

① 순한시 계전기
② 정한시 계전기
③ 반한시 계전기
④ 반한시·정한시 계전기

해설 계전기 동작시간에 의한 분류
- 순한시 계전기 : 정정된 최소 동작전류 이상의 전류가 흐르면 즉시 동작하는 계전기
- 정한시 계전기 : 정정된 값 이상의 전류가 흐르면 정해진 일정 시간 후에 동작하는 계전기
- 반한시 계전기 : 정정된 값 이상의 전류가 흐를 때 전류값이 크면 동작시간은 짧아지고, 전류값이 작으면 동작시간이 길어진다.

04 3상 3선식 송전선에서 한 선의 저항이 10[Ω], 리액턴스가 20[Ω]이며, 수전단의 선간전압이 60[kV], 부하 역률이 0.8인 경우에 전압강하율이 10[%]라 하면 이 송전선로로는 약 몇 [kW]까지 수전할 수 있는가?

① 10,000
② 12,000
③ 14,400
④ 18,000

해설 전압강하율 $\varepsilon = \dfrac{P}{V_r^2}(R+X\tan\theta) \times 100[\%]$에서

전력 $P = \dfrac{\varepsilon \cdot V_r^2}{R+X\tan\theta}$

$= \dfrac{0.1 \times (60 \times 10^6)^2}{10 + 20 \times \dfrac{0.6}{0.8}} \times 10^{-3}$

$= 14,400[kW]$

정답 01. ③ 02. ④ 03. ③ 04. ③

05 기준 선간전압 23[kV], 기준 3상 용량 5,000[kVA], 1선의 유도 리액턴스가 15[Ω]일 때 %리액턴스는?

① 28.36[%]
② 14.18[%]
③ 7.09[%]
④ 3.55[%]

해설 $\%X = \dfrac{P \cdot X}{10 V^2} = \dfrac{5,000 \times 15}{10 \times 23^2} = 14.18[\%]$

06 전력원선도의 가로축과 세로축을 나타내는 것은?

① 전압과 전류
② 전압과 전력
③ 전류와 전력
④ 유효전력과 무효전력

해설 전력원선도는 복소전력과 4단자 정수를 이용한 송·수전단의 전력을 원선도로 나타낸 것이므로 가로축에는 유효전력을, 세로축에는 무효전력을 표시한다.

07 화력발전소에서 증기 및 급수가 흐르는 순서는?

① 절탄기 → 보일러 → 과열기 → 터빈 → 복수기
② 보일러 → 절탄기 → 과열기 → 터빈 → 복수기
③ 보일러 → 과열기 → 절탄기 → 터빈 → 복수기
④ 절탄기 → 과열기 → 보일러 → 터빈 → 복수기

해설 급수와 증기 흐름의 기본 순서는 다음과 같다.
급수 펌프 → 절탄기 → 보일러 → 과열기 → 터빈 → 복수기

08 연료의 발열량이 430[kcal/kg]일 때, 화력발전소의 열효율[%]은? (단, 발전기 출력은 P_G[kW], 시간당 연료의 소비량은 B[kg/h]이다.)

① $\dfrac{P_G}{B} \times 100$
② $\sqrt{2} \times \dfrac{P_G}{B} \times 100$
③ $\sqrt{3} \times \dfrac{P_G}{B} \times 100$
④ $2 \times \dfrac{P_G}{B} \times 100$

해설 화력발전소 열효율 $\eta = \dfrac{860\,W}{mH} \times 100$
$= \dfrac{860 P_G}{B \times 430} \times 100$
$= 2 \times \dfrac{P_G}{B} \times 100[\%]$

09 송전선로에서 1선 지락 시에 건전상의 전압 상승이 가장 적은 접지방식은?

① 비접지방식
② 직접접지방식
③ 저항접지방식
④ 소호 리액터 접지방식

해설 중성점 직접접지방식은 중성점의 전위를 대지 전압으로 하므로 1선 지락 발생 시 건전상 전위 상승이 거의 없다.

10 접지봉으로 탑각의 접지저항값을 희망하는 접지저항값까지 줄일 수 없을 때 사용하는 것은?

① 가공지선
② 매설지선
③ 크로스본드선
④ 차폐선

해설 철탑의 대지 전기저항이 크게 되면 뇌전류가 흐를 때 철탑의 전위가 상승하여 역섬락이 생길 수 있으므로 매설지선을 사용하여 철탑의 탑각 저항을 저감시켜야 한다.

정답 05. ② 06. ④ 07. ① 08. ④ 09. ② 10. ②

11 전력퓨즈(power fuse)는 고압, 특고압 기기의 주로 어떤 전류의 차단을 목적으로 설치하는가?

① 충전전류 ② 부하전류
③ 단락전류 ④ 영상전류

해설 전력퓨즈(PF)는 단락전류의 차단을 목적으로 한다.

12 정전용량이 C_1이고, V_1의 전압에서 Q_r의 무효전력을 발생하는 콘덴서가 있다. 정전용량을 변화시켜 2배로 승압된 전압($2V_1$)에서도 동일한 무효전력 Q_r을 발생시키고자 할 때, 필요한 콘덴서의 정전용량 C_2는?

① $C_2 = 4C_1$ ② $C_2 = 2C_1$
③ $C_2 = \frac{1}{2}C_1$ ④ $C_2 = \frac{1}{4}C_1$

해설 동일한 무효전력(충전용량)이므로
$\omega C_1 V_1^2 = \omega C_2 (2V_1)^2$에서
$C_1 = 4C_2$으로 $C_2 = \frac{1}{4}C_1$이다.

13 송전선로에서의 고장 또는 발전기 탈락과 같은 큰 외란에 대하여 계통에 연결된 각 동기기가 동기를 유지하면서 계속 안정적으로 운전할 수 있는지를 판별하는 안정도는?

① 동태 안정도(dynamic stability)
② 정태 안정도(steady-state stability)
③ 전압 안정도(voltage stability)
④ 과도 안정도(transient stability)

해설 과도 안정도(transient stability)
부하가 갑자기 크게 변동하거나, 또는 계통에 사고가 발생하여 큰 충격을 주었을 경우에도 계통에 연결된 각 동기기가 동기를 유지해서 계속 운전할 수 있을 것인가의 능력을 말하며, 이때의 극한전력을 과도 안정 극한전력(transient stability power limit)이라고 한다.

14 송전선로의 고장전류 계산에 영상 임피던스가 필요한 경우는?

① 1선 지락 ② 3상 단락
③ 3선 단선 ④ 선간 단락

해설 각 사고별 대칭 좌표법 해석

	정상분	역상분	영상분
1선 지락	정상분	역상분	영상분
선간단락	정상분	역상분	×
3상 단락	정상분	×	×

그러므로 영상 임피던스가 필요한 경우는 1선 지락사고이다.

15 배전선로의 주상 변압기에서 고압측 - 저압측에 주로 사용되는 보호 장치의 조합으로 적합한 것은?

① 고압측 : 컷 아웃 스위치, 저압측 : 캐치 홀더
② 고압측 : 캐치 홀더, 저압측 : 컷 아웃 스위치
③ 고압측 : 리클로저, 저압측 : 라인 퓨즈
④ 고압측 : 라인 퓨즈, 저압측 : 리클로저

해설 주상 변압기 보호 장치
• 1차(고압)측 : 피뢰기, 컷 아웃 스위치
• 2차(저압)측 : 캐치 홀더, 중성점 접지

16 용량 20[kVA]인 단상 주상 변압기에 걸리는 하루 동안의 부하가 처음 14시간 동안은 20[kW], 다음 10시간 동안은 10[kW]일 때, 이 변압기에 의한 하루 동안의 손실량 [Wh]은? (단, 부하의 역률은 1로 가정하고, 변압기의 전부하동손은 300[W], 철손은 100[W]이다.)

① 6,850 ② 7,200
③ 7,350 ④ 7,800

해설
• 동손 : $\left(\frac{20}{20}\right)^2 \times 14 \times 300 + \left(\frac{10}{20}\right)^2 \times 10 \times 300$
  $= 4,950$[Wh]
• 철손 : $100 \times 24 = 2,400$[Wh]
∴ 손실 합계 $4,950 + 2,400 = 7,350$[Wh]

정답 11. ③ 12. ④ 13. ④ 14. ① 15. ① 16. ③

17 케이블 단선 사고에 의한 고장점까지의 거리를 정전용량 측정법으로 구하는 경우, 건전상의 정전용량이 C, 고장점까지의 정전용량이 C_x, 케이블의 길이가 l일 때 고장점까지의 거리를 나타내는 식으로 알맞은 것은?

① $\dfrac{C}{C_x}l$ ② $\dfrac{2C_x}{C}l$

③ $\dfrac{C_x}{C}l$ ④ $\dfrac{C_x}{2C}l$

해설
- 정전용량법 : 건전상의 정전용량과 사고상의 정전용량을 비교하여 사고점을 산출한다.
- 고장점까지 거리 L = 선로 길이 $\times \dfrac{C_x}{C}$

$\therefore L = \dfrac{C_x}{C}l$

18 수용가의 수용률을 나타낸 식은?

① $\dfrac{\text{합성최대수용전력[kW]}}{\text{평균전력[kW]}} \times 100[\%]$

② $\dfrac{\text{평균전력[kW]}}{\text{합성최대수용전력[kW]}} \times 100[\%]$

③ $\dfrac{\text{부하설비합계[kW]}}{\text{최대수용전력[kW]}} \times 100[\%]$

④ $\dfrac{\text{최대수용전력[kW]}}{\text{부하설비합계[kW]}} \times 100[\%]$

해설
- 수용률 $= \dfrac{\text{최대수용전력[kW]}}{\text{부하설비합계[kW]}} \times 100[\%]$
- 부하율 $= \dfrac{\text{평균부하전력[kW]}}{\text{최대부하전력[kW]}} \times 100[\%]$
- 부등률 $= \dfrac{\text{개개의 최대수용전력의 합[kW]}}{\text{합성 최대수용전력[kW]}}$

19 %임피던스에 대한 설명으로 틀린 것은?

① 단위를 갖지 않는다.
② 절대량이 아닌 기준량에 대한 비를 나타낸 것이다.
③ 기기 용량의 크기와 관계없이 일정한 범위의 값을 갖는다.
④ 변압기나 동기기의 내부 임피던스에만 사용할 수 있다.

해설 %임피던스는 발전기, 변압기 및 선로 등의 임피던스에 적용된다.

20 역률 0.8, 출력 320[kW]인 부하에 전력을 공급하는 변전소에 역률 개선을 위해 전력용 콘덴서 140[kVA]를 설치했을 때 합성 역률은?

① 0.93   ② 0.95
③ 0.97   ④ 0.99

해설 $P = 320[\text{kW}]$

$P_r = \dfrac{320}{0.8} \times 0.6 = 240[\text{kVar}]$

전력용 콘덴서 140[kVA]를 설치하면
무효전력 $P_r' = 240 - 140 = 100[\text{kVA}]$가 되므로

$\therefore$ 합성 역률 $\cos\theta = \dfrac{P}{\sqrt{P^2 + P_r'^2}}$

$= \dfrac{320}{\sqrt{320^2 + 100^2}}$

$\fallingdotseq 0.95$

정답 17. ③ 18. ④ 19. ④ 20. ②

2021년 제1회 CBT 기출복원문제

전기산업기사

01 배전전압을 3,000[V]에서 5,200[V]로 높이면 수송전력이 같다고 할 경우에 전력 손실은 몇 [%]로 되는가?

① 25
② 50
③ 33.3
④ 1

해설 전력 손실 $P_l \propto \dfrac{1}{V^2}$ 이므로

$$\dfrac{\frac{1}{5,200^2}}{\frac{1}{3,000^2}} = \left(\dfrac{3,000}{5,200}\right)^2 = 0.333$$

∴ 33.3[%]

02 배전 계통에서 전력용 콘덴서를 설치하는 목적으로 가장 타당한 것은?

① 배전선의 전력 손실 감소
② 전압강하 증대
③ 고장 시 영상전류 감소
④ 변압기 여유율 감소

해설 배전 계통에서 전력용 콘덴서를 설치하는 것은 부하의 지상 무효전력을 진상시켜 역률을 개선하여 전력 손실을 줄이는 데 주목적이 있다.

03 수력발전소의 댐 설계 및 저수지 용량 등을 결정하는데 가장 적합하게 사용되는 것은?

① 유량도
② 적산 유량곡선
③ 유황곡선
④ 수위-유량곡선

해설 적산 유량곡선은 댐과 저수지 건설계획 또는 기존 저수지의 저수계획을 수립하는 자료로 사용할 수 있다.

04 배전선로의 손실을 경감하기 위한 대책으로 적절하지 않은 것은?

① 누전차단기 설치
② 배전전압의 승압
③ 전력용 콘덴서 설치
④ 전류밀도의 감소와 평형

해설 전력 손실 감소대책
- 가능한 높은 전압 사용
- 굵은 전선 사용으로 전류밀도 감소
- 높은 도전율을 가진 전선 사용
- 송전거리 단축
- 전력용 콘덴서 설치
- 노후설비 신속 교체

05 3상용 차단기의 정격차단용량은?

① $\sqrt{3} \times$ 정격전압$\times$정격차단전류
② $\sqrt{3} \times$ 정격전압$\times$정격전류
③ $3\times$정격전압$\times$정격차단전류
④ $3\times$정격전압$\times$정격전류

해설 차단기의 정격차단용량
$P_s[\text{MVA}] = \sqrt{3} \times$ 정격전압[kV]$\times$정격차단전류[kA]

06 지락보호계전기 동작이 가장 확실한 접지방식은?

① 비접지방식
② 고저항접지방식
③ 직접접지방식
④ 소호 리액터 접지방식

해설 1선 지락시 지락전류가 가장 큰 접지방식은 직접접지방식이고 가장 적은 접지방식은 소호 리액터 접지방식이다.

정답 01. ③ 02. ① 03. ② 04. ① 05. ① 06. ③

지락보호계전기 동작은 1선 지락전류에 의해 동작되므로 직접접지방식이 가장 확실하고 소호 리액터 접지방식은 동작이 불확실하다.

07 3상 송전선로의 선간전압을 100[kV], 3상 기준 용량을 10,000[kVA]로 할 때, 선로 리액턴스(1선당) 100[Ω]을 %임피던스로 환산하면 얼마인가?

① 1 ② 10
③ 0.33 ④ 3.33

해설 $\%Z = \dfrac{P \cdot Z}{10 V^2} = \dfrac{10,000 \times 100}{10 \times 100^2} = 10[\%]$

08 피뢰기에서 속류를 끊을 수 있는 최고의 교류전압은?

① 정격전압 ② 제한전압
③ 차단전압 ④ 방전개시전압

해설 제한전압은 충격방전전류를 통하고 있을 때의 단자전압이고, 정격전압은 속류를 차단하는 최고의 전압이다.

09 송전선의 특성 임피던스를 Z_0, 전파속도를 v라 할 때, 이 송전선의 단위길이에 대한 인덕턴스 L은?

① $L = \dfrac{v}{Z_0}$ ② $L = \dfrac{Z_0}{v}$
③ $L = \dfrac{Z_0^2}{v}$ ④ $L = \sqrt{Z_0 v}$

해설 특성 임피던스 $Z_0 = \sqrt{\dfrac{L}{C}}$ [Ω]

전파속도 $V = \dfrac{1}{\sqrt{LC}}$ [m/s]

$\therefore \dfrac{Z_0}{v} = \sqrt{\dfrac{\dfrac{L}{C}}{\dfrac{1}{LC}}} = \sqrt{L^2} = L$

10 우리나라 22.9[kV] 배전선로에 적용하는 피뢰기의 공칭방전전류[A]는?

① 1,500 ② 2,500
③ 5,000 ④ 10,000

해설 우리나라 피뢰기의 공칭방전전류 2,500[A]는 배전선로용이고, 5,000[A]와 10,000[A]는 변전소에 적용한다.

11 단상 2선식의 교류 배전선이 있다. 전선 한 줄의 저항은 0.15[Ω], 리액턴스는 0.25[Ω]이다. 부하는 무유도성으로 100[V], 3[kW]일 때 급전점의 전압은 약 몇 [V]인가?

① 100 ② 110
③ 120 ④ 130

해설 급전점 전압
$V_s = V_r + 2I(R\cos\theta_r + X\sin\theta_r)$
$= 100 + 2 \times \dfrac{3,000}{100}(0.15 \times 1 + 0.25 \times 0)$
$= 109 ≒ 110[V]$

12 수전용량에 비해 첨두부하가 커지면 부하율은 그에 따라 어떻게 되는가?

① 낮아진다.
② 높아진다.
③ 변하지 않고 일정하다.
④ 부하의 종류에 따라 달라진다.

해설 부하율은 평균전력과 최대 수용전력의 비이므로 첨두부하가 커지면 부하율이 낮아진다.

13 피뢰기가 그 역할을 잘 하기 위하여 구비되어야 할 조건으로 틀린 것은?

① 속류를 차단할 것
② 내구력이 높을 것
③ 충격방전 개시전압이 낮을 것
④ 제한전압은 피뢰기의 정격전압과 같게 할 것

정답 07. ② 08. ① 09. ② 10. ② 11. ② 12. ① 13. ④

해설 피뢰기의 구비조건
- 충격방전 개시전압이 낮을 것
- 상용주파 방전개시전압 및 정격전압이 높을 것
- 방전 내량이 크면서 제한전압은 낮을 것
- 속류차단능력이 충분할 것

14 조력발전소에 대한 설명으로 옳은 것은?
① 간만의 차가 작은 해안에 설치한다.
② 만조로 되는 동안 바닷물을 받아들여 발전한다.
③ 지형적 조건에 따라 수로식과 양수식이 있다.
④ 완만한 해안선을 이루고 있는 지점에 설치한다.

해설 조력발전은 조수간만의 수위차로 발전하는 방식으로 밀물과 썰물 때에 터빈을 돌려 발전하는 시스템으로 수력발전과 유사한 방식이다.

15 선택지락계전기의 용도를 옳게 설명한 것은?
① 단일 회선에서 지락 고장 회선의 선택 차단
② 단일 회선에서 지락전류의 방향 선택 차단
③ 병행 2회선에서 지락 고장 회선의 선택 차단
④ 병행 2회선에서 지락 고장의 지속시간 선택 차단

해설 병행 2회선 송전선로의 지락사고 차단에 사용하는 계전기는 고장난 회선을 선택하는 선택지락계전기를 사용한다.

16 다음 중 송전선로에 복도체를 사용하는 이유로 가장 알맞은 것은?
① 선로를 뇌격으로부터 보호한다.
② 선로의 진동을 없앤다.
③ 철탑의 하중을 평형화한다.
④ 코로나를 방지하고, 인덕턴스를 감소시킨다.

해설 복도체 사용 목적은 코로나 임계전압을 높여 코로나 발생을 방지하는 것이다. 또한 복도체의 장점은 정전용량이 증가하고 인덕턴스가 감소하여 송전용량이 증가된다.

17 A, B 및 C상 전류를 각각 I_a, I_b 및 I_c라 할 때, $I_x = \frac{1}{3}(I_a + a^2 I_b + a I_c)$, $a = -\frac{1}{2} + j\frac{\sqrt{3}}{2}$ 으로 표시되는 I_x는 어떤 전류인가?
① 정상전류
② 역상전류
③ 영상전류
④ 역상전류와 영상전류의 합계

해설 역상전류 $I_2 = \frac{1}{3}(I_a + a^2 I_b + a I_c)$
$= \frac{1}{3}(I_a + I_b \underline{/-120°} + I_c \underline{/-240°})$

18 송전선로의 중성점을 접지하는 목적이 아닌 것은?
① 송전용량의 증가
② 과도 안정도의 증진
③ 이상전압 발생의 억제
④ 보호계전기의 신속, 확실한 동작

해설 중성점 접지 목적
- 이상전압의 발생을 억제하여 전위 상승을 방지하고, 전선로 및 기기의 절연 수준을 경감시킨다.
- 지락 고장 발생 시 보호계전기의 신속하고 정확한 동작을 확보한다.
- 통신선의 유도장해를 방지하고, 과도 안정도를 향상시킨다(PC 접지).

19 저항 10[Ω], 리액턴스 15[Ω]인 3상 송전선이 있다. 수전단 전압 60[kV], 부하 역률 80[%], 전류 100[A]라고 한다. 이때, 송전단 전압은 몇 [V]인가?
① 55,750
② 55,950
③ 81,560
④ 62,941

정답 14. ② 15. ③ 16. ④ 17. ② 18. ① 19. ④

해설 송전단 전압
$$V_S = V_R + \sqrt{3}\,I(R\cos\theta + X\sin\theta)\,[V]$$
$$= 60,000 + \sqrt{3} \times 100 \times (10 \times 0.8 + 15 \times 0.6)$$
$$= 62,941\,[V]$$

20 어느 수용가의 부하설비는 전등설비가 500[W], 전열설비가 600[W], 전동기 설비가 400[W], 기타 설비가 100[W]이다. 이 수용가의 최대수용전력이 1,200[W]이면 수용률은 몇 [%]인가?

① 55
② 65
③ 75
④ 85

해설
$$수용률 = \frac{최대수용전력[kW]}{부하설비용량[kW]} \times 100\,[\%]$$
$$= \frac{1,200}{500+600+400+100} \times 100 = 75\,[\%]$$

정답 20. ③

2021년 제2회 기출문제

전기기사

01 비등수형 원자로의 특징에 대한 설명으로 틀린 것은?

① 증기발생기가 필요하다.
② 저농축 우라늄을 연료로 사용한다.
③ 노심에서 비등을 일으킨 증기가 직접 터빈에 공급되는 방식이다.
④ 가압수형 원자로에 비해 출력 밀도가 낮다.

해설 비등수형 원자로의 특징
- 원자로의 내부 증기를 직접 터빈에서 이용하기 때문에 증기발생기(열교환기)가 필요 없다.
- 증기가 직접 터빈으로 들어가기 때문에 증기 누출을 철저히 방지해야 한다.
- 순환 펌프로서는 급수 펌프만 있으면 되므로 소내용 동력이 적다.
- 노심의 출력밀도가 낮기 때문에 같은 노출력의 원자로에서는 노심 및 압력용기가 커진다.
- 원자력 용기 내에 기수분리기와 증기건조기가 설치되므로 용기의 높이가 커진다.
- 연료는 저농축 우라늄(2~3[%])을 사용한다.

02 전력 계통에서 내부 이상전압의 크기가 가장 큰 경우는?

① 유도성 소전류 차단 시
② 수차 발전기의 부하 차단 시
③ 무부하 선로 충전전류 차단 시
④ 송전선로의 부하 차단기 투입 시

해설 전력 계통에서 가장 큰 내부 이상전압은 개폐 서지로, 무부하일 때 선로의 충전전류를 차단할 때이다.

03 송전단 전압을 V_s, 수전단 전압을 V_r, 선로의 리액턴스를 X라 할 때, 정상 시의 최대 송전전력의 개략적인 값은?

① $\dfrac{V_s - V_r}{X}$
② $\dfrac{V_s^2 - V_r^2}{X}$
③ $\dfrac{V_s(V_s - V_r)}{X}$
④ $\dfrac{V_s V_r}{X}$

해설 송전용량 $P_s = \dfrac{V_s V_r}{X} \sin\delta$ [MW]이므로 최대 송전전력은 $P_s = \dfrac{V_s V_r}{X}$ [MW]이다.

04 다음 중 망상(network) 배전방식의 장점이 아닌 것은?

① 전압변동이 적다.
② 인축의 접지사고가 적어진다.
③ 부하의 증가에 대한 융통성이 크다.
④ 무정전 공급이 가능하다.

해설 망상식(nerwork system) 배전방식
- 무정전 공급이 가능하다.
- 전압변동이 적고, 손실이 감소된다.
- 부하 증가에 대한 융통성이 크다.
- 건설비가 비싸다.
- 인축에 대한 사고가 증가한다.
- 역류개폐장치(network protector)가 필요하다.

05 500[kVA]의 단상 변압기 상용 3대(결선 △-△), 예비 1대를 갖는 변전소가 있다. 부하의 증가로 인하여 예비 변압기까지 동원해서 사용한다면 응할 수 있는 최대 부하[kVA]는 약 얼마인가?

① 2,000
② 1,730
③ 1,500
④ 830

해설 500[kVA] 단상 변압기가 총 4대이므로 V결선으로 2뱅크 운전하면
$P = 2P_V = 2 \times \sqrt{3} \, VI$ [kVA]

정답 01. ① 02. ③ 03. ④ 04. ② 05. ②

단상 변압기 1대 용량 $P_1 = VI = 500 [\text{kVA}]$이므로
∴ $P = 2 \times \sqrt{3} \times 500 ≒ 1,730 [\text{kVA}]$

06 배전용 변전소의 주변압기로 주로 사용되는 것은?

① 강압 변압기 ② 체승 변압기
③ 단권 변압기 ④ 3권선 변압기

해설 발전소에 있는 주변압기는 체승용으로 되어 있고, 변전소의 주변압기는 강압용으로 되어 있다.

07 3상용 차단기의 정격차단용량은?

① $\sqrt{3} \times$ 정격전압 $\times$ 정격차단전류
② $3\sqrt{3} \times$ 정격전압 $\times$ 정격전류
③ $3 \times$ 정격전압 $\times$ 정격차단전류
④ $\sqrt{3} \times$ 정격전압 $\times$ 정격전류

해설 3상용 차단기 용량 $P_s [\text{MVA}]$
$P_s = \sqrt{3} \times$ 정격전압$[\text{kV}] \times$ 정격차단전류$[\text{kA}]$

08 3상 3선식 송전선로에서 각 선의 대지정전용량이 0.5096[μF]이고, 선간정전용량이 0.1295[μF]일 때, 1선의 작용정전용량은 약 몇 [μF]인가?

① 0.6 ② 0.9
③ 1.2 ④ 1.8

해설 작용정전용량 $C[\mu F]$
$C = C_s + 3C_m = 0.5096 + 3 \times 0.1295 ≒ 0.9 [\mu F]$

09 그림과 같은 송전 계통에서 S점에 3상 단락사고가 발생했을 때 단락전류[A]는 약 얼마인가? (단, 선로의 길이와 리액턴스는 각각 50[km], 0.6[Ω/km]이다.)

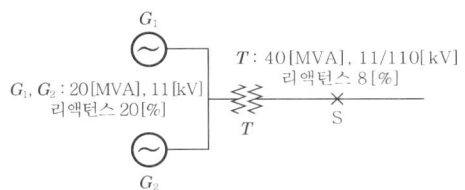

① 224 ② 324
③ 454 ④ 554

해설 기준 용량 40[MVA] %임피던스를 환산하면
발전기 $\%Z_g = \dfrac{40}{20} \times 20 = 40[\%]$
변압기 $\%Z_t = 8[\%]$
송전선 $\%Z_l = \dfrac{P \cdot Z}{10 V_n^2} = \dfrac{40 \times 10^3 \times 0.6 \times 50}{10 \times 110^2}$
$= 9.91[\%]$
합성 %임피던스는 발전기는 병렬이고, 변압기와 선로는 직렬이므로 $\%Z = \dfrac{40}{2} + 8 + 9.91 = 37.91[\%]$이다.
∴ 단락전류
$I_s = \dfrac{100}{\%Z} I_n = \dfrac{100}{37.91} \times \dfrac{40 \times 10^6}{\sqrt{3} \times 110 \times 10^3}$
$≒ 554[A]$

10 전력 계통의 전압을 조정하는 가장 보편적인 방법은?

① 발전기의 유효전력 조정
② 부하의 유효전력 조정
③ 계통의 주파수 조정
④ 계통의 무효전력 조정

해설 전력 계통의 가장 보편적인 전압조정은 계통의 조상설비를 이용하여 무효전력을 조정한다.

11 역률 0.8(지상)의 2,800[kW] 부하에 전력용 콘덴서를 병렬로 접속하여 합성 역률을 0.9로 개선하고자 할 경우, 필요한 전력용 콘덴서의 용량[kVA]은 약 얼마인가?

① 372 ② 558
③ 744 ④ 1,116

해설 역률 개선용 콘덴서 용량 $Q[\text{kVA}]$
$Q = P(\tan\theta_1 - \tan\theta_2)$
$= P\left(\dfrac{\sqrt{1-\cos^2\theta_1}}{\cos\theta_1} - \dfrac{\sqrt{1-\cos^2\theta_2}}{\cos\theta_2}\right)$

정답 06. ① 07. ① 08. ② 09. ④ 10. ④ 11. ③

$$= 2{,}800\left(\frac{\sqrt{1-0.8^2}}{0.8} - \frac{\sqrt{1-0.9^2}}{0.9}\right)$$
$$\fallingdotseq 744[\text{kVA}]$$

12 컴퓨터에 의한 전력 조류 계산에서 슬랙(slack) 모선의 초기치로 지정하는 값은? (단, 슬랙 모선을 기준 모선으로 한다.)

① 유효전력과 무효전력
② 전압 크기와 유효전력
③ 전압 크기와 위상각
④ 전압 크기와 무효전력

[해설] 슬랙 모선에서 전압=1, 위상=0을 기본값[PU]으로 하여 전력 조류량이 각 선로의 용량 제한에 걸리는지 여부를 검사하는 것으로 선로용량과 실제 조류량을 비교할 때 사용한다.

13 다음 중 직격뢰에 대한 방호설비로 가장 적당한 것은?

① 복도체
② 가공지선
③ 서지흡수기
④ 정전 방전기

[해설] 가공지선은 뇌격(직격뢰, 유도뢰)으로부터 전선로를 보호하고, 통신선에 대한 전자유도장해를 경감시킨다.

14 저압 배전선로에 대한 설명으로 틀린 것은?

① 저압 뱅킹 방식은 전압 변동을 경감할 수 있다.
② 밸런서(balancer)는 단상 2선식에 필요하다.
③ 부하율(F)과 손실계수(H) 사이에는 $1 \geq F \geq H \geq F^2 \geq 0$의 관계가 있다.
④ 수용률이란 최대 수용 전력을 설비 용량으로 나눈 값을 퍼센트로 나타낸 것이다.

[해설] 밸런서는 단상 3선식에서 설비의 불평형을 방지하기 위하여 선로 말단에 시설한다.

15 증기 터빈 내에서 팽창 도중에 있는 증기를 일부 추기하여 그것이 갖는 열을 급수 가열에 이용하는 열사이클은?

① 랭킨 사이클
② 카르노 사이클
③ 재생 사이클
④ 재열 사이클

[해설] 열사이클
- 카르노 사이클 : 가장 효율이 좋은 이상적인 열 사이클이다.
- 랭킨 사이클 : 가장 기본적인 열사이클로 두 등압 변화와 두 단열 변화로 되어 있다.
- 재생 사이클 : 터빈 중간에서 증기의 팽창 도중 증기의 일부를 추기하여 급수 가열에 이용한다.
- 재열 사이클 : 고압 터빈 내에서 습증기가 되기 전에 증기를 모두 추출하여 재열기를 이용하여 재가열시켜 저압 터빈을 돌려 열효율을 향상시키는 열사이클이다.

16 단상 2선식 배전선로의 말단에 지상 역률 $\cos\theta$인 부하 P[kW]가 접속되어 있고 선로 말단의 전압은 V[V]이다. 선로 한 가닥의 저항을 $R[\Omega]$이라 할 때 송전단의 공급전력 [kW]은?

① $P + \dfrac{P^2 R}{V\cos\theta} \times 10^3$

② $P + \dfrac{2P^2 R}{V\cos\theta} \times 10^3$

③ $P + \dfrac{P^2 R}{V^2 \cos^2\theta} \times 10^3$

④ $P + \dfrac{2P^2 R}{V^2 \cos^2\theta} \times 10^3$

[해설] 선로의 손실
$$P_l = 2I^2 R = 2 \times \left(\frac{P}{V\cos\theta}\right)^2 R [\text{W}]$$

송전단 전력은 수전단 전력과 선로의 손실의 합이며, 문제의 단위가 전력 P[kW], 전압 V[V]이므로
$$P_s = P_r + P_l = P + 2 \times \frac{P^2 R}{V^2 \cos^2\theta} \times 10^3 [\text{kW}]$$

정답 12. ③ 13. ② 14. ② 15. ③ 16. ④

17 선로, 기기 등의 절연 수준 저감 및 전력용 변압기의 단절연을 모두 행할 수 있는 중성점 접지방식은?

① 직접접지방식
② 소호 리액터 접지방식
③ 고저항접지방식
④ 비접지방식

해설 중성점 직접접지방식은 1상 지락사고일 경우 지락전류가 대단히 크기 때문에 보호계전기의 동작이 확실하고, 중성점의 전위는 대지전위이므로 저감 절연 및 변압기 단절연이 가능하지만, 계통에 주는 충격이 크고 과도 안정도가 나쁘다.

18 최대 수용 전력이 3[kW]인 수용가가 3세대, 5[kW]인 수용가가 6세대라고 할 때, 이 수용가군에 전력을 공급할 수 있는 주상 변압기의 최소 용량[kVA]은? (단, 역률은 1, 수용가 간의 부등률은 1.3이다.)

① 25
② 30
③ 35
④ 40

해설 변압기의 용량 $P_t = \dfrac{3 \times 3 + 5 \times 6}{1.3 \times 1} = 30 [\text{kVA}]$

19 부하전류 차단이 불가능한 전력 개폐 장치는?

① 진공차단기
② 유입차단기
③ 단로기
④ 가스차단기

해설 단로기는 소호능력이 없으므로 통전 중의 전로를 개폐할 수 없다. 그러므로 무부하 선로의 개폐에 이용하여야 한다.

20 가공 송전선로에서 총 단면적이 같은 경우 단도체와 비교하여 복도체의 장점이 아닌 것은?

① 안정도를 증대시킬 수 있다.
② 공사비가 저렴하고 시공이 간편하다.
③ 전선 표면의 전위경도를 감소시켜 코로나 임계전압이 높아진다.
④ 선로의 인덕턴스가 감소되고 정전용량이 증가해서 송전용량이 증대된다.

해설 복도체 및 다도체의 특징
• 같은 도체 단면적인 경우 단도체보다 인덕턴스와 리액턴스가 감소하고 정전용량이 증가하여 송전용량을 크게 할 수 있다.
• 전선 표면의 전위경도를 저감시켜 코로나 임계전압을 높게 하므로 코로나 발생을 방지한다.
• 전력 계통의 안정도를 증대시킨다.

정답 17. ① 18. ② 19. ③ 20. ②

2021년 제2회 CBT 기출복원문제 (전기산업기사)

01 전력 계통의 안정도 향상대책으로 옳은 것은?

① 송전 계통의 전달 리액턴스를 증가시킨다.
② 재폐로 방식(reclosing method)을 채택한다.
③ 전원측 원동기용 조속기의 부동시간을 크게 한다.
④ 고장을 줄이기 위하여 각 계통을 분리시킨다.

해설 송전전력을 증가시키기 위한 안정도 증진대책
- 직렬 리액턴스를 작게 한다.
  - 발전기나 변압기 리액턴스를 작게 한다.
  - 선로에 복도체를 사용하거나 병행회선수를 늘린다.
  - 선로에 직렬 콘덴서를 설치한다.
- 전압 변동을 작게 한다.
  - 단락비를 크게 한다.
  - 속응여자방식을 채용한다.
- 계통을 연계시킨다.
- 중간 조상방식을 채용한다.
- 고장구간을 신속히 차단시키고 재폐로 방식을 채택한다.
- 소호 리액터 접지방식을 채용한다.
- 고장 시에 발전기 입·출력의 불평형을 작게 한다.

02 부하전력 및 역률이 같을 때 전압을 n배 승압하면 전압강하와 전력 손실은 어떻게 되는가?

① 전압강하 : $\frac{1}{n}$, 전력 손실 : $\frac{1}{n^2}$
② 전압강하 : $\frac{1}{n^2}$, 전력 손실 : $\frac{1}{n}$
③ 전압강하 : $\frac{1}{n}$, 전력 손실 : $\frac{1}{n}$
④ 전압강하 : $\frac{1}{n^2}$, 전력 손실 : $\frac{1}{n^2}$

해설 전압강하 $e = \sqrt{3}\,I(R\cos\theta + X\sin\theta)$
$= \sqrt{3} \times \frac{P}{\sqrt{3}\,V\cos\theta}(R\cos\theta + X\sin\theta)$
$= \frac{P}{V}(R + X\tan\theta) \propto \frac{1}{V}$

전력 손실 $P_c = 3I^2 R = 3 \times \left(\frac{P}{\sqrt{3}\,V\cos\theta}\right)^2 \times \rho\frac{l}{A}$
$= \frac{P^2}{V^2\cos^2\theta} \times \rho\frac{l}{A} \propto \frac{1}{V^2}$

03 역률 80[%], 10,000[kVA]의 부하를 갖는 변전소에 2,000[kVA]의 콘덴서를 설치해서 역률을 개선하면 변압기에 걸리는 부하는 몇 [kVA] 정도 되는가?

① 8,000
② 8,500
③ 9,000
④ 9,500

해설 유효전력 $P = 10,000 \times 0.8 = 8,000[\text{kW}]$
무효전력 $Q = 10,000 \times 0.6 - 2,000 = 4,000[\text{kVar}]$
변압기에 걸리는 부하
$P = \sqrt{P^2 + Q^2} = \sqrt{8,000^2 + 4,000^2}$
$= 8,944[\text{kVA}] ≒ 9,000[\text{kVA}]$

04 총설비부하가 120[kW], 수용률이 65[%], 부하 역률이 80[%]인 수용가에 공급하기 위한 변압기의 최소 용량은 약 몇 [kVA]인가?

① 40
② 60
③ 80
④ 100

해설 변압기 용량 = $\frac{수용률 \times 수용설비\ 용량}{역률 \times 효율}$[kVA]

변압기의 최소 용량
$P_T = \frac{120 \times 0.65}{0.8} = 97.5 ≒ 100[\text{kVA}]$

정답 01. ② 02. ① 03. ③ 04. ④

05 차단기에서 O-t_1-CO-t_2-CO의 주기로 나타내는 것은? (단, O(open)는 차단동작, t_1, t_2는 시간간격, C(close)는 투입동작, CO(close and open)는 투입직후 차단동작이다.)

① 차단기 동작책무
② 차단기 속류주기
③ 차단기 재폐로 계수
④ 차단기 무전압 시간

해설 차단기 표준동작책무
- 일반용 갑호 : O-1분-CO-3분-CO
- 고속도 재투입용 : O-임의-CO-1분-CO

06 3상 무부하 발전기의 1선 지락 고장 시에 흐르는 지락전류는? (단, E는 접지된 상의 무부하 기전력이고 Z_0, Z_1, Z_2는 발전기의 영상, 정상, 역상 임피던스이다.)

① $\dfrac{E}{Z_0+Z_1+Z_2}$
② $\dfrac{\sqrt{3}E}{Z_0+Z_1+Z_2}$
③ $\dfrac{3E}{Z_0+Z_1+Z_2}$
④ $\dfrac{E^2}{Z_0+Z_1+Z_2}$

해설 1선 지락 시에는 $I_0=I_1=I_2$이므로
지락 고장전류 $I_g=I_0+I_1+I_2=\dfrac{3E}{Z_0+Z_1+Z_2}$

07 송전전력, 부하 역률, 송전거리, 전력 손실 및 선간전압을 동일하게 하였을 경우 3상 3선식에 요하는 전선 총량은 단상 2선식에 필요로 하는 전선량의 몇 배인가?

① $\dfrac{1}{2}$
② $\dfrac{2}{3}$
③ $\dfrac{3}{4}$
④ 1

해설 전선의 중량은 전선의 저항에 반비례하므로, 저항의 비 $\dfrac{R_1}{R_3}=\dfrac{1}{2}$이다.

따라서 $\dfrac{3W_3}{2W_1}=\dfrac{3}{2}\times\dfrac{R_1}{R_3}=\dfrac{3}{2}\times\dfrac{1}{2}=\dfrac{3}{4}$ 배

08 선로에 따라 균일하게 부하가 분포된 선로의 전력 손실은 이들 부하가 선로의 말단에 집중적으로 접속되어 있을 때보다 어떻게 되는가?

① 2배로 된다.
② 3배로 된다.
③ $\dfrac{1}{2}$로 된다.
④ $\dfrac{1}{3}$로 된다.

해설

구 분	말단에 집중부하	균등부하분포
전압강하	IR	$\dfrac{1}{2}IR$
전력 손실	I^2R	$\dfrac{1}{3}I^2R$

09 다음 차단기들의 소호 매질이 적합하지 않게 결합된 것은?

① 공기차단기 - 압축공기
② 가스차단기 - SF_6 가스
③ 자기차단기 - 진공
④ 유입차단기 - 절연유

해설 자기차단기의 소호 매질은 차단전류에 의해 생기는 자계로 아크를 밀어낸다.

10 한류 리액터를 사용하는 가장 큰 목적은?

① 충전전류의 제한
② 접지전류의 제한
③ 누설전류의 제한
④ 단락전류의 제한

해설 한류 리액터를 사용하는 이유는 단락사고로 인한 단락전류를 제한하여 기기 및 계통을 보호하기 위함이다.

11 3상 수직 배치인 선로에서 오프셋(off-set)을 주는 이유는?

① 전선의 진동 억제
② 단락 방지
③ 철탑 중량 감소
④ 전선의 풍압 감소

해설 전선 도약으로 생기는 상하 전선 간의 단락을 방지하기 위해 오프셋(off-set)을 준다.

12 공기의 절연성이 부분적으로 파괴되어서 낮은 소리나 엷은 빛을 내면서 방전되는 현상은?

① 페란티 현상
② 코로나 현상
③ 카르노 현상
④ 보어 현상

해설 초고압 송전선로에서 전선로 주변의 공기의 절연이 부분적으로 파괴되어 낮은 소리나 엷은 빛을 내면서 방전되는 현상을 코로나 현상이라 한다.

13 3상 3선식 송전선로를 연가하는 목적은?

① 전압강하를 방지하기 위하여
② 송전선을 절약하기 위하여
③ 미관상
④ 선로정수를 평형시키기 위하여

해설 연가란 선로정수 평형을 위해 송전단에서 수전단까지 전체 선로구간을 3의 배수 등분하여 전선의 위치를 바꾸어 주는 것을 말한다.

14 유효낙차 30[m], 출력 2,000[kW]의 수차발전기를 전부하로 운전하는 경우 1시간당 사용수량은 약 몇 [m³]인가? (단, 수차 및 발전기의 효율은 각각 95[%], 82[%]로 한다.)

① 15,500
② 25,500
③ 31,500
④ 22,500

해설 $P = 9.8 QH\eta$ [kW]
여기서, Q : 유량[m³/s]
H : 유효낙차[m]
$\eta = \eta_t \eta_g$
(η_t : 수차효율, η_g : 발전기 효율)

$\therefore Q = \dfrac{P}{9.8 H \eta_t \eta_g}$ [m³/s]

$= \dfrac{2,000}{9.8 \times 30 \times 0.95 \times 0.82}$

$= 8.732$ [m³/s]

$\therefore$ 1시간당 사용수량
$Q = 8.732 \times 3,600 = 31437.478$
$\fallingdotseq 31,500$ [m³/h]

15 가스 터빈의 장점이 아닌 것은?

① 구조가 간단해서 운전에 대한 신뢰가 높다.
② 기동·정지가 용이하다.
③ 냉각수를 다량으로 필요로 하지 않는다.
④ 화력발전소보다 열효율이 높다.

해설 가스 터빈의 단점
㉠ 열효율이 낮고 연료소비가 크다.
㉡ 터빈이 고온을 받기 때문에 값비싼 내열재료가 필요하다.
㉢ 배기·흡기의 소음이 커지기 쉽다.

16 3상 3선식 3각형 배치의 송전선로에 있어서 각 선의 대지정전용량이 0.5038[μF]이고, 선간정전용량이 0.1237[μF]일 때 1선의 작용정전용량은 약 몇 [μF]인가?

① 0.6275
② 0.8749
③ 0.9164
④ 0.9755

해설 1선당 작용정전용량
$C = C_s + 3C_m = 0.5038 + 3 \times 0.1237$
$= 0.8749$ [μF]

정답 11. ② 12. ② 13. ④ 14. ③ 15. ④ 16. ②

17 중거리 송전선로에서 T형 회로일 경우 4단자 정수 A는?

① Z
② $1 - \dfrac{ZY}{4}$
③ Y
④ $1 + \dfrac{ZY}{2}$

[해설]

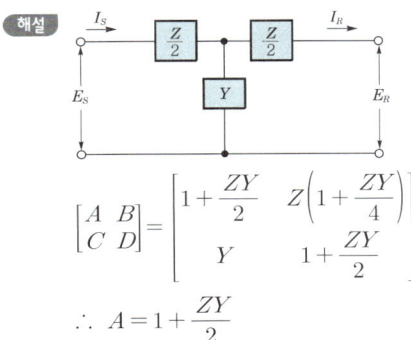

$$\begin{bmatrix} A & B \\ C & D \end{bmatrix} = \begin{bmatrix} 1 + \dfrac{ZY}{2} & Z\left(1 + \dfrac{ZY}{4}\right) \\ Y & 1 + \dfrac{ZY}{2} \end{bmatrix}$$

∴ $A = 1 + \dfrac{ZY}{2}$

18 다음 중 뇌해 방지와 관계가 없는 것은?

① 댐퍼
② 소호환
③ 가공지선
④ 탑각 접지

[해설] 댐퍼는 진동에너지를 흡수하여 전선 진동을 방지하기 위하여 설치하는 것으로 뇌해 방지와는 관계가 없다.

19 조상설비가 아닌 것은?

① 단권 변압기
② 분로 리액터
③ 동기조상기
④ 전력용 콘덴서

[해설] 조상설비의 종류에는 동기조상기(진상, 지상 양용)와 전력용 콘덴서(진상용) 및 분로 리액터(지상용)가 있다.

20 송전선로에 관련된 설명으로 틀린 것은?

① 전선에 교류가 흐를 때 전류밀도는 도선의 중심으로 갈수록 작아진다.
② 송전선로에 ACSR을 사용한다.
③ 수직배치선로에서 오프셋을 주는 이유는 단락방지이다.
④ 송전선에서 댐퍼를 설치하는 이유는 전선의 코로나 방지이다.

[해설] ㉠ 전선의 진동방지대책
- 댐퍼(damper) 설치
- 아머로드(armor rod) 설치

㉡ 코로나 방지대책
- 굵은 전선을 사용하여 코로나 임계전압을 높인다.
- 복도체 및 다도체 방식을 채택한다.
- 가선금구류를 개량한다.

[정답] 17. ④ 18. ① 19. ① 20. ④

2021년 제3회 기출문제 (전기기사)

01 환상 선로의 단락보호에 주로 사용하는 계전 방식은?

① 비율차동계전방식
② 방향거리계전방식
③ 과전류 계전방식
④ 선택접지계전방식

해설 송전선로 단락보호
- 방사상 선로 : 과전류 계전기 사용
- 환상 선로 : 방향단락계전방식, 방향거리계전 방식, 과전류 계전기와 방향거리계전기를 조합하는 방식

02 변압기 보호용 비율차동계전기를 사용하여 △-Y 결선의 변압기를 보호하려고 한다. 이때 변압기 1, 2차측에 설치하는 변류기의 결선 방식은? (단, 위상 보정 기능이 없는 경우이다.)

① △-△
② △-Y
③ Y-△
④ Y-Y

해설 비율차동계전방식
변압기의 내부 고장 보호에 적용하고, 변압기의 변압비와 고·저압 단자의 CT비가 정확하게 역비례하여야 하며, 변압기 결선이 △-Y이면 변류기(CT) 2차 결선은 Y-△로 하여 2차 전류를 동상으로 한다.

03 전력 계통의 전압조정설비에 대한 특징으로 틀린 것은?

① 병렬 콘덴서는 진상능력만을 가지며 병렬 리액터는 진상능력이 없다.
② 동기조상기는 조정의 단계가 불연속적이나 직렬 콘덴서 및 병렬 리액터는 연속적이다.
③ 동기조상기는 무효전력의 공급과 흡수가 모두 가능하여 진상 및 지상용량을 갖는다.
④ 병렬 리액터는 경부하 시에 계통 전압이 상승하는 것을 억제하기 위하여 초고압 송전선 등에 설치된다.

해설 동기조상기는 무부하로 운전되는 동기전동기로 전력 계통의 진상 및 지상의 무효전력을 공급 및 흡수하여 연속적으로 조정하는 조상설비이다.

04 전력 계통의 중성점 다중접지방식의 특징으로 옳은 것은?

① 통신선의 유도장해가 적다.
② 합성 접지저항이 매우 높다.
③ 건전상의 전위 상승이 매우 높다.
④ 지락보호계전기의 동작이 확실하다.

해설 중성선 다중접지방식의 특징
- 접지저항이 매우 적어 지락사고 시 건전상 전위 상승이 거의 없다.
- 보호계전기의 신속한 동작 확보로 고장 선택 차단이 확실하다.
- 피뢰기의 동작 채무가 경감된다.
- 통신선에 대한 유도장해가 크고, 과도 안정도가 나쁘다.
- 대용량 차단기가 필요하다.

05 경간이 200[m]인 가공전선로가 있다. 사용 전선의 길이는 경간보다 약 몇 [m] 더 길어야 하는가? (단, 전선의 1[m]당 하중은 2[kg], 인장하중은 4,000[kg]이고, 풍압하중은 무시하며, 전선의 안전율은 2이다.)

① 0.33
② 0.61
③ 1.41
④ 1.73

정답 01. ② 02. ③ 03. ② 04. ④ 05. ①

해설 이도 $D = \dfrac{WS^2}{8T} = \dfrac{2 \times 200^2}{8 \times \left(\dfrac{4,000}{2}\right)} = 5[\text{m}]$

실제 전선 길이 $L = S + \dfrac{8D^2}{3S}$ 이므로

경간(S)보다 $\dfrac{8D^2}{3S}$ 만큼 전선의 길이는 길어진다.

$\therefore \dfrac{8D^2}{3S} = \dfrac{8 \times 5^2}{3 \times 200} = 0.33[\text{m}]$

06 송전선로에 단도체 대신 복도체를 사용하는 경우에 나타나는 현상으로 틀린 것은?

① 전선의 작용 인덕턴스를 감소시킨다.
② 선로의 작용 정전용량을 증가시킨다.
③ 전선 표면의 전위경도를 저감시킨다.
④ 전선의 코로나 임계전압을 저감시킨다.

해설 복도체 및 다도체의 특징
- 같은 도체 단면적의 단도체보다 인덕턴스와 리액턴스가 감소하고 정전용량이 증가하여 송전용량을 크게 할 수 있다.
- 전선 표면의 전위경도를 저감시켜 코로나 임계전압을 높게 하므로 코로나 발생을 방지한다.
- 전력 계통의 안정도를 증대시킨다.

07 옥내 배선을 단상 2선식에서 단상 3선식으로 변경하였을 때, 전선 1선당 공급전력은 약 몇 배 증가하는가? [단, 선간전압(단상 3선식의 경우는 중성선과 타선 간의 전압), 선로전류(중성선의 전류 제외) 및 역률은 같다.]

① 0.71
② 1.33
③ 1.41
④ 1.73

해설 1선당 전력의 비

$\dfrac{\text{단상 3선식}}{\text{단상 2선식}} = \dfrac{\dfrac{2EI}{3}}{\dfrac{EI}{2}} = \dfrac{4}{3} = 1.33$

$\therefore$ 약 1.33배 증가한다.

08 3상용 차단기의 정격차단용량은 그 차단기의 정격전압과 정격차단전류와의 곱을 몇 배한 것인가?

① $\dfrac{1}{\sqrt{2}}$
② $\dfrac{1}{\sqrt{3}}$
③ $\sqrt{2}$
④ $\sqrt{3}$

해설 차단기의 정격차단용량 $P_s[\text{MVA}] = \sqrt{3} \times$ 정격전압[kV] $\times$ 정격차단전류[kA]이므로 3상 계수 $\sqrt{3}$을 적용한다.

09 송전선에 직렬 콘덴서를 설치하였을 때의 특징으로 틀린 것은?

① 선로 중에서 일어나는 전압강하를 감소시킨다.
② 송전전력의 증가를 꾀할 수 있다.
③ 부하 역률이 좋을수록 설치 효과가 크다.
④ 단락 사고가 발생하는 경우 사고전류에 의하여 과전압이 발생한다.

해설 직렬 축전지(직렬 콘덴서)
- 선로의 유도 리액턴스를 보상하여 전압강하를 감소시키기 위하여 사용되며, 수전단의 전압변동률을 줄이고 정태 안정도가 증가하여 최대 송전전력이 커진다.
- 정지기로서 가격이 싸고 전력 손실이 적으며, 소음이 없고 보수가 용이하다.
- 부하의 역률이 나쁠수록 효과가 크게 된다.

10 송전선의 특성 임피던스의 특징으로 옳은 것은?

① 선로의 길이가 길어질수록 값이 커진다.
② 선로의 길이가 길어질수록 값이 작아진다.
③ 선로의 길이에 따라 값이 변하지 않는다.
④ 부하 용량에 따라 값이 변한다.

해설 특성 임피던스 $Z_0 = \sqrt{\dfrac{L}{C}} = 138 \log_{10} \dfrac{D}{r}$으로 거리에 관계없이 일정하다.

정답 06. ④ 07. ② 08. ④ 09. ③ 10. ③

11 어느 화력발전소에서 40,000[kWh]를 발전하는 데 발열량 860[kcal/kg]의 석탄이 60톤 사용된다. 이 발전소의 열효율[%]은 약 얼마인가?

① 56.7　② 66.7
③ 76.7　④ 86.7

해설　열효율 $\eta = \dfrac{860W}{mH} \times 100$

$= \dfrac{860 \times 40,000}{60 \times 10^3 \times 860} \times 100$

$= 66.7[\%]$

12 유효낙차 100[m], 최대 유량 20[m³/s]의 수차가 있다. 낙차가 81[m]로 감소하면 유량[m³/s]은? (단, 수차에서 발생되는 손실 등은 무시하며 수차 효율은 일정하다.)

① 15　② 18
③ 24　④ 30

해설　수차의 특성

유량은 낙차의 $\dfrac{1}{2}$승에 비례하므로

$Q' = \left(\dfrac{H'}{H}\right)^{\frac{1}{2}} Q = \left(\dfrac{81}{100}\right)^{\frac{1}{2}} \times 20 = 18[m^3/s]$

13 단락용량 3,000[MVA]인 모선의 전압이 154[kV]라면 등가 모선 임피던스[Ω]는 약 얼마인가?

① 5.81
② 6.21
③ 7.91
④ 8.71

해설　단락용량 $P = \dfrac{V_r^2}{Z}$ [MVA]에서

$Z = \dfrac{V_r^2}{P} = \dfrac{154^2}{3,000} ≒ 7.91[\Omega]$

14 중성점 접지방식 중 직접접지 송전방식에 대한 설명으로 틀린 것은?

① 1선 지락사고 시 지락전류는 타 접지방식에 비하여 최대로 된다.
② 1선 지락사고 시 지락계전기의 동작이 확실하고 선택 차단이 가능하다.
③ 통신선에서의 유도장해는 비접지방식에 비하여 크다.
④ 기기의 절연 레벨을 상승시킬 수 있다.

해설　중성점 직접접지방식은 1상 지락사고일 경우 지락전류가 대단히 크기 때문에 보호계전기의 동작이 확실하고, 중성점의 전위는 대지전위이므로 저감 절연 및 변압기 단절연이 가능하지만, 계통에 주는 충격이 크고 과도 안정도가 나쁘다.

15 선로 고장 발생 시 고장전류를 차단할 수 없어 리클로저와 같이 차단 기능이 있는 후비 보호장치와 함께 설치되어야 하는 장치는?

① 배선용 차단기　② 유입개폐기
③ 컷 아웃 스위치　④ 섹셔널라이저

해설　섹셔널라이저(sectionalizer)는 고장 발생 시 차단 기능이 없으므로 고장을 차단하는 후비보호장치(리클로저)와 직렬로 설치하여 고장구간을 분리시키는 개폐기이다.

16 송전선로의 보호계전방식이 아닌 것은?

① 전류위상비교방식
② 전류차동보호계전방식
③ 방향비교방식
④ 전압균형방식

해설　송전선로 보호계전방식의 종류
과전류계전방식, 방향단락계전방식, 방향거리계전방식, 과전류 계전기와 방향거리계전기와 조합하는 방식, 전류차동보호방식, 표시선계전방식, 전력선반송계전방식 등이 있다.

정답　11.② 12.② 13.③ 14.④ 15.④ 16.④

17 가공 송전선의 코로나 임계전압에 영향을 미치는 여러 가지 인자에 대한 설명 중 틀린 것은?

① 전선 표면이 매끈할수록 임계전압이 낮아진다.
② 날씨가 흐릴수록 임계전압은 낮아진다.
③ 기압이 낮을수록, 온도가 높을수록 임계전압은 낮아진다.
④ 전선의 반지름이 클수록 임계전압은 높아진다.

해설 코로나 임계전압

$E_0 = 24.3\, m_0 m_1 \delta\, d \log_{10} \dfrac{D}{r}\,[\text{kV}]$

여기서, m_0 : 전선 표면계수
m_1 : 날씨계수
δ : 상대공기밀도
d : 전선의 직경[cm]
D : 선간거리[cm]

그러므로 전선 표면이 매끈할수록, 날씨가 청명할수록, 기압이 높고 온도가 낮을수록, 전선의 반지름이 클수록 임계전압은 높아진다.

18 동작시간에 따른 보호계전기의 분류와 이에 대한 설명으로 틀린 것은?

① 순한시 계전기는 설정된 최소 동작전류 이상의 전류가 흐르면 즉시 동작한다.
② 반한시 계전기는 동작시간이 전류값의 크기에 따라 변하는 것으로 전류값이 클수록 느리게 동작하고 반대로 전류값이 작아질수록 빠르게 동작하는 계전기이다.
③ 정한시 계전기는 설정된 값 이상의 전류가 흘렀을 때 동작전류의 크기와는 관계없이 항상 일정한 시간 후에 동작하는 계전기이다.
④ 반한시·정한시 계전기는 어느 전류값까지는 반한시성이지만 그 이상이 되면 정한시로 동작하는 계전기이다.

해설 계전기 동작시간에 의한 분류
• 순한시 계전기 : 정정된 최소 동작전류 이상의 전류가 흐르면 즉시 동작하는 계전기
• 정한시 계전기 : 정정된 값 이상의 전류가 흐르면 정해진 일정 시간 후에 동작하는 계전기
• 반한시 계전기 : 정정된 값 이상의 전류가 흐를 때 동작시간이 전류값이 크면 동작시간은 짧아지고, 전류값이 적으면 동작시간이 길어진다.

19 송전선로에서 현수 애자련의 연면 섬락과 가장 관계가 먼 것은?

① 댐퍼
② 철탑 접지저항
③ 현수 애자련의 개수
④ 현수 애자련의 소손

해설 댐퍼(damper)는 진동 루프 길이의 $\dfrac{1}{2} \sim \dfrac{1}{3}$인 곳에 설치하며 진동 에너지를 흡수하여 전선 진동을 방지하는 것으로 연면 섬락과는 관련이 없다.

20 수압철관의 안지름이 4[m]인 곳에서의 유속이 4[m/s]이다. 안지름이 3.5[m]인 곳에서의 유속[m/s]은 약 얼마인가?

① 4.2
② 5.2
③ 6.2
④ 7.2

해설 수압관의 유량은 $A_1 V_1 = A_2 V_2$이므로

$\dfrac{\pi}{4} \times D_1^{\,2} \times V_1 = \dfrac{\pi}{4} \times D_2^{\,2} \times V_2$

$\dfrac{\pi}{4} \times 4^2 \times 4 = \dfrac{\pi}{4} \times 3.5^2 \times V_2$

∴ $V_2 = 5.2\,[\text{m/s}]$

정답 17. ① 18. ② 19. ① 20. ②

2021년 제3회 CBT 기출복원문제

전기산업기사

01 그림에서 수전단이 단락된 경우의 송전단의 단락용량과 수전단이 개방된 경우의 송전단의 송전용량의 비는?

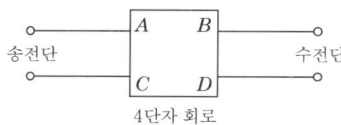

4단자 회로

① $\left[1+\dfrac{1}{BC}\right]$ ② $\left[1-\dfrac{1}{BC}\right]$

③ $\left[\dfrac{AB}{CD}\right]$ ④ $\left[\dfrac{CD}{AB}\right]$

해설 전파 방정식
$E_S = AE_R + BI_R$
$I_S = CE_R + DI_R$
수전단 단락한 경우 $E_R = 0$ 이므로
$I_{SS} = \dfrac{D}{B}E_S$: 단락전류
수전단 개방한 경우 $I_R = 0$ 이므로
$I_{SO} = \dfrac{C}{A}E_S$: 충전전류
$\therefore \dfrac{\text{단락용량}}{\text{충전용량}} = \dfrac{V \cdot I_{SS}}{V \cdot I_{SO}}$ (V : 일정)

$= \dfrac{\dfrac{D}{B}E_S}{\dfrac{C}{A}E_S} = \dfrac{AD}{BC}$

4단자 정수의 성질 : $AD - BC = 1$에서
$AD = 1 + BC$
$\therefore \dfrac{AD}{BC} = \dfrac{1+BC}{BC} = 1 + \dfrac{1}{BC}$

02 피뢰기의 제한전압이란?

① 충격파의 방전개시전압
② 상용 주파수의 방전개시전압
③ 전류가 흐르고 있을 때의 단자전압
④ 피뢰기 동작 중 단자전압의 파고값

해설 피뢰기의 제한전압은 충격파 전류가 흐르고 있을 때의 피뢰기 단자전압으로 피뢰기 동작 중 단자전압의 파고값이다.

03 다음 표는 리액터의 종류와 그 목적을 나타낸 것이다. 바르게 짝지어진 것은?

종류	목적
㉠ 병렬 리액터	ⓐ 지락 아크의 소멸
㉡ 한류 리액터	ⓑ 송전손실 경감
㉢ 직렬 리액터	ⓒ 차단기의 용량 경감
㉣ 소호 리액터	ⓓ 제5고조파 제거

① ㉠ – ⓑ   ② ㉡ – ⓓ
③ ㉢ – ⓓ   ④ ㉣ – ⓒ

해설 리액터의 종류 및 특성
㉠ 병렬 리액터(분로 리액터) : 페란티 현상을 방지한다.
㉡ 한류 리액터 : 계통의 사고 시 단락전류의 크기를 억제하여 차단기의 용량을 경감시킨다.
㉢ 직렬 리액터 : 콘덴서 설비에서 발생하는 제5고조파를 제거한다.
㉣ 소호 리액터 : 1선 지락사고 시 지락전류를 억제하여 지락 시 발생하는 아크를 소멸시킨다.

04 3상 3선식 선로에 있어서 각 선의 대지정전용량이 $C_s[\mu F/km]$, 선간정전용량이 $C_m[\mu F/km]$일 때 1선의 작용정전용량$[\mu F/km]$은?

① $2C_s + C_m$ ② $C_s + 2C_m$
③ $3C_s + C_m$ ④ $C_s + 3C_m$

해설 3상 3선식의 1선당 작용정전용량
$C = C_s + 3C_m [\mu F/km]$
여기서, C_s : 대지정전용량$[\mu F/km]$
C_m : 선간정전용량$[\mu F/km]$

정답 01. ① 02. ④ 03. ③ 04. ④

05 다음 중 차폐재가 아닌 것은?

① 물 ② 콘크리트
③ 납 ④ 스테인리스

해설 차폐재는 원자로 내부의 방사선이 외부로 누출되는 것을 방지하는 역할을 하며, 그 종류에는 콘크리트, 물, 납이 있다.

06 배전선로의 전기방식 중 전선의 중량(전선 비용)이 가장 적게 소요되는 방식은? (단, 배전 전압, 거리, 전력 및 선로 손실 등은 같다.)

① 단상 2선식 ② 단상 3선식
③ 3상 3선식 ④ 3상 4선식

해설 단상 2선식을 기준으로 동일한 조건이면 3상 4선식의 전선 중량이 제일 적다.

07 500[kVA]의 단상 변압기 상용 3대(결선 △-△) 예비 1대를 갖는 변전소가 있다. 부하의 증가로 인하여 예비 변압기까지 동원해서 사용한다면 응할 수 있는 최대 부하 [kVA]는 약 얼마인가?

① 약 2,000 ② 약 1,730
③ 약 1,500 ④ 약 830

해설 500[kVA] 단상 변압기가 총 4대이므로 V결선으로 2뱅크로 운전하면
$P = 2 \times \sqrt{3}\, VI = 2 \times \sqrt{3} \times 500 ≒ 1,730 [\text{kVA}]$

08 송수 양단의 전압을 E_S, E_R라 하고 4단자 정수를 A, B, C, D라 할 때 전력원선도의 반지름은?

① $\dfrac{E_S E_R}{A}$ ② $\dfrac{E_S E_R}{B}$
③ $\dfrac{E_S E_R}{C}$ ④ $\dfrac{E_S E_R}{D}$

해설 전력원선도의 가로축에는 유효전력, 세로축에는 무효전력을 나타내고, 그 반지름은 $r = \dfrac{E_S E_R}{B}$ 이다.

09 영상 변류기를 사용하는 계전기는?

① 지락계전기 ② 차동계전기
③ 과전류 계전기 ④ 과전압 계전기

해설 영상 변류기(ZCT)는 전력 계통에 지락사고 발생 시 영상전류를 검출하여 과전류 지락계전기(OCGR), 선택지락계전기(SGR) 등을 동작시킨다.

10 송전 계통의 중성점을 접지하는 목적으로 틀린 것은?

① 지락 고장 시 전선로의 대지전위 상승을 억제하고 전선로와 기기의 절연을 경감시킨다.
② 소호 리액터 접지방식에서는 1선 지락 시 지락점 아크를 빨리 소멸시킨다.
③ 차단기의 차단용량을 증대시킨다.
④ 지락 고장에 대한 계전기의 동작을 확실하게 한다.

해설 중성점 접지 목적
• 대지전압을 증가시키지 않고, 이상전압의 발생을 억제하여 전위 상승을 방지
• 전선로 및 기기의 절연 수준 경감(저감 절연)
• 고장 발생 시 보호계전기의 신속하고 정확한 동작을 확보
• 소호 리액터 접지에서는 1선 지락전류를 감소시켜 유도장해 경감
• 계통의 안정도 증진

11 특고압 25.8[kV], 60[Hz] 차단기의 정격 차단시간의 표준은 몇 [cycle/s]인가?

① 1 ② 2
③ 5 ④ 10

해설 차단기 정격전압과 정격차단시간

공칭전압[kV]	정격전압[kV]	정격차단시간[cycle/s]
22.9	25.8	5
66	72.5	5
154	170	3
345	362	3

정답 05. ④ 06. ④ 07. ② 08. ② 09. ① 10. ③ 11. ③

12 다음 중 송전선로의 코로나 임계전압이 높아지는 경우가 아닌 것은?

① 날씨가 맑다.
② 기압이 높다.
③ 상대공기밀도가 낮다.
④ 전선의 반지름과 선간거리가 크다.

해설 코로나 임계전압 $E_0 = 24.3\, m_0 m_1 \delta d \log_{10} \dfrac{D}{r}$ [kV]

이므로 상대공기밀도(δ)가 높아야 한다.
코로나를 방지하려면 임계전압을 높여야 하므로 전선 굵기를 크게 하고, 전선 간 거리를 증가시켜야 한다.

13 전력용 퓨즈는 주로 어떤 전류의 차단을 목적으로 사용하는가?

① 지락전류
② 단락전류
③ 과도전류
④ 과부하 전류

해설 전력퓨즈는 단락전류 차단용으로 사용되며 차단특성이 양호하고 보수가 간단하다는 장점이 있으나 재사용할 수 없고, 과도전류에 동작할 우려가 있으며, 임의의 동작 특성을 얻을 수 없는 단점이 있다.

14 송전단 전압을 V_s, 수전단 전압을 V_r, 선로의 리액턴스를 X라 할 때 정상 시의 최대 송전전력의 개략적인 값은?

① $\dfrac{V_s - V_r}{X}$
② $\dfrac{V_s^2 - V_r^2}{X}$
③ $\dfrac{V_s(V_s - V_r)}{X}$
④ $\dfrac{V_s \cdot V_r}{X}$

해설 송전용량 $P_s = \dfrac{V_s \cdot V_r}{X} \sin\delta$ [MW]

최대 송전전력 $P_s = \dfrac{V_s \cdot V_r}{X}$ [MW]

15 다음은 원자로에서 흔히 핵연료 물질로 사용되고 있는 것들이다. 이 중에서 열 중성자에 의해 핵분열을 일으킬 수 없는 물질은?

① U^{235}
② U^{238}
③ U^{233}
④ PU^{239}

해설 원자력발전용 핵연료 물질
U^{233}, U^{235}, PU^{239}가 있다.

16 원자로에서 카드뮴(cd) 막대가 하는 일을 옳게 설명한 것은?

① 원자로 내에 중성자를 공급한다.
② 원자로 내에 중성자운동을 느리게 한다.
③ 원자로 내의 핵분열을 일으킨다.
④ 원자로 내에 중성자수를 감소시켜 핵분열의 연쇄반응을 제어한다.

해설 중성자의 수를 감소시켜 핵분열 연쇄반응을 제어하는 것을 제어재라 하며 카드뮴(cd), 붕소(B), 하프늄(Hf) 등이 이용된다.

17 3상용 차단기의 정격전압은 170[kV]이고 정격차단전류가 50[kA]일 때 차단기의 정격차단용량은 약 몇 [MVA]인가?

① 5,000
② 10,000
③ 15,000
④ 20,000

해설 차단기 차단용량[MVA]
$P_s = \sqrt{3} \times$ 정격전압[kV] $\times$ 정격차단전류[kA]
$\therefore P_s = \sqrt{3} \times 170 \times 50$
$= 14722.85$ [MVA] $\fallingdotseq 15,000$ [MVA]

18 송전선로에서의 고장 또는 발전기 탈락과 같은 큰 외란에 대하여 계통에 연결된 각 동기기가 동기를 유지하면서 계속 안정적으로 운전할 수 있는지를 판별하는 안정도는?

① 정태 안정도
② 동태 안정도
③ 전압 안정도
④ 과도 안정도

정답 12. ③ 13. ② 14. ④ 15. ② 16. ④ 17. ③ 18. ④

해설 안정도의 종류
- 정태 안정도 : 정상운전 상태의 운전 지속 능력
- 동태 안정도 : AVR로 한계를 향상시킨 능력
- 과도 안정도 : 사고 시 운전할 수 있는 능력

19 배전선의 전압조정장치가 아닌 것은?
① 승압기
② 리클로저
③ 유도전압조정기
④ 주상 변압기 탭절환장치

해설 리클로저(recloser)는 선로에 고장이 발생하였을 때 고장전류를 검출하여 지정된 시간 내에 고속차단하고 자동 재폐로 동작을 수행하여 고장구간을 분리하거나 재송전하는 장치이므로 전압조정장치가 아니다.

20 애자가 갖추어야 할 구비조건으로 옳은 것은?
① 온도의 급변에 잘 견디고 습기도 잘 흡수하여야 한다.
② 지지물에 전선을 지지할 수 있는 충분한 기계적 강도를 갖추어야 한다.
③ 비, 눈, 안개 등에 대해서도 충분한 절연저항을 가지며 누설전류가 많아야 한다.
④ 선로전압에는 충분한 절연내력을 가지며, 이상전압에는 절연내력이 매우 작아야 한다.

해설 애자의 구비조건
- 충분한 기계적 강도를 가질 것
- 각종 이상전압에 대해서 충분한 절연내력 및 절연저항을 가질 것
- 비, 눈 등에 대해 전기적 표면저항을 가지고 누설전류가 적을 것
- 송전전압하에서는 코로나 방전을 일으키지 않고 일어나더라도 파괴되거나 상처를 남기지 않을 것
- 온도 및 습도 변화에 잘 견디고 수분을 흡수하지 말 것
- 내구성이 있고 가격이 저렴할 것

정답 19. ② 20. ②

2022년 제1회 기출문제

01 소호 리액터를 송전 계통에 사용하면 리액터의 인덕턴스와 선로의 정전용량이 어떤 상태로 되어 지락전류를 소멸시키는가?

① 병렬 공진
② 직렬 공진
③ 고임피던스
④ 저임피던스

해설 소호 리액터 접지식는 $L-C$ 병렬 공진을 이용하므로 지락전류가 최소로 되어 유도장해가 적고, 고장 중에도 계속적인 송전이 가능하며 고장이 스스로 복구될 수 있어 과도 안정도가 좋지만, 보호장치의 동작이 불확실하다.

02 어느 발전소에서 40,000[kWh]를 발전하는데 발열량 5,000[kcal/kg]의 석탄을 20톤 사용하였다. 이 화력발전소의 열효율[%]은 약 얼마인가?

① 27.5   ② 30.4
③ 34.4   ④ 38.5

해설 열효율 $\eta = \dfrac{860W}{mH} \times 100[\%]$
$= \dfrac{860 \times 40,000}{20 \times 10^3 \times 5,000} \times 100[\%]$
$= 34.4[\%]$

03 송전전력, 선간전압, 부하 역률, 전력 손실 및 송전거리를 동일하게 하였을 경우 단상 2선식에 대한 3상 3선식의 총 전선량(중량)비는 얼마인가? (단, 전선은 동일한 전선이다.)

① 0.75   ② 0.94
③ 1.15   ④ 1.33

해설 동일 전력 $VI_{12} = \sqrt{3}\, VI_{33}$에서
전류비는 $\dfrac{I_{33}}{I_{12}} = \dfrac{1}{\sqrt{3}}$이다.
전력 손실 $2I_{12}^2 R_{12} = 3I_{33}^2 R_{33}$에서 저항의 비를 구하면 $\dfrac{R_{12}}{R_{33}} = \dfrac{3}{2} \cdot \left(\dfrac{I_{33}}{I_{12}}\right)^2 = \dfrac{1}{2}$
전선 단면적은 저항에 반비례하므로 전선 중량비
$\dfrac{W_{33}}{W_{12}} = \dfrac{3A_{33}l}{2A_{12}l} = \dfrac{3}{2} \times \dfrac{R_{12}}{R_{33}} = \dfrac{3}{2} \times \dfrac{1}{2} = \dfrac{3}{4}$

04 3상 송전선로가 선간단락(2선 단락)이 되었을 때 나타나는 현상으로 옳은 것은?

① 역상전류만 흐른다.
② 정상전류와 역상전류가 흐른다.
③ 역상전류와 영상전류가 흐른다.
④ 정상전류와 영상전류가 흐른다.

해설 각 사고별 대칭 좌표법 해석

	정상분	역상분	영상분	
1선 지락	정상분	역상분	영상분	$I_0 = I_1 = I_2 \neq 0$
선간단락	정상분	역상분	×	$I_1 = -I_2 \neq 0$, $I_0 = 0$
3상 단락	정상분	×	×	$I_1 \neq 0$, $I_2 = I_0 = 0$

05 중거리 송전선로의 4단자 정수가 $A=1.0$, $B=j190$, $D=1.0$일 때 C의 값은 얼마인가?

① 0   ② $-j120$
③ j ④ $j190$

해설 4단자 정수의 관계 $AD - BC = 1$에서
$C = \dfrac{AD - 1}{B} = \dfrac{1 \times 1 - 1}{j190} = 0$

정답 01. ① 02. ③ 03. ① 04. ② 05. ①

06 배전전압을 $\sqrt{2}$ 배로 하였을 때 같은 손실률로 보낼 수 있는 전력은 몇 배가 되는가?

① $\sqrt{2}$ ② $\sqrt{3}$
③ 2 ④ 3

해설 전력손실률이 일정하면 전력은 전압의 제곱에 비례하므로 $(\sqrt{2})^2 = 2$배

07 다음 중 재점호가 가장 일어나기 쉬운 차단전류는?

① 동상전류 ② 지상전류
③ 진상전류 ④ 단락전류

해설 차단기의 재점호는 선로 등의 충전전류(진상전류)에 의해 발생한다.

08 현수애자에 대한 설명이 아닌 것은?

① 애자를 연결하는 방법에 따라 클레비스(Clevis)형과 볼 소켓형이 있다.
② 애자를 표시하는 기호는 P이며 구조는 2~5층의 갓 모양의 자기편을 시멘트로 접착하고 그 자기를 주철재 base로 지지한다.
③ 애자의 연결개수를 가감함으로써 임의의 송전전압에 사용할 수 있다.
④ 큰 하중에 대하여는 2련 또는 3련으로 하여 사용할 수 있다.

해설 ② 핀애자에 대한 설명이다.

09 교류발전기의 전압조정장치로 속응여자방식을 채택하는 이유로 틀린 것은?

① 전력 계통에 고장이 발생할 때 발전기의 동기화력을 증가시킨다.
② 송전 계통의 안정도를 높인다.
③ 여자기의 전압 상승률을 크게 한다.
④ 전압조정용 탭의 수동변환을 원활히 하기 위함이다.

해설 속응여자방식은 전력 계통에 고장이 발생할 경우 발전기의 동기화력을 신속하게 확립하여 계통의 안정도를 높인다.

10 차단기의 정격차단시간에 대한 설명으로 옳은 것은?

① 고장 발생부터 소호까지의 시간
② 트립코일 여자로부터 소호까지의 시간
③ 가동 접촉자의 개극부터 소호까지의 시간
④ 가동 접촉자의 동작시간부터 소호까지의 시간

해설 차단기의 정격차단시간은 트립코일이 여자하여 가동 접촉자가 시동하는 순간(개극시간)부터 아크가 소멸하는 시간(소호시간)으로 약 3~8[Hz] 정도이다.

11 3상 1회선 송전선을 정삼각형으로 배치한 3상 선로의 자기 인덕턴스를 구하는 식은? (단, D는 전선의 선간거리[m], r은 전선의 반지름[m]이다.)

① $L = 0.5 + 0.4605\log_{10}\dfrac{D}{r}$

② $L = 0.5 + 0.4605\log_{10}\dfrac{D}{r^2}$

③ $L = 0.05 + 0.4605\log_{10}\dfrac{D}{r}$

④ $L = 0.05 + 0.4605\log_{10}\dfrac{D}{r^2}$

해설 정삼각형 배치이며, 등가선간거리 $D_e = D$이므로 인덕턴스 $L = 0.05 + 0.4605\log_{10}\dfrac{D}{r}$ [mH/km]

12 불평형 부하에서 역률[%]은?

① $\dfrac{\text{유효전력}}{\text{각 상의 피상전력의 산술합}} \times 100$

② $\dfrac{\text{무효전력}}{\text{각 상의 피상전력의 산술합}} \times 100$

③ $\dfrac{\text{무효전력}}{\text{각 상의 피상전력의 벡터합}} \times 100$

④ $\dfrac{\text{유효전력}}{\text{각 상의 피상전력의 벡터합}} \times 100$

정답 06.③ 07.③ 08.② 09.④ 10.② 11.③ 12.④

해설 불평형 부하의 역률

$$\frac{유효전력}{각\ 상의\ 피상전력의\ 벡터합} \times 100[\%]$$

13 다음 중 동작속도가 가장 느린 계전방식은?

① 전류차동보호계전방식
② 거리보호계전방식
③ 전류위상비교보호계전방식
④ 방향비교보호계전방식

해설 거리계전방식은 송전 계통에서 전압과 전류의 비로 동작하는 임피던스에 의해 작동하므로 임피던스(전기적 거리)가 클수록 동작속도가 느려진다.

14 부하회로에서 공진 현상으로 발생하는 고조파 장해가 있을 경우 공진 현상을 회피하기 위하여 설치하는 것은?

① 진상용 콘덴서
② 직렬 리액터
③ 방전 코일
④ 진공차단기

해설 고조파를 제거하기 위해서는 직렬 리액터를 이용하여 제5고조파를 제거한다.

15 경간이 200[m]인 가공전선로가 있다. 사용전선의 길이는 경간보다 몇 [m] 더 길게 하면 되는가? (단, 사용전선의 1[m]당 무게는 2[kg], 인장하중은 4,000[kg], 전선의 안전율은 2로 하고 풍압하중은 무시한다.)

① $\frac{1}{2}$
② $\sqrt{2}$
③ $\frac{1}{3}$
④ $\sqrt{3}$

해설 이도 $D = \frac{WS^2}{8T} = \frac{2 \times 200^2}{8 \times \left(\frac{4,000}{2}\right)} = 5[m]$

실제 전선 길이 $L = S + \frac{8D^2}{3S}$ 이므로

$\frac{8D^2}{3S} = \frac{8 \times 5^2}{3 \times 200} = \frac{1}{3}$

16 송전단 전압이 100[V], 수전단 전압이 90[V]인 단거리 배전선로의 전압강하율[%]은 약 얼마인가?

① 5
② 11
③ 15
④ 20

해설 전압강하율 $\varepsilon = \frac{V_s - V_r}{V_r} \times 100[\%]$

$= \frac{100 - 90}{90} \times 100$

$\fallingdotseq 11[\%]$

17 다음 중 환상(루프)방식과 비교할 때 방사상 배전선로 구성방식에 해당되는 사항은?

① 전력 수요 증가 시 간선이나 분기선을 연장하여 쉽게 공급이 가능하다.
② 전압 변동 및 전력 손실이 작다.
③ 사고 발생 시 다른 간선으로의 전환이 쉽다.
④ 환상방식보다 신뢰도가 높은 방식이다.

해설 방사상식(Tree system)
농어촌에 적합하고, 수요 증가에 쉽게 응할 수 있으며 시설비가 저렴하다. 하지만 전압강하나 전력 손실 등이 많아 공급 신뢰도가 떨어지고 정전 범위가 넓어진다.

18 초호각(Arcing horn)의 역할은?

① 풍압을 조절한다.
② 송전효율을 높인다.
③ 선로의 섬락 시 애자의 파손을 방지한다.
④ 고주파수의 섬락전압을 높인다.

해설 아킹혼, 소호각(환)의 역할
- 이상전압으로부터 애자련의 보호
- 애자전압 분담의 균등화
- 애자의 열적 파괴 방지

정답 13. ② 14. ② 15. ③ 16. ② 17. ① 18. ③

19 유효낙차 90[m], 출력 104,500[kW], 비속도 (특유 속도) 210[m · kW]인 수차의 회전속도는 약 몇 [rpm]인가?

① 150　　② 180
③ 210　　④ 240

해설 특유 속도 $N_s = N \cdot \dfrac{P^{\frac{1}{2}}}{H^{\frac{5}{4}}}$ 에서 정격속도

$N = N_s \cdot \dfrac{H^{\frac{5}{4}}}{P^{\frac{1}{2}}} = 210 \times \dfrac{90^{\frac{5}{4}}}{104,500^{\frac{1}{2}}} \fallingdotseq 180[\text{rpm}]$

20 발전기 또는 주변압기의 내부 고장 보호용으로 가장 널리 쓰이는 것은?

① 거리계전기　　② 과전류계전기
③ 비율차동계전기　　④ 방향단락계전기

해설 비율차동계전기는 발전기나 변압기의 내부 고장에 대한 보호용으로 가장 많이 사용한다.

정답 19. ②　20. ③

2022년 제1회 CBT 기출복원문제

전기산업기사

01 1선 1[km]당의 코로나 손실 P[kW]를 나타내는 Peek식은? (단, δ : 상대공기밀도, D : 선간거리[cm], d : 전선의 지름[cm], f : 주파수[Hz], E : 전선에 걸리는 대지전압[kV], E_0 : 코로나 임계전압[kV]이다.)

① $P = \dfrac{241}{\delta}(f+25)\sqrt{\dfrac{d}{2D}}(E-E_0)^2 \times 10^{-5}$

② $P = \dfrac{241}{\delta}(f+25)\sqrt{\dfrac{2D}{d}}(E-E_0)^2 \times 10^{-5}$

③ $P = \dfrac{241}{\delta}(f+25)\sqrt{\dfrac{d}{2D}}(E-E_0)^2 \times 10^{-3}$

④ $P = \dfrac{241}{\delta}(f+25)\sqrt{\dfrac{2D}{d}}(E-E_0)^2 \times 10^{-3}$

해설 코로나 방전의 임계전압

$E_0 = 24.3\, m_0 m_1 \delta\, d \log_{10} \dfrac{D}{r}$ [kV]

코로나 손실

$P_1 = \dfrac{241}{\delta}(f+25)\sqrt{\dfrac{r}{D}}(E-E_0)^2 \times 10^{-5}$ [kW/km/선]

여기서, r : 전선의 반지름

02 반한시성 과전류 계전기의 전류-시간 특성에 대한 설명 중 옳은 것은?

① 계전기 동작시간은 전류값의 크기와 비례한다.
② 계전기 동작시간은 전류값의 크기에 관계없이 일정하다.
③ 계전기 동작시간은 전류값의 크기와 반비례한다.
④ 계전기 동작시간은 전류값의 크기의 제곱에 비례한다.

해설 동작 시한에 의한 분류
- 순한시 계전기(instantaneous time limit relay) : 정정치 이상의 전류는 크기에 관계없이 바로 동작하는 고속도 계전기
- 정한시 계전기(definite time limit relay) : 정정치 한도를 넘으면, 넘는 양의 크기에 상관없이 일정 시한으로 동작하는 계전기
- 반한시 계전기(inverse time limit relay) : 동작전류와 동작시한이 반비례하는 계전기

03 옥내 배선의 보호 방법이 아닌 것은?

① 과전류 보호
② 지락 보호
③ 전압강하 보호
④ 절연 접지 보호

해설 옥내 배선의 보호는 과부하 및 단락으로 인한 과전류와 절연 파괴로 인한 지락 보호 등으로 구분하고, 전압강하는 보호 방법이 아니다.

04 그림과 같은 열사이클의 명칭은?

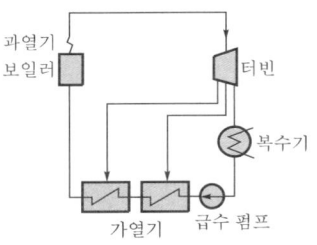

① 랭킨 사이클
② 재생 사이클
③ 재열 사이클
④ 재생·재열 사이클

해설 터빈 도중에서 증기를 추기하여 급수를 가열하므로 재생 사이클이다.

정답 01. ① 02. ③ 03. ③ 04. ②

05 그림에서 X부분에 흐르는 전류는 어떤 전류인가?

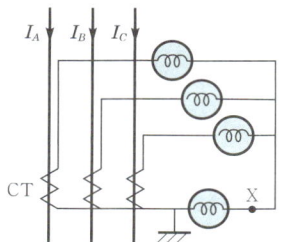

① b상 전류
② 정상전류
③ 역상전류
④ 영상전류

해설 X부분에 흐르는 전류는 각 상 전류의 합계이므로 영상전류가 된다.

06 배전 계통에서 사용하는 고압용 차단기의 종류가 아닌 것은?

① 기중차단기(ACB)
② 공기차단기(ABB)
③ 진공차단기(VCB)
④ 유입차단기(OCB)

해설 기중차단기(ACB)는 대기압에서 소호하고, 교류 저압 차단기이다.

07 접촉자가 외기(外氣)로부터 격리되어 있어 아크에 의한 화재의 염려가 없으며 소형, 경량으로 구조가 간단하고 보수가 용이하며 진공 중의 아크 소호능력을 이용하는 차단기는?

① 유입차단기
② 진공차단기
③ 공기차단기
④ 가스차단기

해설 진공 중에서 아크를 소호하는 것은 진공차단기이다.

08 선간전압, 부하 역률, 선로 손실, 전선 중량 및 배전거리가 같다고 할 경우 단상 2선식과 3상 3선식의 공급전력의 비(단상/3상)는?

① $\frac{3}{2}$
② $\frac{1}{\sqrt{3}}$
③ $\sqrt{3}$
④ $\frac{\sqrt{3}}{2}$

해설 1선당 전력의 비(단상/3상)는

$$\frac{1\phi 2W}{3\phi 3W} = \frac{\frac{VI}{2}}{\frac{\sqrt{3}\,VI}{3}} = \frac{3}{2\sqrt{3}} = \frac{\sqrt{3}}{2}$$

09 비접지방식을 직접접지방식과 비교한 것 중 옳지 않은 것은?

① 전자유도장해가 경감된다.
② 지락전류가 작다.
③ 보호계전기의 동작이 확실하다.
④ △결선을 하여 영상전류를 흘릴 수 있다.

해설 비접지방식은 직접접지방식에 비해 보호계전기 동작이 확실하지 않다.

10 역률 0.8(지상)의 5,000[kW]의 부하에 전력용 콘덴서를 병렬로 접속하여 합성 역률을 0.9로 개선하고자 할 경우 소요되는 콘덴서의 용량[kVA]으로 적당한 것은 어느 것인가?

① 820
② 1,080
③ 1,350
④ 2,160

해설 $Q = 5,000 \left(\frac{\sqrt{1-0.8^2}}{0.8} - \frac{\sqrt{1-0.9^2}}{0.9} \right)$
$= 1,350[kVA]$

11 모선보호에 사용되는 계전방식이 아닌 것은?

① 위상비교방식
② 선택접지계전방식
③ 방향거리계전방식
④ 전류차동보호방식

정답 05.④ 06.① 07.② 08.④ 09.③ 10.③ 11.②

해설 모선보호계전방식에는 전류차동방식, 전압차동방식, 위상비교방식, 방향비교방식, 거리방향방식 등이 있다. 선택접지계전방식은 송전선로 지락 보호계전방식이다.

12 345[kV] 송전 계통의 절연 협조에서 충격 절연내력의 크기 순으로 나열한 것은?

① 선로애자 > 차단기 > 변압기 > 피뢰기
② 선로애자 > 변압기 > 차단기 > 피뢰기
③ 변압기 > 차단기 > 선로애자 > 피뢰기
④ 변압기 > 선로애자 > 차단기 > 피뢰기

해설 절연 협조는 피뢰기의 제1보호 대상을 변압기로 하고, 가장 높은 기준 충격 절연강도(BIL)는 선로애자이다.
그러므로 선로애자 > 차단기 > 변압기 > 피뢰기 순으로 한다.

13 전력용 콘덴서의 방전 코일의 역할은?

① 잔류 전하의 방전
② 고조파의 억제
③ 역률의 개선
④ 콘덴서의 수명 연장

해설 콘덴서에 전원을 제거하여도 충전된 잔류 전하에 의한 인축에 대한 감전사고를 방지하기 위해 잔류 전하를 모두 방전시켜야 한다.

14 배전선의 전압조정장치가 아닌 것은?

① 승압기
② 리클로저
③ 유도전압조정기
④ 주상 변압기 탭절환장치

해설 리클로저(recloser)는 선로에 고장이 발생하였을 때 고장전류를 검출하여 지정된 시간 내에 고속차단하고 자동 재폐로 동작을 수행하여 고장구간을 분리하거나 재송전하는 장치이므로 전압조정장치가 아니다.

15 송전선로에서 역섬락을 방지하기 위하여 가장 필요한 것은?

① 피뢰기를 설치한다.
② 소호각을 설치한다.
③ 가공지선을 설치한다.
④ 탑각 접지저항을 적게 한다.

해설 철탑의 전위=탑각 접지저항×뇌전류이므로 역섬락을 방지하려면 탑각 접지저항을 줄여 뇌전류에 의한 철탑의 전위를 낮추어야 한다.

16 송전선의 특성 임피던스와 전파정수는 어떤 시험으로 구할 수 있는가?

① 뇌파시험
② 정격 부하시험
③ 절연강도 측정시험
④ 무부하 시험과 단락시험

해설 특성 임피던스 $Z_0 = \sqrt{\dfrac{Z}{Y}}\,[\Omega]$

전파정수 $\dot{\gamma} = \sqrt{ZY}\,[\text{rad}]$
그러므로 단락 임피던스와 개방 어드미턴스가 필요하므로 단락시험과 무부하 시험을 한다.

17 전선의 지지점 높이가 31[m]이고, 전선의 이도가 9[m]라면 전선의 평균 높이는 몇 [m]인가?

① 25.0
② 26.5
③ 28.5
④ 30.0

해설 지표상의 평균 높이
$$h = H - \dfrac{2}{3}D$$
$$= 31 - \dfrac{2}{3} \times 9$$
$$= 25\,[\text{m}]$$

정답 12. ① 13. ① 14. ② 15. ④ 16. ④ 17. ①

18 가공 송전선에 사용되는 애자 1연 중 전압 부담이 최대인 애자는?

① 중앙에 있는 애자
② 철탑에 제일 가까운 애자
③ 전선에 제일 가까운 애자
④ 전선으로부터 $\frac{1}{4}$ 지점에 있는 애자

해설 현수애자련의 전압 부담은 철탑에서 $\frac{1}{3}$ 지점이 가장 적고, 전선에 제일 가까운 것이 가장 크다.

19 수력발전소에서 흡출관을 사용하는 목적은?

① 압력을 줄인다.
② 유효낙차를 늘린다.
③ 속도 변동률을 작게 한다.
④ 물의 유선을 일정하게 한다.

해설 흡출관은 중낙차 또는 저낙차용으로 적용되는 반동 수차에서 낙차를 증대시킬 목적으로 사용된다.

20 차단기의 정격차단시간은?

① 고장 발생부터 소호까지의 시간
② 가동 접촉자 시동부터 소호까지의 시간
③ 트립코일 여자부터 소호까지의 시간
④ 가동 접촉자 개구부터 소호까지의 시간

해설 차단기의 정격차단시간은 트립코일이 여자하는 순간부터 아크가 소멸하는 시간으로 약 3~8[Hz] 정도이다.

정답 18. ③ 19. ② 20. ③

2022년 제2회 기출문제 전기기사

01 피뢰기의 충격방전 개시전압은 무엇으로 표시하는가?

① 직류전압의 크기
② 충격파의 평균치
③ 충격파의 최대치
④ 충격파의 실효치

[해설] 피뢰기의 충격방전 개시전압은 피뢰기의 단자 간에 충격전압을 인가하였을 경우 방전을 개시하는 전압으로 파고치(최댓값)로 표시한다.

02 전력용 콘덴서에 비해 동기조상기의 이점으로 옳은 것은?

① 소음이 적다.
② 진상전류 이외에 지상전류를 취할 수 있다.
③ 전력손실이 적다.
④ 유지보수가 쉽다.

[해설] 전력용 콘덴서와 동기조상기의 비교

동기조상기	전력용 콘덴서
진상 및 지상용	진상용
연속적 조정	계단적 조정
회전기로 손실이 크다	정지기로 손실이 적다
시충전 가능	시충전 불가
송전계통에 주로 사용	배전계통에 주로 사용

03 부하전류가 흐르는 전로는 개폐할 수 없으나 기기의 점검이나 수리를 위하여 회로를 분리하거나, 계통의 접속을 바꾸는데 사용하는 것은?

① 차단기
② 단로기
③ 전력용 퓨즈
④ 부하개폐기

[해설] 단로기는 소호능력이 없으므로 통전 중의 전로를 개폐할 수 없다. 그러므로 부하전류의 차단에 사용할 수 없고, 기기의 점검 및 수리 등을 위한 회로 분리 또는 계통의 접속을 바꾸는 데 사용된다.

04 단락보호방식에 관한 설명으로 틀린 것은?

① 방사상 선로의 단락보호방식에서 전원이 양단에 있을 경우 방향단락계전기와 과전류계전기를 조합시켜서 사용한다.
② 전원이 1단에만 있는 방사상 송전선로에서의 고장전류는 모두 발전소로부터 방사상으로 흘러나간다.
③ 환상 선로의 단락보호방식에서 전원이 두 군데 이상 있는 경우에는 방향거리계전기를 사용한다.
④ 환상 선로의 단락보호방식에서 전원이 1단에만 있을 경우 선택단락계전기를 사용한다.

[해설] 환상 선로는 전원이 2단 이상으로 방향단락계전방식, 방향거리계전방식 또는 이들과 과전류 계전방식의 조합으로 사용한다.

05 밸런서의 설치가 가장 필요한 배전방식은?

① 단상 2선식
② 단상 3선식
③ 3상 3선식
④ 3상 4선식

[해설] 단상 3선식에서는 양측 부하의 불평형에 의한 부하, 전압의 불평형이 크기 때문에 일반적으로는 이러한 전압 불평형을 줄이기 위한 대책으로서 저압선의 말단에 밸런서(Balancer)를 설치하고 있다.

06 정전용량 0.01[μF/km], 길이 173.2[km], 선간전압 60[kV], 주파수 60[Hz]인 3상 송전선로의 충전전류는 약 몇 [A]인가?

① 6.3
② 12.5
③ 22.6
④ 37.2

[정답] 01. ③ 02. ② 03. ② 04. ④ 05. ② 06. ③

해설 충전전류

$$I_c = \omega C \frac{V}{\sqrt{3}}$$
$$= 2\pi \times 60 \times 0.01 \times 10^{-6} \times 173.2 \times \frac{60,000}{\sqrt{3}}$$
$$= 22.6[A]$$

07 보호계전기의 반한시 · 정한시 특성은?

① 동작전류가 커질수록 동작시간이 짧게 되는 특성
② 최소 동작전류 이상의 전류가 흐르면 즉시 동작하는 특성
③ 동작전류의 크기에 관계없이 일정한 시간에 동작하는 특성
④ 동작전류가 커질수록 동작시간이 짧아지며, 어떤 전류 이상이 되면 동작전류의 크기에 관계없이 일정한 시간에서 동작하는 특성

해설 반한시 · 정한시 계전기
어느 전류값까지는 반한시성이고, 그 이상이면 정한시 특성을 갖는 계전기

08 전력계통의 안정도에서 안정도의 종류에 해당하지 않는 것은?

① 정태 안정도　　② 상태 안정도
③ 과도 안정도　　④ 동태 안정도

해설 안정도
계통이 주어진 운전조건 아래에서 안정하게 운전을 계속할 수 있는가 하는 여부의 능력을 말하는 것으로 정태 안정도, 동태 안정도, 과도 안정도 등으로 구분된다.

09 배전선로의 역률 개선에 따른 효과로 적합하지 않은 것은?

① 선로의 전력손실 경감
② 선로의 전압강하의 감소
③ 전원측 설비의 이용률 향상
④ 선로 절연의 비용 절감

해설 역률 개선 효과
㉠ 전력손실 감소
㉡ 전압강하 감소
㉢ 변압기 등 전기설비 여유 증가
㉣ 전원측 설비 이용률 향상

10 저압 뱅킹 배전방식에서 캐스케이딩 현상을 방지하기 위하여 인접 변압기를 연락하는 저압선의 중간에 설치하는 것으로 알맞은 것은?

① 구분퓨즈　　② 리클로저
③ 섹셔널라이저　　④ 구분개폐기

해설 캐스케이딩(Cascading) 현상
저압 뱅킹방식에서 변압기 또는 선로의 사고에 의해서 뱅킹 내의 건전한 변압기의 일부 또는 전부가 연쇄적으로 차단되는 현상으로 방지책은 변압기의 1차측에 퓨즈, 저압선의 중간에 구분퓨즈를 설치한다.

11 승압기에 의하여 전압 V_e에서 V_h로 승압할 때, 2차 정격전압 e, 자기용량 W인 단상 승압기가 공급할 수 있는 부하용량은?

① $\dfrac{V_h}{e} \times W$　　② $\dfrac{V_e}{e} \times W$

③ $\dfrac{V_e}{V_h - V_e} \times W$　　④ $\dfrac{V_h - V_e}{V_e} \times W$

해설 승압기의 자기용량 $W = \dfrac{W_L}{V_h} \times e \, [\text{VA}]$ 이므로

부하용량 $W_L = \dfrac{V_h}{e} \times W$

12 배기가스의 여열을 이용해서 보일러에 공급되는 급수를 예열함으로써 연료 소비량을 줄이거나 증발량을 증가시키기 위해서 설치하는 여열회수 장치는?

① 과열기
② 공기예열기
③ 절탄기
④ 재열기

정답 07. ④　08. ②　09. ④　10. ①　11. ①　12. ③

해설 절탄기는 연도 중간에 설치하여 연도로 빠져 나가는 열량으로 보일러용 급수를 데우므로 연료의 소비를 절약할 수 있는 설비이다.

13 직렬 콘덴서를 선로에 삽입할 때의 이점이 아닌 것은?

① 선로의 인덕턴스를 보상한다.
② 수전단의 전압강하를 줄인다.
③ 정태 안정도를 증가한다.
④ 송전단의 역률을 개선한다.

해설 직렬 콘덴서는 선로의 유도 리액턴스를 보상하여 전압강하를 보상하므로 전압변동율을 개선하고 안정도를 향상시키며, 부하의 기동 정지에 따른 플리커 방지에 좋지만, 역률 개선용으로는 사용하지 않는다.

14 전선의 굵기가 균일하고 부하가 균등하게 분산되어 있는 배전선로의 전력 손실은 전체 부하가 선로 말단에 집중되어 있는 경우에 비하여 어느 정도가 되는가?

① $\dfrac{1}{2}$ ② $\dfrac{1}{3}$
③ $\dfrac{2}{3}$ ④ $\dfrac{3}{4}$

해설
구분	말단에 집중부하	균등부하
전압강하	1	$\dfrac{1}{2}$
전력 손실	1	$\dfrac{1}{3}$

15 송전단 전압 161[kV], 수전단 전압 154[kV], 상차각 35°, 리액턴스 60[Ω]일 때 선로 손실을 무시하면 전송전력[MW]은 약 얼마인가?

① 356 ② 307
③ 237 ④ 161

해설 전송전력
$$P_s = \dfrac{E_s E_r}{X} \times \sin\delta$$
$$= \dfrac{161 \times 154}{60} \times \sin 35° = 237[\text{MW}]$$

16 직접접지방식에 대한 설명으로 틀린 것은?

① 1선 지락사고 시 건전상의 대지전압이 거의 상승하지 않는다.
② 계통의 절연수준이 낮아지므로 경제적이다.
③ 변압기의 단절연이 가능하다.
④ 보호계전기가 신속히 동작하므로 과도 안정도가 좋다.

해설 직접접지방식은 1상 지락사고일 경우 지락전류가 대단히 크기 때문에 보호계전기의 동작이 확실하고, 계통에 주는 충격이 커서 과도 안정도가 나쁘다.

17 그림과 같이 지지점 A, B, C에는 고저차가 없으며, 경간 AB와 BC 사이에 전선이 가설되어 그 이도가 각각 12[cm]이다. 지지점 B에서 전선이 떨어져 전선의 이도가 D로 되었다면 D의 길이[cm]는? (단, 지지점 B는 A와 C의 중점이며 지지점 B에서 전선이 떨어지기 전, 후의 길이는 같다.)

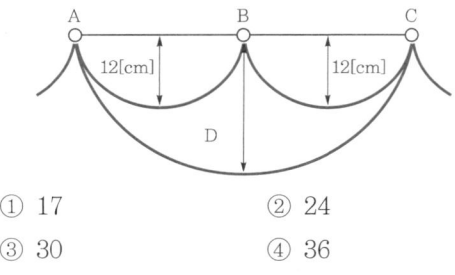

① 17 ② 24
③ 30 ④ 36

해설 $D_2 = 2D_1 = 2 \times 12 = 24[\text{cm}]$

18 수차의 캐비테이션 방지책으로 틀린 것은?

① 흡출 수두를 증대시킨다.
② 과부하 운전을 가능한 한 피한다.
③ 수차의 비속도를 너무 크게 잡지 않는다.
④ 침식에 강한 금속재료로 러너를 제작한다.

해설 흡출 수두는 반동 수차에서 낙차를 증대시킬 목적으로 이용되므로 흡출 수두가 커지면 수차의 난조가 발생하고, 캐비테이션(공동 현상)이 커진다.

정답 13. ④ 14. ② 15. ③ 16. ④ 17. ② 18. ①

19 송전선로에 매설지선을 설치하는 목적은?

① 철탑 기초의 강도를 보강하기 위하여
② 직격뇌로부터 송전선을 차폐보호하기 위하여
③ 현수애자 1연의 전압 분담을 균일화하기 위하여
④ 철탑으로부터 송전선로로의 역섬락을 방지하기 위하여

해설 매설지선이란 철탑의 탑각 저항이 크면 낙뢰전류가 흐를 때 철탑의 순간 전위가 상승하여 현수애자련에 역섬락이 생길 수 있으므로 철탑의 기초에서 방사상 모양의 지선을 설치하여 철탑의 탑각 저항을 감소시켜 역섬락을 방지한다.

20 1회선 송전선과 변압기의 조합에서 변압기의 여자 어드미턴스를 무시하였을 경우 송수전단의 관계를 나타내는 4단자 정수 C_0는?

(단, $A_0 = A + CZ_{ts}$
$B_0 = B + AZ_{tr} + DZ_{ts} + CZ_{tr}Z_{ts}$
$D_0 = D + CZ_{tr}$

여기서 Z_{ts}는 송전단 변압기의 임피던스이며, Z_{tr}은 수전단 변압기의 임피던스이다.)

① C
② $C + DZ_{ts}$
③ $C + AZ_{ts}$
④ $CD + CA$

해설
$$\begin{bmatrix} A_0 & B_0 \\ C_0 & D_0 \end{bmatrix} = \begin{bmatrix} 1 & Z_{ts} \\ 0 & 1 \end{bmatrix} \begin{bmatrix} A & B \\ C & D \end{bmatrix} \begin{bmatrix} 1 & Z_{tr} \\ 0 & 1 \end{bmatrix}$$
$$= \begin{bmatrix} A + CZ_{ts} & B + DZ_{ts} \\ C & D \end{bmatrix} \begin{bmatrix} 1 & Z_{tr} \\ 0 & 1 \end{bmatrix}$$
$$= \begin{bmatrix} A + CZ_{ts} & Z_{tr}(A + CZ_{ts}) + B + DZ_{ts} \\ C & D + CZ_{tr} \end{bmatrix}$$

정답 19. ④ 20. ①

2022년 제2회 CBT 기출복원문제 (전기산업기사)

01 송전선로에서 4단자 정수 A, B, C, D 사이의 관계로 옳은 것은?

① $BC-AD=1$ ② $AC-BD=1$
③ $AB-CD=1$ ④ $AD-BC=1$

해설 4단자 정수의 관계
$AD-BC=1$

02 정격용량 150[kVA]인 단상 변압기 두 대로 V결선을 했을 경우 최대 출력은 약 몇 [kVA]인가?

① 170 ② 173
③ 260 ④ 280

해설 V결선의 출력
$P_V = \sqrt{3}\,P_1 = \sqrt{3} \times 150 \fallingdotseq 260[\text{kVA}]$

03 단거리 송전선로에서 정상상태 유효전력의 크기는?

① 선로 리액턴스 및 전압 위상차에 비례한다.
② 선로 리액턴스 및 전압 위상차에 반비례한다.
③ 선로 리액턴스에 반비례하고 상차각에 비례한다.
④ 선로 리액턴스에 비례하고 상차각에 반비례한다.

해설 전송전력 $P_s = \dfrac{E_s E_r}{X} \times \sin\delta[\text{MW}]$이므로 송·수전단 전압 및 상차각에는 비례하고, 선로의 리액턴스에는 반비례한다.

04 그림과 같은 전선로의 단락용량은 약 몇 [MVA]인가? (단, 그림의 수치는 10,000[kVA]를 기준으로 한 %리액턴스를 나타낸다.)

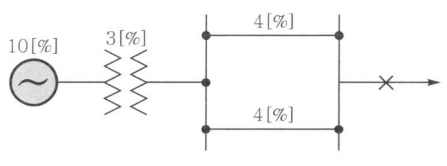

① 33.7 ② 66.7
③ 99.7 ④ 132.7

해설 단락용량
$P_s = \dfrac{100}{\%Z}P_n = \dfrac{100}{10+3+\dfrac{4}{2}} \times 10{,}000 \times 10^{-3}$
$= 66.7[\text{MVA}]$

05 소호 리액터 접지에 대한 설명으로 틀린 것은?

① 지락전류가 작다.
② 과도 안정도가 높다.
③ 전자유도장해가 경감된다.
④ 선택지락계전기의 작동이 쉽다.

해설 소호 리액터 접지
$L-C$ 병렬 공진을 이용하므로 지락전류가 최소로 되어 유도장해가 적고, 고장 중에도 계속적인 송전이 가능하며, 고장이 스스로 복구될 수 있어 과도 안정도가 좋지만, 보호장치의 동작이 불확실하다.

06 파동 임피던스가 300[Ω]인 가공송전선 1[km]당의 인덕턴스는 몇 [mH/km]인가? (단, 저항과 누설 컨덕턴스는 무시한다.)

① 0.5 ② 1
③ 1.5 ④ 2

해설 파동 임피던스 $Z_0 = \sqrt{\dfrac{L}{C}} = 138\log\dfrac{D}{r}$이므로
$\log\dfrac{D}{r} = \dfrac{Z_0}{138} = \dfrac{300}{138}$이다.
$\therefore L = 0.4605\log\dfrac{D}{r} = 0.4605 \times \dfrac{300}{138}$
$\fallingdotseq 1[\text{mH/km}]$

정답 01.④ 02.③ 03.③ 04.② 05.④ 06.②

07 전력 계통에 과도 안정도 향상 대책과 관련 없는 것은?

① 빠른 고장 제거
② 속응 여자시스템 사용
③ 큰 임피던스의 변압기 사용
④ 병렬 송전선로의 추가 건설

해설 안정도 향상 대책
㉠ 직렬 리액턴스 감소
㉡ 전압 변동 억제(속응여자방식, 계통 연계, 중간 조상방식)
㉢ 계통 충격 경감(소호 리액터 접지, 고속 차단, 재폐로)
㉣ 전력 변동 억제(조속기 신속 동작, 제동 저항기)

08 배전전압, 배전거리 및 전력 손실이 같다는 조건에서 단상 2선식 전기방식의 전선 총 중량을 100[%]라 할 때 3상 3선식 전기방식은 몇 [%]인가?

① 33.3
② 37.5
③ 75.0
④ 100.0

해설 전선 총 중량은 단상 2선식을 기준으로 단상 3선식은 $\frac{3}{8}$, 3상 3선식은 $\frac{3}{4}$, 3상 4선식은 $\frac{1}{3}$ 이다.

09 피뢰기의 제한전압에 대한 설명으로 옳은 것은?

① 방전을 개시할 때의 단자전압의 순시값
② 피뢰기 동작 중 단자전압의 파고값
③ 특성요소에 흐르는 전압의 순시값
④ 피뢰기에 걸린 회로전압

해설 제한전압은 피뢰기가 동작하고 있을 때 단자에 허용하는 파고값을 말한다.

10 유효낙차 370[m], 최대사용수량 15[m³/s], 수차효율 85[%], 발전기 효율 96[%]인 수력발전소의 최대 출력은 몇 [kW]인가?

① 34,400
② 38,543
③ 44,382
④ 52,340

해설 출력 $P = 9.8 HQ\eta$
$= 9.8 \times 370 \times 15 \times 0.85 \times 0.96$
$= 44,382 [\text{kW}]$

11 수용가군 총합의 부하율은 각 수용가의 수용분 및 수용가 사이의 부등률이 변화할 때 옳은 것은?

① 부등률과 수용률에 비례한다.
② 부등률에 비례하고, 수용률에 반비례한다.
③ 수용률에 비례하고, 부등률에 반비례한다.
④ 부등률과 수용률에 반비례한다.

해설 부하율 $= \frac{평균전력}{설비용량의\ 합계} \times \frac{부등률}{수용률}$ 이므로 부등률에 비례하고, 수용률에 반비례한다.

12 3상 1회선 송전선로의 소호 리액터의 용량 [kVA]은?

① 선로 충전용량과 같다.
② 선간 충전용량의 $\frac{1}{2}$이다.
③ 3선 일괄의 대지 충전용량과 같다.
④ 1선과 중성점 사이의 충전용량과 같다.

해설 소호 리액터 용량은 3선을 일괄한 대지 충전용량과 같아야 하므로 $Q_c = 3\omega CE^2$로 된다.

13 전원이 양단에 있는 방사상 송전선로에서 과전류 계전기와 조합하여 단락보호에 사용하는 계전기는?

① 선택지락계전기
② 방향단락계전기
③ 과전압 계전기
④ 부족전류계전기

해설 송전선로의 단락보호방식
• 방사상식 선로 : 반한시 특성 또는 순한시 반한시성 특성을 가진 과전류 계전기 사용, 전원이 양단에 있는 경우에는 방향단락계전기와 과전류 계전기의 조합
• 환상식 선로 : 방향단락 계전방식, 방향거리 계전방식

정답 07.③ 08.③ 09.② 10.③ 11.② 12.③ 13.②

14 어떤 건물에서 총 설비부하용량이 850[kW], 수용률이 60[%]이면, 변압기 용량은 최소 몇 [kVA]로 하여야 하는가? (단, 설비부하의 종합 역률은 0.75이다.)

① 740　　② 680
③ 650　　④ 500

해설 변압기 용량 $P_t = \dfrac{850 \times 0.6}{0.75} = 680[kVA]$

15 선로 임피던스 Z, 송·수전단 양쪽에 어드미턴스 Y를 연결한 π형 회로의 4단자 정수에서 B의 값은?

① Y　　② Z
③ $\dfrac{1+ZY}{2}$　　④ $Y+\dfrac{1+ZY}{4}$

해설 π형 회로의 4단자 정수

$$\begin{bmatrix} A & B \\ C & D \end{bmatrix} = \begin{bmatrix} 1+\dfrac{ZY}{2} & Z \\ Y\left(1+\dfrac{ZY}{4}\right) & 1+\dfrac{ZY}{2} \end{bmatrix}$$

16 중성점 접지방식 중 1선 지락고장일 때 선로의 전압 상승이 최대이고, 통신장해가 최소인 것은?

① 비접지방식
② 직접접지방식
③ 저항접지방식
④ 소호 리액터 접지방식

해설 소호 리액터 접지식은 $L-C$ 병렬 공진을 이용하므로 지락전류가 최소로 되어 유도장해가 적고, 고장 중에도 계속적인 송전이 가능하며, 고장이 스스로 복구될 수 있어 과도 안정도가 좋지만, 보호장치의 동작이 불확실하다.

17 배전선로 개폐기 중 반드시 차단 기능이 있는 후비보호장치와 직렬로 설치하여 고장구간을 분리시키는 개폐기는?

① 컷 아웃 스위치　　② 부하개폐기
③ 리클로저　　④ 섹셔널라이저

해설
- 리클로저(recloser)는 선로에 고장이 발생하였을 때 고장전류를 검출하여 지정된 시간 내에 고속 차단하고 자동 재폐로 동작을 수행하여 고장구간을 분리하거나 재송전하는 장치
- 섹셔널라이저(sectionalizer)는 고장 발생 시 차단 기능이 없으므로 고장을 차단하는 후비보호장치와 직렬로 설치하여 고장구간을 분리시키는 개폐기

18 뒤진 역률 80[%], 1,000[kW]의 3상 부하가 있다. 여기에 콘덴서를 설치하여 역률을 95[%]로 개선하려면 콘덴서의 용량 [kVA]은?

① 328[kVA]　　② 421[kVA]
③ 765[kVA]　　④ 951[kVA]

해설 $Q = P(\tan\theta_1 - \tan\theta_2)$
$= 1,000 \times \left(\dfrac{\sqrt{1-0.8^2}}{0.8} - \dfrac{\sqrt{1-0.95^2}}{0.95}\right)$
$= 421.3[kVA]$

19 전압이 일정값 이하로 되었을 때 동작하는 것으로서, 단락 시 고장 검출용으로도 사용되는 계전기는?

① 재폐로 계전기　　② 역상 계전기
③ 부족전류계전기　　④ 부족전압계전기

해설 부족전압계전기는 단락 고장의 검출용 또는 공급전압 급감으로 인한 과전류 방지용이다.

20 전력퓨즈(Power fuse)의 특성이 아닌 것은?

① 현저한 한류특성이 있다.
② 부하전류를 안전하게 차단한다.
③ 소형이고 경량이다.
④ 릴레이나 변성기가 불필요하다.

해설 전력퓨즈는 단락전류를 차단하는 것을 주목적으로 하며, 부하전류를 차단하는 용도로 사용하지는 않는다.

정답 14. ②　15. ②　16. ④　17. ④　18. ②　19. ④　20. ②

2022년 제3회 CBT 기출복원문제

전기기사

01 전력 계통의 전압을 조정하는 가장 보편적인 방법은?

① 발전기의 유효전력 조정
② 부하의 유효전력 조정
③ 계통의 주파수 조정
④ 계통의 무효전력 조정

해설 전력 계통의 전압조정은 계통의 무효전력을 흡수하는 커패시터나 리액터를 사용하여야 한다.

02 가공지선의 설치 목적이 아닌 것은?

① 전압강하의 방지
② 직격뢰에 대한 차폐
③ 유도뢰에 대한 정전 차폐
④ 통신선에 대한 전자유도장해 경감

해설 가공지선의 설치 목적은 뇌격으로부터 전선과 기기 등을 보호하고, 유도장해를 경감시킨다.

03 수력발전소에서 사용되고, 횡축에 1년 365일을, 종축에 유량을 표시하는 유황곡선이란 어떤 것인가?

① 유량이 적은 것부터 순차적으로 배열하여 이들 점을 연결한 것이다.
② 유량이 큰 것부터 순차적으로 배열하여 이들 점을 연결한 것이다.
③ 유량의 월별 평균값을 구하여 선으로 연결한 것이다.
④ 각 월에 가장 큰 유량만을 선으로 연결한 것이다.

해설 유황곡선
유량도를 기초로 하여 가로축에 일수, 세로축에 유량을 취하여 큰 것부터 차례대로 1년분을 배열한 곡선으로 갈수량, 저수량, 평수량, 풍수량 및 유출량과 특정 유량으로 발전가능일수를 알 수 있다.

04 정전용량이 0.5[μF/km], 선로 길이 20[km], 전압 20[kV], 주파수 60[Hz]인 1회선의 3상 송전선로의 무부하 충전용량은 약 몇 [kVA]인가?

① 1,412
② 1,508
③ 1,725
④ 1,904

해설 충전용량 $Q_c = \omega C V^2$
$Q_c = 2\pi \times 60 \times 0.5 \times 10^{-6} \times 20 \times (20 \times 10^3)^2 \times 10^{-3}$
$= 1,508 [\text{kVA}]$

05 154[kV] 송전 계통의 뇌에 대한 보호에서 절연강도의 순서가 가장 경제적이고 합리적인 것은?

① 피뢰기 → 변압기코일 → 기기부싱 → 결합콘덴서 → 선로애자
② 변압기코일 → 결합콘덴서 → 피뢰기 → 선로애자 → 기기부싱
③ 결합콘덴서 → 기기부싱 → 선로애자 → 변압기코일 → 피뢰기
④ 기기부싱 → 결합콘덴서 → 변압기코일 → 피뢰기 → 선로애자

해설 절연 협조는 피뢰기의 제1보호 대상을 변압기로 하고, 가장 높은 기준 충격 절연강도(BIL)는 선로애자이다. 그러므로 선로애자 > 기타 설비 > 변압기 > 피뢰기 순으로 한다.

정답 01. ④ 02. ① 03. ② 04. ② 05. ①

06 송전단 전압을 V_s, 수전단 전압을 V_r, 선로의 리액턴스를 X라 할 때 정상 시의 최대 송전전력의 개략적인 값은?

① $\dfrac{V_s - V_r}{X}$ ② $\dfrac{V_s^2 - V_r^2}{X}$

③ $\dfrac{V_s(V_s - V_r)}{X}$ ④ $\dfrac{V_s \cdot V_r}{X}$

해설 송전용량 $P_s = \dfrac{V_s \cdot V_r}{X} \sin\delta$ [MW]

최대 송전전력 $P_s = \dfrac{V_s \cdot V_r}{X}$ [MW]

07 유효낙차 100[m], 최대사용수량 20[m³/s], 수차효율 70[%]인 수력발전소의 연간 발전 전력량은 약 몇 [kWh]인가? (단, 발전기의 효율은 85[%]라고 한다.)

① 2.5×10^7
② 5×10^7
③ 10×10^7
④ 20×10^7

해설 연간 발전 전력량 $W = P \cdot T$ [kWh]
$W = P \cdot T = 9.8 H Q \eta \cdot T$
$= 9.8 \times 100 \times 20 \times 0.7 \times 0.85 \times 365 \times 24$
$= 10.2 \times 10^7$ [kWh]

08 동기조상기에 대한 설명으로 틀린 것은?

① 시송전이 불가능하다.
② 전압조정이 연속적이다.
③ 중부하 시에는 과여자로 운전하여 앞선 전류를 취한다.
④ 경부하 시에는 부족 여자로 운전하여 뒤진 전류를 취한다.

해설 동기조상기는 경부하 시 부족 여자로 지상을, 중부하 시 과여자로 진상을 취하는 것으로, 연속적 조정 및 시송전이 가능하지만 손실이 크고, 시설비가 고가이므로 송전 계통에서 전압조정용으로 이용된다.

09 송전 계통의 안정도를 향상시키는 방법이 아닌 것은?

① 직렬 리액턴스를 증가시킨다.
② 전압변동률을 적게 한다.
③ 고장시간, 고장전류를 적게 한다.
④ 동기기간의 임피던스를 감소시킨다.

해설 계통 안정도 향상 대책 중에서 직렬 리액턴스는 송·수전 전력과 반비례하므로 크게 하면 안 된다.

10 3상용 차단기의 정격전압은 170[kV]이고, 정격차단전류가 50[kA]일 때 차단기의 정격차단용량은 약 몇 [MVA]인가?

① 5,000 ② 10,000
③ 15,000 ④ 20,000

해설 정격차단용량 P_s [MVA] $= \sqrt{3} \times 170 \times 50$
$= 14,722$
$\fallingdotseq 15,000$ [MVA]

11 3상 동기발전기 단자에서의 고장전류 계산 시 영상전류 I_0, 정상전류 I_1과 역상전류 I_2가 같은 경우는?

① 1선 지락 고장 ② 2선 지락 고장
③ 선간 단락 고장 ④ 3상 단락 고장

해설 영상전류, 정상전류, 역상전류가 같은 경우의 사고는 1선 지락 고장인 경우이다.

12 비접지 계통의 지락사고 시 계전기에 영상전류를 공급하기 위하여 설치하는 기기는?

① PT ② CT
③ ZCT ④ GPT

해설
- ZCT : 지락사고가 발생하면 영상전류를 검출하여 계전기에 공급한다.
- GPT : 지락사고가 발생하면 영상전압을 검출하여 계전기에 공급한다.

정답 06. ④ 07. ③ 08. ① 09. ① 10. ③ 11. ① 12. ③

13 비접지방식을 직접접지방식과 비교한 것 중 옳지 않은 것은?

① 전자유도장해가 경감된다.
② 지락전류가 작다.
③ 보호계전기의 동작이 확실하다.
④ △결선을 하여 영상전류를 흘릴 수 있다.

해설 비접지방식은 직접접지방식에 비해 보호계전기 동작이 확실하지 않다.

14 송전선로에서 역섬락을 방지하기 위하여 가장 필요한 것은?

① 피뢰기를 설치한다.
② 소호각을 설치한다.
③ 가공지선을 설치한다.
④ 탑각 접지저항을 적게 한다.

해설 철탑의 전위=탑각 접지저항×뇌전류이므로 역섬락을 방지하려면 탑각 접지저항을 줄여 뇌전류에 의한 철탑의 전위를 낮추어야 한다.

15 전력원선도에서 알 수 없는 것은?

① 전력
② 손실
③ 역률
④ 코로나 손실

해설 사고 시의 과도안정 극한전력, 코로나 손실은 전력원선도에서는 알 수 없다.

16 가공전선로에 사용되는 애자련 중 전압 부담이 최소인 것은?

① 철탑에 가까운 곳
② 전선에 가까운 곳
③ 철탑으로부터 $\frac{1}{3}$ 길이에 있는 것
④ 중앙에 있는 것

해설 철탑에 사용하는 현수애자의 전압 부담은 전선 쪽에 가까운 것이 제일 크고, 철탑 쪽에서 $\frac{1}{3}$ 정도 길이에 있는 현수애자의 전압 부담이 제일 작다.

17 파동 임피던스가 300[Ω]인 가공 송전선 1[km]당의 인덕턴스는 몇 [mH/km]인가? (단, 저항과 누설 컨덕턴스는 무시한다.)

① 0.5
② 1
③ 1.5
④ 2

해설 파동 임피던스

$Z_0 = \sqrt{\dfrac{L}{C}} = 138\log\dfrac{D}{r}$ 이므로

$\log\dfrac{D}{r} = \dfrac{Z_0}{138} = \dfrac{300}{138}$

∴ $L = 0.4605\log\dfrac{D}{r}$[mH/km] $= 0.4605 \times \dfrac{300}{138}$

≒ 1[mH/km]

18 1선 지락 시에 지락전류가 가장 작은 송전 계통은?

① 비접지식
② 직접접지식
③ 저항접지식
④ 소호 리액터 접지식

해설 소호 리액터 접지식은 $L-C$ 병렬 공진을 이용하므로 지락전류가 최소로 되어 유도장해가 적고, 고장 중에도 계속적인 송전이 가능하고, 고장이 스스로 복구될 수 있어 과도 안정도가 좋지만 보호장치의 동작이 불확실하다.

19 일반적으로 화력발전소에서 적용하고 있는 열사이클 중 가장 열효율이 좋은 것은?

① 재생 사이클
② 랭킨 사이클
③ 재열 사이클
④ 재생·재열 사이클

정답 13. ③ 14. ④ 15. ④ 16. ③ 17. ② 18. ④ 19. ④

해설 화력발전소에서 열사이클 중 재생·재열 사이클이 가장 효율이 좋다.

20 SF$_6$ 가스차단기에 대한 설명으로 옳지 않은 것은?

① 공기에 비하여 소호능력이 약 100배 정도 된다.
② 절연거리를 적게 할 수 있어 차단기 전체를 소형, 경량화 할 수 있다.
③ SF$_6$ 가스를 이용한 것으로서 독성이 있으므로 취급에 유의하여야 한다.
④ SF$_6$ 가스 자체는 불활성 기체이다.

해설 SF$_6$ 가스는 유독가스가 발생하지 않는다.

정답 20. ③

2022년 제3회 CBT 기출복원문제

전기산업기사

01 차단기의 정격차단시간을 설명한 것으로 옳은 것은?

① 계기용 변성기로부터 고장전류를 감지한 후 계전기가 동작할 때까지의 시간
② 차단기가 트립 지령을 받고 트립장치가 동작하여 전류 차단을 완료할 때까지의 시간
③ 차단기의 개극(발호)부터 이동 행정 종료 시까지의 시간
④ 차단기 가동 접촉자 시동부터 아크 소호가 완료될 때까지의 시간

해설 차단기의 정격차단시간은 트립코일이 여자하여 가동 접촉자가 시동하는 순간(개극시간)부터 아크가 소멸하는 시간(소호시간)으로 약 3~8[Hz] 정도이다.

02 유효낙차가 40[%] 저하되면 수차의 효율이 20[%] 저하된다고 할 경우 이때의 출력은 원래의 약 몇 [%]인가? (단, 안내 날개의 열림은 불변인 것으로 한다.)

① 37.2
② 48.0
③ 52.7
④ 63.7

해설 발전소 출력 $P = 9.8 HQ\eta [\text{kW}]$이므로
$P \propto H^{\frac{3}{2}} \eta = (1-0.4)^{\frac{3}{2}} \times (1-0.2) = 0.372$
∴ 37.2[%]

03 화력발전소에서 재열기의 사용 목적은?

① 공기를 가열한다.
② 급수를 가열한다.
③ 증기를 가열한다.
④ 석탄을 건조하다.

해설 재열기는 고압 터빈 출구에서 증기를 모두 추출하여 다시 가열하는 장치로서 가열된 증기를 저압 터빈으로 공급하여 열효율을 향상시킨다.

04 수지식 배전방식과 비교한 저압 뱅킹 방식에 대한 설명으로 틀린 것은?

① 전압 동요가 적다.
② 캐스케이딩 현상에 의해 고장 확대가 축소된다.
③ 부하 증가에 대해 융통성이 좋다.
④ 고장보호방식이 적당할 때 공급 신뢰도는 향상된다.

해설 저압 뱅킹 방식의 특징
- 전압강하 및 전력 손실이 줄어든다.
- 변압기의 용량 및 전선량(동량)이 줄어든다.
- 부하 변동에 대하여 탄력적으로 운용된다.
- 플리커 현상이 경감된다.
- 캐스케이딩 현상이 발생할 수 있다.

05 순저항 부하의 부하전력 $P[\text{kW}]$, 전압 $E[\text{V}]$, 선로의 길이 $l[\text{m}]$, 고유저항 $\rho[\Omega \cdot \text{mm}^2/\text{m}]$인 단상 2선식 선로에서 선로 손실을 $q[\text{W}]$라 하면, 전선의 단면적[mm^2]은 어떻게 표현되는가?

① $\dfrac{\rho l P^2}{qE^2} \times 10^6$
② $\dfrac{2\rho l P^2}{qE^2} \times 10^6$
③ $\dfrac{\rho l P^2}{2qE^2} \times 10^6$
④ $\dfrac{2\rho l P^2}{q^2 E} \times 10^6$

해설 선로 손실 $P_l = 2I^2 R = 2 \times \left(\dfrac{P}{V\cos\theta}\right)^2 \times \rho\dfrac{l}{A}$에서
전선 단면적 $A = \dfrac{2\rho l P^2}{V^2 \cos^2\theta P_l}$이므로
$A = \dfrac{2\rho l (P \times 10^3)^2}{E^2 q} = \dfrac{2\rho l P^2}{E^2 q} \times 10^6 [\text{mm}^2]$

정답 01.② 02.① 03.③ 04.② 05.②

06 송전선로의 중성점 접지의 주된 목적은?

① 단락전류 제한
② 송전용량의 극대화
③ 전압강하의 극소화
④ 이상전압의 발생 방지

해설 중성점 접지 목적
- 이상전압의 발생을 억제하여 전위 상승을 방지하고, 전선로 및 기기의 절연 수준을 경감한다.
- 지락 고장 발생 시 보호계전기의 신속하고 정확한 동작을 확보한다.

07 전력 계통에서 무효전력을 조정하는 조상설비 중 전력용 콘덴서를 동기조상기와 비교할 때 옳은 것은?

① 전력 손실이 크다.
② 지상 무효전력분을 공급할 수 있다.
③ 전압조정을 계단적으로 밖에 못한다.
④ 송전선로를 시송전할 때 선로를 충전할 수 있다.

해설 전력용 콘덴서와 동기조상기의 비교

전력용 콘덴서	동기조상기
지상 부하에 사용	진상·지상 부하 모두 사용
계단적 조정	연속적 조정
정지기로 손실이 적음	회전기로 손실이 큼
시송전 불가능	시송전 가능
배전 계통에 주로 사용	송전 계통에 주로 사용

08 설비용량의 합계가 3[kW]인 주택의 최대 수용전력이 2.1[kW]일 때의 수용률은 몇 [%]인가?

① 51　　② 58
③ 63　　④ 70

해설 수용률 = $\dfrac{\text{최대수용전력 [kW]}}{\text{부하설비용량 [kW]}} \times 100[\%]$
$= \dfrac{2.1}{3} \times 100 = 70[\%]$

09 전력선과 통신선의 상호 인덕턴스에 의하여 발생되는 유도장해는 어떤 것인가?

① 정전유도장해　　② 전자유도장해
③ 고조파유도장해　④ 전력유도장해

해설 전자유도
전력선과 통신선의 상호 인덕턴스에 의해서 통신선에 전압이 유도되는 현상

10 전력원선도에서 구할 수 없는 것은?

① 송·수전 할 수 있는 최대 전력
② 필요한 전력을 보내기 위한 송·수전 전압 간의 상차각
③ 선로 손실과 송전 효율
④ 과도 극한전력

해설 전력원선도에서 구할 수 없는 것
- 과도안정 극한전력
- 코로나 손실

11 우리나라 22.9[kV] 배전선로에서 가장 많이 사용하는 배전방식과 중성점 접지방식은?

① 3상 3선식 비접지
② 3상 4선식 비접지
③ 3상 3선식 다중접지
④ 3상 4선식 다중접지

해설
- 송전선로 : 중성점 직접접지, 3상 3선식
- 배전선로 : 중성점 다중접지, 3상 4선식

12 배전선에서 균등하게 분포된 부하일 경우 배전선 말단의 전압강하는 모든 부하가 배전선의 어느 지점에 집중되어 있을 때의 전압강하와 같은가?

① $\dfrac{1}{2}$　　② $\dfrac{1}{3}$
③ $\dfrac{2}{3}$　　④ $\dfrac{1}{5}$

정답 06. ④ 07. ③ 08. ④ 09. ② 10. ④ 11. ④ 12. ①

해설 전압강하 분포

부하 형태	말단에 집중	균등분포
전류분포		
전압강하	1	$\dfrac{1}{2}$

13 다음 중 표준형 철탑이 아닌 것은?

① 내선형 철탑　② 직선형 철탑
③ 각도형 철탑　④ 인류형 철탑

해설 철탑의 사용 목적에 의한 분류
- 직선형 : 수평각도가 3° 이하(A형 철탑)
- 각도형 : 수평각도가 3° 넘는 곳(4~20° : B형, 21~30° : C형)
- 인류형 : 발·변전소의 출입구 등 인류된 장소에 사용하는 철탑과 수평 각도가 30° 넘는 개소(D형)에 사용
- 내장형 : 전선로의 보강용 또는 경차가 큰 곳(E형)에 사용

14 변전소에서 수용가로 공급되는 전력을 차단하고 소 내 기기를 점검할 경우, 차단기와 단로기의 개폐 조작방법으로 옳은 것은?

① 점검 시에는 차단기로 부하회로를 끊고 난 다음에 단로기를 열어야 하며, 점검 후에는 단로기를 넣은 후 차단기를 넣어야 한다.
② 점검 시에는 단로기를 열고 난 후 차단기를 열어야 하며, 점검 후에는 단로기를 넣고 난 다음에 차단기로 부하회로를 연결하여야 한다.
③ 점검 시에는 차단기로 부하회로를 끊고 단로기를 열어야 하며, 점검 후에는 차단기로 부하회로를 연결한 후 단로기를 넣어야 한다.
④ 점검 시에는 단로기를 열고 난 후 차단기를 열어야 하며, 점검이 끝난 경우에는 차단기를 부하에 연결한 다음에 단로기를 넣어야 한다.

해설
- 점검 시 : 차단기를 먼저 열고, 단로기를 열어야 한다.
- 점검 후 : 단로기를 먼저 투입하고, 차단기를 투입하여야 한다.

15 송전선로의 코로나 발생 방지대책으로 가장 효과적인 것은?

① 전선의 선간거리를 증가시킨다.
② 선로의 대지 절연을 강화한다.
③ 철탑의 접지저항을 낮게 한다.
④ 전선을 굵게 하거나 복도체를 사용한다.

해설 코로나 발생 방지를 위해서는 코로나 임계전압을 높게 하여야 하기 때문에 전선의 굵기를 크게 하거나 복도체를 사용하여야 한다.

16 그림과 같이 송전선이 4도체인 경우 소선 상호 간의 기하학적 평균거리[m]는 어떻게 되는가?

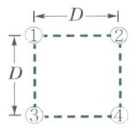

① $\sqrt[3]{2}\,D$　　② $\sqrt[4]{2}\,D$
③ $\sqrt[6]{2}\,D$　　④ $\sqrt[8]{2}\,D$

해설 $D_e = \sqrt[6]{D \times D \times D \times D \times \sqrt{2}\,D \times \sqrt{2}\,D}$
$= \sqrt[6]{2 \times D^6} = \sqrt[6]{2}\,D\,[\text{m}]$

17 제5고조파 전류의 억제를 위해 전력용 콘덴서에 직렬로 삽입하는 유도 리액턴스의 값으로 적당한 것은?

① 전력용 콘덴서 용량의 약 6[%] 정도
② 전력용 콘덴서 용량의 약 12[%] 정도
③ 전력용 콘덴서 용량의 약 18[%] 정도
④ 전력용 콘덴서 용량의 약 24[%] 정도

정답 13. ①　14. ①　15. ④　16. ③　17. ①

해설 직렬 리액터의 용량은 전력용 콘덴서 용량의 이론상 4[%]이지만, 주파수 변동 등을 고려하여 실제는 5~6[%] 정도 사용한다.

18 다음 중 송전선로에 복도체를 사용하는 이유로 가장 알맞은 것은?

① 선로를 뇌격으로부터 보호한다.
② 선로의 진동을 없앤다.
③ 철탑의 하중을 평형화한다.
④ 코로나를 방지하고, 인덕턴스를 감소시킨다.

해설 복도체나 다도체의 사용 목적이 여러 가지 있을 수 있으나 그 중 주된 목적은 코로나 방지에 있다.

19 송전선로의 보호방식으로 지락에 대한 보호는 영상전류를 이용하여 어떤 계전기를 동작시키는가?

① 선택지락계전기 ② 전류차동계전기
③ 과전압 계전기   ④ 거리계전기

해설 지락사고 시 영상 변류기(ZCT)로 영상전류를 검출하여 지락계전기(OVGR, SGR)를 동작시킨다.

20 가공지선에 대한 설명 중 틀린 것은?

① 유도뢰 서지에 대하여도 그 가설구간 전체에 사고 방지의 효과가 있다.
② 직격뢰에 대하여 특히 유효하며, 탑 상부에 시설하므로 뇌는 주로 가공지선에 내습한다.
③ 송전선의 1선 지락 시 지락전류의 일부가 가공지선에 흘러 차폐작용을 하므로 전자유도장해를 적게 할 수 있다.
④ 가공지선 때문에 송전선로의 대지정전용량이 감소하므로 대지 사이에 방전할 때 유도전압이 특히 커서 차폐효과가 좋다.

해설 가공지선의 설치로 송전선로의 대지정전용량이 증가하므로 유도전압이 적게 되어 차폐효과가 있다.

정답 18. ④ 19. ① 20. ④

2023년 제1회 CBT 기출복원문제

전기기사

01 다음 중 켈빈(Kelvin) 법칙이 적용되는 것은?
① 경제적인 송전전압을 결정하고자 할 때
② 일정한 부하에 대한 계통 손실을 최소화하고자 할 때
③ 경제적 송전선의 전선의 굵기를 결정하고자 할 때
④ 화력발전소군의 총 연료비가 최소가 되도록 각 발전기의 경제 부하 배분을 하고자 할 때

해설 전선 단위길이의 시설비에 대한 1년간 이자와 감가상각비 등을 계산한 값과 단위길이의 1년간 손실 전력량을 요금으로 환산한 금액이 같아질 때 전선의 굵기가 가장 경제적이다.

$$\sigma = \sqrt{\frac{WMP}{\rho N}} = \sqrt{\frac{8.89 \times 55 MP}{N}} \,[\text{A/mm}^2]$$

여기서, σ : 경제적인 전류밀도[A/mm^2]
W : 전선 중량 8.89×10^{-3}[kg/mm$^2 \cdot$m]
M : 전선 가격[원/kg]
P : 전선비에 대한 연경비 비율
ρ : 저항률 $\frac{1}{55}$[$\Omega \cdot$mm^2/m]
N : 전력량의 가격[원/kW/년]

02 송·배전선로는 저항 R, 인덕턴스 L, 정전용량(커패시턴스) C, 누설 컨덕턴스 G라는 4개의 정수로 이루어진 연속된 전기회로이다. 이들 정수를 선로정수(line constant)라고 부르는 데 이것은 (㉠), (㉡) 등에 따라 정해진다. 다음 중 (㉠), (㉡)에 알맞은 내용은?
① ㉠ 전압·전선의 종류, ㉡ 역률
② ㉠ 전선의 굵기·전압, ㉡ 전류
③ ㉠ 전선의 배치·전선의 종류, ㉡ 전류
④ ㉠ 전선의 종류·전선의 굵기, ㉡ 전선의 배치

해설 선로정수는 전선의 배치, 종류, 굵기 등에 따라 정해지고 전선의 배치에 가장 많은 영향을 받는다.

03 정전용량 0.01[μF/km], 길이 173.2[km], 선간전압 60,000[V], 주파수 60[Hz]인 송전선로의 충전전류[A]는 얼마인가?
① 6.3
② 12.5
③ 22.6
④ 37.2

해설 충전전류
$$I_c = \frac{E}{Z} = \omega CE = 2\pi fCE$$
$$= 2\pi \times 60 \times 0.01 \times 10^{-6} \times 173.2 \times \frac{60,000}{\sqrt{3}}$$
$$= 22.6[\text{A}]$$

04 송전선 중간에 전원이 없을 경우에 송전단의 전압 $E_s = AE_r + BI_r$이 된다. 수전단의 전압 E_r의 식으로 옳은 것은? (단, I_s, I_r은 송전단 및 수전단의 전류이다.)
① $E_r = AE_s + CI_s$
② $E_r = BE_s + AI_s$
③ $E_r = DE_s - BI_s$
④ $E_r = CE_s - DI_s$

해설
$$\begin{bmatrix} E_s \\ I_s \end{bmatrix} = \begin{bmatrix} A & B \\ C & D \end{bmatrix} \begin{bmatrix} E_r \\ I_r \end{bmatrix} \text{에서}$$
$$\begin{bmatrix} E_r \\ I_r \end{bmatrix} = \begin{bmatrix} A & B \\ C & D \end{bmatrix} \begin{bmatrix} E_s \\ I_s \end{bmatrix}$$
$$= \frac{1}{AD-BC} \begin{bmatrix} D & -B \\ -C & A \end{bmatrix} \begin{bmatrix} E_s \\ I_s \end{bmatrix}$$
$AD - BC = 1$ 이므로 $\begin{bmatrix} E_r \\ I_r \end{bmatrix} = \begin{bmatrix} D & -B \\ -C & A \end{bmatrix} \begin{bmatrix} E_s \\ I_s \end{bmatrix}$
수전단 전압 $E_r = DE_s - BI_s$
수전단 전류 $I_r = -CE_s + AI_s$

정답 01. ③ 02. ④ 03. ③ 04. ③

05 그림과 같이 정수가 서로 같은 평행 2회선 송전선로의 4단자 정수 중 B에 해당되는 것은?

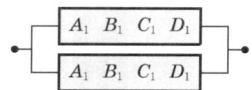

① $4B_1$ ② $2B_1$
③ $\frac{1}{2}B_1$ ④ $\frac{1}{4}B_1$

해설 평행 2회선 4단자 정수

$$\begin{bmatrix} A & B \\ C & D \end{bmatrix} = \begin{bmatrix} A_1 & \frac{1}{2}B_1 \\ 2C_1 & D_1 \end{bmatrix}$$

06 어떤 공장의 소모 전력이 100[kW]이며, 이 부하의 역률이 0.6일 때, 역률을 0.9로 개선하기 위한 전력용 콘덴서의 용량은 약 몇 [kVA]인가?

① 75 ② 80
③ 85 ④ 90

해설 역률 개선용 콘덴서 용량 Q_c[kVA]

$$Q_c = P(\tan\theta_1 - \tan\theta_2)$$
$$= P\left(\frac{\sqrt{1-\cos^2\theta_1}}{\cos\theta_1} - \frac{\sqrt{1-\cos^2\theta_2}}{\cos\theta_2}\right)$$
$$= 100\left(\frac{0.8}{0.6} - \frac{\sqrt{1-0.9^2}}{0.9}\right)$$
$$≒ 85 [\text{kVA}]$$

07 송전 계통의 접지에 대하여 기술하였다. 다음 중 옳은 것은?

① 소호 리액터 접지방식은 선로의 정전용량과 직렬 공진을 이용한 것으로 지락전류가 타 방식에 비해 좀 큰 편이다.
② 고저항접지방식은 이중고장을 발생시킬 확률이 거의 없으며 비접지방식보다는 많은 편이다.
③ 직접접지방식을 채용하는 경우 이상전압이 낮기 때문에 변압기 선정 시 단절연이 가능하다.
④ 비접지방식을 택하는 경우 지락전류 차단이 용이하고 장거리 송전을 할 경우 이중고장의 발생을 예방하기 좋다.

해설 직접접지방식은 중성점 전위가 낮아 변압기 단절연에 유리하다. 그러나 사고 시 큰 전류에 의한 통신선에 대한 유도장해가 발생한다.

08 그림과 같은 3상 송전 계통에서 송전단 전압은 3,300[V]이다. 점 P에서 3상 단락사고가 발생했다면 발전기에 흐르는 단락전류는 약 몇 [A]인가?

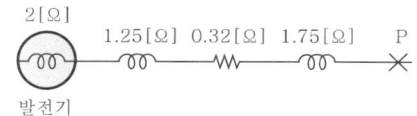

① 320 ② 330
③ 380 ④ 410

해설 $I_s = \dfrac{E}{Z}$

$$= \frac{\frac{3,300}{\sqrt{3}}}{\sqrt{0.32^2 + (2+1.25+1.75)^2}} = 380.2[\text{A}]$$

09 그림에서 A점의 차단기 용량으로 가장 적당한 것은?

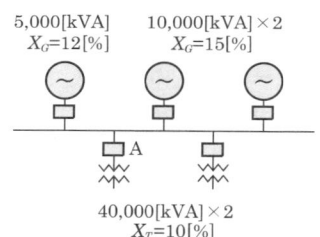

① 50[MVA] ② 100[MVA]
③ 150[MVA] ④ 200[MVA]

정답 05. ③ 06. ③ 07. ③ 08. ③ 09. ④

해설 기준 용량을 10,000[kVA]로 설정하면
5,000[kVA] 발전기 $\%X_G \times \frac{10,000}{5,000} \times 12 = 24[\%]$
A 차단기 전원측에는 발전기가 병렬 접속이므로
합성 $\%Z_g = \frac{1}{\frac{1}{24} + \frac{1}{15} + \frac{1}{15}} = 5.71[\%]$
∴ $P_s = \frac{100}{5.71} \times 10,000 \times 10^{-3} = 175[\text{MVA}]$
차단기 용량은 단락용량을 기준 이상으로 한 값으로 200[MVA]이다.

10 송전 계통의 한 부분이 그림과 같이 3상 변압기로 1차측은 △로, 2차측은 Y로 중성점이 접지되어 있을 경우, 1차측에 흐르는 영상전류는?

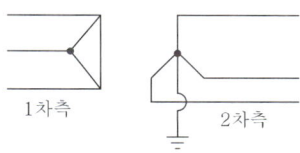

① 1차측 선로에서 ∞이다.
② 1차측 선로에서 반드시 0이다.
③ 1차측 변압기 내부에서는 반드시 0이다.
④ 1차측 변압기 내부와 1차측 선로에서 반드시 0이다.

해설 영상전류는 중성점이 접지되어 있는 2차측에는 선로와 변압기 내부 및 중성선과 비접지인 1차측 내부에는 흐르지만 1차측 선로에는 흐르지 않는다.

11 피뢰기의 구조는?

① 특성요소와 소호 리액터
② 특성요소와 콘덴서
③ 소호 리액터와 콘덴서
④ 특성요소와 직렬갭

해설
• 직렬갭 : 평상시에는 개방상태이고, 과전압(이상 충격파)이 인가되면 도통된다.
• 특성요소 : 비직선 전압 전류 특성에 따라 방전 시에는 대전류를 통과시키고, 방전 후에는 속류를 저지 또는 직렬갭으로 차단할 수 있는 정도로 제한하는 특성을 가진다.

12 발전기 또는 주변압기의 내부 고장 보호용으로 가장 널리 쓰이는 것은?

① 거리계전기   ② 과전류 계전기
③ 비율차동계전기 ④ 방향단락계전기

해설 비율차동계전기는 발전기나 변압기의 내부 고장 보호에 적용한다.

13 다음 차단기 중 투입과 차단을 다같이 압축공기의 힘으로 하는 것은?

① 유입차단기   ② 팽창차단기
③ 제호차단기   ④ 임펄스차단기

해설 **차단기 소호 매질**
유입차단기(OCB) – 절연유, 공기차단기(ABB) – 압축공기, 자기차단기(MBB) – 차단전류에 의한 자계, 진공차단기(VCB) – 고진공상태, 가스차단기(GCB) – SF₆(육불화황)
공기차단기를 임펄스차단기라고도 한다.

14 저압 배전 계통을 구성하는 방식 중 캐스케이딩(cas-cading)을 일으킬 우려가 있는 방식은?

① 방사상 방식
② 저압 뱅킹 방식
③ 저압 네트워크 방식
④ 스포트 네트워크 방식

해설 캐스케이딩(cascading) 현상은 저압 뱅킹 방식에서 변압기 또는 선로의 사고에 의해서 뱅킹 내의 건전한 변압기의 일부 또는 전부가 연쇄적으로 차단되는 현상으로, 방지책은 변압기의 1차측에 퓨즈, 저압선의 중간에 구분 퓨즈를 설치한다.

정답 10.② 11.④ 12.③ 13.④ 14.②

15 3상 3선식의 전선 소요량에 대한 3상 4선식의 전선 소요량의 비는 얼마인가? (단, 배전거리, 배전전력 및 전력손실은 같고, 4선식의 중성선의 굵기는 외선의 굵기와 같으며, 외선과 중성선 간의 전압은 3선식의 선간전압과 같다.)

① $\dfrac{4}{9}$ ② $\dfrac{2}{3}$

③ $\dfrac{3}{4}$ ④ $\dfrac{1}{3}$

해설 전선 소요량비 $= \dfrac{3\phi 4W}{3\phi 3W} = \dfrac{\frac{1}{3}}{\frac{3}{4}} = \dfrac{4}{9}$

16 연간 전력량이 E[kWh]이고, 연간 최대전력이 W[kW]인 연부하율은 몇 [%]인가?

① $\dfrac{E}{W} \times 100$ ② $\dfrac{\sqrt{3}\,W}{E} \times 100$

③ $\dfrac{8,760\,W}{E} \times 100$ ④ $\dfrac{E}{8,760\,W} \times 100$

해설 연부하율 $= \dfrac{\frac{E}{365 \times 24}}{W} \times 100$
$= \dfrac{E}{8,760\,W} \times 100 [\%]$

17 배전선로의 주상 변압기에서 고압측 - 저압측에 주로 사용되는 보호 장치의 조합으로 적합한 것은?

① 고압측 : 컷 아웃 스위치, 저압측 : 캐치 홀더
② 고압측 : 캐치 홀더, 저압측 : 컷 아웃 스위치
③ 고압측 : 리클로저, 저압측 : 라인 퓨즈
④ 고압측 : 라인 퓨즈, 저압측 : 리클로저

해설 주상 변압기 보호 장치
• 1차(고압)측 : 피뢰기, 컷 아웃 스위치
• 2차(저압)측 : 캐치 홀더, 중성점 접지

18 전력 계통의 경부하 시나 또는 다른 발전소의 발전 전력에 여유가 있을 때 이 잉여 전력을 이용하여 전동기로 펌프를 돌려서 물을 상부의 저수지에 저장하였다가 필요에 따라 이 물을 이용해서 발전하는 발전소는?

① 조력발전소
② 양수식 발전소
③ 유역 변경식 발전소
④ 수로식 발전소

해설 양수식 발전소
잉여 전력을 이용하여 하부 저수지의 물을 상부 저수지로 양수하여 저장하였다가 첨두부하 등에 이용하는 발전소이다.

19 수력발전소에서 흡출관을 사용하는 목적은?

① 압력을 줄인다.
② 유효낙차를 늘린다.
③ 속도 변동률을 작게 한다.
④ 물의 유선을 일정하게 한다.

해설 흡출관은 중낙차 또는 저낙차용으로 적용되는 반동 수차에서 낙차를 증대시킬 목적으로 사용된다.

20 어느 화력발전소에서 40,000[kWh]를 발전하는 데 발열량 860[kcal/kg]의 석탄이 60톤 사용된다. 이 발전소의 열효율[%]은 약 얼마인가?

① 56.7   ② 66.7
③ 76.7   ④ 86.7

해설 열효율 $\eta = \dfrac{860\,W}{mH} \times 100$
$= \dfrac{860 \times 40,000}{60 \times 10^3 \times 860} \times 100 = 66.7[\%]$

정답 15. ① 16. ④ 17. ① 18. ② 19. ② 20. ②

2023년 전기산업기사 제1회 CBT 기출복원문제

01 해안 지방의 송전용 나선으로 가장 적당한 것은?

① 동선 ② 강선
③ 알루미늄 합금선 ④ 강심 알루미늄선

해설 구리는 유황 성분에 약하고, 알루미늄은 염분에 약하므로, 해안 지역에는 나동선이 적합하고 온천 지역에는 알루미늄선이 적합하다.

02 지중 케이블에 있어서 고장점을 찾는 방법이 아닌 것은?

① 머레이 루프 시험기에 의한 방법
② 메거(megger)에 의한 측정법
③ 수색 코일에 의한 방법
④ 펄스에 의한 측정법

해설 메거 : 절연저항 측정기

03 단상 2선식 배전선로에 있어서 대지정전용량을 C_s, 선간정전용량을 C_m이라 할 때 작용정전용량 C_o은?

① $C_s + C_m$ ② $C_s + 2C_m$
③ $2C_s + C_m$ ④ $C_s + 3C_m$

해설

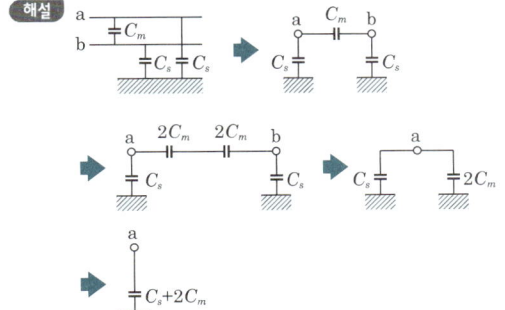

대지정전용량 C_s와 선간정전용량 C_m을 등가회로로 그려서 해석한다.
그러므로 단상 2선식 선로의 1선당 작용정전용량은 $C_o = C_s + 2C_m$이 된다.

04 송전단 전압이 6,600[V], 수전단 전압이 6,100[V]였다. 수전단의 부하를 끊은 경우 수전단 전압이 6,300[V]라면 이 회로의 전압강하율과 전압변동률은 각각 몇 [%]인가?

① 3.28, 8.2
② 8.2, 3.28
③ 4.14, 6.8
④ 6.8, 4.14

해설
• 전압강하율
$$\varepsilon = \frac{6,600 - 6,100}{6,100} \times 100[\%] = 8.19[\%]$$
• 전압변동률
$$\delta = \frac{6,300 - 6,100}{6,100} \times 100[\%] = 3.278[\%]$$

05 일반 회로정수가 같은 평행 2회선에서 $\dot{A}$, $\dot{B}$, $\dot{C}$, $\dot{D}$는 각각 1회선의 경우의 몇 배로 되는가?

① 2, 2, $\frac{1}{2}$, 1 ② 1, 2, $\frac{1}{2}$, 1
③ 1, $\frac{1}{2}$, 2, 1 ④ 1, $\frac{1}{2}$, 2, 2

해설 평행 2회선 송전선로의 4단자 정수
$$\begin{bmatrix} A_o & B_o \\ C_o & D_o \end{bmatrix} = \begin{bmatrix} A & \dfrac{B}{2} \\ 2C & D \end{bmatrix}$$

A와 D는 일정하고, B는 $\frac{1}{2}$배 감소되고, C는 2배가 된다.

정답 01. ① 02. ② 03. ② 04. ② 05. ③

06 3,300[V], 60[Hz], 뒤진 역률 60[%], 300[kW]의 단상 부하가 있다. 그 역률을 100[%]로 하기 위한 전력용 콘덴서의 용량은 몇 [kVA]인가?

① 150
② 250
③ 400
④ 500

해설 역률이 $100[\%](\cos\theta_2 = 1)$이므로
$$Q_c = P\left(\frac{\sin\theta_1}{\cos\theta_1} - \frac{0}{1}\right) = 300 \times \frac{0.8}{0.6} = 400[kVA]$$

07 중성점 접지방식에서 직접접지방식에 대한 설명으로 틀린 것은?

① 보호계전기의 동작이 확실하여 신뢰도가 높다.
② 변압기의 저감 절연이 가능하다.
③ 과도 안정도가 대단히 높다.
④ 단선고장 시의 이상전압이 최저이다.

해설 중성점 직접접지방식
- 접지저항이 매우 작아 사고 시 지락전류가 크다.
- 건전상 이상전압 우려가 가장 적다.
- 보호계전기 동작이 확실하다.
- 통신선에 대한 유도장해가 크고 과도 안정도가 나쁘다.
- 변압기가 단절연을 할 수 있다.
- ③ 사고전류가 크기 때문에 과도 안정도가 좋지 않다.

08 유도장해의 방지책으로 차폐선을 사용하면 유도전압은 얼마 정도[%] 줄일 수 있는가?

① 10~20
② 30~50
③ 70~80
④ 80~90

해설 차폐선에 의한 전자유도 전압감소율은 30~50[%] 정도이다.

09 1선 접지 고장을 대칭좌표법으로 해석할 경우 필요한 것은?

① 정상 임피던스도(Diagram) 및 역상 임피던스도
② 정상 임피던스도
③ 정상 임피던스도 및 역상 임피던스도
④ 정상 임피던스도, 역상 임피던스도 및 영상 임피던스도

해설 지락전류
$I_g = \dfrac{3E_a}{Z_0 + Z_1 + Z_2}$ [A]이므로 영상·정상·역상 임피던스가 모두 필요하다.

10 송전선로의 정상, 역상 및 영상 임피던스를 각각 Z_1, Z_2 및 Z_0라 하면, 다음 어떤 관계가 성립되는가?

① $Z_1 = Z_2 = Z_0$
② $Z_1 = Z_2 > Z_0$
③ $Z_1 > Z_2 = Z_0$
④ $Z_1 = Z_2 < Z_0$

해설 송전선로는 $Z_1 = Z_2$이고, Z_0는 Z_1보다 크다.

11 다음 중 뇌해 방지와 관계가 없는 것은?

① 댐퍼
② 소호환
③ 가공지선
④ 탑각 접지

해설 댐퍼는 진동에너지를 흡수하여 전선 진동을 방지하기 위하여 설치하는 것으로 뇌해 방지와는 관계가 없다.

12 부하전류 및 단락전류를 모두 개폐할 수 있는 스위치는?

① 단로기
② 차단기
③ 선로 개폐기
④ 전력퓨즈

해설 단로기(DS)와 선로 개폐기(LS)는 무부하 전로만 개폐 가능하고, 전력퓨즈(PF)는 단락전류 차단용으로 사용하고, 차단기(CB)는 부하전류 및 단락전류를 모두 개폐할 수 있다.

정답 06. ③ 07. ③ 08. ② 09. ④ 10. ④ 11. ① 12. ②

13 자기차단기의 특징 중 옳지 않은 것은?

① 화재의 위험이 적다.
② 보수, 점검이 비교적 쉽다.
③ 전류 절단에 의한 와전류가 발생되지 않는다.
④ 회로의 고유 주파수에 차단 성능이 좌우된다.

해설 자기차단기의 특징
- 절연유를 사용하지 않으므로 화재의 우려가 없다.
- 소호실의 수명이 길다.
- 보수·점검이 용이하다.
- 전류 절단에 의한 과전압이 발생하지 않는다.
- 회로의 고유 주파수에 차단 성능이 좌우되지 않는다.

14 3상으로 표준 전압 3[kV], 800[kW]를 역률 0.9로 수전하는 공장의 수전회로에 시설할 계기용 변류기의 변류비로 적당한 것은? (단, 변류기의 2차 전류는 5[A]이며, 여유율은 1.2로 한다.)

① 10   ② 20
③ 30   ④ 40

해설 변류기 1차 전류
$$I_1 = \frac{800}{\sqrt{3} \times 3 \times 0.9} \times 1.2 = 205[A]$$

∴ 200[A]를 적용하므로 변류비는 $\frac{200}{5} = 40$

15 우리나라 22.9[kV] 배전선로에서 가장 많이 사용하는 배전방식과 중성점 접지방식은?

① 3상 3선식, 비접지
② 3상 4선식, 비접지
③ 3상 3선식, 다중접지
④ 3상 4선식, 다중접지

해설
- 송전선로 : 중성점 직접접지, 3상 3선식
- 배전선로 : 중성점 다중접지, 3상 4선식

16 수용가의 수용률을 나타낸 식은?

① $\frac{합성\ 최대수용전력[kW]}{평균전력[kW]} \times 100$

② $\frac{평균전력[kW]}{합성\ 최대수용전력[kW]} \times 100$

③ $\frac{부하설비합계[kW]}{최대수용전력[kW]} \times 100$

④ $\frac{최대수용전력[kW]}{부하설비합계[kW]} \times 100$

해설
- 수용률 = $\frac{최대수용전력[kW]}{부하설비용량[kW]} \times 100[\%]$
- 부하율 = $\frac{평균부하전력[kW]}{최대부하전력[kW]} \times 100[\%]$
- 부등률 = $\frac{개개의\ 최대수용전력의\ 합[kW]}{합성\ 최대수용전력[kW]}$

17 배전선로에서 손실계수 H와 부하율 F 사이에 성립하는 식은? (단, 부하율 $F > 1$이다.)

① $H > F^2$ ② $H < F^2$
③ $H = F^2$ ④ $H > F$

해설 손실계수 H와 부하율 F의 관계는 부하율이 좋으면 $H ≒ F$이고, 부하율이 나쁘면 $H ≒ F^2$이다. 따라서 $0 \leq F^2 \leq H \leq F \leq 1$ 관계가 성립된다. 즉, $H > F^2$, $H < F$이다.

18 양수 발전의 주된 목적으로 옳은 것은?

① 연간 발전량을 늘이기 위하여
② 연간 평균 손실 전력을 줄이기 위하여
③ 연간 발전 비용을 줄이기 위하여
④ 연간 수력발전량을 늘이기 위하여

해설 잉여전력을 이용하여 하부 저수지의 물을 상부 저수지로 양수하여 첨수 부하 등에 이용하므로 발전 비용이 절약된다.

정답 13. ④ 14. ④ 15. ④ 16. ④ 17. ① 18. ③

19 수력발전소에서 흡출관을 사용하는 목적은?

① 압력을 줄인다.
② 유효낙차를 늘린다.
③ 속도 변동률을 작게 한다.
④ 물의 유선을 일정하게 한다.

해설 흡출관은 중낙차 또는 저낙차용으로 적용되는 반동 수차에서 낙차를 증대시킬 목적으로 사용된다.

20 발전 전력량 E[kWh], 연료 소비량 W[kg], 연료의 발열량 C[kcal/kg]인 화력발전소의 열효율 η[%]는?

① $\dfrac{860E}{WC} \times 100$
② $\dfrac{E}{WC} \times 100$
③ $\dfrac{E}{860WC} \times 100$
④ $\dfrac{9.8E}{WC} \times 100$

해설 발전소 열효율 $\eta = \dfrac{860W}{mH} \times 100$[%]

여기서, W : 전력량[kWh]
m : 소비된 연료량[kg]
H : 연료의 열량[kcal/kg]

정답 19. ② 20. ①

2023년 제2회 CBT 기출복원문제

전기기사

01 ACSR은 동일한 길이에서 동일한 전기저항을 갖는 경동연선에 비하여 어떠한가?

① 바깥지름은 크고, 중량은 크다.
② 바깥지름은 크고, 중량은 작다.
③ 바깥지름은 작고, 중량은 크다.
④ 바깥지름은 작고, 중량은 작다.

해설 강심알루미늄연선(ACSR)은 경동연선에 비해 직경은 1.4~1.6배, 비중은 0.8배, 기계적 강도는 1.5~2배 정도이다. 그러므로 ACSR은 동일한 길이, 동일한 저항을 갖는 경동연선에 비해 바깥지름은 크고 중량은 작다.

02 케이블의 전력손실과 관계가 없는 것은?

① 철손
② 유전체손
③ 시스손
④ 도체의 저항손

해설 전력 케이블의 손실은 저항손, 유전체손, 연피손(시스손)이 있다.

03 초고압 송전선로에 단도체 대신 복도체를 사용할 경우 틀린 것은?

① 전선의 작용 인덕턴스를 감소시킨다.
② 선로의 작용정전용량을 증가시킨다.
③ 전선 표면의 전위경도를 저감시킨다.
④ 전선의 코로나 임계전압을 저감시킨다.

해설 복도체 및 다도체의 특징
- 동일한 단면적의 단도체보다 인덕턴스와 리액턴스가 감소하고 정전용량이 증가하여 송전용량을 크게 할 수 있다.
- 전선 표면의 전위경도를 저감시켜 코로나 임계전압을 증가시키고, 코로나손을 줄일 수 있다.
- 전력 계통의 안정도를 증대시키고, 초고압 송전선로에 채용한다.
- 페란티 효과에 의한 수전단 전압 상승 우려가 있다.
- 강풍, 빙설 등에 의한 전선의 진동 또는 동요가 발생할 수 있고, 단락사고 시 소도체가 충돌할 수 있다.

04 중거리 송전선로의 π형 회로에서 송전단 전류 I_s는? (단, Z, Y는 선로의 직렬 임피던스와 병렬 어드미턴스이고, E_r, I_r은 수전단 전압과 전류이다.)

① $\left(1+\dfrac{ZY}{2}\right)E_r + Z I_r$

② $\left(1+\dfrac{ZY}{2}\right)E_r + Z\left(1+\dfrac{ZY}{4}\right)I_r$

③ $\left(1+\dfrac{ZY}{2}\right)I_r + Y E_r$

④ $\left(1+\dfrac{ZY}{2}\right)I_r + Y\left(1+\dfrac{ZY}{4}\right)E_r$

해설 π형 회로의 4단자 정수

$$\begin{bmatrix} A & B \\ C & D \end{bmatrix} = \begin{bmatrix} 1+\dfrac{ZY}{2} & Z \\ Y\left(1+\dfrac{ZY}{4}\right) & 1+\dfrac{ZY}{2} \end{bmatrix}$$

송전단 전류

$$I_s = CE_r + DI_r = Y\left(1+\dfrac{ZY}{4}\right)E_r + \left(1+\dfrac{ZY}{2}\right)I_r$$

05 송전단 전압 161[kV], 수전단 전압 154[kV], 상차각 60°, 리액턴스 65[Ω]일 때 선로 손실을 무시하면 전력은 약 몇 [MW]인가?

① 330
② 322
③ 279
④ 161

해설 $P = \dfrac{161 \times 154}{65} \times \sin 60° = 330\,[\text{MW}]$

정답 01. ② 02. ① 03. ④ 04. ④ 05. ①

06 송전 계통의 안정도를 향상시키는 방법이 아닌 것은?

① 직렬 리액턴스를 증가시킨다.
② 전압변동률을 적게 한다.
③ 고장시간, 고장전류를 적게 한다.
④ 동기기간의 임피던스를 감소시킨다.

해설 계통 안정도 향상 대책 중에서 직렬 리액턴스는 송·수전 전력과 반비례하므로 크게 하면 안 된다.

07 소호 리액터 접지 계통에서 리액터의 탭을 완전 공진 상태에서 약간 벗어나도록 조절하는 이유는?

① 접지 계전기의 동작을 확실하게 하기 위하여
② 전력손실을 줄이기 위하여
③ 통신선에 대한 유도장해를 줄이기 위하여
④ 직렬 공진에 의한 이상전압의 발생을 방지하기 위하여

해설 유도장해가 적고, 1선 지락 시 계속적인 송전이 가능하고, 고장이 스스로 복구될 수 있으나, 보호 장치의 동작이 불확실하고, 단선 고장 시에는 직렬 공진 상태가 되어 이상전압을 발생시킬 수 있으므로 완전 공진을 시키지 않고 소호 리액터에 탭을 설치하여 공진에서 약간 벗어난 상태(과보상)로 한다.

08 3상 송전선로의 선간전압을 100[kV], 3상 기준 용량을 10,000[kVA]로 할 때, 선로 리액턴스(1선당) 100[Ω]을 %임피던스로 환산하면 얼마인가?

① 1
② 10
③ 0.33
④ 3.33

해설 $\%Z = \dfrac{P \cdot Z}{10 V^2} = \dfrac{10,000 \times 100}{10 \times 100^2} = 10[\%]$

09 1선 접지 고장을 대칭좌표법으로 해석할 경우 필요한 것은?

① 정상 임피던스도(Diagram) 및 역상 임피던스도
② 정상 임피던스도
③ 정상 임피던스도 및 역상 임피던스도
④ 정상 임피던스도, 역상 임피던스도 및 영상 임피던스도

해설 지락전류 $I_g = \dfrac{3E_a}{Z_0 + Z_1 + Z_2}$[A]이므로 영상·정상·역상 임피던스가 모두 필요하다.

10 파동 임피던스 $Z_1 = 400[\Omega]$인 선로 종단에 파동 임피던스 $Z_2 = 1,200[\Omega]$의 변압기가 접속되어 있다. 지금 선로에서 파고 $e_1 = 800[kV]$인 전압이 입사했다면, 접속점에서 전압의 반사파의 파고값[kV]은?

① 400
② 800
③ 1,200
④ 1,600

해설 $e_2 = \dfrac{1,200 - 400}{1,200 + 400} \times 800 = 400[kV]$

11 접지봉으로 탑각의 접지저항값을 희망하는 접지저항값까지 줄일 수 없을 때 사용하는 것은?

① 가공지선
② 매설지선
③ 크로스 본드선
④ 차폐선

해설 뇌전류가 철탑으로부터 대지로 흐를 경우, 철탑 전위의 파고값이 전선을 절연하고 있는 애자련의 절연파괴 전압 이상으로 될 경우 철탑으로부터 전선을 향해 역섬락이 발생하므로 이것을 방지하기 위해서는 매설지선을 시설하여 철탑의 탑각 접지 저항을 작게 하여야 한다.

정답 06. ① 07. ④ 08. ② 09. ④ 10. ① 11. ②

12 송전 계통의 절연 협조에 있어 절연 레벨을 가장 낮게 잡고 있는 기기는?

① 차단기
② 피뢰기
③ 단로기
④ 변압기

해설 절연 협조는 계통 기기에서 경제성을 유지하고 운용에 지장이 없도록 기준 충격 절연강도(BIL ; Basic-impulse Insulation Level)를 만들어 기기 절연을 표준화하고 통일된 절연체계를 구성할 목적으로 선로애자가 가장 높고, 피뢰기를 가장 낮게 한다.

13 송·배전선로에서 선택지락계전기(SGR)의 용도는?

① 다회선에서 접지 고장 회선의 선택
② 단일 회선에서 접지전류의 대·소 선택
③ 단일 회선에서 접지전류의 방향 선택
④ 단일 회선에서 접지사고의 지속시간 선택

해설 동일 모선에 2개 이상의 다회선을 가진 비접지 배전 계통에서 지락(접지)사고의 보호에는 선택지락계전기(SGR)가 사용된다.

14 인터록(interlock)의 기능에 대한 설명으로 옳은 것은?

① 조작자의 의중에 따라 개폐되어야 한다.
② 차단기가 열려 있어야 단로기를 닫을 수 있다.
③ 차단기가 닫혀 있어야 단로기를 닫을 수 있다.
④ 차단기와 단로기를 별도로 닫고, 열 수 있어야 한다.

해설 단로기는 소호능력이 없으므로 조작할 때에는 다음과 같이 하여야 한다.
- 회로를 개방시킬 때 : 차단기를 먼저 열고, 단로기를 열어야 한다.
- 회로를 투입시킬 때 : 단로기를 먼저 투입하고, 차단기를 투입하여야 한다.

15 직류 송전방식이 교류 송전방식에 비하여 유리한 점이 아닌 것은?

① 표피효과에 의한 송전 손실이 없다.
② 통신선에 대한 유도 잡음이 적다.
③ 선로의 절연이 용이하다.
④ 정류가 필요없고 승압 및 강압이 쉽다.

해설 부하와 발전 부분은 교류방식이고, 송전 부분에서만 직류방식이기 때문에 정류장치가 필요하고, 직류에서는 직접 승압, 강압이 불가능하므로 교류로 변환 후 변압을 할 수 있다.

16 전선의 굵기가 균일하고 부하가 송전단에서 말단까지 균일하게 분포되어 있을 때 배전선 말단에서 전압강하는? (단, 배전선 전체 저항 R, 송전단의 부하전류는 I이다.)

① $\dfrac{1}{2}RI$
② $\dfrac{1}{\sqrt{2}}RI$
③ $\dfrac{1}{\sqrt{3}}RI$
④ $\dfrac{1}{3}RI$

해설

구 분	말단에 집중부하	균등부하분포
전압강하	IR	$\dfrac{1}{2}IR$
전력손실	I^2R	$\dfrac{1}{3}I^2R$

17 정격 10[kVA]의 주상 변압기가 있다. 이것의 2차측 일부하 곡선이 다음 그림과 같을 때 1일의 부하율은 몇 [%]인가?

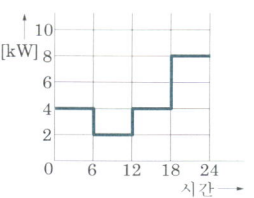

① 52.3
② 54.3
③ 56.3
④ 58.3

정답 12. ② 13. ① 14. ② 15. ④ 16. ① 17. ③

해설 부하율 $= \dfrac{\text{평균수용전력}}{\text{최대수용전력}} \times 100$

$= \dfrac{(4\times 12 + 2\times 6 + 8\times 6) \div 24}{8} \times 100$

$= 56.25[\%]$

18 단상 승압기 1대를 사용하여 승압할 경우 승압 전의 전압을 E_1이라 하면, 승압 후의 전압 E_2는 어떻게 되는가? (단, 승압기의 변압비는 $\dfrac{\text{전원측 전압}}{\text{부하측 전압}} = \dfrac{e_1}{e_2}$이다.)

① $E_2 = E_1 + e_1$ ② $E_2 = E_1 + e_2$

③ $E_2 = E_1 + \dfrac{e_2}{e_1} E_1$ ④ $E_2 = E_1 + \dfrac{e_1}{e_2} E_1$

해설 승압 후 전압

$E_2 = E_1\left(1 + \dfrac{e_2}{e_1}\right) = E_1 + \dfrac{e_2}{e_1} E_1$

19 총 낙차 300[m], 사용수량 20[m³/s]인 수력발전소의 발전기 출력은 약 몇 [kW]인가? (단, 수차 및 발전기 효율은 각각 90[%], 98[%]라 하고, 손실낙차는 총 낙차의 6[%]라고 한다.)

① 48,750 ② 51,860
③ 54,170 ④ 54,970

해설 발전기 출력 $P = 9.8 H Q \eta [\text{kW}]$

$P = 9.8 \times 300 \times (1 - 0.06) \times 20 \times 0.9 \times 0.98$

$= 48,750[\text{kW}]$

20 캐비테이션(Cavitation) 현상에 의한 결과로 적당하지 않은 것은?

① 수차 러너의 부식
② 수차 레버 부분의 진동
③ 흡출관의 진동
④ 수차 효율의 증가

해설 공동 현상(캐비테이션) 장해
- 수차의 효율, 출력 등 저하
- 유수에 접한 러너나 버킷 등에 침식 작용 발생
- 소음 발생
- 흡출관 입구에서 수압의 변동이 심함

정답 18. ③ 19. ① 20. ④

2023년 제2회 CBT 기출복원문제

전기산업기사

01 19/1.8[mm] 경동 연선의 바깥지름은 몇 [mm]인가?

① 5 ② 7
③ 9 ④ 11

해설 19가닥은 중심선을 뺀 층수가 2층이므로
$D = (2n+1) \cdot d = (2 \times 2 + 1) \times 1.8 = 9$ [mm]

02 애자가 갖추어야 할 구비조건으로 옳은 것은?

① 온도의 급변에 잘 견디고 습기도 잘 흡수하여야 한다.
② 지지물에 전선을 지지할 수 있는 충분한 기계적 강도를 갖추어야 한다.
③ 비, 눈, 안개 등에 대해서도 충분한 절연저항을 가지며 누설전류가 많아야 한다.
④ 선로전압에는 충분한 절연내력을 가지며, 이상전압에는 절연내력이 매우 작아야 한다.

해설 애자는 온도의 급변에 잘 견디고, 습기나 물기 등은 잘 흡수하지 않아야 한다.

03 일반 회로정수가 같은 평행 2회선에서 $\dot{A}$, $\dot{B}$, $\dot{C}$, $\dot{D}$는 각각 1회선의 경우의 몇 배로 되는가?

① 2, 2, $\frac{1}{2}$, 1   ② 1, 2, $\frac{1}{2}$, 1
③ 1, $\frac{1}{2}$, 2, 1   ④ 1, $\frac{1}{2}$, 2, 2

해설 평행 2회선 송전선로의 4단자 정수
$\begin{bmatrix} A_o & B_o \\ C_o & D_o \end{bmatrix} = \begin{bmatrix} A & \frac{B}{2} \\ 2C & D \end{bmatrix}$

A와 D는 일정하고, B는 $\frac{1}{2}$배 감소되고, C는 2배가 된다.

04 다음 중 송전선로에 복도체를 사용하는 이유로 가장 알맞은 것은?

① 선로를 뇌격으로부터 보호한다.
② 선로의 진동을 없앤다.
③ 철탑의 하중을 평형화한다.
④ 코로나를 방지하고, 인덕턴스를 감소시킨다.

해설 복도체나 다도체의 사용 목적이 여러 가지 있을 수 있으나 그 중 주된 목적은 코로나 방지에 있다.

05 단거리 송전선로에서 정상상태 유효전력의 크기는?

① 선로 리액턴스 및 전압 위상차에 비례한다.
② 선로 리액턴스 및 전압 위상차에 반비례한다.
③ 선로 리액턴스에 반비례하고, 상차각에 비례한다.
④ 선로 리액턴스에 비례하고, 상차각에 반비례한다.

해설 전송전력 $P_s = \frac{E_s E_r}{X} \sin\delta$ [MW]이므로 송·수전단 전압 및 상차각에는 비례하고, 선로의 리액턴스에는 반비례한다.

06 송전 계통의 중성점을 접지하는 목적으로 틀린 것은?

① 지락 고장 시 전선로의 대지전위 상승을 억제하고 전선로와 기기의 절연을 경감시킨다.
② 소호 리액터 접지방식에서는 1선 지락 시 지락점 아크를 빨리 소멸시킨다.
③ 차단기의 차단용량을 증대시킨다.
④ 지락 고장에 대한 계전기의 동작을 확실하게 한다.

정답 01. ③ 02. ② 03. ③ 04. ④ 05. ③ 06. ③

해설 **중성점 접지 목적**
- 대지전압을 증가시키지 않고, 이상전압의 발생을 억제하여 전위 상승을 방지
- 전선로 및 기기의 절연 수준 경감(저감 절연)
- 고장 발생 시 보호계전기의 신속하고 정확한 동작을 확보
- 소호 리액터 접지에서는 1선 지락전류를 감소시켜 유도장해 경감
- 계통의 안정도 증진

07 3상 송전선로와 통신선이 병행되어 있는 경우에 통신유도장해로서 통신선에 유도되는 정전유도전압은?

① 통신선의 길이에 비례한다.
② 통신선의 길이의 자승에 비례한다.
③ 통신선의 길이에 반비례한다.
④ 통신선의 길이에 관계없다.

해설 **3상 정전유도전압**
$$E_o = \frac{\sqrt{C_a(C_a-C_b)+C_b(C_b-C_c)+C_c(C_c-C_a)}}{C_a+C_b+C_c+C_0} \times \frac{V}{\sqrt{3}}$$
정전유도전압은 통신선의 병행 길이와는 관계가 없다.

08 6.6/3.3[kV], 3φ, 10,000[kVA], 임피던스 10[%]의 변압기가 있다. 이 변압기의 2차측에서 3상 단락되었을 때의 단락용량[kVA]은 얼마인가?

① 150,000
② 100,000
③ 50,000
④ 20,000

해설 단락용량 $P_s = \frac{100}{\%Z} \times P_n$
$= \frac{100}{10} \times 10,000 = 100,000 [\text{kVA}]$

09 3상 Y결선된 발전기가 무부하 상태로 운전 중 3상 단락 고장이 발생하였을 때 나타나는 현상으로 틀린 것은?

① 영상분 전류는 흐르지 않는다.
② 역상분 전류는 흐르지 않는다.
③ 3상 단락전류는 정상분 전류의 3배가 흐른다.
④ 정상분 전류는 영상분 및 역상분 임피던스에 무관하고 정상분 임피던스에 반비례한다.

해설 **각 사고별 대칭좌표법 해석**

1선 지락	정상분	역상분	영상분
선간단락	정상분	역상분	×
3상 단락	정상분	×	×

그러므로 3상 단락전류는 정상분 전류만 흐른다.

10 피뢰기를 가장 적절하게 설명한 것은?

① 동요 전압의 파두, 파미의 파형의 준도를 저감하는 것
② 이상전압이 내습하였을 때 방전하고 기류를 차단하는 것
③ 뇌동요 전압의 파고를 저감하는 것
④ 1선이 지락할 때 아크를 소멸시키는 것

해설 충격파 전압의 파고치를 저감시키고 속류를 차단한다.

11 피뢰기의 정격전압이란?

① 충격방전전류를 통하고 있을 때의 단자전압
② 충격파의 방전개시전압
③ 속류의 차단이 되는 최고의 교류전압
④ 상용 주파수의 방전개시전압

해설 ①은 제한전압이다.

12 인입되는 전압이 정정값 이하로 되었을 때 동작하는 것으로서 단락 고장 검출 등에 사용되는 계전기는?

① 접지 계전기
② 부족전압계전기
③ 역전력 계전기
④ 과전압 계전기

정답 07. ④ 08. ② 09. ③ 10. ② 11. ③ 12. ②

해설 전원이 정전되어 전압이 저하되었을 때, 또는 단락사고로 인하여 전압이 저하되었을 때에는 부족전압계전기를 사용한다.

13 전원이 양단에 있는 방사상 송전선로에서 과전류 계전기와 조합하여 단락보호에 사용하는 계전기는?

① 선택지락계전기   ② 방향단락계전기
③ 과전압 계전기   ④ 부족전류계전기

해설 송전선로의 단락보호방식
- 방사상식 선로 : 반한시 특성 또는 순한시성 반시성 특성을 가진 과전류 계전기를 사용하고 전원이 양단에 있는 경우에는 방향단락계전기와 과전류 계전기를 조합하여 사용한다.
- 환상식 선로 : 방향단락 계전방식, 방향거리 계전방식이다.

14 한류 리액터를 사용하는 가장 큰 목적은?

① 충전전류의 제한   ② 접지전류의 제한
③ 누설전류의 제한   ④ 단락전류의 제한

해설 한류 리액터를 사용하는 이유는 단락사고로 인한 단락전류를 제한하여 기기 및 계통을 보호하기 위함이다.

15 직류 송전방식의 장점은?

① 역률이 항상 1이다.
② 회전자계를 얻을 수 있다.
③ 전력변환장치가 필요하다.
④ 전압의 승압, 강압이 용이하다.

해설 직류 송전방식의 이점
- 무효분이 없어 손실이 없고 역률이 항상 1이며 송전효율이 좋다.
- 파고치가 없으므로 절연계급을 낮출 수 있다.
- 전압강하와 전력손실이 적고, 안정도가 높아진다.

16 그림과 같은 단상 2선식 배선에서 인입구 A점의 전압이 220[V]라면 C점의 전압[V]은? (단, 저항값은 1선의 값이며, AB간은 0.05[Ω], BC간은 0.1[Ω]이다.)

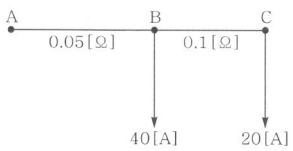

① 214   ② 210
③ 196   ④ 192

해설 $V_B = 220 - 2 \times 0.05(40+20) = 214[\text{V}]$
$V_C = 214 - 2 \times 0.1 \times 20 = 210[\text{V}]$

17 다음 중 배전선로의 부하율이 F일 때 손실계수 H와의 관계로 옳은 것은?

① $H = F$ ② $H = \dfrac{1}{F}$
③ $H = F^3$ ④ $0 \leq F^2 \leq H \leq F \leq 1$

해설 손실계수 H는 최대전력손실에 대한 평균전력손실의 비로 일반적으로 손실계수 $H = \alpha F + (1-\alpha)F^2$의 실험식을 사용한다. 이때 손실정수 $\alpha = 0.1 \sim 0.3$이고, F는 부하율이다. 부하율이 좋으면 $H \fallingdotseq F$이고 부하율이 나쁘면 $H = F^2$이다. 손실계수 H와 부하율 F와의 관계는 다음 식이 성립된다.
$0 \leq F^2 \leq H \leq F \leq 1$

18 수력발전소의 형식을 취수방법, 운용방법에 따라 분류할 수 있다. 다음 중 취수방법에 따른 분류가 아닌 것은?

① 댐식   ② 수로식
③ 조정지식   ④ 유역 변경식

해설 수력발전소 분류에서 낙차를 얻는 방식(취수방법)은 댐식, 수로식, 댐수로식, 유역 변경식 등이 있고, 유량 사용 방법은 유입식, 저수지식, 조정지식, 양수식(역조정지식) 등이 있다.

정답 13.② 14.④ 15.① 16.② 17.④ 18.③

19 댐의 부속설비가 아닌 것은?

① 수로
② 수조
③ 취수구
④ 흡출관

해설) 흡출관은 반동 수차에서 낙차를 증대시키는 설비이므로 수차의 부속설비이다.

20 그림과 같은 열사이클은?

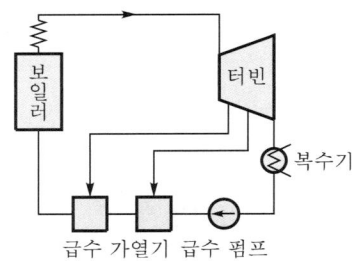

① 재생 사이클
② 재열 사이클
③ 카르노 사이클
④ 재생·재열 사이클

해설) 터빈 중간에 증기의 일부를 추기하여 급수를 가열하는 급수 가열기가 있는 재생 사이클이다.

정답 19. ④ 20. ①

2023년 제3회 CBT 기출복원문제

전기기사

01 빙설이 많은 지방에서 특고압 가공전선의 이도(dip)를 계산할 때 전선 주위에 부착하는 빙설의 두께와 비중은 일반적인 경우 각각 얼마로 상정하는가?

① 두께 : 10[mm], 비중 : 0.9
② 두께 : 6[mm], 비중 : 0.9
③ 두께 : 10[mm], 비중 : 1
④ 두께 : 6[mm], 비중 : 1

해설 빙설(눈과 얼음)은 전선이나 가섭선에 온도가 낮은 저온계인 경우 부착하게 되는데 두께를 6[mm], 비중을 0.9로 하여 빙설하중이나 풍압하중 등을 계산하도록 되어 있다.

02 복도체 선로가 있다. 소도체의 지름이 8[mm], 소도체 사이의 간격이 40[cm]일 때, 등가 반지름[cm]은?

① 2.8
② 3.6
③ 4.0
④ 5.7

해설 복도체의 등가 반지름 $r_e = \sqrt[n]{r \cdot s^{n-1}}$ 이므로 복도체인 경우 $r_e = \sqrt{r \cdot s}$

∴ 등가 반지름 $r_e = \sqrt{\dfrac{8}{2} \times 10^{-1} \times 40} = 4 [\text{cm}]$

03 다음 중 송전선로의 코로나 임계전압이 높아지는 경우가 아닌 것은?

① 날씨가 맑다.
② 기압이 높다.
③ 상대공기밀도가 낮다.
④ 전선의 반지름과 선간거리가 크다.

해설 코로나 임계전압 $E_0 = 24.3 \, m_0 m_1 \delta d \log_{10} \dfrac{D}{r}$ [kV] 이므로 상대공기밀도(δ)가 높아야 한다.
코로나를 방지하려면 임계전압을 높여야 하므로 전선 굵기를 크게 하고, 전선 간 거리를 증가시켜야 한다.

04 중거리 송전선로의 특성은 무슨 회로로 다루어야 하는가?

① RL 집중정수회로
② RLC 집중정수회로
③ 분포정수회로
④ 특성 임피던스 회로

해설
• 단거리 송전선로 : RL 집중정수회로
• 중거리 송전선로 : RLC 집중정수회로
• 장거리 송전선로 : $RLCG$ 분포정수회로

05 파동 임피던스가 500[Ω]인 가공 송전선 1[km]당의 인덕턴스 L과 정전용량 C는 얼마인가?

① $L=1.67$[mH/km], $C=0.0067$[μF/km]
② $L=2.12$[mH/km], $C=0.167$[μF/km]
③ $L=1.67$[mH/km], $C=0.0167$[μF/km]
④ $L=0.0067$[mH/km], $C=1.67$[μF/km]

해설 특성 임피던스 $Z_0 = \sqrt{\dfrac{L}{C}} ≒ 138 \log_{10} \dfrac{D}{r}$ [Ω]이므로

$Z_0 = 138 \log_{10} \dfrac{D}{r} = 500$[Ω]에서 $\log_{10} \dfrac{D}{r} = \dfrac{500}{138}$ 이다.

∴ $L = 0.05 + 0.4605 \log_{10} \dfrac{D}{r}$

$= 0.05 + 0.4605 \times \dfrac{500}{138} = 1.67$ [mH/km]

정답 01. ② 02. ③ 03. ③ 04. ② 05. ①

$$\therefore C = \frac{0.02413}{\log_{10}\frac{D}{r}} = \frac{0.02413}{\frac{500}{138}}$$
$$= 6.67 \times 10^{-3}\,[\mu\text{F/km}]$$

06 조상설비가 아닌 것은?

① 정지형 무효전력 보상장치
② 자동고장구간개폐기
③ 전력용 콘덴서
④ 분로 리액터

해설 자동고장구간개폐기는 선로의 고장구간을 자동으로 분리하는 장치로 조상설비가 아니다.

07 비접지식 송전선로에 있어서 1선 지락 고장이 생겼을 경우 지락점에 흐르는 전류는?

① 직류 전류
② 고장상의 영상전압과 동상의 전류
③ 고장상의 영상전압보다 90° 빠른 전류
④ 고장상의 영상전압보다 90° 늦은 전류

해설 비접지식 송전선로에서 1선 지락사고 시 고장전류는 대지정전용량에 흐르는 충전전류 $I = j\omega CE$ [A]이므로 고장점의 영상전압보다 90° 앞선 전류이다.

08 통신선과 평행인 주파수 60[Hz]의 3상 1회선 송전선에서 1선 지락으로(영상전류가 100[A] 흐르고) 있을 때 통신선에 유기되는 전자유도전압[V]은? (단, 영상전류는 송전선 전체에 걸쳐 같으며, 통신선과 송전선의 상호 인덕턴스는 0.05[mH/km]이고, 그 평행길이는 50[km]이다.)

① 162 ② 192
③ 242 ④ 283

해설 $E_m = j\omega M \cdot 3I_0$
50[km]의 상호 인덕턴스 $= 0.05 \times 50$
$\therefore E_m = 2\pi \times 60 \times 0.05 \times 10^{-3} \times 50 \times 3 \times 100$
$= 282.7\,[\text{V}]$

09 10,000[kVA] 기준으로 등가 임피던스가 0.4[%]인 발전소에 설치될 차단기의 차단용량은 몇 [MVA]인가?

① 1,000 ② 1,500
③ 2,000 ④ 2,500

해설 차단용량
$$P_s = \frac{100}{\%Z}P_n$$
$$= \frac{100}{0.4} \times 10,000 \times 10^{-3} = 2,500\,[\text{MVA}]$$

10 임피던스 Z_1, Z_2 및 Z_3를 그림과 같이 접속한 선로의 A쪽에서 전압파 E가 진행해 왔을 때, 접속점 B에서 무반사로 되기 위한 조건은?

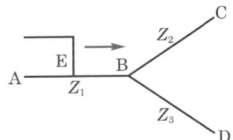

① $Z_1 = Z_2 + Z_3$
② $\frac{1}{Z_3} = \frac{1}{Z_1} + \frac{1}{Z_2}$
③ $\frac{1}{Z_1} = \frac{1}{Z_2} + \frac{1}{Z_3}$
④ $\frac{1}{Z_2} = \frac{1}{Z_1} + \frac{1}{Z_3}$

해설 무반사 조건은 변이점 B에서 입사쪽과 투과쪽의 특성 임피던스가 동일하여야 한다.
즉, $\frac{1}{Z_1} = \frac{1}{Z_2} + \frac{1}{Z_3}$ 로 한다.

11 피뢰기의 제한전압이란?

① 충격파의 방전개시전압
② 상용 주파수의 방전개시전압
③ 전류가 흐르고 있을 때의 단자 전압
④ 피뢰기 동작 중 단자 전압의 파고값

해설 피뢰기 시 동작하여 방전전류가 흐르고 있을 때 피뢰기 양단자 간 전압의 파고값을 제한전압이라 한다.

정답 06. ② 07. ③ 08. ④ 09. ④ 10. ③ 11. ④

12 최소 동작전류 이상의 전류가 흐르면 한도를 넘는 양(量)과는 상관없이 즉시 동작하는 계전기는?

① 순한시 계전기
② 반한시 계전기
③ 정한시 계전기
④ 반한시성 정한시 계전기

해설 순한시 계전기
정정값 이상의 전류는 크기에 관계없이 바로 동작하는 고속도 계전기이다.

13 차단기의 차단시간은?

① 개극시간을 말하며 대개 3~8사이클이다.
② 개극시간과 아크시간을 합친 것을 말하며 3~8사이클이다.
③ 아크시간을 말하며 8사이클 이하이다.
④ 개극과 아크시간에 따라 3사이클 이하이다.

해설 차단시간은 트립코일의 여자 순간부터 아크가 접촉자에서 완전 소멸하여 절연을 회복할 때까지의 시간으로 3~8사이클이지만 특고압설비에는 3~5사이클이다.

14 전력용 퓨즈는 주로 어떤 전류의 차단을 목적으로 사용하는가?

① 충전전류
② 과부하전류
③ 단락전류
④ 과도전류

해설 전력퓨즈(Power fuse)는 변압기, 전동기, PT 및 배전선로 등의 보호차단기로 사용되고 동작 원리에 따라 한류형(current limiting fuse)과 방출퓨즈(expulsion)로 구별한다.
전력퓨즈는 차단기와 같이 회로 및 기기의 단락보호용으로 사용한다.

15 같은 선로와 같은 부하에서 교류 단상 3선식은 단상 2선식에 비하여 전압강하와 배전효율은 어떻게 되는가?

① 전압강하는 적고, 배전효율은 높다.
② 전압강하는 크고, 배전효율은 낮다.
③ 전압강하는 적고, 배전효율은 낮다.
④ 전압강하는 크고, 배전효율은 높다.

해설 단상 3선식은 단상 2선식에 비하여 동일 전력일 경우 전류가 $\frac{1}{2}$이므로 전압강하는 적어지고, 1선당 전력은 1.33배이므로 배전효율은 높다.

16 최대수용전력이 3[kW]인 수용가가 3세대, 5[kW]인 수용가가 6세대라고 할 때, 이 수용가군에 전력을 공급할 수 있는 주상 변압기의 최소 용량[kVA]은? (단, 역률은 1, 수용가 간의 부등률은 1.3이다.)

① 25
② 30
③ 35
④ 40

해설 변압기의 용량 $P_t = \dfrac{3 \times 3 + 5 \times 6}{1.3 \times 1} = 30 [\text{kVA}]$

17 3상 배전선로의 말단에 역률 80[%](뒤짐), 160[kW]의 평형 3상 부하가 있다. 부하점에 부하와 병렬로 전력용 콘덴서를 접속하여 선로 손실을 최소로 하기 위해 필요한 콘덴서 용량[kVA]은? (단, 여기서 부하단 전압은 변하지 않는 것으로 한다.)

① 96
② 120
③ 128
④ 200

해설 선로 손실을 최소로 하려면 역률을 1로 개선해야 한다.
∴ $Q_c = P(\tan\theta_1 - \tan\theta_2)$
$= P(\tan\theta - 0) = P\dfrac{\sin\theta}{\cos\theta}$
$= 160 \times \dfrac{0.6}{0.8} = 120 [\text{kVA}]$

정답 12. ① 13. ② 14. ③ 15. ① 16. ② 17. ②

18 수전용 변전설비의 1차측 차단기의 차단용량은 주로 어느 것에 의하여 정해지는가?

① 수전 계약용량
② 부하설비의 단락용량
③ 공급측 전원의 단락용량
④ 수전 전력의 역률과 부하율

해설 차단기의 차단용량은 공급측 전원의 단락용량을 기준으로 정해진다.

19 갈수량이란 어떤 유량을 말하는가?

① 1년 365일 중 95일간은 이보다 낮아지지 않는 유량
② 1년 365일 중 185일간은 이보다 낮아지지 않는 유량
③ 1년 365일 중 275일간은 이보다 낮아지지 않는 유량
④ 1년 365일 중 355일간은 이보다 낮아지지 않는 유량

해설 갈수량
1년 365일 중 355일은 이것보다 내려가지 않는 유량과 수위

20 원자로의 감속재에 대한 설명으로 틀린 것은?

① 감속능력이 클 것
② 원자 질량이 클 것
③ 사용 재료로 경수를 사용
④ 고속 중성자를 열 중성자로 바꾸는 작용

해설 감속재는 고속 중성자를 열 중성자까지 감속시키기 위한 것으로, 중성자 흡수가 적고 탄성 산란에 의해 감속이 크다. 중수, 경수, 베릴륨, 흑연 등이 사용된다.

정답 18. ③ 19. ④ 20. ②

2023년 제3회 CBT 기출복원문제

전기산업기사

01 다음 중 켈빈(Kelvin) 법칙이 적용되는 것은?

① 경제적인 송전전압을 결정하고자 할 때
② 일정한 부하에 대한 계통 손실을 최소화하고자 할 때
③ 경제적 송전선의 전선의 굵기를 결정하고자 할 때
④ 화력발전소군의 총 연료비가 최소가 되도록 각 발전기의 경제 부하 배분을 하고자 할 때

해설 전선 단위길이의 시설비에 대한 1년간 이자와 감가상각비 등을 계산한 값과 단위길이의 1년간 손실 전력량을 요금으로 환산한 금액이 같아질 때 전선의 굵기가 가장 경제적이다.

$$\sigma = \sqrt{\frac{WMP}{\rho N}} = \sqrt{\frac{8.89 \times 55MP}{N}} \, [A/mm^2]$$

여기서, σ : 경제적인 전류밀도[A/mm²]
  W : 전선 중량 8.89×10^{-3} [kg/mm²·m]
  M : 전선 가격[원/kg]
  P : 전선비에 대한 연경비 비율
  ρ : 저항률 $\frac{1}{55}$ [Ω/mm²−m]
  N : 전력량의 가격[원/kW/년]

02 현수애자 4개를 1련으로 한 66[kV] 송전선로가 있다. 현수애자 1개의 절연저항이 1,500[MΩ]이라면 표준 경간을 200[m]로 할 때 1[km]당의 누설 컨덕턴스[℧]는?

① 0.83×10^{-9} ② 0.83×10^{-6}
③ 0.83×10^{-3} ④ 0.83×10

해설 현수애자 1련의 저항
$r = 1,500 \times 10^6 \times 4 = 6 \times 10^9 [\Omega]$
표준 경간이 200[m]이므로 병렬로 5련이 설치되므로

$\therefore G = \frac{1}{R} = \frac{1}{\frac{r}{5}} = \frac{1}{\frac{6}{5} \times 10^9} = \frac{5}{6} \times 10^{-9}$
$= 0.83 \times 10^{-9} [\text{℧}]$

03 송전선로의 코로나 발생 방지대책으로 가장 효과적인 것은?

① 전선의 선간거리를 증가시킨다.
② 선로의 대지 절연을 강화한다.
③ 철탑의 접지저항을 낮게 한다.
④ 전선을 굵게 하거나 복도체를 사용한다.

해설 코로나 발생 방지를 위해서는 코로나 임계전압을 높게 하여야 하기 때문에 전선의 굵기를 크게 하거나 복도체를 사용하여야 한다.

04 중거리 송전선로의 T형 회로에서 송전단 전류 I_S는? (단, Z, Y는 선로의 직렬 임피던스와 병렬 어드미턴스이고, E_R는 수전단 전압, I_R는 수전단 전류이다.)

① $I_R\left(1 + \frac{ZY}{2}\right) + E_R Y$
② $E_R\left(1 + \frac{ZY}{2}\right) + ZI_R\left(1 + \frac{ZY}{4}\right)$
③ $E_R\left(1 + \frac{ZY}{2}\right) + ZI_R$
④ $I_R\left(1 + \frac{ZY}{2}\right) + E_R Y\left(1 + \frac{ZY}{4}\right)$

해설 • T형 회로

$$\begin{bmatrix} A & B \\ C & D \end{bmatrix} = \begin{bmatrix} 1 + \frac{ZY}{2} & Z\left(1 + \frac{ZY}{4}\right) \\ Y & 1 + \frac{ZY}{2} \end{bmatrix}$$

• 송전단 전류
$I_S = CE_R + DI_R = Y \cdot E_R + \left(1 + \frac{ZY}{2}\right)I_R$

정답 01. ③ 02. ① 03. ④ 04. ①

05 장거리 송전선로의 특성을 표현한 회로로 옳은 것은?

① 분산부하회로
② 분포정수회로
③ 집중정수회로
④ 특성 임피던스 회로

해설 장거리 송전선로의 송전 특성은 분포정수회로로 해석한다.

06 전력원선도에서 알 수 없는 것은?

① 전력
② 손실
③ 역률
④ 코로나 손실

해설 사고 시의 과도안정 극한전력, 코로나 손실은 전력원선도에서는 알 수 없다.

07 소호 리액터 접지방식에 대하여 틀린 것은?

① 지락전류가 적다.
② 전자유도장해를 경감할 수 있다.
③ 지락 중에도 송전이 계속 가능하다.
④ 선택지락계전기의 동작이 용이하다.

해설 소호 리액터 접지방식의 특징
유도장해가 적고, 1선 지락 시 계속적인 송전이 가능하고, 고장이 스스로 복구될 수 있으나, 보호장치의 동작이 불확실하고, 단선 고장 시에는 직렬 공진 상태가 되어 이상전압을 발생시킬 수 있으므로 완전공진시키지 않고 소호 리액터에 탭을 설치하여 공진에서 약간 벗어난 상태(과보상)가 된다.

08 154[kV] 3상 1회선 송전선로의 1선의 리액턴스가 10[Ω], 전류가 200[A]일 때 %리액턴스는?

① 1.84
② 2.25
③ 3.17
④ 4.19

해설 $\%Z = \dfrac{ZI_n}{E} \times 100[\%]$ 이므로

$\%X = \dfrac{10 \times 200}{154 \times \dfrac{10^3}{\sqrt{3}}} \times 100 ≒ 2.25[\%]$

09 송전선로의 정상, 역상 및 영상 임피던스를 각각 Z_1, Z_2 및 Z_0라 하면, 다음 어떤 관계가 성립되는가?

① $Z_1 = Z_2 = Z_0$
② $Z_1 = Z_2 > Z_0$
③ $Z_1 > Z_2 = Z_0$
④ $Z_1 = Z_2 < Z_0$

해설 송전선로는 $Z_1 = Z_2$이고, Z_0는 Z_1보다 크다.

10 피뢰기가 그 역할을 잘 하기 위하여 구비되어야 할 조건으로 틀린 것은?

① 속류를 차단할 것
② 내구력이 높을 것
③ 충격방전 개시전압이 낮을 것
④ 제한전압은 피뢰기의 정격전압과 같게 할 것

해설 피뢰기의 구비조건
• 충격방전 개시전압이 낮을 것
• 상용주파 방전개시전압 및 정격전압이 높을 것
• 방전 내량이 크면서 제한전압은 낮을 것
• 속류차단능력이 충분할 것

11 변압기의 보호방식에서 차동계전기는 무엇에 의하여 동작하는가?

① 1, 2차 전류의 차로 동작한다.
② 전압과 전류의 배수차로 동작한다.
③ 정상전류와 역상전류의 차로 동작한다.
④ 정상전류와 영상전류의 차로 동작한다.

해설 사고 전류가 한쪽 회로에 흐르거나 혹은 양회로의 전류 방향이 반대되었을 때 또는 변압기 1, 2차 전류의 차에 의하여 동작하는 계전기이다.

정답 05. ② 06. ④ 07. ④ 08. ② 09. ④ 10. ④ 11. ①

12 차단기의 정격차단시간을 설명한 것으로 옳은 것은?

① 계기용 변성기로부터 고장전류를 감지한 후 계전기가 동작할 때까지의 시간
② 차단기가 트립 지령을 받고 트립장치가 동작하여 전류 차단을 완료할 때까지의 시간
③ 차단기의 개극(발호)부터 이동 행정 종료 시까지의 시간
④ 차단기 가동 접촉자 시동부터 아크 소호가 완료될 때까지의 시간

해설 차단기의 정격차단시간은 트립코일이 여자하여 가동 접촉자가 시동하는 순간(개극시간)부터 아크가 소멸하는 시간(소호시간)으로 약 3~8[Hz] 정도이다.

13 전력퓨즈(Power fuse)의 특성이 아닌 것은?

① 현저한 한류특성이 있다.
② 부하전류를 안전하게 차단한다.
③ 소형이고 경량이다.
④ 릴레이나 변성기가 불필요하다.

해설 전력퓨즈는 단락전류를 차단하는 것을 주목적으로 하며, 부하전류를 차단하는 용도로 사용하지는 않는다.

14 배전선로의 용어 중 틀린 것은?

① 궤전점 : 간선과 분기선의 접속점
② 분기선 : 간선으로 분기되는 변압기에 이르는 선로
③ 간선 : 급전선에 접속되어 부하로 전력을 공급하거나 분기선을 통하여 배전하는 선로
④ 급전선 : 배전용 변전소에서 인출되는 배전 선로에서 최초의 분기점까지의 전선으로 도중에 부하가 접속되어 있지 않은 선로

해설 배전선로에서 간선과 분기선의 접속점을 부하점이라고 한다.

15 선간전압, 배전거리, 선로 손실 및 전력 공급을 같게 할 경우 단상 2선식과 3상 3선식에서 전선 한 가닥의 저항비(단상/3상)는?

① $\frac{1}{\sqrt{2}}$
② $\frac{1}{\sqrt{3}}$
③ $\frac{1}{3}$
④ $\frac{1}{2}$

해설 $\sqrt{3}\,VI_3\cos\theta = VI_1\cos\theta$ 에서 $\sqrt{3}\,I_3 = I_1$
동일한 손실이므로 $3I_3^2 R_3 = 2I_1^2 R_1$
∴ $3I_3^2 R_3 = 2(\sqrt{3}\,I_3)^2 R_1$ 이므로 $R_3 = 2R_1$
즉, $\frac{R_1}{R_3} = \frac{1}{2}$ 이다.

16 각 수용가의 수용설비용량이 50[kW], 100[kW], 80[kW], 60[kW], 150[kW]이며, 각각의 수용률이 0.6, 0.6, 0.5, 0.5, 0.4일 때 부하의 부등률이 1.3이라면 변압기 용량은 약 몇 [kVA]가 필요한가? (단, 평균 부하 역률은 80[%]라고 한다.)

① 142
② 165
③ 183
④ 212

해설 변압기 용량
$$P_T = \frac{50\times0.6+100\times0.6+80\times0.5+60\times0.5+150\times0.4}{1.3\times0.8}$$
$= 212[kVA]$

17 주상 변압기의 고장이 배전선로에 파급되는 것을 방지하고 변압기의 과부하 소손을 예방하기 위하여 사용되는 개폐기는?

① 리클로저
② 부하개폐기
③ 컷 아웃 스위치
④ 섹셔널라이저

해설 컷 아웃 스위치
변압기 1차측에 설치하여 변압기의 단락사고가 전력 계통으로 파급되는 것을 방지한다.

정답 12. ② 13. ② 14. ① 15. ④ 16. ④ 17. ③

18 어떤 발전소의 유효낙차가 100[m]이고, 사용수량이 10[m³/s]일 경우 이 발전소의 이론적인 출력[kW]은?

① 4,900
② 9,800
③ 10,000
④ 14,700

해설 이론 출력
$P_o = 9.8HQ = 9.8 \times 100 \times 10 = 9,800\,[\text{kW}]$

19 반동 수차의 일종으로 주요 부분은 러너, 안내 날개, 스피드링 및 흡출관 등으로 되어 있으며 50~500[m] 정도의 중낙차 발전소에 사용되는 수차는?

① 카플란 수차
② 프란시스 수차
③ 펠턴 수차
④ 튜블러 수차

해설
① 카플란 수차 : 저낙차용(약 50[m] 이하)
② 프란시스 수차 : 중낙차용(약 50~500[m])
③ 펠턴 수차 : 고낙차용(약 500[m] 이상)
④ 튜블러 수차 : 15[m] 이하의 조력발전용

20 원자로는 화력발전소의 어느 부분과 같은가?

① 내열기
② 복수기
③ 보일러
④ 과열기

해설 원자로는 핵반응에서 발생되는 열을 이용하는 곳으로서 화력발전소의 보일러와 같다.

정답 18. ② 19. ② 20. ③

2024년 제1회 CBT 기출복원문제

01 다음은 누구의 법칙인가?

> 전선의 단위길이 내에서 연간에 손실되는 전력량에 대한 전기요금과 단위길이의 전선값에 대한 금리, 감가상각비 등의 연간 경비의 합계가 같게 되는 전선 단면적이 가장 경제적인 전선의 단면적이다.

① 뉴크의 법칙
② 켈빈의 법칙
③ 플레밍의 법칙
④ 스틸의 법칙

해설 경제적인 전선 단면적을 구하는 데에는 켈빈의 법칙(Kelvin's law)이 있다. 즉, 전선의 단위길이 내에서 연간 손실 전력량에 대한 요금과 단위길이의 전선비에 대한 금리(interest) 및 감가상각비가 같게 되는 전선의 굵기가 가장 경제적이라는 법칙이다.

02 송전선에 댐퍼(damper)를 다는 이유는?

① 전선의 진동 방지
② 전선의 이탈 방지
③ 코로나의 방지
④ 현수애자의 경사 방지

해설 진동 방지대책으로 댐퍼(damper), 아머로드를 설치한다.

03 지중 케이블의 사고점 탐색법이 아닌 것은?

① 머레이 루프법(muray loop method)
② 펄스로 하는 방법
③ 탐색 코일로 하는 방법
④ 등면적법

해설 등면적법은 안정도를 계산하는 데 사용하는 방법이다.

04 반지름 r[m]이고 소도체 간격 s인 4복도체 송전선로에서 전선 A, B, C가 수평으로 배열되어 있다. 등가선간거리가 D[m]로 배치되고 완전 연가(전선 위치 바꿈)된 경우 송전선로의 인덕턴스는 몇 [mH/km]인가?

① $0.4605\log_{10}\dfrac{D}{\sqrt{rs^2}}+0.0125$

② $0.4605\log_{10}\dfrac{D}{\sqrt[2]{rs}}+0.025$

③ $0.4605\log_{10}\dfrac{D}{\sqrt[3]{rs^2}}+0.0167$

④ $0.4605\log_{10}\dfrac{D}{\sqrt[4]{rs^3}}+0.0125$

해설
- 4도체의 등가 반지름
$$r' = \sqrt[n]{rs^{n-1}} = \sqrt[4]{rs^{4-1}} = \sqrt[4]{rs^3}$$
- 인덕턴스
$$L = \dfrac{0.05}{n} + 0.4605\log_{10}\dfrac{D}{r'}$$
$$= \dfrac{0.05}{4} + 0.4605\log_{10}\dfrac{D}{\sqrt[4]{rs^3}}$$
$$= 0.0125 + 0.4605\log_{10}\dfrac{D}{\sqrt[4]{rs^3}}\;[\text{mH/km}]$$

05 송·배전 계통에 발생하는 이상전압의 내부적 원인이 아닌 것은?

① 선로의 개폐
② 직격뢰
③ 아크 접지
④ 선로의 이상상태

해설 이상전압 발생 원인
- 내부적 원인 : 개폐 서지, 아크 지락, 연가 불충분 등
- 외부적 원인 : 뇌(직격뢰 및 유도뢰)

정답 01. ② 02. ① 03. ④ 04. ④ 05. ②

06
공통 중성선 다중접지 3상 4선식 배전선로에서 고압측(1차측) 중성선과 저압측(2차측) 중성선을 전기적으로 연결하는 목적은?

① 저압측의 단락사고를 검출하기 위함
② 저압측의 접지사고를 검출하기 위함
③ 주상 변압기의 중성선측 부싱(bushing)을 생략하기 위함
④ 고·저압 혼촉 시 수용가에 침입하는 상승 전압을 억제하기 위함

해설 3상 4선식 중성선 다중접지식 선로에서 1차(고압)측 중성선과 2차(저압)측 중성선을 전기적으로 연결하는 이유는 저·고압 혼촉사고가 발생할 경우 저압 수용가에 침입하는 상승 전압을 억제하기 위함이다.

07
송전선의 특성 임피던스와 전파정수는 어떤 시험으로 구할 수 있는가?

① 뇌파시험
② 정격 부하시험
③ 절연강도 측정시험
④ 무부하 시험과 단락시험

해설 특성 임피던스 $Z_0 = \sqrt{\dfrac{Z}{Y}}$ [Ω]

전파정수 $\dot{\gamma} = \sqrt{ZY}$ [rad]

단락 임피던스와 개방 어드미턴스가 필요하므로 단락시험과 무부하 시험을 한다.

08
150[kVA] 단상 변압기 3대를 △-△ 결선으로 사용하다가 1대의 고장으로 V-V 결선하여 사용하면 약 몇 [kVA] 부하까지 걸 수 있겠는가?

① 200
② 220
③ 240
④ 260

해설 $P_V = \sqrt{3}\,P_1 = \sqrt{3} \times 150 = 260$[kVA]

09
유효낙차 75[m], 최대사용수량 200[m³/s], 수차 및 발전기의 합성 효율이 70[%]인 수력발전소의 최대 출력은 약 몇 [MW]인가?

① 102.9
② 157.3
③ 167.5
④ 177.8

해설 출력
$P = 9.8HQ\eta$
$= 9.8 \times 75 \times 200 \times 0.7 \times 10^{-3}$
$= 102.9$[MW]

10
전력선에 의한 통신선로의 전자유도장해의 발생 요인은 주로 무엇 때문인가?

① 영상전류가 흘러서
② 부하전류가 크므로
③ 상호정전용량이 크므로
④ 전력선의 교차가 불충분하여

해설 전자유도전압
$E_m = j\omega Ml(I_a + I_b + I_c) = j\omega Ml \times 3I_0$
여기서, $3I_0$: 3×영상전류=지락전류=기유도전류

11
A, B 및 C상 전류를 각각 I_a, I_b 및 I_c라 할 때, $I_x = \dfrac{1}{3}(I_a + a^2 I_b + aI_c)$, $a = -\dfrac{1}{2} + j\dfrac{\sqrt{3}}{2}$으로 표시되는 I_x는 어떤 전류인가?

① 정상전류
② 역상전류
③ 영상전류
④ 역상전류와 영상전류의 합계

해설 역상전류 $I_2 = \dfrac{1}{3}(I_a + a^2 I_b + aI_c)$
$= \dfrac{1}{3}(I_a + I_b \underline{/-120°} + I_c \underline{/-240°})$

정답 06. ④ 07. ④ 08. ④ 09. ① 10. ① 11. ②

12 연가(전선 위치 바꿈)의 효과로 볼 수 없는 것은?

① 선로정수의 평형
② 대지정전용량의 감소
③ 통신선의 유도장해의 감소
④ 직렬 공진의 방지

해설 연가(전선 위치 바꿈)는 전선로 각 상의 선로정수를 평형이 되도록 선로 전체의 길이를 3의 배수 등분하여 각 상의 전선 위치를 바꾸어 주는 것으로 통신선에 대한 유도장해 방지 및 직렬 공진에 의한 이상전압 발생을 방지한다.

13 가공지선에 대한 다음 설명 중 옳은 것은?

① 차폐각은 보통 15~30° 정도로 하고 있다.
② 차폐각이 클수록 벼락에 대한 차폐효과가 크다.
③ 가공지선을 2선으로 하면 차폐각이 작아진다.
④ 가공지선으로는 연동선을 주로 사용한다.

해설 가공지선의 차폐각은 30~45° 정도이고, 차폐각은 작을수록 보호효율이 크며, 사용 전선은 주로 ACSR을 사용한다.

14 고장 즉시 동작하는 특성을 갖는 계전기는?

① 순한시 계전기
② 정한시 계전기
③ 반한시 계전기
④ 반한시성 정한시 계전기

해설 순한시 계전기(instantaneous time-limit relay) 정정값 이상의 전류는 크기에 관계없이 바로 동작하는 고속도 계전기이다.
- **정한시 계전기** : 정정값 이상의 전류가 흐르면 정해진 일정 시간 후에 동작하는 계전기
- **반한시 계전기** : 정정값 이상의 전류가 흐를 때 전류값이 크면 동작시간이 짧아지고, 전류값이 작으면 동작시간이 길어지는 계전기

15 그림과 같은 배전선이 있다. 부하에 급전 및 정전할 때 조작방법으로 옳은 것은?

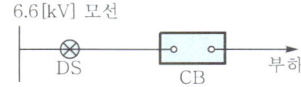

① 급전 및 정전할 때는 항상 DS, CB 순으로 한다.
② 급전 및 정전할 때는 항상 CB, DS 순으로 한다.
③ 급전 시는 DS, CB 순이고, 정전 시는 CB, DS 순이다.
④ 급전 시는 CB, DS 순이고, 정전 시는 DS, CB 순이다.

해설 단로기(DS)는 통전 중의 전로를 개폐할 수 없으므로 차단기(CB)가 열려 있을 때만 조작할 수 있다. 그러므로 급전 시에는 DS, CB 순으로 하고, 차단 시에는 CB, DS 순으로 하여야 한다.

16 고압 배전선로 구성방식 중 고장 시 자동적으로 고장 개소의 분리 및 건전선로에 폐로하여 전력을 공급하는 개폐기를 가지며, 수요분포에 따라 임의의 분기선으로부터 전력을 공급하는 방식은?

① 환상식
② 망상식
③ 뱅킹식
④ 가지식(수지식)

해설 환상식(loop system)
배전 간선을 환상(loop)선으로 구성하고, 분기선을 연결하는 방식으로 한쪽의 공급선에 이상이 생기더라도, 다른 한쪽에 의해 공급이 가능하고 손실과 전압강하가 적고, 수요분포에 따라 임의의 분기선을 내어 전력을 공급하는 방식으로 부하가 밀집된 도시에서 적합하다.

정답 12. ② 13. ③ 14. ① 15. ③ 16. ①

17 3상 3선식 송전선이 있다. 1선당의 저항은 8[Ω], 리액턴스는 12[Ω]이며, 수전단의 전력이 1,000[kW], 전압이 10[kV], 역률이 0.8일 때, 이 송전선의 전압강하율[%]은?

① 14　　② 15
③ 17　　④ 19

해설 부하전력 $P = \sqrt{3}\,VI\cos\theta$ 에서

$$I = \frac{P}{\sqrt{3}\,V\cos\theta} = \frac{10^6}{\sqrt{3}\times 10^4 \times 0.8} = 72.17[A]$$

전압강하율 $\varepsilon = \dfrac{\sqrt{3}\,I(R\cos\theta + X\sin\theta)}{V_R} \times 100$

$$= \frac{\sqrt{3}\times 72.17 \times (8\times 0.8 + 12\times 0.6)}{10\times 10^3} \times 100$$

$$= 17[\%]$$

18 선로에 따라 균일하게 부하가 분포된 선로의 전력손실은 이들 부하가 선로의 말단에 집중적으로 접속되어 있을 때보다 어떻게 되는가?

① 2배로 된다.　　② 3배로 된다.
③ $\dfrac{1}{2}$로 된다.　　④ $\dfrac{1}{3}$로 된다.

해설

구 분	말단에 집중부하	균등부하분포
전압강하	IR	$\dfrac{1}{2}IR$
전력손실	I^2R	$\dfrac{1}{3}I^2R$

19 1상의 대지정전용량 0.53[μF], 주파수 60[Hz]인 3상 송전선의 소호 리액터의 공진 탭[Ω]은 얼마인가? (단, 소호 리액터를 접속시키는 변압기의 1상당의 리액턴스는 9[Ω]이다.)

① 1,665　　② 1,668
③ 1,671　　④ 1,674

해설 소호 리액터

$$\omega L = \frac{1}{3\omega C} - \frac{X_t}{3}$$

$$= \frac{1}{3\times 2\pi \times 60 \times 0.53 \times 10^{-6}} - \frac{9}{3}$$

$$= 1,665.2[\Omega]$$

20 화력발전소에서 가장 큰 손실은?

① 소내용 동력
② 송풍기 손실
③ 복수기에서의 손실
④ 연돌 배출가스 손실

해설 화력발전소의 가장 큰 손실은 복수기의 냉각 손실로 전열량의 약 50[%] 정도가 소비된다.

정답 17. ③　18. ④　19. ①　20. ③

2024년 제1회 CBT 기출복원문제

전기산업기사

01 가공전선로에 사용하는 전선의 구비조건으로 옳지 않은 것은?

① 비중(밀도)이 클 것
② 도전율이 높을 것
③ 기계적인 강도가 클 것
④ 내구성이 있을 것

해설 비중이 적을 것, 즉 전선은 가벼울수록 좋다.

02 수전단 전압 3.3[kV], 역률 0.85[lag]인 부하 300[kW]에 공급하는 선로가 있다. 이때 송전단 전압은 약 몇 [V]인가?

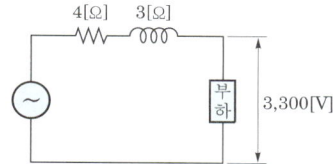

① 약 3,420
② 약 3,560
③ 약 3,680
④ 약 3,830

해설 부하전력 $P = VI\cos\theta$ 에서

$I = \dfrac{P}{V\cos\theta} = \dfrac{3 \times 10^5}{3,300 \times 0.85} = 107[\text{A}]$

송전단 전압 $V_s = V_R + I(R\cos\theta + X\sin\theta)$
$= 3,300 + 107(4 \times 0.85 + 3 \times \sqrt{1-0.85^2})$
$= 3,832.9 ≒ 3,830[\text{V}]$

03 복도체 선로가 있다. 소도체의 지름이 8[mm], 소도체 사이의 간격이 40[cm]일 때, 등가 반지름[cm]은?

① 2.8
② 3.6
③ 4.0
④ 5.7

해설 복도체의 등가 반지름 $r_e = \sqrt[n]{r \cdot s^{n-1}}$ 이므로 복도체인 경우 $r_e = \sqrt{r \cdot s}$

∴ 등가 반지름 $r_e = \sqrt{\dfrac{8}{2} \times 10^{-1} \times 40} = 4[\text{cm}]$

04 경간(지지물 간 거리) 200[m]의 가공전선로가 있다. 전선 1[m]당의 하중은 2.0[kg], 풍압하중은 없는 것으로 하면 인장하중 4,000[kg]의 전선을 사용할 때 이도(처짐 정도) 및 전선의 실제 길이는 각각 몇 [m]인가? (단, 안전율은 2.0으로 한다.)

① 이도(처짐 정도) : 5, 길이 : 200.33
② 이도(처짐 정도) : 5.5, 길이 : 200.3
③ 이도(처짐 정도) : 7.5, 길이 : 222.3
④ 이도(처짐 정도) : 10, 길이 : 201.33

해설
- 이도(처짐 정도) $D = \dfrac{WS^2}{8T} = \dfrac{2 \times 200^2}{8 \times \dfrac{4,000}{2}} = 5[\text{m}]$

- 전선의 실제 길이 $L = S + \dfrac{8D^2}{3S}$
$= 200 + \dfrac{8 \times 5^2}{3 \times 200}$
$= 200.33[\text{m}]$

05 일반 회로정수가 A, B, C, D이고 송전단 상전압이 E_S인 경우 무부하 시의 충전전류(송전단 전류)는?

① $\dfrac{C}{A}E_S$
② $\dfrac{A}{C}E_S$
③ ACE_S
④ CE_S

해설 무부하인 경우는 수전단이 개방상태이므로 수전단 전류 $I_R = 0$이다.

충전전류(무부하 전류) : $I_{SO} = \dfrac{C}{A}E_S$

정답 01. ① 02. ④ 03. ③ 04. ① 05. ①

06 가공지선을 설치하는 목적은?

① 코로나의 발생 방지
② 철탑의 강도 보강
③ 뇌해 방지
④ 전선의 진동 방지

해설 송전선로를 직격 뇌격으로부터 보호하기 위해 철탑 등 지지물 상부를 상호 연결한 전선을 가공지선이라 한다.
가공지선을 설치하는 주목적은 낙뢰로부터 전선로를 보호하기 위한 것이다.

07 송전 계통의 접지에 대하여 기술하였다. 다음 중 옳은 것은?

① 소호 리액터 접지방식은 선로의 정전용량과 직렬 공진을 이용한 것으로 지락전류가 타 방식에 비해 좀 큰 편이다.
② 고저항접지방식은 이중 고장을 발생시킬 확률이 거의 없으며 비접지방식보다는 많은 편이다.
③ 직접접지방식을 채용하는 경우 이상전압이 낮기 때문에 변압기 선정 시 단절연이 가능하다.
④ 비접지방식을 택하는 경우 지락전류 차단이 용이하고 장거리 송전을 할 경우 이중 고장의 발생을 예방하기 좋다.

해설 ① 소호 리액터 접지방식은 선로의 정전용량과 병렬 공진을 이용한다.
③ 직접접지방식은 접지 저항이 작아 사고전류가 크게 되며 선택 차단이 확실하다.
④ 비접지방식은 저압 단거리 송전선로를 사용하고 장거리이면 이중 고장을 일으킨다.
직접접지방식은 중성점 전위가 낮아 변압기 단절연에 유리하다. 그러나 사고 시 큰 전류에 의한 통신선에 대한 유도장해가 발생한다.

08 3상 송전선로의 각 상의 대지정전용량을 C_a, C_b 및 C_c라 할 때, 중성점 비접지 시의 중성점과 대지 간의 전압은? (단, E는 상전압이다.)

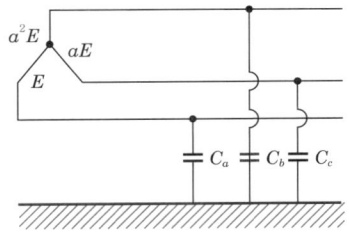

① $(C_a + C_b + C_c)E$

② $\dfrac{\sqrt{C_aC_b + C_bC_c + C_cC_a}}{C_a + C_b + C_c}E$

③ $\dfrac{\sqrt{C_a(C_a - C_b) + C_b(C_b - C_c) + C_c(C_c - C_a)}}{C_a + C_b + C_c}E$

④ $\dfrac{\sqrt{C_a(C_b - C_c) + C_b(C_c - C_a) + C_c(C_a - C_b)}}{C_a + C_b + C_c}E$

해설 3상 대칭 송전선에서는 정상운전 상태에서 중성점의 전위가 항상 0이어야 하지만 실제에 있어서는 선로 각 선의 대지정전용량이 차이가 있으므로 중성점에는 전위가 나타나게 되며 이것을 중성점 잔류전압이라고 한다.

$$E_n = \dfrac{\sqrt{C_a(C_a - C_b) + C_b(C_b - C_c) + C_c(C_c - C_a)}}{C_a + C_b + C_c} \cdot E[V]$$

09 그림과 같은 3상 3선식 전선로의 단락점에 있어서 3상 단락전류는 약 몇 [A]인가? (단, 66[kV]에 대한 %리액턴스는 10[%]이고, 저항분은 무시한다.)

① 1,750[A] ② 2,000[A]
③ 2,500[A] ④ 3,030[A]

해설 단락전류 $I_s = \dfrac{100}{\%Z} \cdot I_n = \dfrac{100}{10} \times \dfrac{20,000}{\sqrt{3} \times 66}$
$\fallingdotseq 1,750[A]$

정답 06. ③ 07. ③ 08. ③ 09. ①

10 역률 0.8(지상)의 5,000[kW]의 부하에 전력용 콘덴서를 병렬로 접속하여 합성 역률을 0.9로 개선하고자 할 경우 소요되는 콘덴서의 용량[kVA]으로 적당한 것은 어느 것인가?

① 820　　② 1,080
③ 1,350　　④ 2,160

해설
$$Q_C = 5,000 \left(\frac{\sqrt{1-0.8^2}}{0.8} - \frac{\sqrt{1-0.9^2}}{0.9} \right)$$
$$= 1,350 [\text{kVA}]$$

11 보호계전기의 기본 기능이 아닌 것은?

① 확실성　　② 선택성
③ 유동성　　④ 신속성

해설 보호계전기의 구비조건
- 고장상태 및 개소를 식별하고 정확히 선택할 수 있을 것
- 동작이 신속하고 오동작이 없을 것
- 열적, 기계적 강도가 있을 것
- 적절한 후비보호능력이 있을 것

12 과전류 계전기의 탭(tap) 값을 표시하는 것 중 옳게 설명한 것은 어느 것인가?

① 계전기의 최소동작전류
② 계전기의 최대부하전류
③ 계전기의 동작시한
④ 변류기의 권수비

해설 OCR의 탭이 일정치 이상의 전류가 흐를 때 동작하는 과전류 계전기는 최소동작전류로 표시한다.

13 SF₆ 가스차단기에 대한 설명으로 옳지 않은 것은?

① 공기에 비하여 소호능력이 약 100배 정도 된다.
② 절연거리를 적게 할 수 있어 차단기 전체를 소형, 경량화 할 수 있다.
③ SF₆ 가스를 이용한 것으로서 독성이 있으므로 취급에 유의하여야 한다.
④ SF₆ 가스 자체는 불활성 기체이다.

해설 SF₆ 가스는 유독가스가 발생하지 않는다.

14 터빈 발전기의 냉각방식에 있어서 수소냉각방식을 채택하는 이유가 아닌 것은?

① 코로나에 의한 손실이 적다.
② 수소 압력의 변화로 출력을 변화시킬 수 있다.
③ 수소의 열전도율이 커서 발전기 내 온도 상승이 저하한다.
④ 수소 부족 시 공기와 혼합 사용이 가능하므로 경제적이다.

해설 수소는 공기와 결합하면 폭발할 우려가 있으므로 공기와 혼합되지 않도록 기밀구조를 유지하여야 한다.

15 공통 중성선 다중접지 3상 4선식 배전선로에서 고압측(1차측) 중성선과 저압측(2차측) 중성선을 전기적으로 연결하는 목적은?

① 저압측의 단락사고를 검출하기 위함
② 저압측의 접지사고를 검출하기 위함
③ 주상 변압기의 중성선측 부싱(bushing)을 생략하기 위함
④ 고·저압 혼촉 시 수용가에 침입하는 상승 전압을 억제하기 위함

해설 3상 4선식 중성선 다중접지식 선로에서 1차(고압)측 중성선과 2차(저압)측 중성선을 전기적으로 연결하는 이유는 저·고압 혼촉사고가 발생할 경우 저압 수용가에 침입하는 상승 전압을 억제하기 위함이다.

정답 10. ③　11. ③　12. ①　13. ③　14. ④　15. ④

16 수차의 특유 속도 N_s를 나타내는 계산식으로 옳은 것은? (단, H : 유효낙차[m], P : 수차의 출력[kW], N : 수차의 정격 회전수[rpm]라 한다.)

① $N_s = \dfrac{NP^{\frac{1}{2}}}{H^{\frac{5}{4}}}$ ② $N_s = \dfrac{H^{\frac{5}{4}}}{NP}$

③ $N_s = \dfrac{HP^{\frac{1}{4}}}{N^{\frac{5}{4}}}$ ④ $N_s = \dfrac{NP^2}{H^{\frac{5}{4}}}$

해설 수차의 특유 속도는 러너와 유수의 상대 속도로 다음과 같다.

$N_s = N \cdot \dfrac{P^{\frac{1}{2}}}{H^{\frac{5}{4}}}$

17 어떤 콘덴서 3개를 선간전압 3,300[V], 주파수 60[Hz]의 선로에 △로 접속하여 60[kVA]가 되도록 하려면 콘덴서 1개의 정전 용량[μF]은 얼마로 하여야 하는가?

① 5 ② 50
③ 0.5 ④ 500

해설 △ 결선일 때 충전용량 $Q = 3\omega CV^2$

$\therefore C = \dfrac{60 \times 10^3}{3 \times 2\pi \times 60 \times 3,300^2} \times 10^6$

$= 4.87 ≒ 5[\mu F]$

18 주상 변압기의 2차측 접지는 어느 것에 대한 보호를 목적으로 하는가?

① 1차측의 단락
② 2차측의 단락
③ 2차측의 전압강하
④ 1차측과 2차측의 혼촉

해설 주상 변압기 2차측에는 혼촉에 의한 위험을 방지하기 위하여 접지공사를 시행하여야 한다.

19 배전선에서 균등하게 분포된 부하일 경우 배전선 말단의 전압강하는 모든 부하가 배전선의 어느 지점에 집중되어 있을 때의 전압강하와 같은가?

① $\dfrac{1}{2}$ ② $\dfrac{1}{3}$

③ $\dfrac{2}{3}$ ④ $\dfrac{1}{5}$

해설 전압강하 분포

부하 형태	말단에 집중	균등분포
전류분포		
전압강하	1	$\dfrac{1}{2}$

20 고압 배전선로 구성방식 중 고장 시 자동적으로 고장 개소의 분리 및 건전선로에 폐로하여 전력을 공급하는 개폐기를 가지며, 수요분포에 따라 임의의 분기선으로부터 전력을 공급하는 방식은?

① 환상식 ② 망상식
③ 뱅킹식 ④ 가지식(수지식)

해설 환상식(loop system)
배전 간선을 환상(loop)선으로 구성하고, 분기선을 연결하는 방식으로 한쪽의 공급선에 이상이 생기더라도, 다른 한쪽에 의해 공급이 가능하고 손실과 전압강하가 적고, 수요분포에 따라 임의의 분기선을 내어 전력을 공급하는 방식으로 부하가 밀집된 도시에서 적합하다.

정답 16. ① 17. ① 18. ④ 19. ① 20. ①

2024년 제2회 CBT 기출복원문제

전기기사

01 옥내 배선의 전선 굵기를 결정할 때 고려해야 할 사항으로 틀린 것은?

① 허용전류 ② 전압강하
③ 배선방식 ④ 기계적 강도

해설 전선 굵기 결정 시 고려사항은 허용전류, 전압강하, 기계적 강도이다.

02 코로나 현상에 대한 설명이 아닌 것은?

① 전선을 부식시킨다.
② 코로나 현상은 전력의 손실을 일으킨다.
③ 코로나 방전에 의하여 전파 장해가 일어난다.
④ 코로나 손실은 전원 주파수의 $\left(\dfrac{2}{3}\right)^2$에 비례한다.

해설 코로나 손실
$P_l = \dfrac{241}{\delta}(f+25)\sqrt{\dfrac{d}{2D}}(E-E_0)^2 \times 10^{-5}$
[kW/km/선]
코로나 손실은 전원 주파수에 비례한다.

03 그림과 같은 회로의 일반 회로정수로서 옳지 않은 것은?

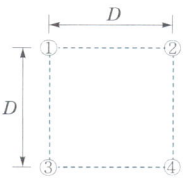

① $\dot{A} = 1$ ② $\dot{B} = Z+1$
③ $\dot{C} = 0$ ④ $\dot{D} = 1$

해설 직렬 임피던스 회로의 4단자 정수
$\begin{bmatrix} A & B \\ C & D \end{bmatrix} = \begin{bmatrix} 1 & Z \\ 0 & 1 \end{bmatrix}$

04 그림과 같이 송전선이 4도체인 경우 소선 상호 간의 등가 평균거리는?

① $\sqrt[3]{2}\,D$ ② $\sqrt[4]{2}\,D$
③ $\sqrt[6]{2}\,D$ ④ $\sqrt[8]{2}\,D$

해설 등가 평균거리 $D_o = \sqrt[n]{D_1 \cdot D_2 \cdot D_3 \cdots D_n}$
대각선의 길이는 $\sqrt{2}\,D$이므로
$D_o = \sqrt[6]{D_{12} \cdot D_{24} \cdot D_{34} \cdot D_{13} \cdot D_{23} \cdot D_{14}}$
$= \sqrt[6]{D \cdot D \cdot D \cdot D \cdot \sqrt{2}\,D \cdot \sqrt{2}\,D}$
$= D \cdot \sqrt[6]{2}$

05 송전선로에 사용되는 애자의 특성이 나빠지는 원인으로 볼 수 없는 것은?

① 애자 각 부분의 열팽창 상이
② 전선 상호 간의 유도장해
③ 누설전류에 의한 편열
④ 시멘트의 화학 팽창 및 동결 팽창

해설 애자의 열화 원인
- 제조상의 결함
- 애자 각 부분의 열팽창 및 온도 상이
- 시멘트의 화학 팽창 및 동결 팽창
- 전기적인 스트레스
- 누설전류에 의한 편열
- 코로나

정답 01.③ 02.④ 03.② 04.③ 05.②

06 전선에서 전류의 밀도가 도선의 중심으로 들어갈수록 작아지는 현상은?

① 페란티 효과
② 접지효과
③ 표피효과
④ 근접효과

해설 표피효과란 전류의 밀도가 도선 중심으로 들어갈수록 줄어드는 현상으로, 전선이 굵을수록, 주파수가 높을수록 커진다.

07 송수 양단의 전압을 E_S, E_R라 하고 4단자 정수를 A, B, C, D라 할 때 전력원선도의 반지름은?

① $\dfrac{E_S E_R}{A}$
② $\dfrac{E_S E_R}{B}$
③ $\dfrac{E_S E_R}{C}$
④ $\dfrac{E_S E_R}{D}$

해설 전력원선도의 가로축에는 유효전력, 세로축에는 무효전력을 나타내고, 그 반지름은 다음과 같다.
$r = \dfrac{E_S E_R}{B}$

08 송전선의 안정도를 증진시키는 방법으로 맞는 것은?

① 발전기의 단락비를 작게 한다.
② 선로의 회선수를 감소시킨다.
③ 전압 변동을 작게 한다.
④ 리액턴스가 큰 변압기를 사용한다.

해설 안정도 증진방법으로는 발전기의 단락비를 크게 하여야 하고, 선로 회선수는 다회선 방식을 채용하거나 복도체 방식을 사용하고, 선로의 리액턴스를 작게 하여야 한다.

09 중성점 직접접지방식에 대한 설명으로 틀린 것은?

① 계통의 과도 안정도가 나쁘다.
② 변압기의 단절연(段絶緣)이 가능하다.
③ 1선 지락 시 건전상의 전압은 거의 상승하지 않는다.
④ 1선 지락전류가 적어 차단기의 차단 능력이 감소된다.

해설 중성점 직접접지방식은 1상 지락사고일 경우 지락전류가 대단히 크기 때문에 보호계전기의 동작이 확실하고, 계통에 주는 충격이 커서 과도 안정도가 나쁘다. 또한 중성점의 전위는 대지전위이므로 저감 절연 및 변압기 단절연이 가능하다.

10 배전선로의 손실을 경감하기 위한 대책으로 적절하지 않은 것은?

① 누전차단기 설치
② 배전전압의 승압
③ 전력용 콘덴서 설치
④ 전류밀도의 감소와 평형

해설 **전력손실 감소대책**
- 가능한 높은 전압 사용
- 굵은 전선 사용으로 전류밀도 감소
- 높은 도전율을 가진 전선 사용
- 송전거리 단축
- 전력용 콘덴서 설치
- 노후설비 신속 교체

11 송전선로의 고장전류 계산에 영상 임피던스가 필요한 경우는?

① 1선 지락
② 3상 단락
③ 3선 단선
④ 선간단락

정답 06. ③ 07. ② 08. ③ 09. ④ 10. ① 11. ①

해설 각 사고별 대칭좌표법 해석

1선 지락	정상분	역상분	영상분
선간단락	정상분	역상분	×
3상 단락	정상분	×	×

그러므로 영상 임피던스가 필요한 경우는 1선 지락이다.

12 전력 계통에서 내부 이상전압의 크기가 가장 큰 경우는?

① 유도성 소전류 차단 시
② 수차 발전기의 부하 차단 시
③ 무부하 선로 충전전류 차단 시
④ 송전선로의 부하 차단기 투입 시

해설 전력 계통에서 가장 큰 내부 이상전압은 개폐 서지로 무부하일 때 선로의 충전전류를 차단할 때이다.

13 피뢰기를 가장 적절하게 설명한 것은?

① 동요 전압의 파두, 파미의 파형의 준도를 저감하는 것
② 이상전압이 내습하였을 때 방전하고 기류를 차단하는 것
③ 뇌동요 전압의 파고를 저감하는 것
④ 1선이 지락할 때 아크를 소멸시키는 것

해설 충격파 전압의 파고치를 저감시키고 속류를 차단한다.

14 단상 2선식의 교류 배전선이 있다. 전선 한 줄의 저항은 0.15[Ω], 리액턴스는 0.25[Ω]이다. 부하는 무유도성으로 100[V], 3[kW]일 때 급전점의 전압은 약 몇 [V]인가?

① 100
② 110
③ 120
④ 130

해설 급전점 전압 $V_s = V_r + I(R\cos\theta_r + X\sin\theta_r)$
$= 100 + \dfrac{3,000}{100} \times 0.15 \times 2$
$= 109 ≒ 110[\text{V}]$

15 배전 계통에서 사용하는 고압용 차단기의 종류가 아닌 것은?

① 기중차단기(ACB)
② 공기차단기(ABB)
③ 진공차단기(VCB)
④ 유입차단기(OCB)

해설 기중차단기(ACB)는 대기압에서 소호하고, 교류 저압 차단기이다.

16 선택지락계전기의 용도를 옳게 설명한 것은?

① 단일 회선에서 지락 고장 회선의 선택 차단
② 단일 회선에서 지락전류의 방향 선택 차단
③ 병행 2회선에서 지락 고장 회선의 선택 차단
④ 병행 2회선에서 지락 고장의 지속시간 선택 차단

해설 병행 2회선 송전선로의 지락사고 차단에 사용하는 계전기는 고장난 회선을 선택하는 선택지락계전기를 사용한다.

17 망상(network) 배전방식에 대한 설명으로 옳은 것은?

① 전압 변동이 대체로 크다.
② 부하 증가에 대한 융통성이 적다.
③ 방사상 방식보다 무정전 공급의 신뢰도가 더 높다.
④ 인축에 대한 감전사고가 적어서 농촌에 적합하다.

해설 망상식(network system) 배전방식은 무정전 공급이 가능하며 전압 변동이 적고 손실이 감소되며, 부하 증가에 대한 적응성이 좋으나, 건설비가 비싸고, 인축에 대한 사고가 증가하고, 보호장치인 네트워크 변압기와 네트워크 변압기의 2차측에 설치하는 계전기와 기중차단기로 구성되는 역류개폐장치(network protector)가 필요하다.

정답 12. ③ 13. ② 14. ② 15. ① 16. ③ 17. ③

18 %임피던스와 관련된 설명으로 틀린 것은?

① 정격전류가 증가하면 %임피던스는 감소한다.
② 직렬 리액터가 감소하면 %임피던스도 감소한다.
③ 전기 기계의 %임피던스가 크면 차단기의 용량은 작아진다.
④ 송전 계통에서는 임피던스의 크기를 [Ω]값 대신에 [%]값으로 나타내는 경우가 많다.

해설 %임피던스는 정격전류 및 정격용량에는 비례하고, 차단전류 및 차단용량에는 반비례하므로 정격전류가 증가하면 %임피던스는 증가한다.

19 그림과 같은 유황 곡선을 가진 수력 지점에서 최대 사용수량 OC로 1년간 계속 발전하는 데 필요한 저수지의 용량은?

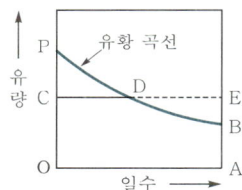

① 면적 OCPBA
② 면적 OCDBA
③ 면적 DEB
④ 면적 PCD

해설 그림에서 유황 곡선이 PDB이고 1년간 OC의 유량으로 발전하면, D점 이후의 일수는 유량이 DEB에 해당하는 만큼 부족하므로 저수지를 이용하여 필요한 유량을 확보하여야 한다.

20 다음 (㉠), (㉡), (㉢)에 들어갈 내용으로 옳은 것은?

> 원자력이란 일반적으로 무거운 원자핵이 핵분열하여 가벼운 핵으로 바뀌면서 발생하는 핵분열에너지를 이용하는 것이고, (㉠) 발전은 가벼운 원자핵을(과) (㉡)하여 무거운 핵으로 바꾸면서 (㉢) 전·후의 질량 결손에 해당하는 방출에너지를 이용하는 방식이다.

① ㉠ 원자핵 융합, ㉡ 융합, ㉢ 결합
② ㉠ 핵결합, ㉡ 반응, ㉢ 융합
③ ㉠ 핵융합, ㉡ 융합, ㉢ 핵반응
④ ㉠ 핵반응, ㉡ 반응, ㉢ 결합

해설 핵융합 발전은 가벼운 원자핵을 융합하여 무거운 핵으로 바꾸면서 핵반응 전·후의 질량 결손에 해당하는 방출에너지를 이용한다.

정답 18. ① 19. ③ 20. ③

2024년 전기산업기사 제2회 CBT 기출복원문제

01 가공전선로에서 전선의 단위길이당 중량과 경간이 일정할 때 이도(처짐 정도)는 어떻게 되는가?

① 전선의 장력에 비례한다.
② 전선의 장력에 반비례한다.
③ 전선의 장력의 제곱에 비례한다.
④ 전선의 장력의 제곱에 반비례한다.

해설 이도(처짐 정도) $D = \dfrac{WS^2}{8T}$ [m]이므로 하중과 경간의 제곱에 비례하고, 전선의 장력에는 반비례한다.

02 가공전선로의 진동을 방지하기 위한 방법으로 옳지 않은 것은?

① 토셔널 댐퍼(torsional damper)의 설치
② 스프링 피스톤 댐퍼와 같은 진동 제지권을 설치
③ 경동선을 ACSR로 교환
④ 클램프나 전선 접촉기 등을 가벼운 것으로 바꾸고, 클램프 부근에 적당한 전선을 첨가

해설 전선의 진동은 전선이 가볍고, 선로가 긴 경우 심해지므로 진동 방지를 위해 ACSR를 경동선으로 교환한다.

03 주파수 60[Hz], 정전용량 $\dfrac{1}{6\pi}$[μF]의 콘덴서를 △결선해서 3상 전압 20,000[V]를 가했을 때의 충전용량은 몇 [kVA]인가?

① 12 ② 24
③ 48 ④ 50

해설 충전용량
$Q_c = 3\omega CV^2$
$= 3 \times 2\pi \times 60 \times \dfrac{1}{6\pi} \times 10^{-6} \times 20{,}000^2 \times 10^{-3}$
$= 24 [\text{kVA}]$

04 송전선로에서 4단자 정수 A, B, C, D 사이의 관계는?

① $BC - AD = 1$ ② $AC - BD = 1$
③ $AB - CD = 1$ ④ $AD - BC = 1$

해설 4단자 정수의 성질
$\begin{vmatrix} A & B \\ C & D \end{vmatrix} = AD - BC = 1$

05 수전단을 단락한 경우 송전단에서 본 임피던스는 300[Ω]이고, 수전단을 개방한 경우에는 1,200[Ω]일 때 이 선로의 특성 임피던스는 몇 [Ω]인가?

① 300 ② 500
③ 600 ④ 800

해설 $Z_0 = \sqrt{Z_{ss} \cdot Z_{so}} = \sqrt{300 \times 1{,}200} = 600[\Omega]$

06 다음 중 그 값이 항상 1 이상인 것은?

① 부등률 ② 부하율
③ 수용률 ④ 전압강하율

해설 부등률 = $\dfrac{\text{각 부하의 최대수용전력의 합}[\text{kW}]}{\text{합성 최대전력}[\text{kW}]}$으로 이 값은 항상 1 이상이다.

07 다음 중성점 접지방식 중에서 단선 고장일 때 선로의 전압 상승이 최대이고, 또한 통신장해가 최소인 것은?

① 비접지 ② 직접접지
③ 저항접지 ④ 소호 리액터 접지

정답 01. ② 02. ③ 03. ② 04. ④ 05. ③ 06. ① 07. ④

해설 소호 리액터 접지방식
소호 리액터와 대지정전용량과 병렬 공진을 이용하는 방식이다.
소호 리액터 접지에서 단선 사고 시 리액터와 대지정전용량 사이에 직렬 공진이 발생되어 전압이 많이 상승하게 된다. 또한 지락사고 시에는 리액터와 대지정전용량이 병렬 공진되어 지락전류가 최소로 되어 통신선 유도장해가 최소로 된다.

08 최소 동작전류 이상의 전류가 흐르면 한도를 넘는 양(量)과는 상관없이 즉시 동작하는 계전기는?

① 순한시 계전기
② 반한시 계전기
③ 정한시 계전기
④ 반한시성 정한시 계전기

해설 순한시 계전기
정정값 이상의 전류는 크기에 관계없이 바로 동작하는 고속도 계전기이다.

09 A, B 및 C상 전류를 각각 I_a, I_b 및 I_c라 할 때, $I_x = \frac{1}{3}(I_a + a^2 I_b + a I_c)$, $a = -\frac{1}{2} + j\frac{\sqrt{3}}{2}$
으로 표시되는 I_x는 어떤 전류인가?

① 정상전류
② 역상전류
③ 영상전류
④ 역상전류와 영상전류의 합계

해설 역상전류 $I_2 = \frac{1}{3}(I_a + a^2 I_b + a I_c)$
$= \frac{1}{3}(I_a + I_b \underline{/-120°} + I_c \underline{/-240°})$

10 피뢰기의 구조는?

① 특성요소와 소호 리액터
② 특성요소와 콘덴서
③ 소호 리액터와 콘덴서
④ 특성요소와 직렬갭

해설 • 직렬갭 : 평상시에는 개방상태이고, 과전압(이상 충격파)이 인가되면 도통된다.
• 특성요소 : 비직선 전압 전류 특성에 따라 방전 시에는 대전류를 통과시키고, 방전 후에는 속류를 저지 또는 직렬갭으로 차단할 수 있는 정도로 제한하는 특성을 가진다.

11 송전선로에 근접한 통신선에 유도장해가 발생하였다. 정전유도의 원인은?

① 영상전압(V_0)
② 역상전압(V_2)
③ 역상전류(I_2)
④ 정상전류(I_1)

해설 3상 정전유도전압 $V_n = \frac{3C_m \cdot V_0}{3C_m + C_0}$

정전유도는 영상전압에 의해 발생하고, 전자유도는 영상전류에 의해 발생한다.

12 전원이 2군데 이상 있는 환상 선로의 단락 보호에 사용되는 계전기는?

① 과전류 계전기(OCR)
② 방향단락계전기(DSR)와 과전류 계전기(OCR)의 조합
③ 방향단락계전기(DSR)
④ 방향거리계전기(DZR)

해설 방향거리 계전기(DZR)
계전기에서 본 임피던스의 크기로 전선로의 단락 여부를 판단하는 계전기

정답 08. ① 09. ② 10. ④ 11. ① 12. ④

13 그림과 같은 배전선이 있다. 부하에 급전 및 정전할 때 조작방법으로 옳은 것은?

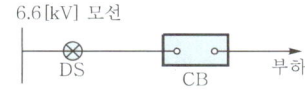

① 급전 및 정전할 때는 항상 DS, CB 순으로 한다.
② 급전 및 정전할 때는 항상 CB, DS 순으로 한다.
③ 급전 시는 DS, CB 순이고, 정전 시는 CB, DS 순이다.
④ 급전 시는 CB, DS 순이고, 정전 시는 DS, CB 순이다.

해설 단로기(DS)는 통전 중의 전로를 개폐할 수 없으므로 차단기(CB)가 열려 있을 때만 조작할 수 있다. 그러므로 급전 시에는 DS, CB 순으로 하고, 차단 시에는 CB, DS 순으로 하여야 한다.

14 원자로의 감속재에 대한 설명으로 틀린 것은?

① 감속능력이 클 것
② 원자 질량이 클 것
③ 사용 재료로 경수를 사용
④ 고속 중성자를 열 중성자로 바꾸는 작용

해설 감속재는 고속 중성자를 열 중성자까지 감속시키기 위한 것으로, 중성자 흡수가 적고 탄성 산란에 의해 감속이 크다. 중수, 경수, 베릴륨, 흑연 등이 사용된다.

15 배전선로의 전기방식 중 전선의 중량(전선 비용)이 가장 적게 소요되는 방식은? (단, 배전전압, 거리, 전력 및 선로 손실 등은 같다.)

① 단상 2선식
② 단상 3선식
③ 3상 3선식
④ 3상 4선식

해설 단상 2선식을 기준으로 동일한 조건이면 3상 4선식의 전선 중량이 제일 적다.

16 전력용 콘덴서의 방전코일의 역할은?

① 잔류 전하의 방전
② 고조파의 억제
③ 역률의 개선
④ 콘덴서의 수명 연장

해설 콘덴서에 전원을 제거하여도 충전된 잔류 전하에 의한 인축에 대한 감전사고를 방지하기 위해 잔류 전하를 모두 방전시켜야 한다.

17 공통 중성선 다중접지방식의 배전선로에서 recloser(R), sectionalizer(S), line fuse(F)의 보호 협조가 가장 적합한 배열은? (단, 보호 협조는 변전소를 기준으로 한다.)

① S – F – R
② S – R – F
③ F – S – R
④ R – S – F

해설 리클로저(recloser)는 선로에 고장이 발생하였을 때 고장전류를 검출하여 지정된 시간 내에 고속차단하고 자동 재폐로 동작을 수행하여 고장구간을 분리하거나 재송전하는 장치이다.
섹셔널라이저(sectionalizer)는 부하전류는 개폐할 수 있지만 고장전류를 차단할 수 없으므로 리클로저와 직렬로 설치하여야 한다.
그러므로 변전소 차단기 → 리클로저 → 섹셔널라이저 → 라인퓨즈로 구성한다.

18 유효낙차 30[m], 출력 2,000[kW]의 수차발전기를 전부하로 운전하는 경우 1시간당 사용수량은 약 몇 [m³/h]인가? (단, 수차 및 발전기의 효율은 각각 95[%], 82[%]로 한다.)

① 15,500
② 25,500
③ 31,500
④ 22,500

정답 13. ③ 14. ② 15. ④ 16. ① 17. ④ 18. ③

해설 $P = 9.8QH\eta$[kW]

여기서, Q : 유량[m³/s], H : 유효낙차[m],
$\eta = \eta_t \eta_g$ (η_t : 수차효율, η_g : 발전기 효율)

$$\therefore Q = \frac{P}{9.8H\eta_t\eta_g}[m^3/s]$$

$$= \frac{2,000}{9.8 \times 30 \times 0.95 \times 0.82} = 8.732[m^3/s]$$

∴ 1시간당 사용수량 $Q = 8.732 \times 3,600$
$= 31,437.478$
$\fallingdotseq 31,500[m^3/h]$

19 캐비테이션(Cavitation) 현상에 의한 결과로 적당하지 않은 것은?

① 수차 러너의 부식
② 수차 레버 부분의 진동
③ 흡출관의 진동
④ 수차 효율의 증가

해설 공동 현상(캐비테이션) 장해
• 수차의 효율, 출력 등 저하
• 유수에 접한 러너나 버킷 등에 침식 작용 발생
• 소음 발생
• 흡출관 입구에서 수압의 변동이 심하다.

20 망상(network) 배전방식의 장점이 아닌 것은?

① 전압 변동이 적다.
② 인축의 접지사고가 적어진다.
③ 부하의 증가에 대한 융통성이 크다.
④ 무정전 공급이 가능하다.

해설 network system(망상식)의 특징
• 무정전 공급이 가능하다.
• 전압 변동이 적고, 손실이 최소이다.
• 부하 증가에 대한 적응성이 좋다.
• 시설비가 고가이다.
• 인축에 대한 사고가 증가한다.
• 역류개폐장치(network protector)가 필요하다.

정답 19. ④ 20. ②

2024년 제3회 CBT 기출복원문제

전기기사

01 그림과 같이 지지점 A, B, C에는 고저차가 없으며, 경간(지지물 간 거리) AB와 BC 사이에 전선이 가설되어 그 이도가 12[cm]이었다고 한다. 지금 지지점 B에서 전선이 떨어져 전선의 이도(처짐 정도)가 D로 되었다면 D는 몇 [cm]가 되겠는가?

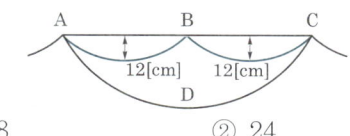

① 18　　② 24
③ 30　　④ 36

해설 전선의 실제 길이는 같으므로 떨어지기 전의 실제 길이와 떨어진 후의 실제 길이를 계산한다.
즉, 경간(지지물 간 거리) AB와 BC를 S라 하면,
$L = \left(S + \dfrac{8D_1^2}{3S}\right) \times 2 = 2S + \dfrac{8D_2^2}{3 \times 2S}$ 에서
$4D_1^2 = D_2^2$　∴ $D_2 = 2D_1$
$D_2 = 2D_1 = 2 \times 12 = 24$[cm]

02 비접지방식을 직접접지방식과 비교한 것 중 옳지 않은 것은?

① 전자유도장해가 경감된다.
② 지락전류가 작다.
③ 보호계전기의 동작이 확실하다.
④ △결선을 하여 영상전류를 흘릴 수 있다.

해설 비접지방식은 직접접지방식에 비해 보호계전기 동작이 확실하지 않다.

03 반지름 r[m]인 전선 A, B, C가 그림과 같이 수평으로 D[m] 간격으로 배치되고 3선이 완전 연가(전선위치 바꿈)된 경우 각 선의 인덕턴스는?

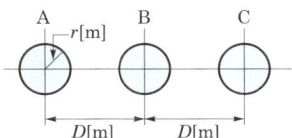

① $L = 0.05 + 0.4605\log_{10}\dfrac{D}{r}$
② $L = 0.05 + 0.4605\log_{10}\dfrac{\sqrt{2}\,D}{r}$
③ $L = 0.05 + 0.4605\log_{10}\dfrac{\sqrt{3}\,D}{r}$
④ $L = 0.05 + 0.4605\log_{10}\dfrac{\sqrt[3]{2}\,D}{r}$

해설 등가선간거리 $D_e = \sqrt[3]{D \cdot D \cdot 2D} = \sqrt[3]{2} \cdot D$
∴ 인덕턴스 L
$= 0.05 + 0.4605\log_{10}\dfrac{\sqrt[3]{2} \cdot D}{r}$[mH/km]

04 가공 송전선로에서 선간거리를 도체 반지름으로 나눈 값($D \div r$)이 클수록 어떠한가?

① 인덕턴스 L과 정전용량 C는 둘 다 커진다.
② 인덕턴스는 커지나 정전용량은 작아진다.
③ 인덕턴스와 정전용량은 둘 다 작아진다.
④ 인덕턴스는 작아지나 정전용량은 커진다.

해설 $L = 0.05 + 0.4605\log_{10}\dfrac{D}{r}$　∴ $L \propto \log_{10}\dfrac{D}{r}$
$C = \dfrac{0.02413}{\log_{10}\dfrac{D}{r}}$　∴ $C \propto \dfrac{1}{\log_{10}\dfrac{D}{r}}$

05 피뢰기에서 속류를 끊을 수 있는 최고의 교류전압은?

① 정격전압　　② 제한전압
③ 차단전압　　④ 방전개시전압

해설 제한전압은 충격방전전류를 통하고 있을 때의 단자 전압이고, 정격전압은 속류를 차단하는 최고의 전압이다.

정답 01. ②　02. ③　03. ④　04. ②　05. ①

06 장거리 송전선로의 특성을 표현한 회로로 옳은 것은?

① 분산부하회로   ② 분포정수회로
③ 집중정수회로   ④ 특성 임피던스 회로

해설 장거리 송전선로의 송전 특성은 분포정수회로로 해석한다.

07 선간전압, 배전거리, 선로 손실 및 전력 공급을 같게 할 경우 단상 2선식과 3상 3선식에서 전선 한 가닥의 저항비(단상/3상)는?

① $\dfrac{1}{\sqrt{2}}$ ② $\dfrac{1}{\sqrt{3}}$
③ $\dfrac{1}{3}$ ④ $\dfrac{1}{2}$

해설 $\sqrt{3}\,VI_3\cos\theta = VI_1\cos\theta$에서 $\sqrt{3}\,I_3 = I_1$
동일한 손실이므로 $3I_3^2 R_3 = 2I_1^2 R_1$
∴ $3I_3^2 R_3 = 2(\sqrt{3}\,I_3)^2 R_1$이므로 $R_3 = 2R_1$, 즉
$\dfrac{R_1}{R_3} = \dfrac{1}{2}$ 이다.

08 초호각(arcing horn)의 역할은?

① 풍압을 조절한다.
② 송전효율을 높인다.
③ 애자의 파손을 방지한다.
④ 고주파수의 섬락전압을 높인다.

해설 초호환, 차폐환 등은 송전선로 애자의 전압 분포를 균등화하고, 섬락(불꽃방전)이 발생할 때 애자의 파손을 방지한다.

09 소호 리액터를 송전 계통에 사용하면 리액터의 인덕턴스와 선로의 정전용량이 어떤 상태로 되어 지락전류를 소멸시키는가?

① 병렬 공진   ② 직렬 공진
③ 고임피던스   ④ 저임피던스

해설 소호 리액터 접지방식은 L, C 병렬 공진을 이용하여 지락전류를 소멸시킨다.

10 3상 송전선로의 각 상의 대지정전용량을 C_a, C_b 및 C_c라 할 때, 중성점 비접지 시의 중성점과 대지 간의 전압은? (단, E는 상전압이다.)

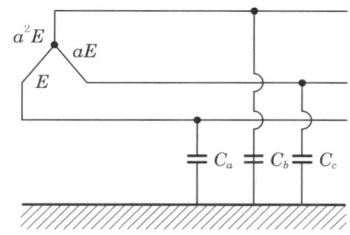

① $(C_a + C_b + C_c)E$

② $\dfrac{\sqrt{C_a C_b + C_b C_c + C_c C_a}}{C_a + C_b + C_c} E$

③ $\dfrac{\sqrt{\begin{array}{c}C_a(C_a - C_b) + C_b(C_b - C_c)\\ + C_c(C_c - C_a)\end{array}}}{C_a + C_b + C_c} E$

④ $\dfrac{\sqrt{\begin{array}{c}C_a(C_b - C_c) + C_b(C_c - C_a)\\ + C_c(C_a - C_b)\end{array}}}{C_a + C_b + C_c} E$

해설 3상 대칭 송전선에서는 정상운전 상태에서 중성점의 전위가 항상 0이어야 하지만 실제에 있어서는 선로 각 선의 대지정전용량이 차이가 있으므로 중성점에는 전위가 나타나게 되며 이것을 중성점 잔류전압이라고 한다.

$E_n = \dfrac{\sqrt{\begin{array}{c}C_a(C_a - C_b) + C_b(C_b - C_c)\\ + C_c(C_c - C_a)\end{array}}}{C_a + C_b + C_c} \cdot E\,[\text{V}]$

11 송전선로의 정상, 역상 및 영상 임피던스를 각각 Z_1, Z_2 및 Z_0라 하면, 다음 어떤 관계가 성립되는가?

① $Z_1 = Z_2 = Z_0$ ② $Z_1 = Z_2 > Z_0$
③ $Z_1 > Z_2 = Z_0$ ④ $Z_1 = Z_2 < Z_0$

해설 송전선로는 $Z_1 = Z_2$이고, Z_0는 Z_1보다 크다.

정답 06. ② 07. ④ 08. ③ 09. ① 10. ③ 11. ④

12 직격뢰에 대한 방호설비로 가장 적당한 것은?

① 복도체   ② 가공지선
③ 서지 흡수기   ④ 정전 방전기

해설 가공지선은 직격뢰로부터 전선로를 보호한다.

13 복도체에서 2본의 전선이 서로 충돌하는 것을 방지하기 위하여 2본의 전선 사이에 적당한 간격을 두어 설치하는 것은?

① 아머로드   ② 댐퍼
③ 아킹 혼   ④ 스페이서

해설 복도체에서 도체 간 흡인력에 의한 충돌 발생을 방지하기 위해 스페이서를 설치한다.

14 보호계전기의 보호방식 중 표시선 계전방식이 아닌 것은?

① 방향비교방식   ② 위상비교방식
③ 전압반향방식   ④ 전류순환방식

해설 표시선(pilot wire) 계전방식은 송전선 보호범위 내의 사고에 대하여 고장점의 위치에 관계없이 선로 양단을 신속하게 차단하는 계전방식으로 방향비교방식, 전압반향방식, 전류순환방식 등이 있다.

15 변전소의 가스차단기에 대한 설명으로 틀린 것은?

① 근거리 차단에 유리하지 못하다.
② 불연성이므로 화재의 위험성이 적다.
③ 특고압 계통의 차단기로 많이 사용된다.
④ 이상전압의 발생이 적고, 절연 회복이 우수하다.

해설 가스차단기(GCB)는 공기차단기(ABB)에 비교하면 밀폐된 구조로 소음이 없고, 공기보다 절연내력(2~3배) 및 소호능력(100~200배)이 우수하고, 근거리(전류가 흐르는 거리, 즉 임피던스[Ω]가 작아 고장전류가 크다는 의미) 전류에도 안정적으로 차단되고, 과전압 발생이 적고, 아크 소멸 후 절연 회복이 신속한 특성이 있다.

16 비접지 계통의 지락사고 시 계전기에 영상전류를 공급하기 위하여 설치하는 기기는?

① PT   ② CT
③ ZCT   ④ GPT

해설
- ZCT : 지락사고가 발생하면 영상전류를 검출하여 계전기에 공급한다.
- GPT : 지락사고가 발생하면 영상전압을 검출하여 계전기에 공급한다.

17 ㉠ 동기조상기와 ㉡ 전력용 콘덴서를 비교한 것으로 옳은 것은?

① 시송전 : ㉠ 불가능, ㉡ 가능
② 전력손실 : ㉠ 작다, ㉡ 크다
③ 무효전력 조정 : ㉠ 계단적, ㉡ 연속적
④ 무효전력 : ㉠ 진상·지상용, ㉡ 진상용

해설 전력용 콘덴서와 동기조상기의 비교

동기조상기	전력용 콘덴서
진상 및 지상용	진상용
연속적 조정	계단적 조정
회전기로 손실이 큼	정지기로 손실이 작음
시송전 가능	시송전 불가
송전 계통 주로 사용	배전 계통 주로 사용

18 수전단의 전력원 방정식이 $P_r^2 + (Q_r + 400)^2 = 250,000$으로 표현되는 전력 계통에서 가능한 최대로 공급할 수 있는 부하전력(P_r)과 이때 전압을 일정하게 유지하는 데 필요한 무효전력(Q_r)은 각각 얼마인가?

① $P_r = 500$, $Q_r = -400$
② $P_r = 400$, $Q_r = 500$
③ $P_r = 300$, $Q_r = 100$
④ $P_r = 200$, $Q_r = -300$

해설 전압을 일정하게 유지하려면 전부하 상태이므로 무효전력을 조정하기 위해서는 조상설비용량이 -400으로 되어야 한다. 그러므로 부하전력 $P_r = 500$, 무효전력 $Q_r = -400$이 되어야 한다.

정답 12. ② 13. ④ 14. ② 15. ① 16. ③ 17. ④ 18. ①

19 수차 발전기에 제동권선을 설치하는 주된 목적은?

① 정지시간 단축
② 회전력의 증가
③ 과부하 내량의 증대
④ 발전기 안정도의 증진

해설 제동권선은 조속기의 난조를 방지하여 발전기의 안정도를 향상시킨다.

20 원자력발전소에서 비등수형 원자로에 대한 설명으로 틀린 것은?

① 연료로 농축 우라늄을 사용한다.
② 냉각재로 경수를 사용한다.
③ 물을 원자로 내에서 직접 비등시킨다.
④ 가압수형 원자로에 비해 노심의 출력밀도가 높다.

해설 비등수형 원자로의 특징
- 원자로의 내부 증기를 직접 터빈에서 이용하기 때문에 증기발생기(열교환기)가 필요 없다.
- 증기가 직접 터빈으로 들어가기 때문에 증기 누출을 철저히 방지해야 한다.
- 순환 펌프로 급수 펌프만 있으면 되므로 소내용 동력이 작다.
- 노심의 출력밀도가 낮기 때문에 같은 노출력의 원자로에서는 노심 및 압력용기가 커진다.
- 원자력 용기 내에 기수분리기와 증기건조기가 설치되므로 용기의 높이가 커진다.
- 연료는 저농축 우라늄(2 ~ 3[%])을 사용한다.

정답 19. ④ 20. ④

2024년 제3회 CBT 기출복원문제 — 전기산업기사

01 그림과 같이 지지점 A, B, C에는 고·저 차가 없으며, 경간(지지물 간 거리) AB와 BC 사이에 전선이 가설되어, 그 이도(처짐 정도)가 12[cm]이었다. 지금 경간 AC의 중점인 지지점 B에서 전선이 떨어져서 전선의 이도(처짐 정도)가 D로 되었다면 D는 몇 [cm]인가?

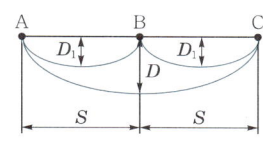

① 18
② 24
③ 30
④ 36

해설 지지점 B는 A와 C의 중점이고 경간(지지물 간 거리) AB와 AC는 동일하므로
∴ $D = 12 \times 2 = 24$[cm]

02 비접지방식을 직접접지방식과 비교한 것 중 옳지 않은 것은?

① 전자유도장해가 경감된다.
② 지락전류가 작다.
③ 보호계전기의 동작이 확실하다.
④ △결선을 하여 영상전류를 흘릴 수 있다.

해설 비접지방식은 직접접지방식에 비해 보호계전기 동작이 확실하지 않다.

03 3상 3선식 복도체 방식의 송전선로를 3상 3선식 단도체 방식 송전선로와 비교한 것으로 알맞은 것은? (단, 단도체의 단면적은 복도체 방식 소선의 단면적 합과 같은 것으로 한다.)

① 전선의 인덕턴스와 정전용량은 모두 감소한다.
② 전선의 인덕턴스와 정전용량은 모두 증가한다.
③ 전선의 인덕턴스는 증가하고, 정전용량은 감소한다.
④ 전선의 인덕턴스는 감소하고, 정전용량은 증가한다.

해설 복도체의 특징
- 인덕턴스와 리액턴스가 감소하고 정전용량이 증가하여 송전용량을 크게 할 수 있다.
- 전선 표면의 전위경도를 저감시켜 코로나를 방지한다.
- 전력 계통의 안정도를 증대시키고, 초고압 송전선로에 채용한다.

04 변류기 개방 시 2차측을 단락하는 이유는?

① 2차측 절연 보호
② 측정오차 방지
③ 2차측 과전류 보호
④ 1차측 과전류 방지

해설 운전 중 변류기 2차측이 개방되면 부하전류가 모두 여자전류가 되어 2차 권선에 대단히 높은 전압이 인가하여 2차측 절연이 파괴된다. 그러므로 2차측에 전류계 등 기구가 연결되지 않을 때에는 단락을 하여야 한다.

05 조상설비가 아닌 것은?

① 단권 변압기
② 분로 리액터
③ 동기조상기
④ 전력용 콘덴서

해설 조상설비의 종류에는 동기조상기(진상, 지상 양용)와 전력용 콘덴서(진상용) 및 분로 리액터(지상용)가 있다.

정답 01. ② 02. ③ 03. ④ 04. ① 05. ①

06 지중선 계통은 가공선 계통에 비하여 인덕턴스와 정전용량은 어떠한가?

① 인덕턴스, 정전용량이 모두 크다.
② 인덕턴스, 정전용량이 모두 작다.
③ 인덕턴스는 크고, 정전용량은 작다.
④ 인덕턴스는 작고, 정전용량은 크다.

해설 지중전선로는 가공전선로보다 인덕턴스는 약 $\frac{1}{6}$ 정도이고, 정전용량은 100배 정도이다.

07 선간전압이 V[kV]이고, 1상의 대지정전용량이 C[μF], 주파수가 f[Hz]인 3상 3선식 1회선 송전선의 소호 리액터 접지방식에서 소호 리액터의 용량은 몇 [kVA]인가?

① $6\pi fCV^2 \times 10^{-3}$
② $3\pi fCV^2 \times 10^{-3}$
③ $2\pi fCV^2 \times 10^{-3}$
④ $\sqrt{3}\pi fCV^2 \times 10^{-3}$

해설 소호 리액터 용량

$$Q_c = 3\omega CE^2 \times 10^{-3} = 3\omega C\left(\frac{V}{\sqrt{3}}\right)^2 \times 10^{-3}$$
$$= 2\pi fCV^2 \times 10^{-3}[\text{kVA}]$$

08 최근 송전 계통의 절연 협조의 기본으로 생각되는 것은?

① 선로
② 변압기
③ 피뢰기
④ 변압기 부싱

해설 절연 협조
직격뢰에 대한 피해의 최소화를 위해 전 전력 계통의 절연 설계를 보호장치(피뢰기, 접지방식, 보호계전기 등)와 관련시켜 합리화를 도모하고 안전성과 경제성을 유지하는 것

09 그림과 같은 회로의 영상, 정상, 역상 임피던스 Z_0, Z_1, Z_2는?

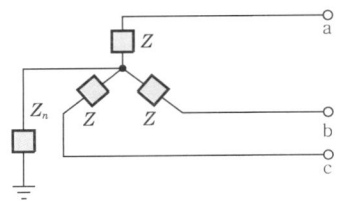

① $Z_0 = Z + 3Z_n$, $Z_1 = Z_2 = Z$
② $Z_0 = 3Z_n$, $Z_1 = Z$, $Z_2 = 3Z$
③ $Z_0 = 3Z + Z_n$, $Z_1 = 3Z$, $Z_2 = Z$
④ $Z_0 = Z + Z_n$, $Z_1 = Z_2 = Z + 3Z_n$

해설
• 영상 임피던스 $Z_0 = Z + 3Z_n$(중성점 임피던스 3배)
• 정상 임피던스(Z_1)=역상 임피던스(Z_2)=Z(중성점 임피던스 무시)

10 3상 송전선의 각 선의 전류가 $I_a = 220 + j50$[A], $I_b = -150 - j300$[A], $I_c = -50 + j150$[A]일 때 이것과 병행으로 가설된 통신선에 유기되는 전자유기전압의 크기는 약 몇 [V]인가? (단, 상호 유도계수에 의한 리액턴스가 15[Ω]임)

① 510
② 1,020
③ 1,530
④ 2,040

해설 전자유도전압 $E_m = -j\omega M(I_a + I_b + I_c)$
∴ $E_m = 15 \times \{(220 + j50) + (-150 - j300) + (-50 + j150)\}$
≒ 1,530[V]

11 인입되는 전압이 정정값 이하로 되었을 때 동작하는 것으로서 단락 고장 검출 등에 사용되는 계전기는?

① 접지 계전기
② 부족전압계전기
③ 역전력 계전기
④ 과전압 계전기

해설 전원이 정전되어 전압이 저하되었을 때, 또는 단락사고로 인하여 전압이 저하되었을 때에는 부족전압계전기를 사용한다.

12 차단기에서 정격차단시간의 표준이 아닌 것은?

① 3[Hz]   ② 5[Hz]
③ 8[Hz]   ④ 10[Hz]

해설 차단기의 정격차단시간은 트립코일이 여자하여 가동 접촉자가 시동하는 순간(개극시간)부터 아크가 소멸하는 시간(소호시간)으로 약 3~8[Hz] 정도이다.

13 T형 회로에서 4단자 정수 A는 다음 중 어느 것인가?

① $\left(1+\dfrac{ZY}{2}\right)$

② $\left(1+\dfrac{ZY}{4}\right)$

③ Y

④ Z

해설 T형 회로 $\begin{bmatrix} A & B \\ C & D \end{bmatrix} = \begin{bmatrix} 1+\dfrac{ZY}{2} & Z\left(1+\dfrac{ZY}{4}\right) \\ Y & 1+\dfrac{ZY}{2} \end{bmatrix}$

14 단상 3선식에 사용되는 밸런서의 특성이 아닌 것은?

① 여자 임피던스가 작다.
② 누설 임피던스가 작다.
③ 권수비가 1 : 1이다.
④ 단권 변압기이다.

해설 밸런서의 특징
- 여자 임피던스가 크다.
- 누설 임피던스가 작다.
- 권수비가 1 : 1인 단권 변압기이다.

15 배전선로의 전압을 $\sqrt{3}$ 배로 증가시키고 동일한 전력손실률로 송전할 경우 송전전력은 몇 배로 증가되는가?

① $\sqrt{3}$ ② $\dfrac{3}{2}$
③ 3   ④ $2\sqrt{3}$

해설 동일한 손실일 경우 송전전력은 전압의 제곱에 비례하므로 전압이 $\sqrt{3}$ 배로 되면 전력은 3배로 된다.

16 정격 10[kVA]의 주상 변압기가 있다. 이것의 2차측 일부하 곡선이 다음 그림과 같을 때 1일의 부하율은 몇 [%]인가?

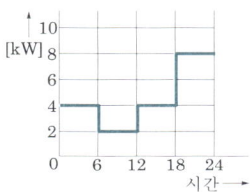

① 52.3   ② 54.3
③ 56.3   ④ 58.3

해설 부하율 = $\dfrac{평균수용전력}{최대수용전력} \times 100$

$= \dfrac{(4 \times 12 + 2 \times 6 + 8 \times 6) \div 24}{8} \times 100$

$= 56.25[\%]$

17 단상 승압기 1대를 사용하여 승압할 경우 승압 전의 전압을 E_1이라 하면, 승압 후의 전압 E_2는 어떻게 되는가? (단, 승압기의 변압비는 $\dfrac{전원측 전압}{부하측 전압} = \dfrac{e_1}{e_2}$이다.)

① $E_2 = E_1 + e_1$ ② $E_2 = E_1 + e_2$
③ $E_2 = E_1 + \dfrac{e_2}{e_1}E_1$ ④ $E_2 = E_1 + \dfrac{e_1}{e_2}E_1$

해설 승압 후 전압

$E_2 = E_1\left(1 + \dfrac{e_2}{e_1}\right) = E_1 + \dfrac{e_2}{e_1}E_1$

정답 12. ④ 13. ① 14. ① 15. ③ 16. ③ 17. ③

18 갈수량이란 어떤 유량을 말하는가?

① 1년 365일 중 95일간은 이보다 낮아지지 않는 유량
② 1년 365일 중 185일간은 이보다 낮아지지 않는 유량
③ 1년 365일 중 275일간은 이보다 낮아지지 않는 유량
④ 1년 365일 중 355일간은 이보다 낮아지지 않는 유량

해설 갈수량
1년 365일 중 355일은 이것보다 내려가지 않는 유량과 수위

19 화력발전소의 기본 사이클이다. 그 순서로 옳은 것은?

① 급수 펌프 → 과열기 → 터빈 → 보일러 → 복수기 → 급수 펌프
② 급수 펌프 → 보일러 → 과열기 → 터빈 → 복수기 → 급수 펌프
③ 보일러 → 급수 펌프 → 과열기 → 복수기 → 급수 펌프 → 보일러
④ 보일러 → 과열기 → 복수기 → 터빈 → 급수 펌프 → 축열기 → 과열기

해설 기본 사이클의 순환 순서

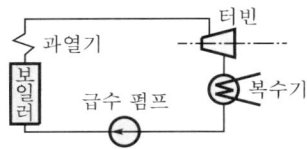

20 원자로에서 카드뮴(cd) 막대가 하는 일을 옳게 설명한 것은?

① 원자로 내에 중성자를 공급한다.
② 원자로 내에 중성자운동을 느리게 한다.
③ 원자로 내의 핵분열을 일으킨다.
④ 원자로 내에 중성자수를 감소시켜 핵분열의 연쇄반응을 제어한다.

해설 중성자의 수를 감소시켜 핵분열 연쇄반응을 제어하는 것을 제어재라 하며 카드뮴(cd), 붕소(B), 하프늄(Hf) 등이 이용된다.

정답 18. ④ 19. ② 20. ④

2025년 제1회 CBT 기출복원문제

전기기사

01 가공전선로에 사용하는 전선의 구비조건으로 옳지 않은 것은?

① 비중(밀도)이 클 것
② 도전율이 높을 것
③ 기계적인 강도가 클 것
④ 내구성이 있을 것

해설 비중이 적을 것, 즉 전선은 가벼울수록 좋다.

02 아킹 혼(arcing horn)의 설치 목적은?

① 이상전압 소멸
② 전선의 진동 방지
③ 코로나 손실 방지
④ 섬락사고에 대한 애자 보호

해설 아킹 혼, 소호각(환)의 역할
- 이상전압으로부터 애자련의 보호
- 애자전압 부담의 균등화
- 애자의 열적 파괴(섬락 포함) 방지

03 현수애자 4개를 1련으로 한 66[kV] 송전선로가 있다. 현수애자 1개의 절연저항이 1,500[MΩ]이라면 표준 경간을 200[m]로 할 때 1[km]당의 누설 컨덕턴스[℧]는?

① 0.83×10^{-9}
② 0.83×10^{-6}
③ 0.83×10^{-3}
④ 0.83×10

해설 현수애자 1련의 저항
$r = 1,500 \times 10^6 \times 4 = 6 \times 10^9 [\Omega]$
표준 경간이 200[m]이므로 병렬로 5련이 설치되므로

$\therefore G = \dfrac{1}{R} = \dfrac{1}{\dfrac{r}{5}} = \dfrac{1}{\dfrac{6}{5} \times 10^9} = \dfrac{5}{6} \times 10^{-9}$

$= 0.83 \times 10^{-9} [\text{℧}]$

04 다음 중 송전선로의 코로나 임계전압이 높아지는 경우가 아닌 것은?

① 상대공기밀도가 작다.
② 전선의 반경과 선간거리가 크다.
③ 날씨가 맑다.
④ 낡은 전선을 새 전선으로 교체했다.

해설 임계전압 $E_0 = 24.3 \, m_0 m_1 \delta d \log_{10} \dfrac{D}{r} [\text{kV}]$

임계전압은 도체 표면계수(m_0), 날씨계수(m_1), 도체 굵기(d), 선간거리(D), 상대공기밀도(δ) 등이 크면 높아진다.

05 송전단 전압이 66[kV]이고, 수전단 전압이 62[kV]로 송전 중이던 선로에서 부하가 급격히 감소하여 수전단 전압이 63.5[kV]가 되었다. 전압강하율은 약 몇 [%]인가?

① 2.28
② 3.94
③ 6.06
④ 6.45

해설 전압강하율
$\varepsilon = \dfrac{V_s - V_r}{V_r} \times 100 [\%]$

$= \dfrac{66 - 63.5}{63.5} \times 100$

$= 3.937 [\%]$

06 송전선로에 충전전류가 흐르면 수전단 전압이 송전단 전압보다 높아지는 현상과 이 현상의 발생 원인으로 가장 옳은 것은?

① 페란티 효과, 선로의 인덕턴스 때문
② 페란티 효과, 선로의 정전용량 때문
③ 근접효과, 선로의 인덕턴스 때문
④ 근접효과, 선로의 정전용량 때문

정답 01. ① 02. ④ 03. ① 04. ① 05. ② 06. ②

해설 경부하 또는 무부하인 경우에는 선로의 정전용량에 의한 충전전류의 영향이 크게 작용해서 진상전류가 흘러 수전단 전압이 송전단 전압보다 높게 되는 것을 페란티 효과(Ferranti effect)라 하고, 이것의 방지대책으로는 분로(병렬) 리액터를 설치한다.

07 전력 계통에서 무효전력을 조정하는 조상설비 중 전력용 콘덴서를 동기조상기와 비교할 때 옳은 것은?

① 전력손실이 크다.
② 지상 무효전력분을 공급할 수 있다.
③ 전압조정을 계단적으로 밖에 못한다.
④ 송전선로를 시송전할 때 선로를 충전할 수 있다.

해설 전력용 콘덴서와 동기조상기의 비교

전력용 콘덴서	동기조상기
지상 부하에 사용	진상·지상 부하 모두 사용
계단적 조정	연속적 조정
정지기로 손실이 적음	회전기로 손실이 큼
시송전 가능	시송전 불가
배전 계통 주로 사용	송전 계통 주로 사용

08 송전선로의 중성점을 접지하는 목적이 아닌 것은?

① 송전용량의 증가
② 과도 안정도의 증진
③ 이상전압 발생의 억제
④ 보호계전기의 신속, 확실한 동작

해설 중성점 접지 목적
- 이상전압의 발생을 억제하여 전위 상승을 방지하고, 전선로 및 기기의 절연 수준을 경감시킨다.
- 지락 고장 발생 시 보호계전기의 신속하고 정확한 동작을 확보한다.
- 통신선의 유도장해를 방지하고, 과도 안정도를 향상시킨다(PC 접지).

09 3상 송전선로와 통신선이 병행되어 있는 경우에 통신유도장해로서 통신선에 유도되는 정전 유도 전압은?

① 통신선의 길이에 비례한다.
② 통신선의 길이의 자승에 비례한다.
③ 통신선의 길이에 반비례한다.
④ 통신선의 길이에 관계없다.

해설 3상 정전유도전압
$$E_o = \frac{\sqrt{C_a(C_a - C_b) + C_b(C_b - C_c) + C_c(C_c - C_a)}}{C_a + C_b + C_c + C_o} \times \frac{V}{\sqrt{3}}$$
정전유도전압은 통신선의 병행 길이와는 관계가 없다.

10 불평형 3상 전압을 V_a, V_b, V_c라 하고 $a = \varepsilon^{j\frac{2\pi}{3}}$라 할 때, $V_x = \frac{1}{3}(V_a + aV_b + a^2V_c)$이다. 여기에서 V_x는?

① 정상전압 ② 단락전압
③ 영상전압 ④ 지락전압

해설 대칭분 전압
- 영상전압 $V_0 = \frac{1}{3}(V_a + V_b + V_c)$
- 정상전압 $V_1 = \frac{1}{3}(V_a + aV_b + a^2V_c)$
- 역상전압 $V_2 = \frac{1}{3}(V_a + a^2V_b + aV_c)$

11 파동 임피던스 $Z_1 = 500[\Omega]$, $Z_2 = 300[\Omega]$인 두 무손실 선로 사이에 그림과 같이 저항 R을 접속한다. 제1선로에서 구형파가 진행하여 왔을 때 무반사로 하기 위한 R의 값은 몇 $[\Omega]$인가?

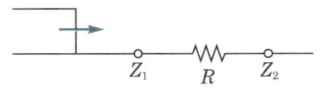

① 100 ② 200
③ 300 ④ 500

정답 07. ③ 08. ① 09. ④ 10. ① 11. ②

해설 Z_1과 $(R+Z_2)$가 접속된 점에

반사율 $\beta = \dfrac{(R+Z_2) - Z_1}{Z_1 + (R+Z_2)}$ 에서 무반사($\beta = 0$)이

려면 $Z_1 = (R+Z_2)$ 이어야 하므로

$R = Z_1 - Z_2 = 500 - 300 = 200[\Omega]$이다.

12 피뢰기의 구비조건이 아닌 것은?

① 상용주파 방전개시전압이 낮을 것
② 충격방전 개시전압이 낮을 것
③ 속류차단능력이 클 것
④ 제한전압이 낮을 것

해설 피뢰기의 구비조건
- 충격방전 개시전압이 낮을 것
- 상용주파 방전개시전압 및 정격전압이 높을 것
- 방전 내량이 크면서 제한전압은 낮을 것
- 속류차단능력이 충분할 것

13 모선보호에 사용되는 계전방식이 아닌 것은?

① 위상비교방식
② 선택접지 계전방식
③ 방향거리 계전방식
④ 전류차동 보호방식

해설 모선보호 계전방식에는 전류차동방식, 전압차동방식, 위상비교방식, 방향비교방식, 거리방향방식 등이 있다. 선택접지 계전방식은 송전선로 지락보호 계전방식이다.

14 직류 송전방식에 관한 설명으로 틀린 것은?

① 교류 송전방식보다 안정도가 낮다.
② 직류 계통과 연계 운전 시 교류 계통의 차단용량은 작아진다.
③ 교류 송전방식에 비해 절연계급을 낮출 수 있다.
④ 비동기 연계가 가능하다.

해설 직류 송전방식
- 무효분이 없어 손실이 없고 역률이 항상 1이며 송전 효율이 좋다.
- 파고치가 없으므로 절연계급을 낮출 수 있다.
- 전압강하와 전력손실이 적고, 안정도가 높아진다.
- 비동기 연계가 가능하다.

15 SF_6 가스차단기에 대한 설명으로 옳지 않은 것은?

① 공기에 비하여 소호능력이 약 100배 정도된다.
② 절연거리를 적게 할 수 있어 차단기 전체를 소형, 경량화 할 수 있다.
③ SF_6 가스를 이용한 것으로서 독성이 있으므로 취급에 유의하여야 한다.
④ SF_6 가스 자체는 불활성 기체이다.

해설 SF_6 가스는 유독가스가 발생하지 않는다.

16 배전전압, 배전거리 및 전력손실이 같다는 조건에서 단상 2선식 전기방식의 전선 총 중량을 100[%]라 할 때 3상 3선식 전기방식은 몇 [%]인가?

① 33.3
② 37.5
③ 75.0
④ 100.0

해설 전선 총 중량은 단상 2선식을 기준으로 단상 3선식은 $\dfrac{3}{8}$, 3상 3선식은 $\dfrac{3}{4}$, 3상 4선식은 $\dfrac{1}{3}$이다.

17 수용가군 총합의 부하율은 각 수용가의 수용분 및 수용가 사이의 부등률이 변화할 때 옳은 것은?

① 부등률과 수용률에 비례한다.
② 부등률에 비례하고, 수용률에 반비례한다.
③ 수용률에 비례하고, 부등률에 반비례한다.
④ 부등률과 수용률에 반비례한다.

정답 12. ① 13. ② 14. ① 15. ③ 16. ③ 17. ②

해설 부하율 = $\frac{평균 전력}{설비용량의 합계} \times \frac{부등률}{수용률}$ 이므로 부등률에 비례하고, 수용률에 반비례한다.

18 부하전력 및 역률이 같을 때 전압을 n 배 승압하면 전압강하와 전력손실은 어떻게 되는가?

① 전압강하 : $\frac{1}{n}$, 전력손실 : $\frac{1}{n^2}$

② 전압강하 : $\frac{1}{n^2}$, 전력손실 : $\frac{1}{n}$

③ 전압강하 : $\frac{1}{n}$, 전력손실 : $\frac{1}{n}$

④ 전압강하 : $\frac{1}{n^2}$, 전력손실 : $\frac{1}{n^2}$

해설 • 전압강하
$$e = \sqrt{3}I(R\cos\theta + X\sin\theta)$$
$$= \sqrt{3} \times \frac{P}{\sqrt{3}V\cos\theta}(R\cos\theta + X\sin\theta)$$
$$= \frac{P}{V}(R + X\tan\theta) \propto \frac{1}{V}$$

• 전력손실
$$P_c = 3I^2R = 3 \times \left(\frac{P}{\sqrt{3}V\cos\theta}\right)^2 \times \rho\frac{l}{A}$$
$$= \frac{P^2}{V^2\cos^2\theta} \times \rho\frac{l}{A} \propto \frac{1}{V^2}$$

19 공통 중성선 다중접지방식의 배전선로에서 recloser(R), sectionalizer(S), line fuse(F)의 보호 협조가 가장 적합한 배열은? (단, 보호 협조는 변전소를 기준으로 한다.)

① S - F - R ② S - R - F
③ F - S - R ④ R - S - F

해설 리클로저(recloser)는 선로에 고장이 발생하였을 때 고장전류를 검출하여 지정된 시간 내에 고속차단하고 자동 재폐로 동작을 수행하여 고장구간을 분리하거나 재송전하는 장치이다.
섹셔널라이저(sectionalizer)는 부하전류는 개폐할 수 있지만 고장전류를 차단할 수 없으므로 리클로저와 직렬로 설치하여야 한다.
그러므로 변전소 차단기 → 리클로저 → 섹셔널라이저 → 라인퓨즈로 구성한다.

20 다음 그림과 같은 열 사이클은?

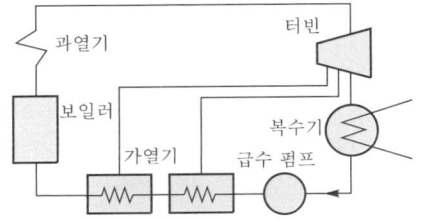

① 재열 사이클 ② 재생 사이클
③ 재생 재열 사이클 ④ 기본 사이클

해설 그림은 보일러 입구에 급수 가열기가 터빈 중간에 추기하는 설비가 있으므로 재생 사이클이다.
• 재생 사이클 : 터빈 중간에 증기를 추기하여 보일러용 급수를 가열하는 사이클
• 재열 사이클 : 고압 터빈 출구에서 증기를 모두 추출하여 재열기로 가열시킨 다음 저압 터빈으로 공급하는 열 사이클

정답 18. ① 19. ④ 20. ②

2025년 제1회 CBT 기출복원문제 (전기산업기사)

01 경간 200[m]의 지지점이 수평인 가공전선로가 있다. 전선 1[m]의 하중은 2[kg], 풍압하중은 없는 것으로 하고 전선의 인장하중은 4,000[kg], 안전율을 2.2로 하면 이도[m]는?

① 4.7
② 5
③ 5.5
④ 6

해설 $D = \dfrac{WS^2}{8T} = \dfrac{2 \times 200^2}{8 \times \dfrac{4,000}{2.2}} = 5.5[\text{m}]$

02 3상 수직 배치인 선로에서 오프셋(off-set)을 주는 이유는?

① 전선의 진동 억제
② 단락 방지
③ 철탑 중량 감소
④ 전선의 풍압 감소

해설 전선 도약으로 생기는 상하 전선 간의 단락을 방지하기 위해 오프셋(off-set)을 준다.

03 선간거리가 $2D[\text{m}]$이고, 선로 도선의 지름이 $d[\text{m}]$인 선로의 단위길이당 정전용량 [μF/km]은?

① $C = \dfrac{0.02413}{\log_{10}\dfrac{4D}{d}}$
② $C = \dfrac{0.02413}{\log_{10}\dfrac{2D}{d}}$
③ $C = \dfrac{0.02413}{\log_{10}\dfrac{D}{d}}$
④ $C = \dfrac{0.2413}{\log_{10}\dfrac{4D}{d}}$

해설 $C = \dfrac{0.02413}{\log_{10}\dfrac{D}{r}} = \dfrac{0.02413}{\log_{10}\dfrac{2D}{\dfrac{d}{2}}}$
$= \dfrac{0.02413}{\log_{10}\dfrac{4D}{d}}[\mu\text{F/km}]$

04 송전단 전압이 154[kV], 수전단 전압이 150[kV]인 송전선로에서 부하를 차단하였을 때 수전단 전압이 152[kV]가 되었다면 전압변동률은 약 몇 [%]인가?

① 1.11
② 1.33
③ 1.63
④ 2.25

해설 전압변동률
$\delta = \dfrac{V_{r0} - V_{rn}}{V_{rn}} \times 100[\%] = \dfrac{152 - 150}{150} \times 100[\%]$
$= 1.33[\%]$

05 수전단 전압이 송전단 전압보다 높아지는 현상을 무엇이라 하는가?

① 페란티효과
② 표피효과
③ 근접효과
④ 도플러효과

해설 경부하 또는 무부하인 경우에는 선로의 작용정전용량에 의한 충전전류의 영향이 크게 작용해서 전류는 진상전류로 되고, 이때 수전단 전압이 송전단 전압보다 높게 되는 것을 페란티현상(ferranti effect)이라 한다.

06 송수 양단의 전압을 E_S, E_R라 하고 4단자 정수를 A, B, C, D라 할 때 전력원선도의 반지름은?

① $\dfrac{E_S E_R}{A}$
② $\dfrac{E_S E_R}{B}$
③ $\dfrac{E_S E_R}{C}$
④ $\dfrac{E_S E_R}{D}$

해설 전력원선도의 가로축에는 유효전력, 세로축에는 무효전력을 나타내고, 그 반지름은
$r = \dfrac{E_S E_R}{B}$ 이다.

정답 01. ③ 02. ② 03. ① 04. ② 05. ① 06. ②

07 송전 계통의 안정도를 향상시키는 방법이 아닌 것은?

① 직렬 리액턴스를 증가시킨다.
② 전압변동률을 적게 한다.
③ 고장시간, 고장전류를 적게 한다.
④ 동기기 간의 임피던스를 감소시킨다.

[해설] 계통 안정도 향상 대책 중에서 직렬 리액턴스는 송·수전 전력과 반비례하므로 크게 하면 안 된다.

08 다음 접지방식 중 1선 지락전류가 큰 순서대로 바르게 나열된 것은 무엇인가?

> ㉠ 직접접지 3상 3선식 방식
> ㉡ 저항접지 3상 3선식 방식
> ㉢ 리액터접지 3상 3선식 방식
> ㉣ 다중접지 3상 4선식 방식

① ㉣, ㉠, ㉡, ㉢
② ㉣, ㉡, ㉠, ㉢
③ ㉠, ㉣, ㉡, ㉢
④ ㉡, ㉠, ㉢, ㉣

[해설] 지락전류는 접지저항이 최소인 직접접지방식이 최대이고, 병렬 공진을 이용한 리액터접지가 최소이다. 특히 다중접지는 접지저항이 대단히 작아 지락전류가 가장 크다고 할 수 있다.

09 3상 송전선로의 선간전압을 100[kV], 3상 기준 용량을 10,000[kVA]로 할 때, 선로 리액턴스(1선당) 100[Ω]을 %임피던스로 환산하면 얼마인가?

① 1
② 10
③ 0.33
④ 3.33

[해설] $\%Z = \dfrac{P \cdot Z}{10 V^2}$

$= \dfrac{10,000 \times 100}{10 \times 100^2} = 10[\%]$

10 선간단락 고장을 대칭좌표법으로 해석할 경우 필요한 것 모두를 나열한 것은?

① 정상 임피던스
② 역상 임피던스
③ 정상 임피던스, 역상 임피던스
④ 정상 임피던스, 영상 임피던스

[해설] 각 사고별 대칭좌표법 해석

1선 지락	정상분	역상분	영상분
선간단락	정상분	역상분	×
3상 단락	정상분	×	×

그러므로 선간단락 고장해석은 정상 임피던스와 역상 임피던스가 필요하다.

11 피뢰기의 제한전압에 대한 설명으로 옳은 것은?

① 방전을 개시할 때의 단자전압의 순시값
② 피뢰기 동작 중 단자전압의 파고값
③ 특성요소에 흐르는 전압의 순시값
④ 피뢰기에 걸린 회로전압

[해설] 제한전압은 피뢰기가 동작하고 있을 때 단자에 허용하는 파고값을 말한다.

12 다음은 어떤 계전기의 동작 특성을 나타낸 것인가?

> 전압 및 전류를 입력량으로 하여, 전압과 전류의 비의 함수가 예정값 이하로 되었을 때 동작한다.

① 변화폭 계전기
② 거리계전기
③ 차동계전기
④ 방향계전기

[해설] 전압과 전류의 비의 함수는 임피던스를 의미하므로 거리계전기이다.

13 팽창차단기의 소호 방식은?

① 자력형이다.
② 타력형이다.
③ 반타력형이다.
④ 혼합형이다.

해설 ① 자력형 소호 : 차단하는 전류 자체에 의한 아크 에너지 또는 전자력에 의해 소호되는 방식으로 유입차단기, 자기차단기, 팽창차단기 등
② 타력형 소호 : 공기차단기, 가스차단기 등
팽창차단기는 유입차단기의 일종으로 기름에 아크가 발생하면 아크열에 의해 절연유를 분해시켜 가스를 발생시켜서 가스의 팽창으로 아크를 소멸시킨다.

14 그림에서 X부분에 흐르는 전류는 어떤 전류인가?

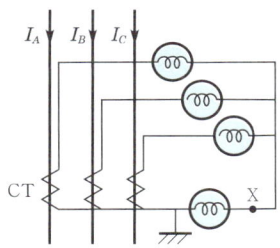

① b상 전류
② 정상전류
③ 역상전류
④ 영상전류

해설 X부분에 흐르는 전류는 각 상 전류의 합계이므로 영상전류가 된다.

15 어떤 건물에서 총 설비부하용량이 850[kW], 수용률이 60[%]이면 변압기 용량은 최소 몇 [kVA]로 하여야 하는가? (단, 설비부하의 종합 역률은 0.75이다.)

① 740
② 680
③ 650
④ 500

해설 변압기 용량 $P_t = \dfrac{850 \times 0.6}{0.75} = 680 [\text{kVA}]$

16 그림과 같은 단상 3선식 회로의 중성선 P점에서 단선되었다면 백열등 $A(100[W])$와 $B(400[W])$에 걸리는 단자전압은 각각 몇 [V]인가?

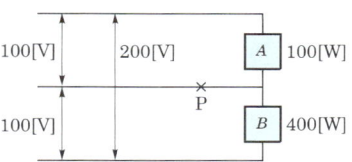

① $V_A = 160$, $V_B = 40$
② $V_A = 120$, $V_B = 80$
③ $V_A = 40$, $V_B = 160$
④ $V_A = 60$, $V_B = 120$

해설 전력 $P = \dfrac{V^2}{R}$ 에서 저항 $R = \dfrac{V^2}{P}$

• 100[W] 백열등 저항 $R = \dfrac{100^2}{100} = 100[\Omega]$

• 400[W] 백열등 저항 $R = \dfrac{100^2}{400} = 25[\Omega]$

P점이 단선되면 A, B가 직렬 회로가 되고, 인가 전압은 200[V]이므로 분압법칙에 의해

$V_A = \dfrac{100}{100+25} \times 200 = 160[\text{V}]$

$V_B = \dfrac{25}{100+25} \times 200 = 40[\text{V}]$

17 배전선로의 역률 개선에 따른 효과로 적합하지 않은 것은?

① 전원측 설비의 이용률 향상
② 선로 절연에 요하는 비용 절감
③ 전압강하 감소
④ 선로의 전력손실 경감

해설 역률 개선의 효과
• 전력손실이 감소한다.
• 전압강하가 감소한다.
• 설비의 여유가 증가한다.
• 전력 사업자 공급설비를 합리적으로 운용한다.
• 수용가측의 전기요금을 절약한다.

정답 13. ① 14. ④ 15. ② 16. ① 17. ②

18 유효낙차가 40[%] 저하되면 수차의 효율이 20[%] 저하된다고 할 경우 이때의 출력은 원래의 약 몇 [%]인가? (단, 안내 날개의 열림은 불변인 것으로 한다.)

① 37.2
② 48.0
③ 52.7
④ 63.7

해설 발전소 출력 $P = 9.8HQ\eta$[kW]이므로
$P \propto H^{\frac{3}{2}}\eta = (1-0.4)^{\frac{3}{2}} \times (1-0.2) = 0.372$
∴ 37.2[%]

19 수차 발전기에 제동권선을 설치하는 주된 목적은?

① 정지시간 단축
② 회전력의 증가
③ 과부하 내량의 증대
④ 발전기 안정도의 증진

해설 제동권선은 조속기의 난조를 방지하여 발전기의 안정도를 향상시킨다.

20 조력발전소에 대한 설명으로 옳은 것은?

① 간만의 차가 작은 해안에 설치한다.
② 만조로 되는 동안 바닷물을 받아들여 발전한다.
③ 지형적 조건에 따라 수로식과 양수식이 있다.
④ 완만한 해안선을 이루고 있는 지점에 설치한다.

해설 조력발전은 조수간만의 수위차로 발전하는 방식으로 밀물과 썰물 때에 터빈을 돌려 발전하는 시스템으로 수력발전과 유사한 방식이다.

정답 18. ① 19. ④ 20. ②

2025년 제2회 CBT 기출복원문제

01 경간 200[m]의 지지점이 수평인 가공전선로가 있다. 전선 1[m]의 하중은 2[kg], 풍압하중은 없는 것으로 하고 전선의 인장하중은 4,000[kg], 안전율을 2.2로 하면 이도[m]는?

① 4.7 ② 5
③ 5.5 ④ 6

해설 $D = \dfrac{WS^2}{8T} = \dfrac{2 \times 200^2}{8 \times \dfrac{4,000}{2.2}} = 5.5[m]$

02 250[mm] 현수애자 한 개의 건조섬락전압은 80[kV]이다. 이것을 10개 직렬로 접속한 애자련의 건조섬락전압이 590[kV]일 때 연능률(string efficiency)은?

① 1.35 ② 13.5
③ 0.74 ④ 7.4

해설 $\eta = \dfrac{V_n}{nV_1} = \dfrac{590}{10 \times 80} = 0.74$

03 3선식 3각형 배치의 송전선로가 있다. 선로가 연가되어 각 선간의 정전용량은 0.009[μF/km], 각 선의 대지정전용량은 0.003[μF/km]라고 하면 1선의 작용정전용량[μF/km]은?

① 0.03 ② 0.018
③ 0.012 ④ 0.006

해설 $C = C_s + 3C_m$
$= 0.003 + 3 \times 0.009 = 0.03[\mu F/km]$

04 다음 중 송전선로에 복도체를 사용하는 주된 목적은?

① 인덕턴스를 증가시키기 위하여
② 정전용량을 감소시키기 위하여
③ 코로나 발생을 감소시키기 위하여
④ 전선 표면의 전위경도를 증가시키기 위하여

해설 다도체(복도체)의 특징
- 같은 도체 단면적의 단도체보다 인덕턴스와 리액턴스가 감소하고 정전용량이 증가하여 송전용량을 크게 할 수 있다.
- 전선 표면의 전위경도를 저감시켜 코로나 임계전압을 높게 하므로 코로나손을 줄일 수 있다.
- 전력 계통의 안정도를 증대시킨다.

05 송전선로의 일반 회로정수가 $A=0.7$, $B=j190$, $D=0.9$라 하면 C의 값은?

① $-j1.95 \times 10^{-3}$ ② $j1.95 \times 10^{-3}$
③ $-j1.95 \times 10^{-4}$ ④ $j1.95 \times 10^{-4}$

해설 $AD - BC = 1$에서
$C = \dfrac{AD-1}{B} = \dfrac{0.7 \times 0.9 - 1}{j190}$
$= j0.00195 = j1.95 \times 10^{-3}$

06 송전선의 특성 임피던스와 전파정수는 어떤 시험으로 구할 수 있는가?

① 뇌파시험
② 정격 부하시험
③ 절연강도 측정시험
④ 무부하 시험과 단락시험

해설 특성 임피던스 $Z_0 = \sqrt{\dfrac{Z}{Y}}[\Omega]$

전파정수 $\dot{\gamma} = \sqrt{ZY}[rad]$

단락 임피던스와 개방 어드미턴스가 필요하므로 단락시험과 무부하 시험을 한다.

정답 01.③ 02.③ 03.① 04.③ 05.② 06.④

07 전력용 콘덴서 회로에 직렬 리액터를 접속시키는 목적은 무엇인가?

① 콘덴서 개방 시의 방전 촉진
② 콘덴서에 걸리는 전압의 저하
③ 제3고조파의 침입 방지
④ 제5고조파 이상의 고조파의 침입 방지

해설 송전선에 콘덴서를 연결하면 제3고조파는 △ 결선으로 제거되지만 제5고조파가 발생되므로 제5고조파 제거를 위해 직렬 리액터를 삽입한다.

08 송전선로에서 1선 지락 시에 건전상의 전압 상승이 가장 적은 접지방식은?

① 비접지방식
② 직접접지방식
③ 저항접지방식
④ 소호 리액터 접지방식

해설 중성점 직접접지방식은 중성점의 전위를 대지전압으로 하므로 1선 지락 발생 시 건전상 전위 상승이 거의 없다.

09 그림과 같은 회로의 영상, 정상, 역상 임피던스 Z_0, Z_1, Z_2는?

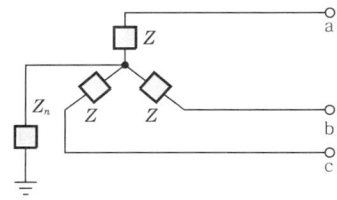

① $Z_0 = Z + 3Z_n$, $Z_1 = Z_2 = Z$
② $Z_0 = 3Z_n$, $Z_1 = Z$, $Z_2 = 3Z$
③ $Z_0 = 3Z + Z_n$, $Z_1 = 3Z$, $Z_2 = Z$
④ $Z_0 = Z + Z_n$, $Z_1 = Z_2 = Z + 3Z_n$

해설 영상 임피던스 $Z_0 = Z + 3Z_n$(중성점 임피던스 3배)
정상 임피던스(Z_1)=역상 임피던스(Z_2)
　　　　　　　=Z(중성점 임피던스 무시)

10 전력선측의 유도장해 방지대책이 아닌 것은?

① 전력선과 통신선의 이격거리를 증대한다.
② 전력선의 연가를 충분히 한다.
③ 배류코일을 사용한다.
④ 차폐선을 설치한다.

해설 배류코일로 통신선을 접지해서 유도전류를 대지로 흘려준다. 따라서 배류코일은 통신선측 유도장해 방지대책이다.

11 송전선로에 매설지선을 설치하는 주된 목적은?

① 철탑 기초의 강도를 보강하기 위하여
② 직격뢰로부터 송전선을 차폐 보호하기 위하여
③ 현수애자 1련의 전압 부담을 균일화하기 위하여
④ 철탑으로부터 송전선로의 역섬락을 방지하기 위하여

해설 뇌전류가 철탑으로부터 대지로 흐를 경우, 철탑 전위의 파고값이 전선을 절연하고 있는 애자련의 절연파괴 전압 이상으로 될 경우 철탑으로부터 전선을 향해 역섬락이 발생하므로 이것을 방지하기 위해서는 매설지선을 시설하여 철탑의 탑각 접지저항을 작게 하여야 한다.

12 보호계전기의 구비조건으로 틀린 것은?

① 고장상태를 신속하게 선택할 것
② 조정범위가 넓고 조정이 쉬울 것
③ 보호동작이 정확하고 감도가 예민할 것
④ 접점의 소모가 크고, 열적·기계적 강도가 클 것

해설 보호계전기의 접점은 다빈도의 동작에도 소모가 적어야 한다.

정답 07. ④ 08. ② 09. ① 10. ③ 11. ④ 12. ④

13 3상 결선 변압기의 단상 운전에 의한 소손 방지 목적으로 설치하는 계전기는?

① 차동계전기 ② 역상 계전기
③ 단락계전기 ④ 과전류 계전기

해설 3상 운전 변압기의 단상 운전을 방지하기 위한 계전기는 역상(결상) 계전기를 사용한다.

14 가스절연장치(GIS)의 특징이 아닌 것은?

① 감전 사고 위험 감소
② 밀폐형이므로 배기 및 소음이 없음
③ 신뢰도가 높음
④ 변성기와 변류기는 따로 설치

해설 가스절연 개폐장치(Gas Insulation Switch : GIS)

금속용기 안에 모선, 변성기, 피뢰기, 개폐장치 등을 내장하고 불활성가스인 SF_6으로 충전 밀폐하여 절연을 향상시켜 사용하는 종합개폐장치로 좁은 면적, 절연 신뢰도 향상, 저소음, 감전 위험 감소 등이 특징이다.
GIS는 모선, 변성기, 피뢰기, 개폐장치를 따로 설치하지 않는다.

15 고압 배전선로 구성방식 중 고장 시 자동적으로 고장 개소의 분리 및 건전선로에 폐로하여 전력을 공급하는 개폐기를 가지며, 수요분포에 따라 임의의 분기선으로부터 전력을 공급하는 방식은?

① 환상식 ② 망상식
③ 뱅킹식 ④ 가지식(수지식)

해설 환상식(loop system)

배전 간선을 환상(loop)선으로 구성하고, 분기선을 연결하는 방식으로 한쪽의 공급선에 이상이 생기더라도, 다른 한쪽에 의해 공급이 가능하고 손실과 전압강하가 적고, 수요분포에 따라 임의의 분기선을 내어 전력을 공급하는 방식으로 부하가 밀집된 도시에 적합하다.

16 밸런서의 설치가 가장 필요한 배전방식은?

① 단상 2선식
② 단상 3선식
③ 3상 3선식
④ 3상 4선식

해설 단상 3선식에서는 양측 부하의 불평형에 의한 부하, 전압의 불평형이 크기 때문에 일반적으로는 이러한 전압 불평형을 줄이기 위한 대책으로서 저압선의 말단에 밸런서(Balancer)를 설치하고 있다.

17 왕복선의 저항 2[Ω], 유도 리액턴스 8[Ω]의 단상 2선식 배전선로의 전압강하를 보상하기 위하여 용량 리액턴스 6[Ω]의 콘덴서를 선로에 직렬로 삽입하였을 때 부하단 전압은 몇 [V]인가? [단, 전원은 6,900[V], 부하전류는 200[A], 역률은 80%(뒤짐)라 한다.]

① 6,340
② 6,600
③ 5,430
④ 5,050

해설 수전단 전압
$$V_R = V_S - I(R\cos\theta + X\sin\theta)$$
$$= V_S - I\{R\cos\theta + (X_L - X_C)\sin\theta\}$$
$$= 6,900 - 200\{2 \times 0.8 + (8-6) \times 0.6\}$$
$$= 6,340[V]$$

18 전력 계통의 전압을 조정하는 가장 보편적인 방법은?

① 발전기의 유효전력 조정
② 부하의 유효전력 조정
③ 계통의 주파수 조정
④ 계통의 무효전력 조정

해설 전력 계통의 전압조정은 계통의 무효전력을 흡수하는 커패시터나 리액터를 사용하여야 한다.

정답 13. ② 14. ④ 15. ① 16. ② 17. ① 18. ④

19 수력발전소를 건설할 때 낙차를 취하는 방법으로 적합하지 않은 것은?

① 수로식
② 댐식
③ 유역 변경식
④ 역조정지식

해설 수력발전소 분류에서 낙차를 얻는 방식은 댐식, 수로식, 댐수로식, 유역 변경식 등이 있고, 유량 사용 방법은 유입식, 저수지식, 조정지식, 양수식(역조정지식) 등이 있다.

20 보일러 급수 중의 염류 등이 굳어서 내벽에 부착되어 보일러 열 전도와 물의 순환을 방해하며 내면의 수관벽을 과열시켜 파열을 일으키게 하는 원인이 되는 것은?

① 스케일
② 부식
③ 포밍
④ 캐리오버

해설 스케일
급수에 포함된 염류가 보일러 물의 증발에 의해 농축되고 가열되어서 용해도가 작은 것부터 순차적으로 침전하여 보일러 벽에 부착하는 현상이다.

정답 19. ④ 20. ①

2025년 제2회 CBT 기출복원문제

전기산업기사

01 가공 송전선로를 가선할 때에는 하중 조건과 온도 조건을 고려해서 적당한 이도를 주도록 해야 한다. 다음 중 이도에 대한 설명으로 옳은 것은?

① 이도가 작으면 전선이 좌우로 크게 흔들려서 다른 상의 전선에 접촉해서 위험하게 된다.
② 전선을 가선할 때 전선을 팽팽하게 가선하는 것을 이도를 크게 준다고 한다.
③ 이도를 작게 하면 이에 비례하여, 전선의 장력이 증가되며 심할 때는 전선 상호 간이 꼬이게 된다.
④ 이도의 대소는 지지물의 높이를 좌우한다.

해설 이도(dip)의 영향
- 이도의 대소는 지지물의 높이를 좌우한다.
- 이도가 너무 크면 그만큼 좌우로 크게 진동해서 다른 상의 전선에 접촉하거나 수목에 접촉해서 위험을 준다.
- 이도가 너무 작으면 그와 반비례해서 전선의 장력이 증가하여 심할 경우에 전선이 단선되기도 한다.

02 154[kV] 송전선로에 10개의 현수애자가 연결되어 있다. 다음 중 전압 부담이 가장 적은 것은? (단, 애자는 같은 간격으로 설치되어 있다.)

① 철탑에 가장 가까운 것
② 철탑에서 3번째에 있는 것
③ 전선에서 가장 가까운 것
④ 전선에서 3번째에 있는 것

해설 현수애자련의 전압 부담은 철탑에서 $\frac{1}{3}$ 지점(철탑에서 3번째)이 가장 적고, 전선에서 제일 가까운 것이 가장 크다.

03 다음 사항 중 가공 송전선로의 코로나 손실과 관계가 없는 사항은?

① 전원 주파수
② 전선의 연가
③ 상대공기밀도
④ 선간거리

해설 코로나 손실
$$P_d = \frac{241}{\delta}(f+25)\sqrt{\frac{d}{2D}}(E-E_0)^2 \times 10^{-5}$$
[kW/km/선]이므로 전선의 연가와는 관련이 없다.

04 동일한 부하전력에 대하여 전압을 2배로 승압하면 전압강하, 전압강하율, 전력손실률은 각각 얼마나 감소하는지를 순서대로 나열한 것은?

① $\frac{1}{2}, \frac{1}{2}, \frac{1}{2}$
② $\frac{1}{2}, \frac{1}{2}, \frac{1}{4}$
③ $\frac{1}{2}, \frac{1}{4}, \frac{1}{4}$
④ $\frac{1}{4}, \frac{1}{4}, \frac{1}{4}$

해설 전압을 2배로 승압하면, 전압강하는 $\frac{1}{2}$배, 전선량과 전력손실 및 전압강하율은 $\frac{1}{4}$배로 감소하고, 전력은 4배로 증가한다.

05 선로의 특성 임피던스에 관한 내용으로 옳은 것은?

① 선로의 길이에 관계없이 일정하다.
② 선로의 길이가 길어질수록 값이 커진다.
③ 선로의 길이가 길어질수록 값이 작아진다.
④ 선로의 길이보다는 부하전력에 따라 값이 변한다.

정답 01. ④ 02. ② 03. ② 04. ③ 05. ①

해설 특성 임피던스 $Z_0 = \sqrt{\dfrac{L}{C}} = 138\log_{10}\dfrac{D}{r}$ 으로 거리에 관계없이 일정하다.

06 뒤진 역률 80[%], 10[kVA]의 부하를 가지는 주상 변압기의 2차측에 2[kVA]의 전력용 콘덴서를 접속하면 주상 변압기에 걸리는 부하는 약 몇 [kVA]가 되겠는가?

① 8　　② 8.5
③ 9　　④ 9.5

해설 역률 개선 후 변압기에 걸리는 부하(개선 후 피상전력)
$P_a' = \sqrt{\text{유효전력}^2 + (\text{무효전력} - \text{진상용량})^2}$
$= \sqrt{(10\times 0.8)^2 + (10\times 0.6 - 2)^2} \fallingdotseq 9[\text{kVA}]$

07 비접지식 송전선로에서 1선 지락 고장이 생겼을 경우, 지락점에 흐르는 전류는?

① 고장상의 전압보다 90도 늦은 전류
② 직류
③ 고장상의 전압보다 90도 빠른 전류
④ 고장상의 전압과 동상의 전류

해설 비접지식에서 1선 지락사고 고장전류는 대지정전용량으로 흐르기 때문에 90° 진상전류이다.

08 단선식 전력선과 단선식 통신선이 그림과 같이 근접되었을 때, 통신선의 정전유도전압 E_0는?

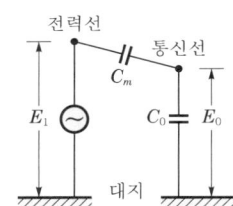

① $\dfrac{C_m}{C_0+C_m}E_1$　　② $\dfrac{C_0+C_m}{C_0}E_1$
③ $\dfrac{C_0}{C_0+C_m}E_1$　　④ $\dfrac{C_0+C_m}{C_0}E_1$

해설 단상 선로의 정전유도전압
$E_0 = \dfrac{C_m}{C_0+C_m}E_1[\text{V}]$

09 그림과 같은 전선로의 단락용량은 약 몇 [MVA]인가? (단, 그림의 수치는 10,000[kVA]를 기준으로 한 %리액턴스를 나타낸다.)

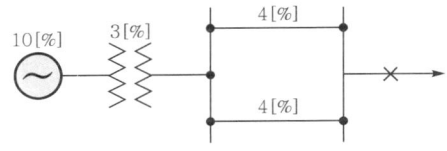

① 33.7　　② 66.7
③ 99.7　　④ 132.7

해설 단락용량 $P_s = \dfrac{100}{\%Z}P_n$
$= \dfrac{100}{10+3+\dfrac{4}{2}} \times 10,000 \times 10^{-3}$
$= 66.7[\text{MVA}]$

10 파동 임피던스 $Z_1 = 400[\Omega]$인 선로 종단에 파동 임피던스 $Z_2 = 1,200[\Omega]$의 변압기가 접속되어 있다. 지금 선로에서 파고 $e_1 = 800[\text{kV}]$인 전압이 입사했다면, 접속점에서 전압의 반사파의 파고값[kV]은?

① 400　　② 800
③ 1,200　　④ 1,600

해설 $e_2 = \dfrac{1,200-400}{1,200+400} \times 800 = 400[\text{kV}]$

11 345[kV] 송전 계통의 절연 협조에서 충격 절연내력의 크기 순으로 나열한 것은?

① 선로애자 > 차단기 > 변압기 > 피뢰기
② 선로애자 > 변압기 > 차단기 > 피뢰기
③ 변압기 > 차단기 > 선로애자 > 피뢰기
④ 변압기 > 선로애자 > 차단기 > 피뢰기

정답 06. ③ 07. ③ 08. ① 09. ② 10. ① 11. ①

해설 절연 협조는 피뢰기의 제1보호 대상을 변압기로 하고, 가장 높은 기준 충격 절연강도(BIL)는 선로 애자이다.
그러므로 선로애자 > 차단기 > 변압기 > 피뢰기 순으로 한다.

12 송전선로의 보호방식으로 지락에 대한 보호는 영상전류를 이용하여 어떤 계전기를 동작시키는가?

① 선택지락계전기 ② 전류차동계전기
③ 과전압 계전기 ④ 거리계전기

해설 지락사고 시 영상 변류기(ZCT)로 영상전류를 검출하여 지락계전기(OVGR, SGR)를 동작시킨다.

13 최근에 우리나라에서 많이 채용되고 있는 가스절연 개폐설비(GIS)의 특징으로 틀린 것은?

① 대기 절연을 이용한 것에 비해 현저하게 소형화할 수 있으나 비교적 고가이다.
② 소음이 적고 충전부가 완전한 밀폐형으로 되어 있기 때문에 안정성이 높다.
③ 가스압력에 대한 엄중 감시가 필요하며, 내부 점검 및 부품 교환이 번거롭다.
④ 한랭지, 산악지방에서도 액화방지 및 산화방지 대책이 필요없다.

해설 가스절연 개폐장치(GIS)의 장단점
• 장점 : 소형화, 고성능, 고신뢰성, 설치공사기간 단축, 유지보수 간편, 무인운전 등
• 단점 : 육안검사 불가능, 대형 사고 주의, 고가, 고장 시 임시 복구 불가, 액화 및 산화방지 대책이 필요

14 저압 뱅킹 배전방식에서 캐스케이딩(Cascading) 현상이란?

① 전압 동요가 적은 현상
② 변압기의 부하 배분이 불균일한 현상
③ 저압선이나 변압기에 고장이 생기면 자동적으로 고장이 제거되는 현상
④ 저압선의 고장에 의하여 건전한 변압기의 일부 또는 전부가 차단되는 현상

해설 캐스케이딩(Cascading) 현상
변압기 또는 선로의 사고에 의해서 뱅킹 내의 건전한 변압기의 일부 또는 전부가 연쇄적으로 회로로부터 차단되는 현상
※ 방지책 : 변압기의 1차측에 퓨즈, 저압선의 중간에 구분 퓨즈 설치

15 송전전력, 부하 역률, 송전거리, 전력손실 및 선간전압을 동일하게 하였을 경우 3상 3선식에 요하는 전선 총량은 단상 2선식에 필요로 하는 전선량의 몇 배인가?

① $\dfrac{1}{2}$

② $\dfrac{2}{3}$

③ $\dfrac{3}{4}$

④ 1

해설 전선의 중량은 전선의 저항에 반비례하므로, 저항의 비 $\dfrac{R_1}{R_3} = \dfrac{1}{2}$ 이다.

따라서 $\dfrac{3W_3}{2W_1} = \dfrac{3}{2} \times \dfrac{R_1}{R_3} = \dfrac{3}{2} \times \dfrac{1}{2} = \dfrac{3}{4}$ 배

16 배전선로의 전기적 특성 중 그 값이 1 이상인 것은?

① 전압강하율
② 부등률
③ 부하율
④ 수용률

해설 부등률 = $\dfrac{\text{각 수용가의 최대수용전력의 합[kW]}}{\text{합성(종합) 최대전력[kW]}}$
으로 이 값은 항상 1보다 크다.

정답 12. ① 13. ④ 14. ④ 15. ③ 16. ②

17 역률 0.8(지상), 480[kW] 부하가 있다. 전력용 콘덴서를 설치하여 역률을 개선하고자 할 때 콘덴서 220[kVA]를 설치하면 역률은 몇 [%]로 개선되는가?

① 82　② 85
③ 90　④ 96

해설 개선 후 역률

$$\cos\theta_2 = \frac{P}{\sqrt{P^2 + (P\tan\theta_1 - Q_c)^2}}$$

$$= \frac{480}{\sqrt{480^2 + \left(\frac{480}{0.8} \times 0.6 - 220\right)^2}}$$

$$= 0.96$$

∴ 96[%]

18 취수구에 제수문을 설치하는 목적은?

① 유량을 조정한다.
② 모래를 배제한다.
③ 낙차를 높인다.
④ 홍수위를 낮춘다.

해설 취수구에 설치한 모든 수문은 유량을 조절한다.

19 기력발전소의 열사이클 과정 중 단열팽창 과정에서 물 또는 증기의 상태 변화로 옳은 것은?

① 습증기 → 포화액
② 포화액 → 압축액
③ 과열 증기 → 습증기
④ 압축액 → 포화액 → 포화 증기

해설 단열팽창의 과정은 터빈에서 발생하고, 과열 증기가 습증기로 변화하는 과정이다.

20 원자로의 냉각재가 갖추어야 할 조건이 아닌 것은?

① 열용량이 적을 것
② 중성자의 흡수가 적을 것
③ 열전도율 및 열전달계수가 클 것
④ 방사능을 띠기 어려울 것

해설 냉각재는 원자로에서 발생한 열에너지를 외부로 꺼내기 위한 매개체로 경수, 중수, 탄산가스, 헬륨, 액체 금속 유체(나트륨) 등으로 열용량이 커야 한다.

정답 17. ④　18. ①　19. ③　20. ①

2025년 제3회 CBT 기출복원문제

전기기사

01 현수애자에 대한 설명으로 틀린 것은?

① 애자를 연결하는 방법에 따라 클레비스형과 볼소켓형이 있다.
② 큰 하중에 대하여는 2연 또는 3연으로 하여 사용할 수 있다.
③ 애자의 연결 개수를 가감함으로써 임의의 송전전압에 사용할 수 있다.
④ 2~4층의 갓 모양의 자기편을 시멘트로 접착하고 그 자기를 주철제 베이스로 지지한다.

해설 ④번은 핀애자를 설명한 것이다.

02 지중선 계통은 가공선 계통에 비하여 인덕턴스와 정전용량은 어떠한가?

① 인덕턴스, 정전용량이 모두 크다.
② 인덕턴스, 정전용량이 모두 작다.
③ 인덕턴스는 크고, 정전용량은 작다.
④ 인덕턴스는 작고, 정전용량은 크다.

해설 지중전선로는 가공전선로보다 인덕턴스는 약 $\frac{1}{6}$ 정도이고, 정전용량은 100배 정도이다.

03 3상 전원에 접속된 △결선의 콘덴서를 Y결선으로 바꾸면 진상용량은 몇 배로 되는가?

① $\sqrt{3}$
② $\frac{1}{3}$
③ 3
④ $\frac{1}{\sqrt{3}}$

해설 $Q_\triangle = 3\omega CE^2 = 3\omega CV^2$

$Q_Y = 3\omega CE^2 = 3\omega C\left(\frac{V}{\sqrt{3}}\right)^2 = \omega CV^2$

$\therefore \frac{Q_Y}{Q_\triangle} = \frac{\omega CV^2}{3\omega CV^2} = \frac{1}{3}$ 배

04 수전단 전압 3.3[kV], 역률 0.85(lag)인 부하 300[kW]에 공급하는 선로가 있다. 이때 송전단 전압은 약 몇 [V]인가?

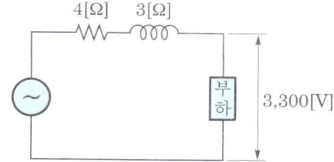

① 약 3,420
② 약 3,560
③ 약 3,680
④ 약 3,830

해설 부하전력 $P = VI\cos\theta$ 에서

$I = \frac{P}{V\cos\theta} = \frac{3 \times 10^5}{3,300 \times 0.85} = 107[A]$

송전단 전압
$V_s = V_R + I(R\cos\theta + X\sin\theta)$
$= 3,300 + 107(4 \times 0.85 + 3 \times \sqrt{1-0.85^2})$
$= 3,832.9 ≒ 3,830[V]$

05 그림 중 4단자 정수 A, B, C, D는? (여기서, E_S, I_S는 송전단 전압 및 전류, E_R, I_R은 수전단 전압 및 전류이고, Y는 병렬 어드미턴스이다.)

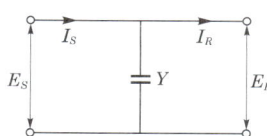

① 1, 0, Y, 1
② 1, Y, 0, 1
③ 1, Y, 1, 0
④ 1, 0, 0, 1

해설 병렬 어드미턴스 회로의 4단자 정수

$\begin{bmatrix} A & B \\ C & D \end{bmatrix} = \begin{bmatrix} 1 & 0 \\ Y & 1 \end{bmatrix}$

정답 01. ④ 02. ④ 03. ② 04. ④ 05. ①

06 62,000[kW]의 전력을 60[km] 떨어진 지점에 송전하려면 전압은 몇 [kV]로 하면 좋은가?

① 66　　② 110
③ 140　　④ 154

해설 송전전압[kV] $= 5.5\sqrt{0.6l + \dfrac{P}{100}}$
$= 5.5\sqrt{0.6 \times 60 + \dfrac{62,000}{100}}$
$= 140[kV]$

07 제5고조파 전류의 억제를 위해 전력용 콘덴서에 직렬로 삽입하는 유도 리액턴스의 값으로 적당한 것은?

① 전력용 콘덴서 용량의 약 6[%] 정도
② 전력용 콘덴서 용량의 약 12[%] 정도
③ 전력용 콘덴서 용량의 약 18[%] 정도
④ 전력용 콘덴서 용량의 약 24[%] 정도

해설 직렬 리액터의 용량은 전력용 콘덴서 용량의 이론상 4[%]이지만, 주파수 변동 등을 고려하여 실제는 5~6[%] 정도 사용한다.

08 1상의 대지정전용량 0.5[μF], 주파수 60[Hz]인 3상 송전선이 있다. 이 선로에 소호 리액터를 설치하려 한다. 소호 리액터의 공진 리액턴스[Ω]값은?

① 약 565
② 약 1,370
③ 약 1,770
④ 약 3,570

해설 $\omega L = \dfrac{1}{3\omega C}$
$= \dfrac{1}{3 \times 2\pi \times 60 \times 0.5 \times 10^{-6}}$
$= 1,768.3[\Omega]$

09 66[kV] 송전선로에서 3상 단락 고장이 발생하였을 경우 고장점에서 본 등가 정상 임피던스가 자기용량(40[MVA]) 기준으로 20[%]일 경우 고장전류는 정격전류의 몇 배가 되는가?

① 2　　② 4
③ 5　　④ 8

해설 $I_s = \dfrac{100}{\%Z} \times I_n = \dfrac{100}{20} \times I_n = 5I_n$
∴ 5배이다.

10 파동 임피던스 $Z_1 = 400[\Omega]$인 선로 종단에 파동 임피던스 $Z_2 = 1,200[\Omega]$의 변압기가 접속되어 있다. 지금 선로에서 파고 $e_1 = 800[kV]$인 전압이 입사했다면, 접속점에서 전압의 반사파의 파고값[kV]은?

① 400
② 800
③ 1,200
④ 1,600

해설 $e_2 = \dfrac{1,200 - 400}{1,200 + 400} \times 800 = 400[kV]$

11 피뢰기의 구조는?

① 특성요소와 소호 리액터
② 특성요소와 콘덴서
③ 소호 리액터와 콘덴서
④ 특성요소와 직렬갭

해설
- **직렬갭** : 평상시에는 개방상태이고, 과전압(이상 충격파)이 인가되면 도통된다.
- **특성요소** : 비직선 전압 전류 특성에 따라 방전 시에는 대전류를 통과시키고, 방전 후에는 속류를 저지 또는 직렬갭으로 차단할 수 있는 정도로 제한하는 특성을 가진다.

정답 06. ③　07. ①　08. ③　09. ③　10. ①　11. ④

12 동작 전류의 크기가 커질수록 동작시간이 짧게 되는 특성을 가진 계전기는?

① 순한시 계전기
② 정한시 계전기
③ 반한시 계전기
④ 반한시성 정한시 계전기

해설 반한시 계전기
정정된 값 이상의 전류가 흐를 때 동작시간은 전류값이 크면 동작시간이 짧아지고, 전류값이 적으면 느리게 동작하는 계전기

13 차단기의 정격차단시간은?

① 고장 발생부터 소호까지의 시간
② 가동 접촉자 시동부터 소호까지의 시간
③ 트립코일 여자부터 소호까지의 시간
④ 가동 접촉자 개구부터 소호까지의 시간

해설 차단기의 정격차단시간은 트립코일이 여자하는 순간부터 아크가 소멸하는 시간으로 약 3~8[Hz] 정도이다.

14 3상으로 표준 전압 3[kV], 800[kW]를 역률 0.9로 수전하는 공장의 수전회로에 시설할 계기용 변류기의 변류비로 적당한 것은? (단, 변류기의 2차 전류는 5[A]이며, 여유율은 1.2로 한다.)

① 10
② 20
③ 30
④ 40

해설 변류기 1차 전류
$$I_1 = \frac{800}{\sqrt{3} \times 3 \times 0.9} \times 1.2 = 205[A]$$
∴ 200[A]를 적용하므로 변류비는 $\frac{200}{5} = 40$

15 저압 뱅킹(banking) 방식에 대한 설명으로 옳은 것은?

① 깜박임(light flicker) 현상이 심하게 나타난다.
② 저압 간선의 전압강하는 줄어지나 전력손실은 줄일 수 없다.
③ 캐스케이딩(cascading) 현상의 염려가 있다.
④ 부하의 증가에 대한 융통성이 없다.

해설 저압 뱅킹 방식(Banking System)
㉠ 용도 : 수용 밀도가 큰 지역
㉡ 장점
 • 수지상식과 비교할 때 전압강하와 전력손실이 적다.
 • 플리커(Fliker)가 경감된다.
 • 변압기 용량 및 저압선 동량이 절감된다.
 • 부하 증가에 대한 탄력성이 향상된다.
 • 고장보호방법이 적당할 때 공급 신뢰도는 향상된다.
㉢ 단점
 • 보호 방식이 복잡하다.
 • 시설비가 비싸다.
 • 캐스케이딩(Cascading) 현상이 생긴다.

16 송전전력, 부하 역률, 송전거리, 전력손실 및 선간전압을 동일하게 하였을 경우 3상 3선식에 요하는 전선 총량은 단상 2선식에 필요로 하는 전선량의 몇 배인가?

① $\frac{1}{2}$
② $\frac{2}{3}$
③ $\frac{3}{4}$
④ 1

해설 전선의 중량은 전선의 저항에 반비례하므로, 저항의 비 $\frac{R_1}{R_3} = \frac{1}{2}$ 이다.
따라서 $\frac{3W_3}{2W_1} = \frac{3}{2} \times \frac{R_1}{R_3} = \frac{3}{2} \times \frac{1}{2} = \frac{3}{4}$ 배

정답 12. ③ 13. ③ 14. ④ 15. ③ 16. ③

17 어느 수용가의 부하설비는 전등설비가 500[W], 전열설비가 600[W], 전동기 설비가 400[W], 기타 설비가 100[W]이다. 이 수용가의 최대 수용전력이 1,200[W]이면 수용률은 몇 [%]인가?

① 55
② 65
③ 75
④ 85

해설
$$수용률 = \frac{최대수용전력[kW]}{부하설비용량[kW]} \times 100[\%]$$
$$= \frac{1,200}{500+600+400+100} \times 100$$
$$= 75[\%]$$

18 다중접지 계통에 사용되는 재폐로 기능을 갖는 일종의 차단기로서 과부하 또는 고장전류가 흐르면 순시 동작하고, 일정시간 후에는 자동적으로 재폐로하는 보호기기는?

① 라인퓨즈
② 리클로저
③ 섹셔널라이저
④ 고장구간 자동개폐기

해설 리클로저(recloser)
선로에 고장이 발생하였을 때 고장전류를 검출하여 지정된 시간 내에 고속차단하고 자동 재폐로 동작을 수행하여 고장구간을 분리하거나 재송전하는 장치이다.

19 유효낙차 400[m]의 수력발전소에서 펠톤수차의 노즐에서 분출하는 물의 속도를 이론값의 0.95배로 한다면 물의 분출속도는 약 몇 [m/s]인가?

① 42.3
② 59.5
③ 62.6
④ 84.1

해설 물의 분출속도
$$v = k\sqrt{2gH}$$
$$= 0.95 \times \sqrt{2 \times 9.8 \times 400} \fallingdotseq 84.1[\text{m/s}]$$

20 원자로의 냉각재가 갖추어야 할 조건이 아닌 것은?

① 열용량이 적을 것
② 중성자의 흡수가 적을 것
③ 열전도율 및 열전달계수가 클 것
④ 방사능을 띠기 어려울 것

해설 냉각재는 원자로에서 발생한 열에너지를 외부로 꺼내기 위한 매개체로 경수, 중수, 탄산가스, 헬륨, 액체 금속 유체(나트륨) 등으로 열용량이 커야 한다.

정답 17. ③ 18. ② 19. ④ 20. ①

2025년 제3회 CBT 기출복원문제

전기산업기사

01 빙설이 많은 지방에서 특고압 가공전선의 이도(dip)를 계산할 때 전선 주위에 부착하는 빙설의 두께와 비중은 일반적인 경우 각각 얼마로 상정하는가?

① 두께 : 10[mm], 비중 : 0.9
② 두께 : 6[mm], 비중 : 0.9
③ 두께 : 10[mm], 비중 : 1
④ 두께 : 6[mm], 비중 : 1

해설 빙설(눈과 얼음)은 전선이나 가섭선에 온도가 낮은 저온계인 경우 부착하게 되는데 두께를 6[mm], 비중을 0.9로 하여 빙설하중이나 풍압하중 등을 계산하도록 되어 있다.

02 송전선로의 선로정수가 아닌 것은 다음 중 어느 것인가?

① 저항
② 리액턴스
③ 정전용량
④ 누설 컨덕턴스

해설 선로정수는 R, L, C, G를 말한다.
리액턴스는 유도 리액턴스와 용량 리액턴스로 선로정수가 아니다.

03 복도체를 사용할 때의 장점에 해당되지 않는 것은?

① 코로나손(corona loss) 경감
② 인덕턴스가 감소하고, 커패시턴스가 증가
③ 안정도가 상승하고 충전용량이 증가
④ 정전 반발력에 의한 전선 진동이 감소

해설 복도체는 같은 방향의 전류가 소도체에 흐르므로 소도체 간에는 흡인력이 작용한다.

04 그림과 같이 회로정수 A, B, C, D인 송전선로에 변압기 임피던스 Z_R를 수전단에 접속했을 때 변압기 임피던스 Z_R를 포함한 새로운 회로정수 D_o는? (단, 그림에서 E_S, I_S는 송전단 전압, 전류이고, E_R, I_R은 수전단의 전압, 전류이다.)

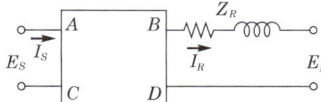

① $B + AZ_R$
② $B + CZ_R$
③ $D + AZ_R$
④ $D + CZ_R$

해설
$$\begin{bmatrix} A_o & B_o \\ C_o & D_o \end{bmatrix} = \begin{bmatrix} A & B \\ C & D \end{bmatrix} \begin{bmatrix} 1 & Z_R \\ 0 & 1 \end{bmatrix} = \begin{bmatrix} A & AZ_R + B \\ C & CZ_R + D \end{bmatrix}$$
∴ $D_o = D + CZ_R$

05 62,000[kW]의 전력을 60[km] 떨어진 지점에 송전하려면 전압은 몇 [kV]로 하면 좋은가?

① 66
② 110
③ 140
④ 154

해설 송전전압 $= 5.5\sqrt{0.6 \times 60 + \dfrac{62,000}{100}} = 140[kV]$

06 전력 계통에서 안정도의 종류에 속하지 않는 것은?

① 상태 안정도
② 정태 안정도
③ 과도 안정도
④ 동태 안정도

해설 전력 계통 안정도
• 정태 안정도 → 고유 정태 안정도, 동적 정태 안정도
• 과도 안정도 → 고유 과도 안정도, 동적 과도 안정도

정답 01. ② 02. ② 03. ④ 04. ④ 05. ③ 06. ①

부록 _ 과년도 출제문제

07 송전선로에 있어서 1선 지락의 경우 지락전류가 가장 작은 중성점 접지방식은 어느 것인가?

① 비접지
② 직접접지
③ 저항접지
④ 소호 리액터 접지

해설 중성점 접지방식의 비교

구 분	1선 지락전류의 크기
비접지방식	작다(거리에 따라 다르다).
저항접지방식	100~300[A]
소호 리액터 접지방식	최소
직접접지방식	최대

08 송전선이 통신선에 미치는 유도장해를 억제·제거하는 방법이 아닌 것은?

① 송전선에 충분한 연가를 실시한다.
② 송전 계통의 중성점 접지 개소를 택하여 중성점을 리액터 접지한다.
③ 송전선과 통신선의 상호 접근거리를 크게 한다.
④ 송전선측에 특성이 양호한 피뢰기를 설치한다.

해설 유도장해 방지를 위해서 설치하는 피뢰기는 통신선측에 설치하여야 한다.

09 중성점 저항접지방식에서 1선 지락 시의 영상전류를 I_0라고 할 때, 접지저항으로 흐르는 전류는?

① $\frac{1}{3}I_0$
② $\sqrt{3}\,I_0$
③ $3I_0$
④ $6I_0$

해설 1선 지락 시 $I_0 = I_1 = I_2$
지락 고장전류 $I_g = I_0 + I_1 + I_2$
$= \dfrac{3E_a}{Z_0 + Z_1 + Z_2}$
$= 3I_0$

10 가공지선에 대한 다음 설명 중 옳은 것은?

① 차폐각은 보통 15~30° 정도로 하고 있다.
② 차폐각이 클수록 벼락에 대한 차폐효과가 크다.
③ 가공지선을 2선으로 하면 차폐각이 작아진다.
④ 가공지선으로는 연동선을 주로 사용한다.

해설 가공지선의 차폐각은 30~45° 정도이고, 차폐각은 작을수록 보호효율이 크고, 사용 전선은 주로 ACSR을 사용한다.

11 동작전류의 크기에 관계없이 일정한 시간에 동작하는 한시 특성을 갖는 계전기는?

① 순한시 계전기
② 정한시 계전기
③ 반한시 계전기
④ 반한시성 정한시 계전기

해설 어떤 목적의 양의 크기에 관계없이 항상 일정한 시간에 동작하는 것은 정한시 계전기이다.

12 다음 차단기들의 소호 매질이 적합하지 않게 결합된 것은?

① 공기차단기 - 압축공기
② 가스차단기 - SF_6 가스
③ 자기차단기 - 진공
④ 유입차단기 - 절연유

해설 자기차단기의 소호 매질은 차단전류에 의해 생기는 자계로 아크를 밀어낸다.

13 배전반에 접속되어 운전 중인 계기용 변압기(PT) 및 변류기(CT)의 2차측 회로를 점검할 때 조치사항으로 옳은 것은?

① CT만 단락시킨다.
② PT만 단락시킨다.
③ CT와 PT 모두를 단락시킨다.
④ CT와 PT 모두를 개방시킨다.

정답 07. ④ 08. ④ 09. ③ 10. ③ 11. ② 12. ③ 13. ①

해설 변류기(CT)의 2차측은 운전 중 개방되면 고전압에 의해 변류기가 2차측 절연파괴로 인하여 소손되므로 점검할 경우, 변류기 2차측 단자를 단락시켜야 한다.

14 저압 네트워크 배전방식에 사용되는 네트워크 프로텍터(Network protector)의 구성요소가 아닌 것은?

① 저압용 차단기 ② 퓨즈
③ 전력방향계전기 ④ 계기용 변압기

해설 계기용 변압기는 전압을 계측하기 위해 전압을 측정 가능한 전압으로 강압시키는 계기용 변성기이다.

15 부하 역률이 0.8인 선로의 저항 손실은 0.9인 선로의 저항 손실에 비해서 약 몇 배 정도 되는가?

① 0.97 ② 1.1
③ 1.27 ④ 1.5

해설 저항 손실 $P_c \propto \dfrac{1}{\cos^2\theta}$ 이므로

$$\dfrac{\dfrac{1}{0.8^2}}{\dfrac{1}{0.9^2}} = \left(\dfrac{0.9}{0.8}\right)^2 \fallingdotseq 1.27$$

16 연간 전력량이 E[kWh]이고, 연간 최대전력이 W[kW]일 때 연부하율은 몇 [%]인가?

① $\dfrac{E}{W} \times 100$ ② $\dfrac{\sqrt{3}\,W}{E} \times 100$
③ $\dfrac{8,760\,W}{E} \times 100$ ④ $\dfrac{E}{8,760\,W} \times 100$

해설 연부하율 $= \dfrac{\dfrac{E}{365 \times 24}}{W} \times 100$

$= \dfrac{E}{8,760\,W} \times 100\,[\%]$

17 배전선로에서 사용하는 전압조정방법이 아닌 것은?

① 승압기 사용
② 병렬 콘덴서 사용
③ 저전압 계전기 사용
④ 주상 변압기 탭 전환

해설 배전선로의 전압조정은 변전소의 모선이나 급전선의 전압을 일괄 조정하는 방법과 변압기의 탭 조정, 승압기 설치 등의 방법이 있다.

18 낙차 350[m], 회전수 600[rpm]인 수차를 325[m]의 낙차에서 사용할 때의 회전수는 약 몇 [rpm]인가?

① 500 ② 560
③ 580 ④ 600

해설 $\dfrac{N'}{N} = \left(\dfrac{H'}{H}\right)^{\frac{1}{2}}$

그러므로 $N' = \left(\dfrac{H'}{H}\right)^{\frac{1}{2}} \cdot N = \left(\dfrac{325}{350}\right)^{\frac{1}{2}} \times 600$
$= 580\,[\text{rpm}]$

19 ( ) 안에 들어갈 알맞은 내용은?

화력발전소의 (㉠)은 발생 (㉡)을 열량으로 환산한 값과 이것을 발생하기 위하여 소비된 (㉢)의 보유 열량의 (㉣)를 말한다.

① ㉠ 손실률, ㉡ 발열량, ㉢ 물, ㉣ 차
② ㉠ 열효율, ㉡ 전력량, ㉢ 연료, ㉣ 비
③ ㉠ 발전량, ㉡ 증기량, ㉢ 연료, ㉣ 결과
④ ㉠ 연료 소비율, ㉡ 증기량, ㉢ 물, ㉣ 차

해설 화력발전소의 열효율은 발생 전력량을 열량으로 환산한 값과 이것을 발생하기 위하여 소비된 연료의 보유 열량의 비를 백분율로 나타낸다.

$\eta = \dfrac{860\,W}{mH} \times 100\,[\%]$

정답 14. ④ 15. ③ 16. ④ 17. ③ 18. ③ 19. ②

20 경수 감속 냉각형 원자로에 속하는 것은?

① 고속 증식로
② 열 중성자로
③ 비등수형 원자로
④ 흑연 감속가스 냉각로

해설 경수 감속 냉각형 원자로는 가압수형 원자로와 비등수형 원자로가 있다.

정답 20. ③

전기 시리즈 감수위원

구영모 연성대학교
김우성, 이돈규 동의대학교
류선희 대양전기직업학교
박동렬 서영대학교
박명석 한국폴리텍대학 광명융합캠퍼스
박재준 중부대학교

신재현 경기인력개발원
오선호 한국폴리텍대학 화성캠퍼스
이재원 대산전기직업학교
차대중 한국폴리텍대학 안성캠퍼스
허동렬 경남정보대학교

가나다 순

02 전력공학

2021. 2. 15. 초 판 1쇄 발행
2026. 1. 7. 5차 개정증보 5판 1쇄 발행

검인

지은이 | 전수기
펴낸이 | 이종춘
펴낸곳 | BM (주)도서출판 성안당

주소 | 04032 서울시 마포구 양화로 127 첨단빌딩 3층(출판기획 R&D 센터)
     | 10881 경기도 파주시 문발로 112 파주 출판 문화도시(제작 및 물류)
전화 | 02) 3142-0036
     | 031) 950-6300
팩스 | 031) 955-0510
등록 | 1973. 2. 1. 제406-2005-000046호
출판사 홈페이지 | www.cyber.co.kr
ISBN | 978-89-315-1432-2 (13560)
정가 | 22,000원

이 책을 만든 사람들
책임 | 최옥현
진행 | 박경희
교정·교열 | 김원갑
전산편집 | 이다혜
표지 디자인 | 박원석
홍보 | 김계향, 임진성, 김주승, 최정민, 이해솜
국제부 | 이선민, 조혜란
마케팅 | 구본철, 차정욱, 오영일, 나진호, 강호묵
마케팅 지원 | 장상범
제작 | 김유석

이 책의 어느 부분도 저작권자나 BM (주)도서출판 성안당 발행인의 승인 문서 없이 일부 또는 전부를 사진 복사나 디스크 복사 및 기타 정보 재생 시스템을 비롯하여 현재 알려지거나 향후 발명될 어떤 전기적, 기계적 또는 다른 수단을 통해 복사하거나 재생하거나 이용할 수 없음.

※ 잘못된 책은 바꾸어 드립니다.